Seitz

Speicherprogrammierbare Steuerungen

Matthias Seitz

Speicherprogrammierbare Steuerungen

System- und Programmentwurf für die
Fabrik- und Prozessautomatisierung,
vertikale Integration

2., vollständig überarbeitete und erweiterte Auflage

mit 185 Bildern, 26 Tabellen, 57 Beispielen und 49 Übungsaufgaben

sowie einer begleitenden Internetseite
unter **www.es.hs-mannheim.de/buch**

Fachbuchverlag Leipzig
im Carl Hanser Verlag

Prof. Dr.-Ing. Matthias Seitz
Fachgebiet Elektrotechnische Steuerungstechnik
Institut für Automatisierungssysteme
Hochschule Mannheim
Paul-Wittsack-Straße 10, 68163 Mannheim
E-Mail: m.seitz@hs-mannheim.de

Bibliografische Information der Deutschen Nationalbibliothek
Die Deutsche Nationalbibliothek verzeichnet diese Publikation in der Deutschen Nationalbibliografie; detaillierte bibliografische Daten sind im Internet über http://dnb.d-nb.de abrufbar.

ISBN 978-3-446-41431-0

Fachbuchverlag Leipzig
im Carl Hanser Verlag

Internet: http://www.hanser.de

Titelbild: Fa. ABB-Stotz, Kontakt: Heidelberg
Covergestaltung: Stephan Rönigk
Druck und Bindung: Druckhaus „Thomas Müntzer“ GmbH, Bad Langensalza
Printed in Germany

Vorwort zur zweiten Auflage

Der Begriff *„Speicherprogrammierbare Steuerungen (SPS)“* mag dem einen oder andern ein wenig kompliziert oder sogar antiquiert vorkommen. Er beschreibt aber ein immer noch modernes und in der Industrie vielfach eingesetztes Automatisierungsgerät.

Die derzeitige Entwicklung der Steuerungstechnik ist geprägt durch eine enorme Produktvielfalt, jedoch auch durch den Trend zu einer einheitlichen Programmierung der industriellen Automatisierungssysteme nach IEC 61131.

Klassische Automatisierungsaufgaben der numerischen und binären Steuerung und Regelung sowie die Prozessbedienung und -beobachtung, die bisher in getrennten Systemen (CNC, SPS oder SCADA) programmiert und implementiert waren, wachsen nun unter dem Dach IEC 61131 zusammen. Zukünftig sollen zusätzlich auch sicherheitskritische Aufgaben und Funktionen der industriellen Bildverarbeitung zur Bewegungssteuerung in einem einheitlichen Automatisierungssystem PAC (Programmable Automation Controller) zusammengefasst werden.

Ziel dieses Buches ist es deshalb, die verschiedenen Systemstrukturen zunächst aufzuzeigen, die Grundlagen der Programmierung aber systemneutral an gängigen Beispielen der Fabrik- und Prozessautomatisierung zu vermitteln. Weniger die Spezialitäten bestimmter Steuerungen oder die Programmiersyntax stellen Schwerpunkte dar, sondern der Stoff wird anwendungsorientiert vermittelt. Im Vordergrund steht die Vorgehensweise bei der Umsetzung *automatisierungstechnischer Aufgabenstellungen* in SPS-Software. Diese sollte stets so strukturiert werden, dass sie übersichtlich, wartungsfreundlich und flexibel einsetzbar ist.

Die Hauptabschnitte des Buches sind:

- Aufbau und Strukturen industrieller Steuerungssysteme,
- SPS-Programmierung nach IEC 61131,
- Verknüpfungssteuerungen,
- Ablaufsteuerungen,
- Bewegungssteuerungen,
- Sicherheitskonzepte für Steuerungen und
- vertikale Integration betrieblicher Abläufe.

In der zweiten Auflage wurde das Kapitel *Bewegungsteuerungen* mit Motion-Control-Anwendungen zur Steuerung von Werkzeugmaschinen und Robotern neu aufgenommen. Die Sicherheitskonzepte für industrielle Steuerungen wurden in Hinblick auf *Gefahrenanalysen* und *Gegenmaßnahmen* zur Erhöhung der Anlagen- und Produktsicherheit erweitert. Auch neue Systemstrukturen integrierter Automatisierungssysteme, die durch *Industrial Ethernet*, *OPC*- und *webbasierte Automatisierung* möglich wurden, sind eingeflossen.

Die zweite Auflage stellt den Entwurfsprozess für die SPS-Software noch stärker in den Mittelpunkt. In Kapitel 3 wird ein *Leitfaden* für die Softwareentwicklung insbesondere im Hinblick auf eine objektorientierte Softwarestrukturierung gegeben. Neu aufgenommen wurden auch Entwurfs- und Analyseverfahren für Ablaufsteuerungen durch *Petri-Netze* in Kapitel 5 und der Entwurf von Funktionsbausteinen für *Regelungen* in Kapitel 4.

Zahlreiche Beispiele, Aufgaben und Wiederholungsfragen unterstützen den Leser beim Erlernen der erläuterten Methoden und Werkzeuge. Insbesondere bei den Beispielen wurde Wert auf die vollständige Darstellung der Lösung im Text gelegt.

Die im Buch durch das Symbol 🖳 gekennzeichneten *Beispiele* sind komplett ausprogrammiert ebenso wie die Lösungen zu den *Übungsaufgaben*. Sie stehen auf der Internetseite `www.es.hs-mannheim.de/buch` zum Download und zur Simulation mit dem SPS-Programmiersystem *CoDeSys* der Firma *3S* zur Verfügung. Nach und nach soll diese Internetseite zu einer SPS-Lernplattform ausgebaut werden, mit Frage-Antwortspielen zu den *Wiederholungsfragen*, Flash-Filmen als Bedienungsanleitung, *Simulation* einer Hardware-SPS u.v.m.

In diesem Zusammenhang bedanke ich mich bei der Firma *3S – Smart Software Solutions GmbH* – für die Bereitstellung des SPS-Programmiersystems CoDeSys und bei den Firmen *ABB, Siemens* und *Wonderware* für die Bereitstellung von Software und Bildmaterial. Insbesondere gilt mein Dank Herrn H.-P. Gahr von der Ausbildungsabteilung der *BASF AG* für Informationen zu der TeKa-Demonstrationsanlage und Herrn Dipl.-Ing. U. Jülly von der Firma *HIMA Paul Hildebrand GmbH* für Informationen über sicherheitsgerichtete SPSen.

Frau Dipl.-Ing. E. Hotho und Frau Dipl.-Ing. F. Kaufmann vom Hanser Verlag danke ich herzlich für die Übernahme des Lektorats und die Herstellung des Buches.

Für viele fruchtbare Diskussionen und die Durchsicht von Teilen des Manuskripts danke ich Herrn Dipl.-Kfm. B. Giese sowie meinen Kollegen von der Hochschule Mannheim, Prof. J. Best, Prof. Dr. R. Brückbauer, Prof. Dr. G. Dietrich, Prof. Dr. W. Götzmann, Prof. T. Hansemann, Prof. Dr. H. Merz, und nicht zuletzt Herrn Dipl.-Ing. H. Peter, Laborbetriebsleiter des Instituts für Automatisierungssysteme, mit dem mich eine enge Zusammenarbeit auf dem Gebiet der SPS-Technik verbindet.

Besonderen Dank verdienen mein Vater Dipl.-Ing. M. Seitz sowie meine Frau und Kollegin, Prof. Dr.-Ing. A. Weigl-Seitz von der Hochschule Darmstadt, jeweils für ihre akribische Durchsicht des gesamten Manuskripts, ihre fachliche Beratung und zahlreiche wertvolle Hinweise.

Schließlich gilt mein Dank den vielen Lesern und meinen Studierenden, die durch ihre Rückmeldungen zur ersten Auflage zur Verbesserung der Darstellung und Korrektur von Fehlern beitragen haben.

Mannheim, Mai 2008

Matthias Seitz

Inhaltsverzeichnis

Abkürzungen, Symbole und Formelzeichen

	Programm in *CoDeSys* mit Simulation auf der Internetseite
□	Ende eines Beispiels
—○	Negation
&, ∧	UND-Verknüpfung
≥1, ∨	ODER-Verknüpfung
a	Beschleunigung
A	Aufenthaltsdauer von Personen im Gefahrenbereich
A	Ausgangsschaltnetz
AA	analoger Ausgang
AB	Anlagenbereich
ABK	Anzeige- und Bedienkomponente
AC	Alternating Current
A/D	Analog-/Digital
AE	analoger Eingang
AK	Anforderungsklasse
AS	Ablaufsprache
ASI	Aktor-Sensor-Interface
AUT	Betriebsart Automatik
AWL	Anweisungsliste
$\boldsymbol{b}$	Randbedingungsvektor
b_x, b_y	Bildkoordinaten in mm
BA	binärer Ausgang
BE	binärer Eingang
BDIS	Betriebsdateninformationssystem
C	Kapazität eines Kondensators
c	spezifische Wärmekapazität
CAN	Controller Area Network
CFC	Continuous Function Chart
CPU	Central Processing Unit
CNC	Computerized Numerical Control
CSMA/CD	Carrier Sense Multiple Access/Collision Detection
CTD	Count-Down-Zähler
CTU	Count-Up-Zähler
CTUD	Count-Up-and-Down-Zähler
CV	Counted Value
d	Durchmesser
D	Diagnosefunktion in SSPSen
D/A	Digital-/Analog
DB	Datenbank
DC	Direct Current (Gleichstrom)
DDE	Dynamic Data Exchange
DIN	Deutsches Institut für Normung
DNF	disjunktive Normalform
DP	dezentrale Peripherie
DQ	Design Qualification
DTD	Document Type Definition
e	Regeldifferenz
E	Eingangsschaltnetz
E/A	Ein-/Ausgang
EMV	ektromagnetische Verträglichkeit
EMSR	Elektro-, Mess-, Steuer- und Regeltechnik
EPROM	Erasable Programmable Read Only Memory
ERP	Enterprise Ressource Planning
ESF	Einzelsteuerfunktion
ETH	Ethernet
EU	Electric Unit (Motor)
EVA	Einlesen, Verarbeiten, Ausgeben
Ex	Explosionsschutz
f	Brennweite einer Kameralinse
F	Flow (Durchflussmessung)
FB	Feldbus
FB	Function Block (Funktionsbaustein)
FC	Function Code (Funktion)
FBS	Funktionsbausteinsprache
FF	Fieldbus Foundation
FMS	Field Message Specification
FQ	Funktionsqualifizierung
FTP	File Transfer Protocol
FUP	Funktionsplan
G	Gauging (binäre Positionsmessung)
G	Gefahrenabwendungsmaßnahme
GF	Grundfunktion

GI	Gauging Indication (analoge Wegmessung)
OP	Grundoperation
GSD	Geräte-Stammdatei
h	Höhe
H	Auftrittshäufigkeit eines Schadens
$\boldsymbol{H}$	Haltegliedmatrix
HMI	Human Machine Interface
HTML	Hyper Text Markup Language
HTTP	Hyper Text Transmission Protocol
HMI	Human Machine Interface
HW	Hardware
I	elektrische Stromstärke
IDF	Individual Drive Function
IEC	International Electrotechnical Commission
I/O	Input-/Output
IP	Internet Protocol
IQ	Installationsqualifizierung
k	diskreter Zeitpunkt
K_∞	Prozessverstärkung x/y.
K_p	Verstärkungsfaktor des Reglers
KNF	konjunktive Normalform
KOP	Kontaktplan
KV	Karnaugh-Veitch-Diagramm
Λ	Komplexität einer Schaltung
L	Level (Füllstandsmessung)
$\boldsymbol{L}$	Randbedingungsmatrix
l	Länge
λ	Faktor in Pixel/mm
LI	Level Indication (analoge Füllstandsmessung)
LDIS	Labordateninformationssystem
LVS	Lagerverwaltungssystem
LWL	Lichtwellenleiter
m	Anzahl von Nutzdatenbytes
m	Masse
M	Anzahl von Ausgängen
M	Motor
MAN	Betriebsart Manuell
MC	Motion Control
MES	Manufacturing Execution System
MMI	Man-Machine Interface
n	Anzahl der Busteilnehmer
N	Anzahl von Eingängen
$\boldsymbol{N}$	Petri-Netzmatrix
NAMUR	Normen-Ausschuss für Mess- und Regeltechnik
OLE	Object Linking and Embedding
OOP	Objektorientierte Programmierung
OPC	OLE for Process Control
OQ	Operational Qualification
P	Pressure (Druck)
P	Power (elektrische Leistung)
$\boldsymbol{p}$	Positionsvektor
PA	Process Automation
PAC	Programmable Automation Controller
PAM	Plant Asset Management
PFD	Probability of Failure on Demand
PFH	Probability of Failure per Hour
PG	Programmiergerät
PID	Proportional-Integral-Differenzial-Glied
PLS	Prozessleitsystem
POE	Programmorganisationseinheit
PPI	Point-to-Point Interface
PPS	Produktionsplanung und -steuerung
PQ	Produktionsqualifizierung
PV	Process Variable (Istwert)
PROFIBUS	Process Field Bus
PS	Power Supply
PT	Preset Time
PV	Preset Value
$\boldsymbol{q}$	Gelenkkoordinatenvektor
Q	Wärmemenge
QMS	Qualitätsmanagementsystem
R	ohmscher Widerstand
RC	Robot Control
RIO	Remote I/O
RS	serielle Schnittstelle
RS	rücksetzdominantes Flip-Flop
RS232	Standards für
RS485	serielle Schnittstellen
RAM	Random Access Memory
s	Weg
$\boldsymbol{s}$	Markierungsvektor
S	Schaltvorgang

S	Schadensausmaß
SADT	Structure Analysis and Design Technique
SCADA	Supervisory Control and Data Analysis
SEL	Funktionsbaustein zur Auswahl
SEVA	sofort ein, verzögert aus
SFC	Sequential Function Chart
SIL	Safety Integrity Level
SP	Set Point (Sollwert)
SPS	speicherprogrammierbare Steuerung
SQL	Structured Query Language
SSPS	sicherheitsgerichtete SPS
SR	setzdominantes Flip-Flop
SRIO	sicherheitsgerichtete RIO
SSL	Secure Sockets Layer
ST	strukturierter Text
SW	Software
t	Zeit
$\boldsymbol{t}$	Transitionsvektor
^{T}	transponiert
T	Temperatur
TCP	Transmission Control Protocol
TeKa	Anlage zur Herstellung von Tee und Kaffee
TI	Temperature Indication (analoge Temperaturmessung)
TIPP	Betriebsart Tippen für Ablaufketten
T_0	Abtastzeit
T_D	Differenzialzeit
T_g	Ausgleichszeit
T_I	Integralzeit
T_N	Nachstellzeit
T_u	Verzugszeit
T_V	Vorhaltezeit
TON	Einschaltverzögerung
TP	Puls-Timer
TOF	Ausschaltverzögerung
TÜV	Technischer Überwachungsverband
u	horizontale Bildkoordinaten in Pixel
$\boldsymbol{u}$	Steuersignalvektor
U	elektrische Spannung
URL	Universal Ressource Locator
USV	unterbrechungsfreie Spannungsversorgung
UV	Kennzeichen eines Ventils
v	Geschwindigkeit
v	vertikale Bildkoordinaten in Pixel
$\boldsymbol{v}$	Statussignalvektor
V	Volumen
VDE	Verein Deutscher Elektrotechniker
VESA	verzögert ein, sofort aus
VO	vor Ort
VPN	Virtual Private Network
VPS	verbindungsprogrammierte Steuerung
w	Sollwert einer Steuerung
W	Eintrittswahrscheinlichkeit eines Schadens
x	Messgröße, Istwert
$\boldsymbol{x}_e$	Messsignalvektor
XML	Extensible Markup Language
y	Stellwert
$\boldsymbol{y}_a$	Stellsignalvektor
y_W	Ausgangsdatenwort einer E/A-Karte
z	SPS-interne Zustandsgröße eines Programms

1 Einleitung

Steuerungstechnik ist eine interdisziplinäre Wissenschaft. Sie stützt sich sowohl auf die Grundlagen der *Informatik* als auch der *Elektrotechnik*. Die Programmierung der Steuerungsalgorithmen einerseits sowie die Auswertung der Sensoren und Ansteuerung der Aktoren andererseits stellen sozusagen das Kerngeschäft des Steuerungstechnikers dar. Darüber hinaus ist das Verständnis der zu steuernden Prozesse von Vorteil. Diese liegen vorwiegend in den Bereichen Fertigungstechnik (z.B. Automobilindustrie, Werkzeugmaschinenbau, Verpackungstechnik etc.) und Verfahrenstechnik (Chemie- und Pharmaindustrie).

1.1 Definition Steuerung

Nach DIN 19226 versteht man unter der *Steuerung* eines Prozesses den Vorgang, bei dem durch Messung der Prozesszustände über bestimmte Gesetzmäßigkeiten Stellwerte zur Beeinflussung des Prozesses erzeugt werden (vgl. Bild 1.1). Die Gesetzmäßigkeiten werden in einem Programm formuliert, das im Steuerungsrechner, d.h. im Allgemeinen in einer *speicherprogrammierbaren Steuerung (SPS)*, abläuft [1.1].

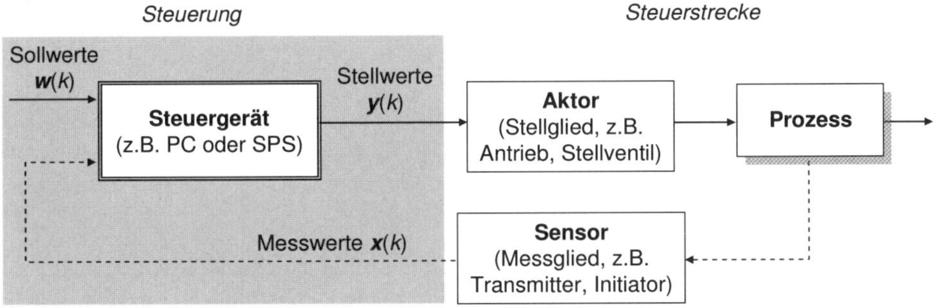

Bild 1.1: Allgemeiner Aufbau eines Steuerkreises.

Im Unterschied zur *Regelung* ist das Kennzeichen einer Steuerung entweder ein offener Wirkungsweg (ohne die gestrichelte Rückführung) oder ein geschlossener Wirkungsweg, bei dem sich die Messwerte nicht kontinuierlich auf die Stellwerte auswirken. Die Soll-, Mess- und Stellgrößen sind demnach also *zeitdiskrete* Signale, die zu einem diskreten Abtastzeitpunkt k eingelesen bzw. ausgegeben werden. Beispielsweise wirkt die Standmeldung der Schwinggabel in Bild 1.2 auf die Steuerung zurück. Doch sie beeinflusst die Ansteuerung des Zulaufventils nicht kontinuierlich, sondern nur dann, wenn der Behälter voll ist. In diesem Fall muss die Steuerung das Zulaufventil sofort schließen.

1.2 Aufgabengebiete in der Steuerungstechnik

Unter dem Oberbegriff Steuern (*to control*) wird häufig auch die gesamte Automatisierung verstanden, nämlich das Messen, Steuern, Regeln und Überwachen einer Anlage (**E**lektro-, **M**ess-, **S**teuer- und **R**egeltechnik, EMSR-Technik).

1.2.1 Einsatzfelder für Steuerungen

Auch die Einsatzmöglichkeiten einer SPS erstrecken sich über diese Disziplinen, wie die folgenden Beispiele zeigen.

Beispiel 1.1 *Steuern*
Der Zufluss von Flüssigkeit in Bild 1.2 startet durch Öffnen des Zulaufventils. Ein Niveauschalter, z.B. in Form einer Schwinggabel, kann unterscheiden, ob sich Luft oder eine Flüssigkeit zwischen seinen Platten befindet, und sendet je nachdem ein binäres TRUE- oder FALSE-Signal an die SPS. Sobald die Steuerung also erfährt, dass die Flüssigkeit im Behälter bis zu den Platten der Schwinggabel angestiegen ist, schließt sie automatisch das Zulaufventil. □

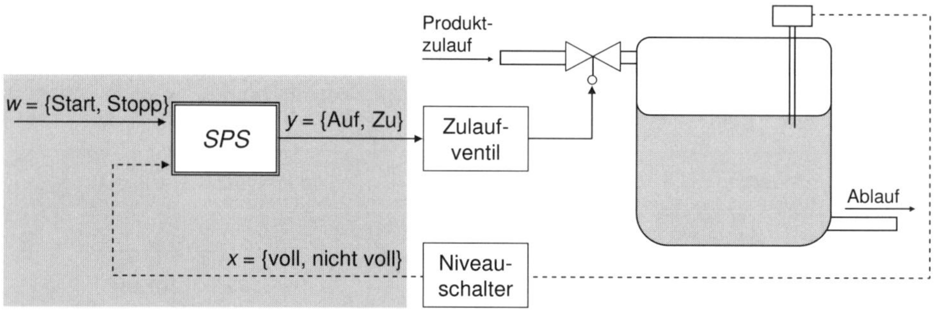

Bild 1.2: Beispiel für das *Steuern* des Flüssigkeitszulaufs in einen Behälter.

Beispiel 1.2 *Regeln*
Zur Temperaturregelung des Produkts in Bild 1.3 können unterschiedliche Mengen kalten oder warmen Wassers in den schraffiert dargestellten Behältermantel eingefüllt werden. Dazu wird die Temperatur des Produkts mit einem Thermometer im Behälter gemessen. Anhand eines Regelungsprogramms in der SPS wird der Stellgrad des Warm- und Kaltwasserventils kontinuierlich verändert. Je nach Abweichung des Temperatur-Istwerts x vom Sollwert w fließt heizendes bzw. kühlendes Medium durch den Behältermantel.

Die SPS agiert hier also als Regler, der den analogen Temperaturwert zyklisch einliest und durch einen Regelalgorithmus die Stellwerte y_1 und y_2 erzeugt, die den Warm- bzw. Kaltwasserzulauf kontinuierlich verändern. Somit nähert sich die Temperatur dem vorgegebenen Sollwert an. □

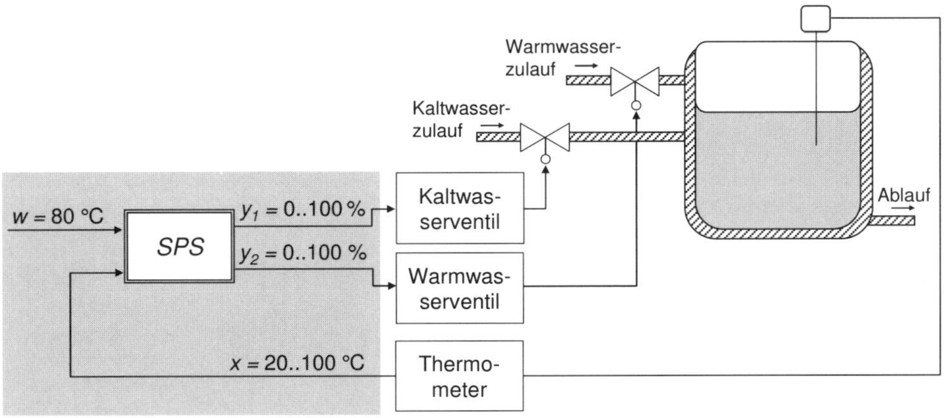

Bild 1.3: Beispiel für das *Regeln* der Behältertemperatur in einer Chemieanlage.

Beispiel 1.3 *Überwachen*

Viele Anwendungen zielen vor allem darauf ab, den Bediener der Anlage auf besondere Betriebszustände, wie z.B. Störungen, aufmerksam zu machen. Wenn also wie in Bild 1.4 der Behälter überzulaufen droht, setzt die Steuerung einen binären Ausgang, der ein Hupensignal aktiviert. Wenn man so will, handelt es sich hierbei um eine einfache Mensch-Maschine-Schnittstelle (Human Machine Interface, HMI). Schnittstellen einer SPS zu komplexeren HMIs ermöglichen es dem Bediener, vom Bildschirm aus Ventile oder andere Aktoren zu bedienen und den gesamten Prozess zu beobachten. □

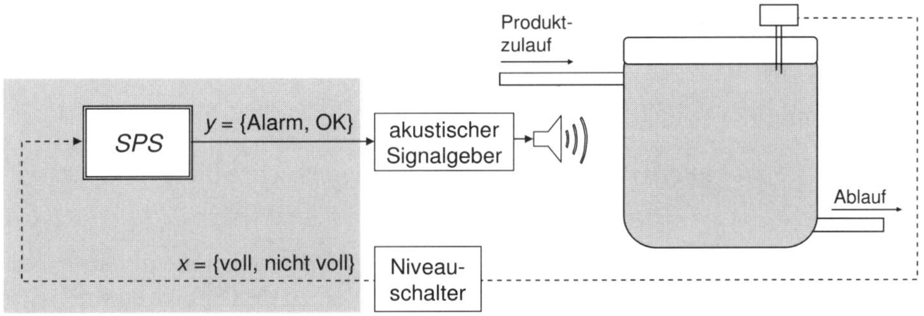

Bild 1.4: Beispiel für das *Überwachen* des Behälterfüllstands in einer Chemieanlage.

In der Regel findet man zwei große Einsatzfelder von Steuerungen, und zwar zum einen in der Verfahrenstechnik [1.2, 1.3], wie z.B. Chemie oder Life Science, und zum andern in der Fertigungstechnik, z.B. zur Fabrikautomatisierung in der *Automobilindustrie*. Hierbei handelt es sich etwa um die Steuerung von Transportsystemen, Robotern oder Werkzeugmaschinen [1.4, 6.1, 6.2]. Solche Bewegungen wie in Bild 1.5 werden häufig von speziellen Motion Control Systemen gesteuert, die heutzutage aber wie eine SPS programmiert werden (s. Kapitel 6).

Beispiel 1.4 *Fertigungstechnik*

Eine Videokamera mit automatischer Bildauswertung ermittelt in Bild 1.5 die Position $\boldsymbol{p}^{soll}$ eines zu greifenden Objekts. Die aktuelle Position des Robotergreifers $\boldsymbol{p}^{ist}$ kann mit Hilfe der Winkelsensorik des Roboters bestimmt werden. Die Steuerung muss aus der Abweichung zwischen Soll- und Ist-Position die einzunehmende Winkelstellung $\boldsymbol{q}$ der Robotergelenke vorgeben, durch die der Robotergreifer zum Zielobjekt geführt wird. Die Besonderheit dieser Anwendung liegt in der Koordination mehrerer Größen, nämlich der Positionskoordinaten $\boldsymbol{p} = (x, y)^T$ einerseits und der Gelenkkoordinaten $\boldsymbol{q} = (q_1, q_2)^T$ andererseits. □

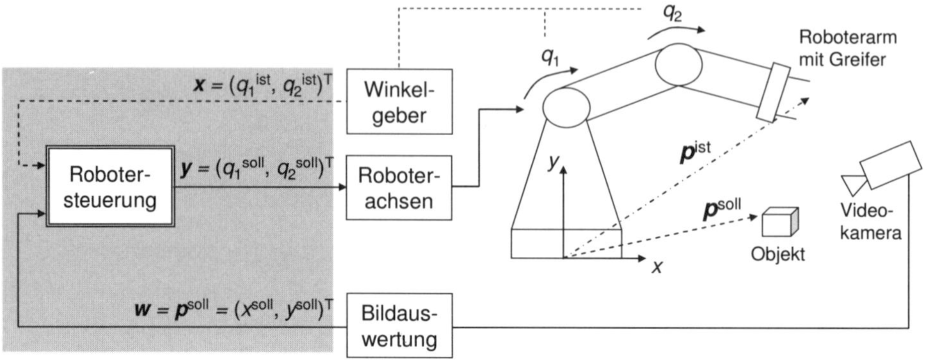

Bild 1.5: Steuerung der Gelenkstellungen $\boldsymbol{q}$ eines Roboterarms anhand der aktuellen und der gewünschten Greiferposition $\boldsymbol{p}^{ist}$ bzw. $\boldsymbol{p}^{soll}$.

Die Umsetzung solcher industrieller Aufgabenstellungen in einem SPS-Programm wird ausführlich in den Kapiteln 4 bis 6 erläutert.

1.2.2 Tätigkeitsfelder des Steuerungstechnikers

Die Vielfalt dieser Anwendungen spiegelt sich auch in den Tätigkeitsfeldern des Ingenieurs in der Steuerungstechnik wieder. Diese liegen in folgenden Bereichen:

- *Management* des Automatisierungsprojekts,
- *Planung des Steuerungssystems* anhand der Prozessbeschreibung und des Lastenhefts,
- *Engineering der SPS-Software*, d.h. Entwicklung, Programmierung und Test der Steuerungsprogramme, inklusive ihrer Schnittstellen zu den Sensoren und Aktoren, dem Visualisierungssystem etc.,
- *Installation und Inbetriebnahme* der Steuerungshard- und -software im Zusammenspiel mit der Anlage,
- *Wartung und Instandhaltung* der automatisierten Anlage.

Die Vorgehensweise bei der Automatisierung einer Anlage lässt sich anhand des in Bild 1.6 skizzierten sog. *V-Modells* veranschaulichen [7.6]. Ausgehend von einer verbalen Beschreibung des zu automatisierenden Produktionsprozesses wird ein Lastenheft erstellt, das die Anforderungen an die Automatisierung aus Sicht des Auftraggebers erläutert. Nach Vergabe des Projekts antwortet der Auftragnehmer auf das *Lastenheft*, indem er in einem *Pflichtenheft* beschreibt, wie er mit seiner Steuerung die Anforderungen des Lastenhefts erfüllen will. Genehmigt der Kunde dieses Pflichtenheft, dient es dem Auftragnehmer als Anleitung zur Programmierung der Software und zum Aufbau der Hardware.

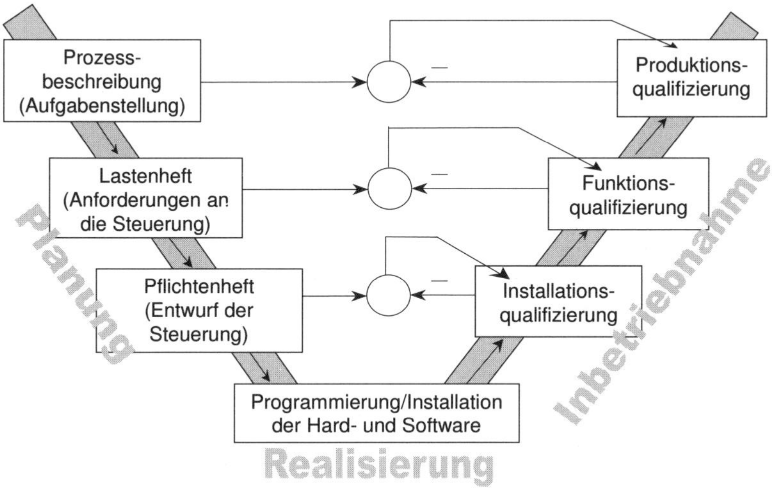

Bild 1.6: Ablauf eines Automatisierungsprojekts dargestellt anhand des sog. V-Modells.

Die programmierte Steuerung wird dann zunächst gegen die Anforderungen des Pflichtenhefts ohne die Anlage, also z.B. im Prüffeld oder durch Simulation der Prozessein- und -ausgänge, geprüft (*Installationsqualifizierung, IQ*). Daraufhin findet die Prüfung der Software im Zusammenspiel mit den Sensoren und Aktoren in der Anlage statt. Als Spezifikationsgrundlage, wie die Anlage funktionieren soll, dient das Lastenheft (*Funktionsqualifizierung, FQ*). Schließlich wird das Produktionsverfahren gegen die Prozessbeschreibung geprüft. Dabei wird die Produktherstellung durch das Zusammenspiel von Steuerung, Anlage und Produkt getestet (*Produktionsqualifizierung, PQ*).

Die Vorgehensweise bei Design, Installation, Inbetriebnahme und Produktion wird im Kapitel 7 beschrieben, das auch Sicherheitsaspekte beim Einsatz von Steuerungen erörtert.

1.3 Steuereinrichtungen

Wie eingangs erläutert besteht der Steuerkreis aus Sensoren, Steuerungsrechner und Aktoren. Der Steuerungsrechner ist häufig eine *SPS*, wie z.B. die in Bild 1.7 dargestellte SPS vom Typ *AC 500* der Firma *ABB*. Eine SPS ist ein Rechner, dessen CPU die programmierten, im Programmspeicher abgelegten Anweisungen ausführt und über einfach anzusprechende Schnittstellen Sensordaten einliest bzw. Befehle an die Aktoren ausgibt. Die Hardwarestrukturen moderner Steuerungen werden in Kapitel 2 näher erläutert.

Neben speicherprogrammierbaren Steuerungen gibt es noch andere Automatisierungsgeräte. Vor allem in der Verfahrenstechnik sind *Prozessleitsysteme* (PLSe) weit verbreitet. Diese bestehen aus einer oder mehreren Steuerungen (z.B. SPSen), die mit Bedien- und Beobachtungssystemen verknüpft sind. Dieser Rechnerverbund wird häufig als Gesamtsystem verkauft, so dass sich der Anwender keine Gedanken über die Vernetzung der einzelnen Steuerungen und Bedienstationen machen muss.

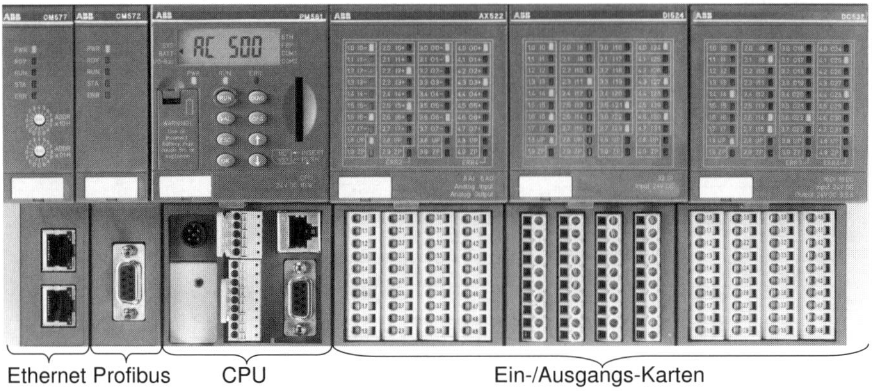

Bild 1.7: Speicherprogrammierbare Steuerung der Firma ABB vom Typ *AC 500* mit Einsteckkarten für Ethernet- und Profibus-Kabel, CPU sowie Ein-/Ausgangs-Signalkabel (von links nach rechts) [1.5].

Für Bewegungssteuerungen zur Fabrikautomatisierung werden häufig *Motion Control Systeme* eingesetzt, die sich durch sehr schnelle Zykluszeiten zur Synchronisation und Koordination mehrerer Motoren auszeichnen. Kleinere Anwendungen werden häufig von *Mikrocomputern* gesteuert. Diese sind zwar sehr preiswert und energiesparend, für die Anbindung von Sensoren und Aktoren sind aber meistens nur wenige, nicht standardisierte Schnittstellen vorgesehen, so dass hierfür zusätzliche Entwicklungsarbeit vorzusehen ist.

Des Weiteren gibt es viele Anwendungen, bei denen ein *PC* als Steuerungsrechner verwendet und der Steuerungsalgorithmus in einer Hochsprache wie z.B. *C* erstellt wird.

1.3.1 Historische Entwicklung der Steuerungstechnik

Die Entwicklung speicherprogrammierbarer Steuerungen reicht bis in die 60er Jahre zurück, als noch *verbindungsprogrammierte Relais-Schaltungen* wie in Bild 1.8 die Anlagen steuerten. Hierbei ist das Steuerungsprogramm durch feste Draht- oder Leiterplattenverbindungen aufgebaut und dementsprechend unflexibel.

In den 70er Jahren wurden dann *speicherprogrammierbare Logik-Steuerungen* entwickelt, die mit einer maschinennahen Programmiersprache, ähnlich *Assembler,* programmiert wurden. Der Vorteil ist, dass das Programm im Speicher der SPS hinterlegt ist und somit jederzeit verändert werden kann [1.6, 2.7].

Beispiel 1.5 *VPS vs. SPS*

Die Räder des Transportfahrzeugs in Bild 1.8 werden jeweils durch einen Motor mit veränderbarer Drehrichtung (Links-/Rechtslauf) angetrieben. An einem Bedientableau kann der Bediener vor Ort den Wagen über die Taster T1 und T2 nach links bzw. rechts steuern und durch Betätigung des Ausschalters S3 anhalten.

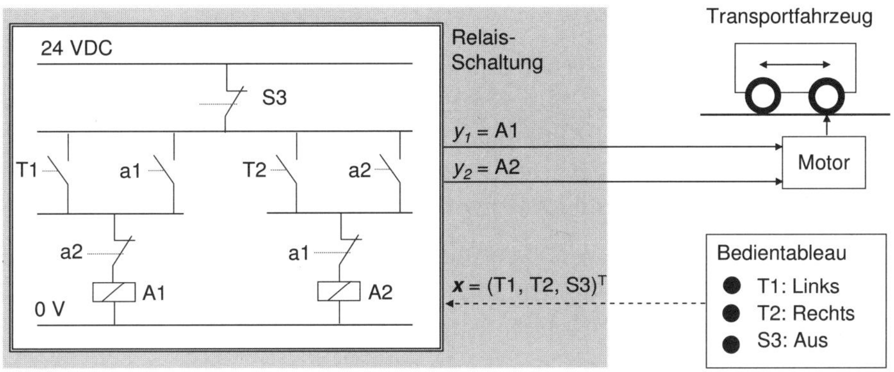

Bild 1.8: Ansteuerung eines Motors mit zwei Drehrichtungen, die gegenseitig verriegelt sind, in Form einer verbindungsprogrammierten Steuerung (VPS).

Bild 1.8 zeigt die fest verdrahtete Verbindungsprogrammierung mit Ansteuerung des Motors über die Relais A1 und A2 für Links- bzw. Rechtslauf. Drückt der Bediener den Taster T1, wird das Relais A1 mit Strom versorgt und der Kontakt a1 schließt den linken Zweig der Schaltung bzw. öffnet den rechten Zweig. Springt der Taster T1 dann wieder auf, wird A1 trotzdem weiter mit Strom versorgt. Nun bewirkt ein Schließen von T2 nichts, weil a1 geöffnet ist und die Versorgung von A2 unterbricht. Somit wird ein direktes Umschalten vom Links- in den Rechtslauf und umgekehrt verriegelt. Durch Betätigung des Öffners S3 wird die Versorgung beider Relais unterbrochen und der Antrieb abgesteuert. Danach kann wieder eine beliebige Bewegungsrichtung gewählt werden.

Bei einer Speicherprogrammierung wird die Logik als Software in eine SPS eingegeben. Dabei kann das Programm direkt als Logik-Schaltplan erstellt werden, was dem Papierentwurf für die Schaltung sehr nahe kommt. Ein Vergleich von VPS (Bild 1.8) und SPS-Programm (Bild 1.9) zeigt, dass die Parallelschaltung von Schaltern bzw. Tastern durch ein ODER-Gatter, die Reihenschaltung durch ein UND-Gatter in der Software nachgebildet wird. □

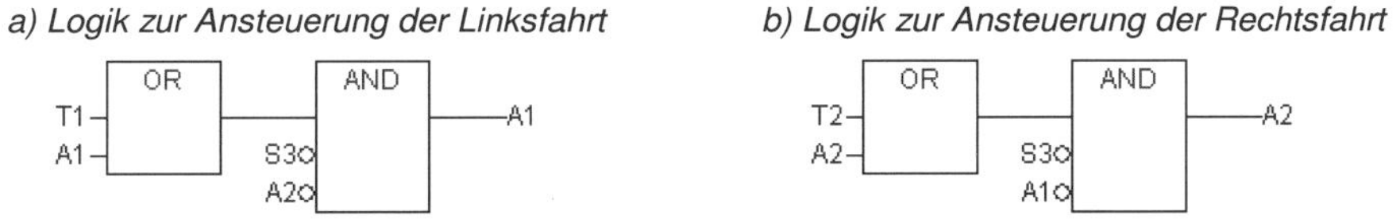

Bild 1.9: Ansteuerung des Antriebs mit zwei Drehrichtungen als Logikplan in einem SPS-Programm.

Der Einsatz von SPSen boomte und so wuchsen die Möglichkeiten mit den Anforderungen des Marktes in Hinblick auf Mehrprozessorsysteme, Erweiterung des Funktionsumfangs durch Tabellen-, Analogwertverarbeitung etc.

Mit dem Erscheinen der *IEC 61131* im Jahre 1992 [1.7] wurde die SPS-Programmierung genormt mit dem Ziel, herstellerunabhängige Programmiersprachen zu definieren und so den erheblichen Engineering- und Instandhaltungsaufwand der Software zu reduzieren. Insbesondere durch den Einsatz grafischer Programmiersprachen wie der Funktionsbausteinsprache (vgl. Bild 1.9) erhoffte man sich eine bessere Übersichtlichkeit und Verständlichkeit der Programme. Die in dieser Norm vorgeschlagene Art der Programmierung wird in Kapitel 3 beschrieben.

1.3.2 Stand der Technik

Seit den 90er Jahren steht die Vernetzung von SPSen mit den Sensoren und Aktoren (Feldgeräten) einerseits und mit höheren Planungs- und Datenauswertungssystemen andererseits im Mittelpunkt der Aktivitäten. Die Entwicklung busfähiger Sensoren und Aktoren sowie schneller, standardisierter Feldbusse lässt die *horizontale Integration* von SPSen und Feldgeräten (s. Bild 1.10) voranschreiten.

Auch die *vertikale Integration* der SPSen mit Prozessvisualisierungs- und Prozessdiagnosesystemen sowie mit Produktionsplanungs- und -steuerungssystemen (s. Bild 1.10) stellt für viele Unternehmen eine lohnende Investition dar [1.8].

Durch die Attraktivität leistungsstarker und kostengünstiger PC-basierter Steuerungen zielen die *aktuellen Trends* der Steuerungstechnik in Richtung einer plattformunabhängigen Programmierung. Unter dem Dach der IEC 61131 wachsen klassische Automatisierungsaufgaben der numerischen und binären Steuerung und Regelung sowie die Prozessbedienung und -beobachtung zusammen, was bisher in getrennten Systemen programmiert und implementiert war. Zukünftig sollen auch Funktionen der industriellen Bildverarbeitung zur Bewegungssteuerung in einem einheitlichen Automatisierungssystem *PAC* (**P**rogrammable **A**utomation **C**ontroller) zusammengefasst werden [1.9, 1.10].

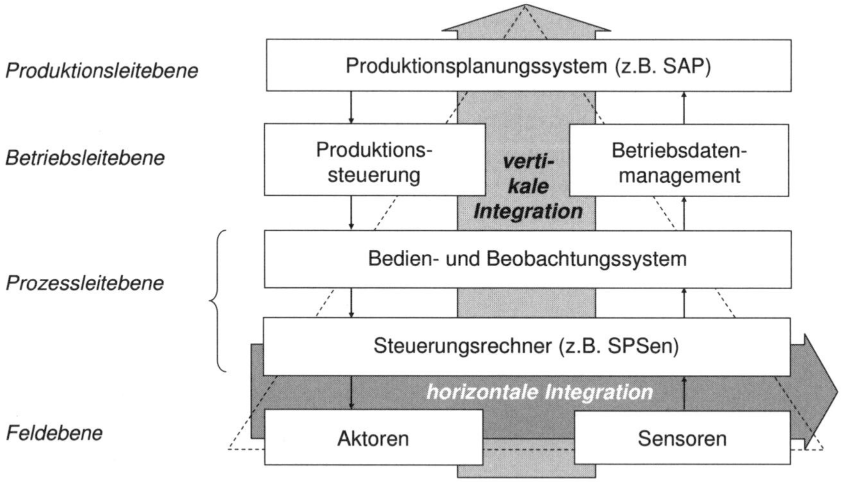

Bild 1.10: Automatisierungsebenen in Produktionsbetrieben und Bestrebungen zur Integration der Komponenten.

Aufgrund der heutigen Kopplungsmöglichkeiten durch Feldbusse, Ethernet und Internet kann die SPS nicht mehr isoliert betrachtet werden. Vielmehr fungiert sie als Bindeglied, das einerseits den klassischen Datenaustausch mit dem Prozess durchführt, andererseits aber auch Informationen für übergeordnete *Management- und Planungssysteme* zur Verfügung stellt. Insofern ist die SPS wie in Bild 1.10 angedeutet die Keimzelle für eine horizontale und vertikale Integration, was in Kapitel 8 näher erläutert wird.

Als Fazit lässt sich festhalten:

- Eine speicherprogrammierbare Steuerung wird auf einem *PC* programmiert, der als *Datendrehscheibe* zwischen der Feldebene und den darüber liegenden Leitebenen dient.
- Die Programmierung nach IEC 61131 erfolgt zunehmend *hardwareunabhängig*, wodurch ein einheitliches Automatisierungssystem PAC zur Steuerung, Regelung, Bedienung und Beobachtung von Prozessen in der *Fabrik-* und *Prozessautomatisierung* entsteht.
- Die vertikale Integration der Steuerungen mit Auswertungs- und Planungssystemen erweitert die Automatisierungsmöglichkeiten in die *Betriebs-* und *Produktionsleitebene* hinein.

Steuerungstechnik ist somit die Anwendung der *Informationstechnik* auf technische Prozesse. Die besonderen Anforderungen an den Automatisierungstechniker liegen neben der Softwareerstellung im physikalischen Verständnis der Prozesse und im Umgang mit den Schnittstellen, die zur Systemintegration benötigt werden.

Übungsaufgaben zu Kapitel 1

Wiederholungsfragen

1.1 Was versteht man unter einer Steuerung?

1.2 Was ist eine

a. verbindungsprogrammierte bzw.

b. speicherprogrammierbare Steuerung?

1.3 Welche Steuerungsrechner gibt es außer der SPS noch?

1.4 Welche Tätigkeiten sind zur Automatisierung einer Anlage erforderlich?

1.5 Welche Entwicklungen prägen die heutige Automatisierungstechnik?

Übung 1.1 *Steuerkreis und Regelkreis*

Die Innentemperatur T_i eines Raumes soll durch die Steuerung einer Heizungsanlage auf einen gewünschten Sollwert eingestellt werden. Hierfür ist der Öffnungsgrad des Gaszufuhrventils so einzustellen, dass die Heizung mit ausreichend Brennstoff versorgt wird, um den Temperaturunterschied zwischen Außen- und Innentemperatur auszugleichen. Die Messung der Außentemperatur T_a erfolgt durch einen Außentemperaturfühler.

a) Zeichnen Sie den Steuerkreis!

b) Welches sind die Ein- und Ausgangsgrößen der Steuerung und ihre typischen Wertebereiche?

c) Welchen Zusammenhang muss die Steuerung berechnen, um geeignete Stellwerte vorgeben zu können?

d) Nun wird die Innentemperatur T_i in einem Raum gemessen. Sie soll durch einen Thermostat-Regler auf einen gewünschten Sollwert eingestellt werden. Zeichnen Sie den Regelkreis! Welchen Zusammenhang muss der Regelungsalgorithmus darstellen?

2 Aufbau und Strukturen industrieller Steuerungssysteme

Drei wesentliche Entwicklungen prägen den heutigen Einsatz industrieller Steuerungssysteme:

- *Industrie-PCs* dienen als Standardplattform nicht nur für Programmiersysteme, sondern immer häufiger auch in Form von Soft-SPSen als Steuerungen,
- der *Windows-Standard* bietet *offene Schnittstellen* zu anderen PC-basierten Systemen und ermöglicht die Nutzung von Internet und Mobilfunk mit typischen Anwendungen, wie Fernwartung, E-Business etc.,
- Teile der Steuerungssoftware laufen in *intelligenten Sensoren* und *Aktoren* ab, was zu einer Dezentralisierung der Automatisierungseinheiten führt.

Zudem erfordert das zyklische Dezentralisieren und Fusionieren in den Unternehmen auch dauernde Umstrukturierungen der Geschäfts- und Produktionsabläufe. Dies ist nur dann erfolgreich, wenn Hard- und Software modularisiert und flexibel einsetzbar sind.

2.1 Aufbau einer SPS

Eine klassische SPS besteht aus den in Bild 2.1 dargestellten Hardwaremodulen. Die Stromversorgungskarte PS (**P**ower **S**upply) wandelt die Netzspannung in eine 24-V-Gleichspannung, mit der die Elektronik der SPS versorgt wird.

Das Kernstück ist die Zentralbaugruppe oder CPU (**C**entral **P**rocessing **U**nit) mit einem Mikroprozessor (µP) zum Ausführen des Programms. Die aktuell im µP abgearbeiteten Programme stehen *online* im Arbeitsspeicher (**R**andom **A**ccess **M**emory, RAM) zur Verfügung. Außer den laufenden Anwenderprogrammen und den Systemprogrammen des Betriebssystems werden im RAM auch die von den Programmen benötigten Variablen und Parameter (Zeiten, Zählerstände, Soll-/Istwerte) gespeichert. Der Speicherinhalt des RAMs geht aber bei *Spannungsausfall* verloren.

Anstatt der Festplatte eines PCs besitzt eine SPS ein EEPROM (**E**lectrically **E**rasable **P**rogrammable **R**ead **O**nly **M**emory), in dem alle Anwender- und Systemprogramme (Betriebssysteme) wie in einem Archiv *offline* gespeichert werden können. Der EEPROM ist häufig als steckbare Memory-Card, wie man sie von Digitalkameras kennt, realisiert. Bei Ausführung eines Programms wird es vom EEPROM in den RAM kopiert, wo die CPU schnellen Zugriff auf das Programm hat. Der Speicherinhalt des EEPROMs bleibt bei Spannungsausfall erhalten [2.1].

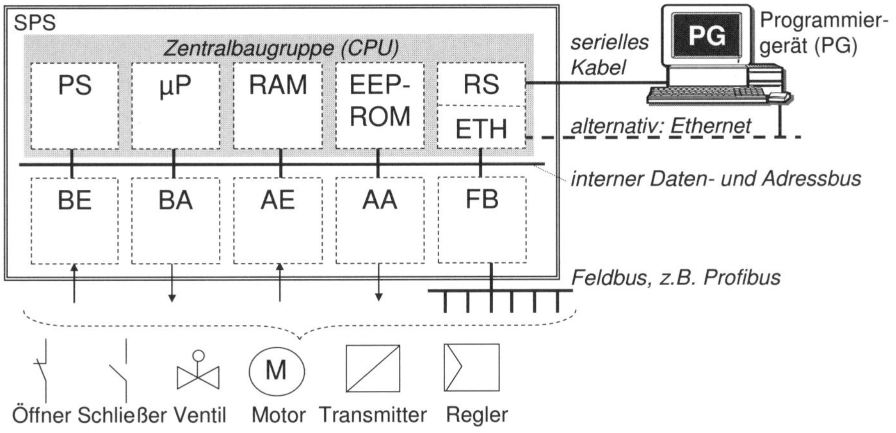

Bild 2.1: Hardwareaufbau einer SPS mit Stromversorgung (PS), µP, RAM, EEPROM, serieller (RS) bzw. Ethernet-Schnittstelle (ETH) auf einer Zentralbaugruppe und binären Ein- (BE) und Ausgangskarten (BA) sowie analogen Ein- (AE) und Ausgangskarten (AA) und Feldbusschnittstellen (FB).

Eine weitere Besonderheit einer SPS sind die *Ein-/Ausgangskarten* zum Einlesen von Sensorinformationen und zum Ausgeben von Befehlen an die Aktoren. Dabei kann ein Sensor oder Aktor mit zwei Leitungen zum Aufbau eines Gleichstromkreises an die binäre bzw. analoge Ein-/Ausgangskarte angeschlossen werden. Für die Ankopplung busfähiger Sensoren und Aktoren verfügt die SPS über *Feldbusschnittstellenkarten* (s. Abschnitte 2.4, 2.5).

Neben *internen Daten- und Adressbussen* zum Datenaustausch zwischen den Hardwaremodulen kann eine SPS über *serielle* oder *Ethernet-Schnittstellen* an ein Programmiergerät (PG) angekoppelt werden. Ethernet ermöglicht auch die Ankopplung an eine andere SPS oder ein Visualisierungssystem zum Bedienen und Beobachten des Prozesses (s. Abschnitt 2.6).

Programmiergerät (PG)

Das *Programmiergerät* ist heutzutage ein PC oder Notebook. Es dient hauptsächlich zur Erstellung der Anwenderprogramme, also zur Programmierung des zu automatisierenden Prozesses etwa in Form des in Bild 1.8 dargestellten Programms. Hierfür befindet sich auf dem Programmiergerät eine spezielle Software, die sog. *Programmierumgebung*, die das Programmieren in festgelegten Programmiersprachen ermöglicht. Die damit erstellten Anwenderprogramme werden von der Programmierumgebung in einen SPS-spezifischen Programmcode übersetzt und in die SPS übertragen.

Dieses *Laden der Programme* in die SPS verursacht, dass alle laufenden Programme abgebrochen und die Variablen neu initialisiert werden. Deshalb ist entweder an der SPS ein Schlüsselschalter angebracht oder das Programmiersystem ist mit einem Password gesichert, damit der Zugriff auf die SPS nur für einen autorisierten Bediener möglich ist.

Um zu verhindern, dass z.B. während einer Reparatur unerwünscht von der SPS ein Programm abgefahren wird, verfügen die meisten SPSen über einen *RUN/STOP-Wahlschalter*. In der Betriebsart STOP werden alle laufenden Programme angehalten und die SPS-Ausgänge stromlos geschaltet.

In jedem Fall sollten die Programme zunächst auf dem Programmiergerät simuliert und ggf. korrigiert werden, bevor sie in die SPS geladen werden und mit einer eventuell empfindlichen Zielhardware laufen.

Anzeige- und Bedienkomponente (ABK)

Darüber hinaus laufen auf dem PC bestimmte Programme (sog. OPC- oder DDE-Server, s. Kapitel 8), die die SPS-Daten für andere Anwendungen zur Verfügung stellen. Insbesondere für *Anzeige- und Bedienkomponenten (ABKen)* sind die Daten aus der SPS wichtig, um Prozesszustände anzuzeigen und Bedieneingriffe wirksam zu machen. Aufbau und Funktionsweise solcher ABKen werden im Abschnitt 2.6 beschrieben.

Der Aufbau einer SPS ist demnach von den Feldgeräten ebenso wenig zu trennen wie von Programmiergerät und Anzeige- und Bedienkomponenten. Im Zuge immer komplexerer Anwendungen entstehen somit Systemstrukturen wie in Bild 2.2.

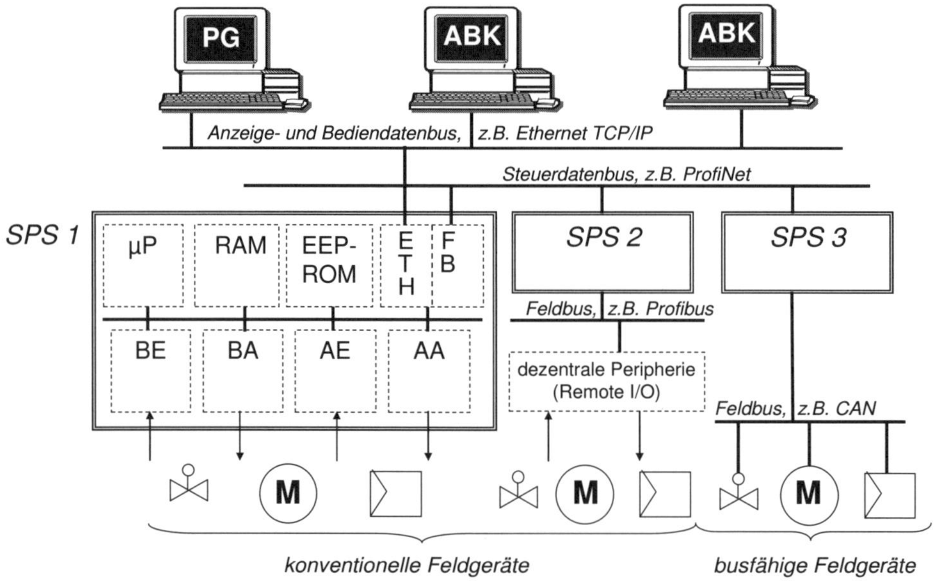

Bild 2.2: Struktur eines modernen Steuerungssystems mit Feldbustechnik oder Remote I/O, mehreren SPSen sowie Anzeige- und Bedienkomponenten (ABK).

Diese bestehen beispielsweise aus *mehreren SPSen*, die über einen Steuerdatenbus kommunizieren können. Das Programmiergerät kann anstatt über die serielle Schnittstelle auch über eine Busschnittstelle mit an den Anzeige- und Bediendatenbus angekoppelt werden und dadurch ebenso wie die *Anzeige- und Bedienkomponenten* mit den SPSen Daten austauschen. Die Feldgeräte können wie später noch erläutert auf unterschiedliche Arten an die SPS angekoppelt werden:

- konventionell durch *Kupferdrahtleitungen* (s. Bild 2.2 links),
- über *Feldbus*, was jedoch busfähige Feldgeräte erfordert (s. Bild 2.2 rechts),
- über eine dezentrale Peripherie (*Remote I/O*), die einerseits über Feldbus mit der SPS verbunden ist und andererseits nicht busfähige Feldgeräte über dezentrale E/A-Karten anbindet (s. Bild 2.2 Mitte).

2.2 SPS-Arten

Man unterscheidet mittlerweile drei verschiedene Aufbauarten bei SPSen [2.2], nämlich als:

- *Hardware*-SPS,
- *Slot*-SPS und
- *Soft*-SPS.

Der im vorigen Abschnitt beschriebene Aufbau einer SPS bezieht sich auf die klassische Aufbauform einer *Hardware-SPS*. Ihre Komponenten sind als Einsteckkarten in einem Schaltschrank oder Gehäuse angeordnet. Über einen Rückwandbus sind die Einsteckkarten miteinander verbunden. Im Allgemeinen gibt es eine gemeinsame Zentralbaugruppe mit µP, RAM und EEPROM. Außerdem gibt es Einsteckkarten zur Feldbusankopplung oder mit klassischen Eingangs- und Ausgangs-Kanälen zur Verdrahtung der Sensoren und Aktoren. Eine Hardware-SPS bedarf eines externen PCs als Programmiergerät (vgl. Bild 2.1).

Eine *Slot-SPS* ist eine Einsteckkarte für den PC, die alle Module einer SPS enthält. Anstatt einer CPU besitzt sie einen Co-Prozessor, auf dem ein eigenes multitaskingfähiges Betriebssystem mit einem multi-ported RAM (von PC und SPS geteilter Speicher, auf den beide zugreifen können) läuft. Außerdem befindet sich auf der Slot-SPS eine Feldbuskopplung zur Anbindung der Sensoren und Aktoren. Im Grunde nutzt also die Slot-SPS lediglich die Stromversorgung des PCs. Durch den multi-ported RAM können die CPU des PCs und der Co-Prozessor der Slot-SPS aber gleichzeitig auf den RAM zugreifen, was den Datenaustausch zwischen beiden vereinfacht.

Eine *Soft-SPS* ist dagegen reine Software, die komplett auf der CPU des Host-PCs läuft. Die Soft-SPS nutzt die Hardware des Host-PCs. Über die Internetseite[1] zu diesem Buch ist die Soft-SPS *CoDeSys* der Firma *3S* verfügbar, mit der der Leser SPS-Programme erstellen und in Simulation testen kann. Zur Ankopplung der Sensoren und Aktoren wäre eine Einsteckkarte zur Feldbuskopplung notwendig, die mit einem Prozessor zur Buskommunikation und einem dual-ported RAM ausgestattet ist.

---

[1] `www.es.hs-mannheim.de/buch`. Weitere Hinweise zur Installation von CoDeSys und zum Inhalt der Internetseite auf der letzten Seite dieses Buchs.

Vor- und Nachteile PC-basierter SPSen

Die Vorteile der SPS im PC ergeben sich hauptsächlich dadurch, dass die rasante Entwicklung der PC-Leistung für SPSen genutzt werden kann:

- PC-basierte Steuerungen erreichen höhere *Verarbeitungsgeschwindigkeiten* als Hardware-SPSen [2.3].
- Ein PC kann zur *Steuerung*, *Programmierung* und *Visualisierung* verwendet werden. Somit ergeben sich preisgünstigere, einfachere und durchgängige Systemstrukturen, mit denen der Anwender gewohnt ist umzugehen.
- Es entstehen *offenere Systeme*, weil der Datenaustausch auf einer einheitlichen Plattform unter Windows standardisiert wird. Somit wird die Ankopplung von Bedien- und Beobachtungssystemen sowie von übergeordneten Planungssystemen an die SPS vereinfacht.

Neben diesen Vorteilen muss der PC aber auch die *industriellen Anforderungen* erfüllen, wie z.B. Robustheit des Betriebssystems, Echtzeitfähigkeit, Kommunikationsstandards für E/A-Anbindung, Funktionssicherheit, EMV (**e**lektro**m**agnetische **V**erträglichkeit), Ex-Schutz (**Ex**plosionsschutz in Chemiebetrieben), Temperaturüberwachung und USV (**u**nterbrechungsfreie **S**pannungs**v**ersorgung). Insbesondere bei der Soft-SPS besteht die Gefahr, dass die SPS-Programme von anderen im PC ablaufenden Programmen gestört werden, was im industriellen Einsatz nicht toleriert werden kann.

Durch Einsatz von Industrie-PCs mit Echtzeit-Kernel-Betriebssystemen, die die Abarbeitung der Programme in Echtzeit gewährleisten, werden diese Anforderungen zunehmend erfüllt. Dennoch ist die konventionelle SPS-Hardware für kleinere Steuerungsaufgaben, z.B. zur Gebäudeautomatisierung, häufig kostengünstiger, wenn kein Visualisierungssystem zusätzlich zur SPS gebraucht wird.

2.3 Informationsverarbeitung in der SPS

Die Informationsverarbeitung in einer SPS verläuft zyklisch. Die Verarbeitungsschritte lassen sich vereinfacht wie in Bild 2.3 dargestellt mit dem *EVA-Prinzip* beschreiben:

- **E**inlesen der Sensordaten,
- **V**erarbeiten der Informationen im SPS-Programm und
- **A**usgeben der Stellsignale an die Aktoren.

Die Messsignale von den Sensoren werden zunächst in den Eingangskarten elektronisch angepasst. Die CPU fragt nacheinander alle Eingangskanäle ab und legt die Eingangsdaten im Arbeitsspeicher (RAM) ab. Dieser Speicherbereich wird auch *Eingangsabbild* genannt, weil die hier abgelegten Eingangsdaten nicht die aktuellen, sondern die zum Abtastzeitpunkt anliegenden Daten sind.

Die *Programme* werden dann von der CPU jeweils Schritt für Schritt abgearbeitet. Dabei werden die im Arbeitsspeicher abgelegten *Operationen*, wie `LD` (LOAD), `AND` und `ST` (STORE) in Bild 2.3, einzeln adressiert, interpretiert und mit den angegebenen Operatoren ausgeführt. Die *Operatoren* können direkte Adressen des Ein- oder Ausgangsabbilds sein, sollten aber im Allgemeinen als Variablen (z.B. `A`, `B`, `C` in Bild 2.3) deklariert werden. Prinzipiell werden in einem Programm nicht nur Daten des Ein- und Ausgangsabbildes, sondern auch Parameter und Zwischenwerte, wie Zählerstände, Sollwerte, Zustände etc., verarbeitet und im RAM gespeichert. Wenn ein Programm Stellwerte für die Aktoren der Anlage berechnet, werden diese im Ausgangsabbild des Datenspeichers abgelegt.

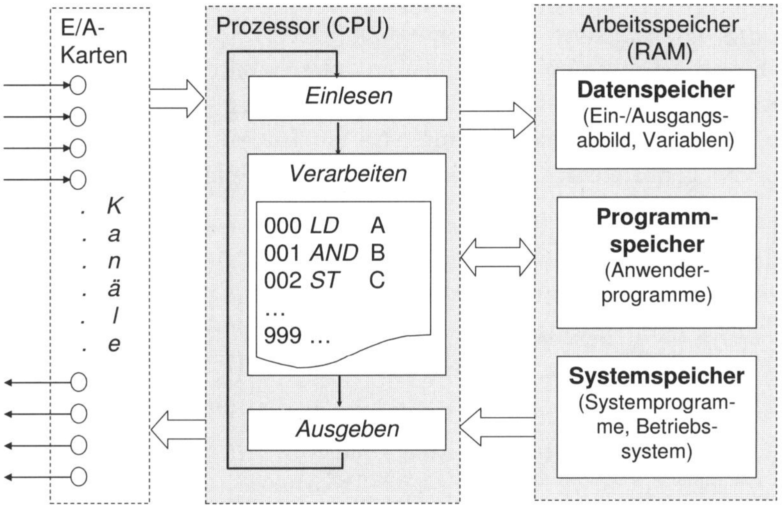

Bild 2.3: Signalverarbeitung und Arbeitsweise einer SPS.

Erst nach Abarbeitung aller Programme werden die im *Ausgangsabbild* abgelegten Stellwerte nacheinander an die Ausgangskanäle übertragen. Dabei erfolgt wiederum eine elektronische Anpassung.

Der Arbeitsspeicher (RAM) lässt sich also wie in Bild 2.3 dargestellt in drei Teile gliedern:

- den *Datenspeicher* mit Ein- und Ausgangsabbild sowie den verwendeten Variablen,
- den *Programmspeicher* mit den zyklisch abzuarbeitenden Anwenderprogrammen und
- den *Systemspeicher* mit den SPS-internen Systemprogrammen (z.B. Betriebssystem).

Wie Sensordaten eingelesen und Stellsignale ausgegeben werden, beschreiben die folgenden Abschnitte.

2.4 Konventionelle Anbindung der Feldgeräte

Eine Schrank-SPS besitzt im Allgemeinen Einsteckkarten für *binäre* Ein- und Ausgangssignale (BE bzw. BA) sowie für *analoge* Ein- und Ausgangssignale (AE bzw. AA). Die Anbindung der Feldgeräte an die SPS erfolgt über Kupferleitungen, die mittels Steck- oder Schraubverbindungen an die Kanäle der Ein- oder Ausgangskarten angeschlossen werden.

2.4.1 Binäre Eingänge der SPS

Eine *binäre Eingangskarte* kann zwischen einem hohen und einem niedrigen Pegel der anliegenden Eingangsspannung unterscheiden. Wie in Bild 2.4 skizziert wird die Eingangskarte von einer 24-V-Gleichspannung (DC) versorgt. Ist der Schalter geschlossen, liegt also – innerhalb gewisser Toleranzen – ein Spannungspegel von 24 V am Eingangskanal an. Bei geöffnetem Schalter liegt dagegen ein Spannungspegel von 0 V an.

Die Spannung wird durch ein *RC-Filter* von überlagertem Rauschen entstört. Das Filter dient auch als Verzögerung des Eingangssignals, um Störungen durch Schalterprellen zu unterdrücken. Anschließend wird das Eingangssignal durch einen *Optokoppler* von der restlichen Verarbeitungselektronik galvanisch getrennt. Somit können keine Ausgleichsströme zwischen dem Sensor und dem Steuerkreis fließen.

Schließlich wird das Eingangssignal durch einen *Schwellwertschalter (Triggerstufe)* einem High- (5 V) bzw. Low-Zustand (0 V) zugeordnet. Bei einem Spannungspegel von 5 V interpretiert die Elektronik die binäre Information als `TRUE`, bei einem Spannungspegel von 0 V dagegen als `FALSE` [2.4].

Bei einem Zustandswechsel eines binären Sensors erzeugt dessen Elektronik wie in Bild 2.4 ein Signal, das die binäre Eingangskarte einliest.

Beispiel 2.1 *Binäre Eingangskarte*
Wird der Niveauschalter in Bild 2.4 von Flüssigkeit bedeckt, zieht das Relais in seiner Elektronik an, und der Schalter im Messkreis der binären Eingangskarte wird geschlossen. Der Messkreis wird von der SPS mit 24 V Gleichspannung versorgt, die an den Eingangsklemmen der Karte

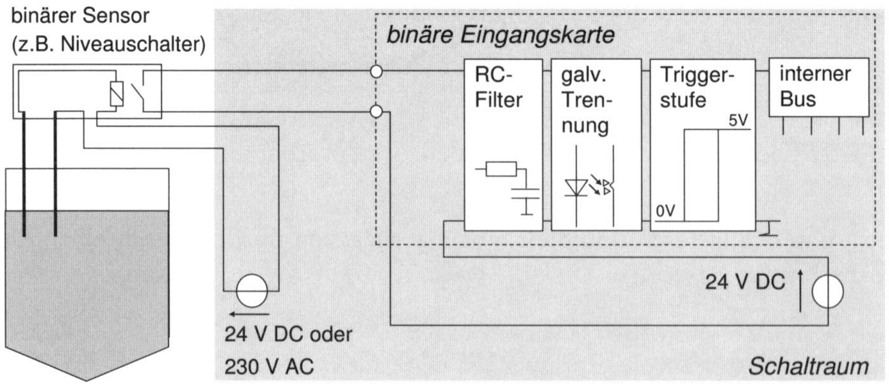

Bild 2.4: Vereinfachte Darstellung eines Stromlaufplans zwischen Sensor und binärer Eingangskarte.

anliegt. Durch Triggerstufe, Filter und galvanische Trennung wird das Signal in ein 5-V-Spannungssignal umgewandelt und als Boole'scher Datenwert TRUE in der digitalen Verarbeitungseinheit der SPS interpretiert. □

2.4.2 Binäre Ausgänge der SPS

Binäre Ausgangskarten erzeugen aus den Boole'schen Ausgangsvariablen mit TRUE- oder FALSE-Werten ein Spannungssignal von 5 V bzw. 0 V. Wie in Bild 2.5 skizziert verfügen binäre Ausgangskarten ebenso wie die Eingangskarten über Optokoppler zur galvanischen Trennung. Darüber hinaus sorgen Signalverstärker zusammen mit einem Transistor für die Anpassung an den 24-V-Pegel, denn bei einem TRUE-Signal schließt der Transistor den Stromkreis und bei einem FALSE-Signal öffnet er ihn. Dieser Stromkreis wird von einer externen Spannungsversorgung in der Regel mit 24 V DC gespeist.

Der Nachteil dieser reinen *Transistorausgänge* ist, dass sie nur einen Ausgangsstrom von bis zu 0,5 A zur Ansteuerung von Lampen, kleinerer Schütze und Magnetventile ausgeben können.

Deshalb verfügen manche binäre Ausgangskarten über sog. *Relaisausgänge*, die mit einem Ausgangsstrom bis 2 A auch größere Antriebe ansteuern können. Hierfür besitzen diese Relaisausgangskarten wie in Bild 2.5 dargestellt zusätzlich zu dem Transistor noch ein Relais, das extern versorgt wird, und einen Schalter für den Ausgangsstromkreis, der mit einer höheren Schaltspannung in DC und AC betrieben werden kann [2.4, 2.5, 2.6].

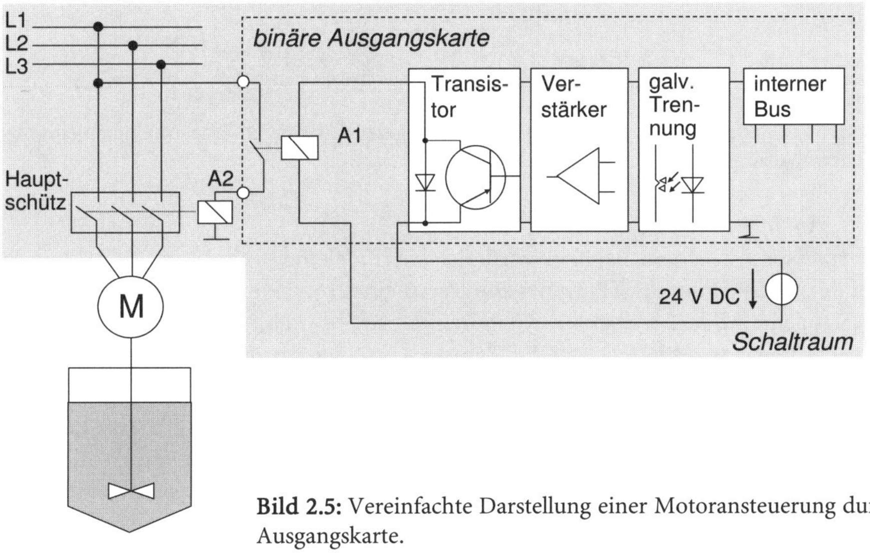

Bild 2.5: Vereinfachte Darstellung einer Motoransteuerung durch eine binäre Ausgangskarte.

Beispiel 2.2 *Binäre Ausgangskarte*
Um den Hauptschütz eines Dreiphasenmotors in Bild 2.5 anzusteuern, bewirkt ein binäres Ausgangssignal in der binären Ausgangskarte, dass der Transistor den Strom über das Relais A1 leitet. Dadurch wird der Relaiskontakt im externen Stromkreis geschlossen, und es kann Strom

über die Relais-Spule A2 fließen. Mit Hilfe dieses Relais wird der Hauptschütz umgelegt, so dass der Motorantrieb von den drei Phasen versorgt wird und anläuft.

Damit beim Ausschalten der Entladestrom des Relais den Transistor nicht zerstört, wird eine Diode in Sperrrichtung parallel zu ihm geschaltet. □

2.4.3 Analoge Eingänge der SPS

Ein Sensor wandelt die physikalische Messgröße (z.B. Füllstand, Druck, Durchfluss, Temperatur etc.) entweder in einen elektrischen Strom-, Spannungs- oder Widerstandswert um. Strom- und Spannungsgeber werden im Allgemeinen über zwei Leitungen auf den entsprechenden Kanal einer *Analogeingangsbaugruppe* geführt.

Dabei unterscheidet man aktive und passive Sensoren. *Passive Sensoren*, sog. Zweidraht-Messumformer, werden über die Analogeingangsklemmen von der SPS (24-V-DC-Versorgung) gespeist wie in Bild 2.6 dargestellt. Dagegen besitzen *aktive Sensoren*, auch Vierdraht-Messumformer genannt, eine separate Spannungsversorgung und liefern ohne Versorgung durch die SPS ein elektrisches Signal an die Analogeingangskarte.

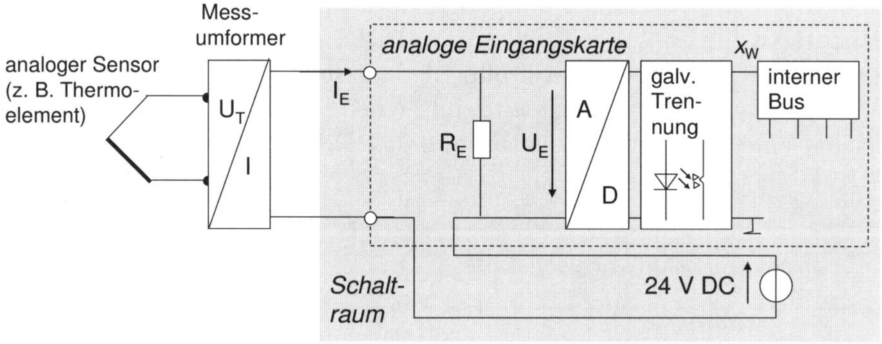

Bild 2.6: Vereinfachte Darstellung der Ankopplung eines analogen Sensors an eine Analogeingangsbaugruppe in Zweileiterschaltung.

Beispiel 2.3 *Analoge Eingangskarte*
Zur Temperaturmessung in einem Behälter wird ein Thermoelement eingesetzt. Ein Messumformer wandelt die relativ schwache Thermospannung in ein Stromsignal I_E um. Die Versorgung des Sensors erfolgt gemäß Bild 2.6 über die Klemmen der SPS mit einer 24-V-Gleichspannung. Der Messumformer liefert in Abhängigkeit der Temperatur einen Strom I_E, der zwischen 4 mA und 20 mA liegt [2.5].

Der Vorteil dieses 4-...20-mA-Signals liegt darin, dass ein Drahtbruch, der $I_E = 0$ mA zur Folge hätte, eindeutig erkannt werden kann. Wenn die Temperatur dagegen nur etwas unter dem Messbereichsanfangswert oder über dem Messbereichsendwert liegt, äußert sich das dadurch, dass der Eingangsstrom etwas niedriger als 4 mA bzw. etwas höher als 20 mA liegt. □

Bei der in Bild 2.6 dargestellten *Zweileiterschaltung* reichen also zwei Verbindungskabel aus, um sowohl die Energieversorgung des Sensors als auch die Information des Sensorsignals in die SPS zu übertragen. Einige Sensoren, wie z.B. Widerstandsthermometer (vgl. Übung 2.1), erfordern aber eine getrennte Übertragung von Information und Energie mittels vier Verbindungsleitungen [1.3].

Bei einer *Vierleiterschaltung* (vgl. Bild 2.16) dienen zwei der vier Leiter als Versorgungsleitung und die beiden anderen als Messleitung. Über die Messleitung fließt nun ein so geringer Strom, dass das Messergebnis infolge der Leitungswiderstände kaum verfälscht wird.

Die analoge Eingangskarte führt für jeden Kanal eine *Analog-/Digital-Umwandlung* der anliegenden Eingangsspannung U_E durch. Der digitalisierte Messwert x_W wird nach der galvanischen Trennung gemäß Tabelle 2.1 als 16-Bit-Datenwort im Eingangsabbild des Arbeitsspeichers abgelegt. Je nach Bedarf gibt es Karten mit 10-, 12- oder 16-Bit-Auflösung.

Tabelle 2.1: Umwandlung eines analogen Stromsignals I_E in die digitale Größe x_W, die sowohl dezimal als auch in Form eines 16-Bit-Datenwortes angegeben ist.

I_E	x_W	*Eingangsdatenwort* x_W															
[mA]	*dezimal*	VZ	2^{14}	2^{13}	2^{12}	2^{11}	2^{10}	2^9	2^8	2^7	2^6	2^5	2^4	2^3	2^2	2^1	2^0
> 22,810	32767	0	1	1	1	1	1	1	1	1	1	1	1	1	1	1	1
22,810	32511	0	1	1	1	1	1	1	0	1	1	1	1	1	1	1	1
20,0005	27649	0	1	1	0	1	1	0	0	0	0	0	0	0	0	0	1
20,0	27648	0	1	1	0	1	1	0	0	0	0	0	0	0	0	0	0
16,0	20736	0	1	0	1	0	0	0	1	0	0	0	0	0	0	0	0
4,0	0	0	0	0	0	0	0	0	0	0	0	0	0	0	0	0	0
3,9995	–1	1	1	1	1	1	1	1	1	1	1	1	1	1	1	1	1
1,1852	–4864	1	1	1	0	1	1	0	1	0	0	0	0	0	0	0	0
< 1,1852	–32768	1	0	0	0	0	0	0	0	0	0	0	0	0	0	0	0

Beispiel 2.4 *Einlesen eines Analogwerts*

In einer SPS wird das analoge Eingangsstromsignal I_E (vgl. Bild 2.6) durch eine 16-Bit-Analog-/Digital-Wandlung als Datenwort x_W im Eingangsabbild des Arbeitsspeichers abgelegt. Der dem physikalischen Messbereich des Sensors entsprechende Stromnennbereich liegt zwischen 4 und 20 mA. In Tabelle 2.1 sind die zugehörigen Bits des digitalen Datenwortes x_W dargestellt. Ein Bit entspricht demnach einem Strom von $I_E = (20–4)\text{mA} / 27648 = 0{,}58\ \mu\text{A}$.

Außerhalb des eingerahmten Nennbereichs wird eine gewisse Über- bzw. Untersteuerung linear verarbeitet. Ströme größer als 22,810 mA oder kleiner als 1,1852 mA werden jedoch als Über- bzw. Unterlauf gekennzeichnet, indem der größte bzw. kleinste 16-Bit-Wert verarbeitet wird. Dadurch kann also ein Drahtbruch bei $I_E = 0$ mA eindeutig durch den Wert $x_W = -32768$ erkannt werden. □

2.4.4 Analoge Ausgänge der SPS

Zur Ansteuerung eines analogen Stellgliedes, wie z.B. des kontinuierlich verstellbaren Regelventils in Bild 2.7, gibt die SPS den berechneten analogen Stellwert über eine *Ana-*

logausgangsbaugruppe aus. Auch hier führt die Karte eine galvanische Trennung und dann eine Digital-/Analog-Umwandlung durch, um ein Strom- oder Spannungssignal für den Aktor zu erzeugen.

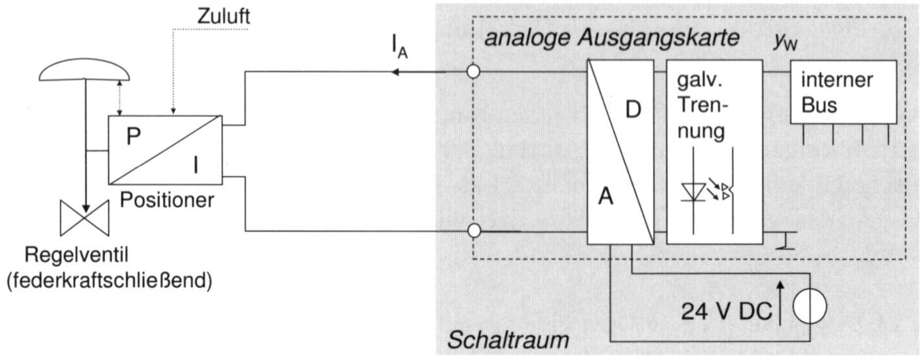

Bild 2.7: Darstellung der Ankopplung eines Regelventils an eine Analogausgangsbaugruppe.

Beispiel 2.5 *Analoge Ausgangskarte*
Es soll der Öffnungsgrad für das Regelventil in Bild 2.7 als analoger Stellwert von der SPS vorgegeben werden. Der Öffnungsgrad wird von einem elektro-pneumatischen Umsetzer, einem sog. *P/I*-Positioner, vorgegeben und kann zwischen 0 und 100 % variieren.

Zunächst wird vom Programm der digitale Wert y_W als Stellwert für das Regelventil ermittelt und wie in Tabelle 2.1 dargestellt als 16-Bit-Datenwort im Ausgangsabbild abgespeichert. Nach galvanischer Trennung wird das digitale Datenwort durch einen Digital-/Analog-Wandler, der von der 24-V-Versorgung der SPS gespeist wird, in ein analoges Stromsignal I_A gewandelt.

Normalerweise arbeiten Regelventile in einem Signalbereich von 4 ... 20 mA. Bei einem Strom von 4 mA führt der Positioner keine Bewegung aus, aber die Federkraft schließt das Ventil. Dagegen bewirkt ein Strom größer als 4 mA eine Bewegung des Positioners gegen die Federkraft, d.h. bei 20 mA öffnet der Positioner das Ventil vollständig. □

Die in diesem Abschnitt beschriebenen Möglichkeiten, binäre und analoge Signale in die SPS einzulesen oder von der SPS auszugeben, sind jedoch mit einem *großen Verkabelungsaufwand* verbunden, denn für jedes Signal sind mindestens zwei, wenn nicht sogar vier Leitungen zu verlegen. Insbesondere bei komplexen Anlagen mit langen Leitungswegen (z.B. Chemieanlagen, Pipelines etc.) entsteht ein erheblicher Material- und Verdrahtungsaufwand, der durch die moderne Feldbustechnik vermieden werden kann. Trotzdem wird auch die klassische Zwei- und Vierleitertechnik nicht aussterben, da sie für kleinere kompakte Anlagen eine einfache und sehr zuverlässige Kopplungsmöglichkeit darstellt.

2.5 Busankopplung der Feldgeräte

Der Grundgedanke von Feldbussystemen ist es, in erster Linie elektrische Kabel und Leitungen einzusparen. Während bei der klassischen Zwei- und Vierleitertechnik für jedes Signal diverse Kabel vom Feld in den Schaltraum gelegt werden müssen, ist es mit dem Feldbus möglich, mehrere Signale über eine einzige Busleitung zu übertragen.

2.5.1 Feldbussysteme und -strukturen

In der *klassischen Verdrahtungstechnik* muss eine Sortierung der Leitungen von den räumlich benachbarten Sensoren und Aktoren in der Anlage zu den funktional zusammenhängenden Ein- und Ausgangskanälen der SPS erfolgen.

Wie in Bild 2.8a dargestellt werden räumlich benachbarte Einzelleitungen von den Feldgeräten in einem Feldverteiler zu einem Stammkabel zusammengefasst und in den Schaltraum verlegt. Dort werden die Einzelleitungen in einem Rangierverteiler erneut aufgelegt und geordnet. Diese Umverdrahtung ist notwendig, weil die im Feld räumlich benachbarten Leitungen nun funktional in der Reihenfolge zusammengefasst werden müssen, in der sie mit den E/A-Kanälen der SPS verbunden werden. Für Feldgeräte in explosionsgefährdeten Anlagenteilen sind Trennverstärker zwischen SPS und Rangierung erforderlich, die eine galvanische Trennung der Steuerkreise im Schaltraum vom explosionsgefährdeten Bereich im Feld realisieren [2.7].

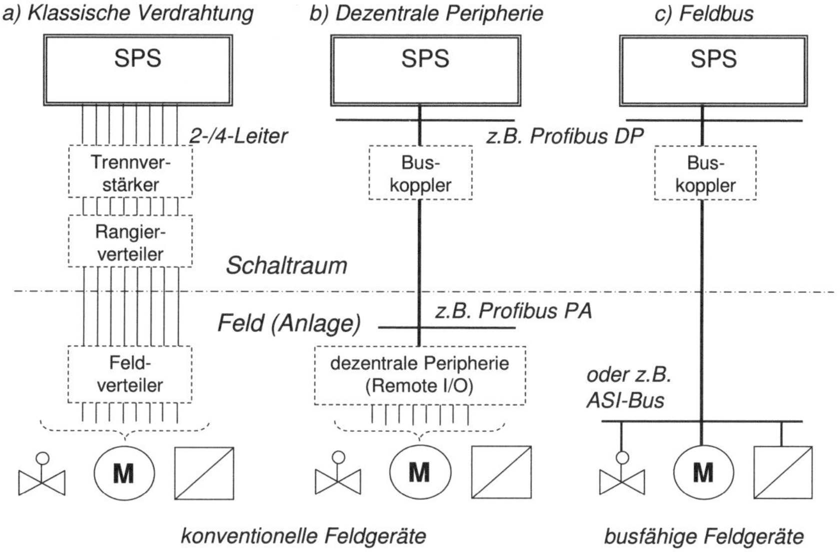

Bild 2.8: Gegenüberstellung der heutzutage gängigen Verdrahtungskonzepte zur Ankopplung der Sensoren und Aktoren an die SPS.

Mit der *Feldbustechnik* (s. Bild 2.8c) werden nun Feldgeräte und SPS an eine Busleitung angeschlossen. Auch hier muss ggf. eine Umsetzung zwischen zwei Bussystemen erfolgen, um den explosionsgefährdeten vom nicht explosionsgefährdeten Bereich galvanisch zu trennen. Voraussetzung für eine Feldbusankopplung ist aber, dass die Feldgeräte über einen Mikrocontroller mit busfähiger Schnittstelle verfügen. Dies ist bei den meisten älteren Feldgeräten nicht der Fall.

Deshalb setzte sich zunächst die in Bild 2.8b skizzierte Zwischenlösung mit einer Feldgeräteankopplung über einen dezentralen Feldmultiplexer durch. Diese *dezentrale*

Peripherie (DP) ermöglicht es, auch nicht busfähige Feldgeräte anzuschließen, was auch als *Remote-I/O-System (RIO)* bezeichnet wird. Im Grunde verfügt das Remote-I/O-System nämlich einerseits über die E/A-Karten, die früher zentral im SPS-Schrank steckten, und andererseits über eine Feldbusschnittstelle, die eine Busverbindung zur SPS ermöglicht.

Die wichtigsten Vorteile der Feldbustechnik sind:

- Einsparung von Kabeln zwischen Anlage und Schaltraum,
- höhere Auflösung des Messwerte,
- Übertragung zusätzlicher Geräteinformation (Grenzwerte, Zustände, Alarme, Betriebszeiten etc.),
- zentrale Diagnosemöglichkeit (d.h. Fehlersuche von der Leitwarte aus),
- dezentrale Intelligenz (Rechenoperationen, wie z.B. Dosieren, im Gerät),

Tabelle 2.2: Feldbussysteme und ihre Eigenschaften (Auswahl).

Bussystem	Einsatzfelder	Eigenschaften
ASI-Bus (**A**ktor-**S**ensor-**I**nterface)	Ankopplung einfacher Sensoren und Aktoren, wie Lichtschranken, Ventile, Lampen etc., zumeist in der Fertigungstechnik.	• Kostengünstig. • Schnelle Übertragung weniger binärer Daten. • Übertragung von Energie und Daten über dasselbe Kabel.
Profibus (**Pro**cess **Fi**eld **Bus**)	Profibus-DP für Datenaustausch mit **d**ezentraler **P**eripherie wie Antrieben, Ventilen und Messumformern in Fertigungs- und Verfahrenstechnik.	• Schneller, zyklischer Datenaustausch der SPS mit dezentralen Feldgeräten (Zykluszeit < 10 ms). • Auch Datenaustausch zwischen SPSen im Multi-Masterbetrieb möglich.
	Profibus-PA für Anwendungen in explosionsgefährdeten Umgebungen in der **P**rozess**a**utomatisierung.	• Vergleichsweise langsame Datenübertragung. • Gewährleistet Eigensicherheit der angekoppelten Sensoren und Aktoren, indem die Versorgungsspannung unterhalb der Zündenergie von explosiven Gasen gehalten wird.
Profinet (**Pro**cess **Fi**eld Ether**Net**)	Profinet-IO (Input Output) zur Ansteuerung von Sensoren und Aktoren durch eine zentrale Steuerung in der Fertigungstechnik.	• Zykluszeiten unter 1 ms im isochronen Modus möglich. • Kompatible Kabel- und Netzwerktechnik mit dem Ethernet der PC-Welt. • Relativ einfache Erweiterbarkeit.
	Profinet-CBA (Component Based Automation) zur Vernetzung von SPSen.	• Wie bei Profinet-IO, Zykluszeiten jedoch im Bereich von 50 ms.
EIB (**E**uropäischer **I**nstallations**b**us)	Kommunikation zwischen Sensoren und Aktoren zur Gebäudeautomatisierung.	• Steuerung erfolgt dabei über den Benutzer selbst oder über einen mit entsprechender Software ausgerüsteten Netzwerkcomputer.
SERCOS (**Se**rial **R**ealtime **Co**mmunication **S**ystem)	Kommunikation zwischen Steuerungen und Antrieben in der Fertigungstechnik.	• Synchronisierung digitaler Servoantriebe hochgenau und in Echtzeit. • Regelung von beispielsweise 40 Achsen mit einer Zykluszeit von 1 ms.
CAN-Bus (**Con**troller **A**rea **Net**work)	Vernetzung von Steuergeräten in Automobilen.	• Ausdehnung abhängig von Übertragungsrate 40 m bei 1 Mbit/s, hohe Datensicherheit.

- Platzeinsparung im Schaltraum,
- geringerer Montage-/Planungsaufwand,
- geringerer Nachrüst-/Änderungsaufwand und
- zentrale Konfigurierung der Bussysteme am PC.

Derzeit gibt es am Markt mehrere Feldbussysteme, die sich für verschiedene Industrieanwendungen durchgesetzt haben [2.1, 2.7...10, 8.1]. Während für die Fertigungsautomatisierung Zykluszeiten kleiner 10ms in relativ kleinen Bussegmenten (Kabellängen kleiner 100 m) gefordert werden, ist die Ausdehnung von Chemieanlagen in der Regel größer, aber die Zykluszeitanforderungen liegen nur im Bereich von 100 ms oder gar darüber. Tabelle 2.2. stellt die zurzeit gängigsten Feldbussysteme gegenüber. Exemplarisch werden im Folgenden die Eigenschaften des Profibus DP beschrieben.

2.5.2 Datenübertragung in Feldbussystemen

Wie erfolgt nun die Datenübertragung in Feldbussystemen? Ähnlich wie beim PC, bei dem man zwischen einer parallelen und seriellen Datenübertragung zu Drucker bzw. Maus und Tastatur unterscheidet, kann man die klassische 2-/4-Leitertechnik als *parallele Schnittstelle* ansehen, von der aus die Daten für jedes Signal zeitgleich ein- und ausgegeben werden. Dementsprechend erfolgt die Feldbuskopplung über eine *serielle Schnittstelle*, denn hier werden die Daten hintereinander über zwei Leitungen (eine zum Senden, eine zum Empfangen) übertragen. Den Vorteil der erheblich kleineren Zahl an Leitungen erkauft man sich aber mit höheren Übertragungszeiten, denn die Daten der einzelnen Signale müssen nacheinander übertragen und durch eine Start- und Ende-Kennzeichnung voneinander getrennt werden.

Wie in Bild 2.9 dargestellt ist die Datenübertragung mit verschiedenen physikalischen *Übertragungsmedien* möglich, angefangen von der verdrillten Zweidrahtleitung aus Kupfer, über ein Koaxialkabel, Lichtwellenleiter (LWL), bis hin zu Funkwellen. Die Wahl des Mediums hängt von den in Bild 2.9 gegenübergestellten Faktoren ab.

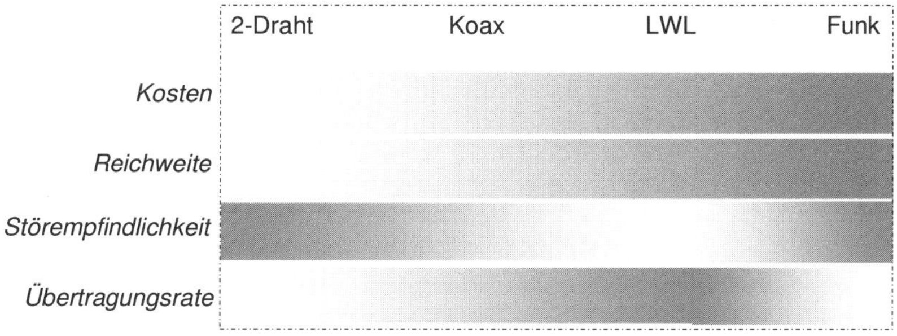

Bild 2.9: Eigenschaften der Übertragungsmedien (hell bedeutet niedrig, dunkel hoch).

Die elektrischen Eigenschaften der Busleitung sind durch den *Schnittstellenstandard* RS 485 festgelegt. Hiernach kann ein Bussegment bis zu 1200 m für 1 Master und 31 Slaves mit einer Übertragungsrate von 1,5 Mbit/s ausgelegt werden. Im Gegensatz zum RS-

232-Standard einer PC-Schnittstelle, die nur über 15 m für einen Master und einen Slave mit 19,2 kBit/s ausgelegt ist, ist die RS-485-Verbindung also busfähig, schneller und von größerer Reichweite.

Damit nun die SPS mit den Feldgeräten Daten austauschen kann, müssen alle Busteilnehmer auf den Bus zugreifen können, um Daten auszulesen oder einzugeben. Das für diese Kommunikation erforderliche Buszugriffsverfahren ist das *Master-/Slave-Verfahren*, wobei die SPS den Master und die Feldgeräte die Slaves darstellen.

Es ist gekennzeichnet durch das Prinzip, dass nur der Master die Kommunikation anstoßen darf. Slaves antworten nur auf Anforderung des Masters. Damit ergibt sich folgender Kommunikationsablauf:

- Will der Master Daten von einem Slave empfangen, so fordert er die Daten durch ein *Request-Telegramm* an.
- Dieses Telegramm wird nun auf dem Bus von jedem Slave dahin gehend interpretiert, ob er angesprochen ist. Der adressierte Slave antwortet dann mit einem *Response-Telegramm*, mit dem er die gewünschten Daten zum Master zurückschickt.
- Will der Master Daten an den Slave senden, so schreibt er neben der Zieladresse des angesprochenen Slaves die Sendedaten in das *Send-Telegramm.*
- Der angesprochene Slave liest diese Daten ein und sendet ein *Acknowledge-Telegramm* zurück.

Der Aufbau aller vier Telegrammtypen umfasst folgende Informationen:

<Startbyte, Quelladresse, Zieladresse, Steuerbyte, Daten, Prüfbyte, Endebyte>

Im Steuerbyte wird unterschieden, ob es sich um ein Send-, Request-, Response- oder Acknowledge-Telegramm handelt [2.10].

Da stets nur der angesprochene Slave Daten senden darf, kann erst dann eine neue Abfrage erfolgen, wenn der Master die gewünschten Daten erhalten hat. Aus diesem Grund muss die SPS die Feldgeräte nacheinander jeweils durch das besprochene Master-/Slave-Verfahren ansprechen. Diese zyklische Anwahl der Feldgeräte durch den Master ist in Bild 2.10 veranschaulicht und heißt *Polling-Verfahren* (to poll, wählen).

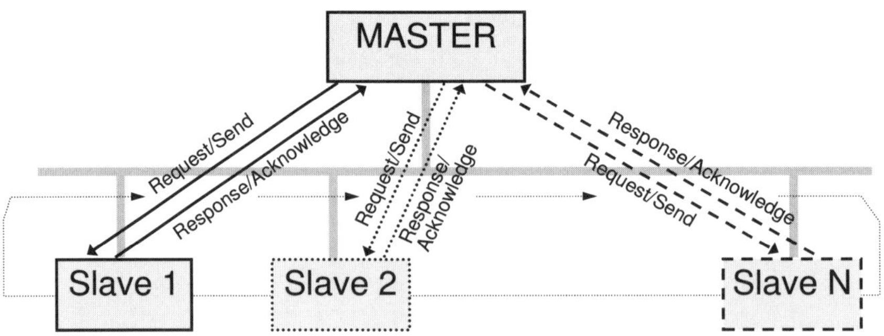

Bild 2.10: Die SPS kommuniziert in jedem Zyklus nacheinander mit den einzelnen Slaves (Polling-Verfahren).

Voraussetzung für eine solche Buskommunikation ist jedoch, dass alle Geräte und deren Eigenschaften dem System bekannt sind. Vor Inbetriebnahme ist deshalb die *Hardwarestruktur* in der SPS zu konfigurieren. Darin ist festzulegen, welcher Master, welches Bussystem und welche Slaves an der Kommunikation teilnehmen.

Da die Sensoren und Aktoren von verschiedenen Herstellern stammen, muss jeder Hersteller eine *Gerätestammdatei* (GSD) mitliefern, die in die Steuerungskonfiguration einzuspielen ist (s. Abschnitt 3.1). Die GSD beinhaltet charakteristische Gerätemerkmale, wie

- Hersteller, Gerätetyp,
- Baudrate,
- Diagnose-Codes (Meldungstypen),
- Art und Anzahl der Messwerte (Datenformate etc.).

2.6 Bedienen und Beobachten

Die Bedienung und Beobachtung des von der SPS automatisierten Prozesses erfolgt häufig noch *vor Ort* über ein Bedientableau in unmittelbarer Nähe des Prozesses (s. Bild 2.11a). Auf dem *Bedientableau* befinden sich zum einen Schalter zur Bedienung des Prozesses und zum andern Leuchten zur Signalisierung bestimmter Prozesszustände. Die Schalter und Leuchten sind dabei als physikalische Ein- und Ausgänge der SPS verdrahtet.

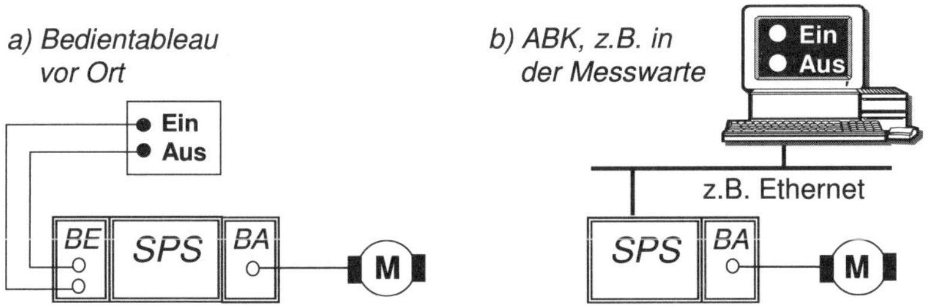

Bild 2.11: Bedienung eines Motors durch Schalter oder Taster vor Ort (a) und über eine Anzeige- und Bedienkomponente (ABK) aus der Messwarte (b).

Heutzutage werden aber die meisten Prozesse auch vor Ort durch *Anzeige- und Bedienkomponenten (ABKen)* bedient und beobachtet. Eine Anzeige- und Bedienkomponente ist ein Rechner mit einer Software zur Prozessvisualisierung. Damit wird es dem Bediener ermöglicht, Prozesszustände auch aus der Ferne zu beobachten und per Mausklick Geräte zu bedienen (s. Bild 2.11b).

2.6.1 Prozessvisualisierung

Ein *Prozessvisualisierungssystem* besitzt eine spezielle Software, mit der Prozesse schematisch dargestellt und Prozesszustände farblich gekennzeichnet werden. In dem in

Bild 2.12 dargestellten Beispiel ist der Behälter leer, so dass der Niveauschalter LS- farblich als TRUE markiert ist. Dies erreicht man dadurch, dass im Dialog zur *Dynamisierung* unter Farbwechsel der Name der Variablen in der SPS eingetragen wird, die den Zustand des Sensorsignals angibt.

Darüber hinaus kann der Bediener Schalter oder Taster als Software-Keys betätigen, wodurch eine Aktivierung der SPS-Variablen erfolgt. Per Mausklick auf das Symbol der Pumpe EU[1] lässt sich hierfür das zugehörige Bedienfenster, das sog. *Faceplate*, öffnen, über das der Bediener die Pumpe ein- oder ausschalten kann.

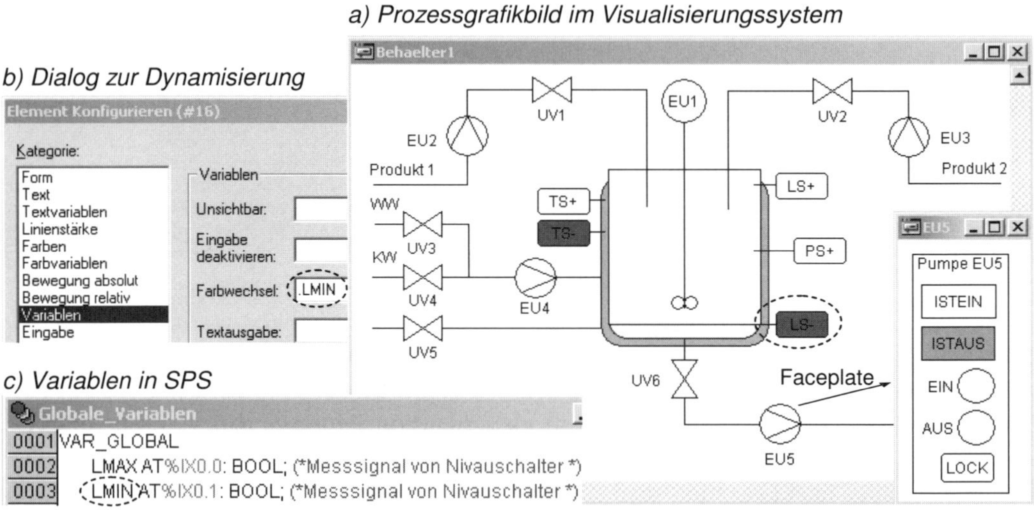

Bild 2.12: Prozessgrafikbild eines verfahrenstechnischen Prozesses[1] mit dem Visualisierungssystem *CoDeSys HMI* (a) und Dynamisierung der Messstelle LS- (b) durch die globale Variable `LMIN` in der SPS (c).

2.6.2 Kopplung zwischen Visualisierungssystemen und SPSen

Für die Kopplung zwischen SPSen und Visualisierungssystemen gibt es wie in Bild 2.13 skizziert verschiedene Konzepte. Prinzipiell unterscheidet man Visualisierungssysteme, die wie z.B. InTouch von der Fa. Wonderware [2.12] getrennt von der SPS laufen, und solche, die in das SPS-Programmiersystem integriert sind, wie z.B. CoDeSys von der Firma 3S [3.6]. Wenn diese auf einer PC-basierten SPS implementiert sind, kann die Anzeige- und Bedienkomponente (ABK) wie in Bild 2.13a direkt an die Monitorschnittstelle des PCs angeschlossen werden [2.11].

Der Datenaustausch zwischen solch integrierten Visualisierungssystemen und der SPS erfolgt intern über denselben Mechanismus, der auch für das Programmiersystem verwendet wird. Denn auch dort können die Zustände der Variablen in der SPS online beobachtet werden. Für die Prozessvisualisierung muss der Anwender lediglich wie in Bild 2.12 dargestellt die Grafikelemente dynamisieren.

[1] Die Kennbuchstaben für Sensoren und Aktoren sind im Anhang A aufgeführt.

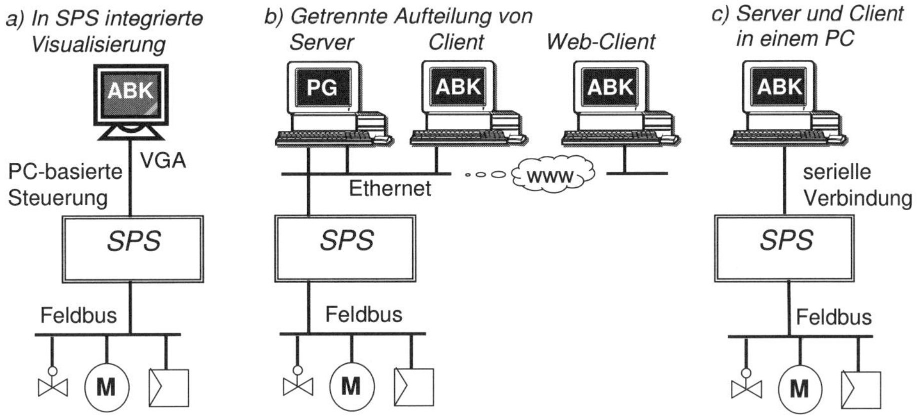

Bild 2.13: Einsatz der Prozessvisualisierung in eine PC-basierte Steuerung integriert (a) oder getrennt auf mehreren PCs (b) oder gemeinsam mit dem PG in einem PC (c).

Für nichtintegrierte Visualisierungssysteme muss zusätzlich der Datenaustausch zur SPS konfiguriert werden. Dieser erfolgt über eine *Client-Server-Verbindung.* Der Server ist ein Programm, das auf einem PC läuft, der mit der SPS verbunden ist. Er stellt dabei die Daten der SPS auf dem Netz zur Verfügung, ohne sich darum zu kümmern, wer diese Daten verwendet. Ein beliebiger Client, also z.B. eine Anzeige- und Bedienkomponente, kann die Dienste des Servers in Anspruch nehmen [8.3]. Um zu kennzeichnen, welche Signale zwischen Client und Server ausgetauscht werden sollen, sind mindestens folgende Festlegungen zu treffen (s. Bild 2.14):

- Name des *Servers* (SPS-Programm, z.B. *STEP 7* oder *CoDeSys*),
- Pfad und Dateiname des *Projekts*, in dem die Anwenderprogramme laufen,
- Variablennamen der auszutauschenden *Signale* (z.B. Sensor- oder Stellsignale, interne Zustandsdaten der SPS).

Die gängigste Kopplung zwischen SPS und Prozessvisualisierung ist, dass der Server auf dem PC des Programmiersystems läuft und über Ethernet Daten mit einem anderen PC austauscht, auf dem die Prozessvisualisierung als Client läuft (Bild 2.13b). Da die meisten Visualisierungssysteme auch webfähig sind, kann der Client auch über das Internet mit dem PC des Servers in Verbindung treten. Dabei ist zusätzlich zu den oben genannten Festlegungen auch die IP-Adresse des Servers im Client zu spezifizieren. Natürlich können Server und Client auch auf ein- und demselben PC laufen (Bild 2.13c).

Unter Windows gibt es verschiedene *Server-Typen.* Die bekanntesten und in der Automatisierungstechnik genutzten sind der *DDE-* (**D**ynamic **D**ata **E**xchange) und der *OPC*-Server (**O**bject Linking and Embedding for **P**rocess **C**ontrol). Diese Server nutzen eine Windows-interne Schnittstelle, über die z.B. auch Daten aus einer Excel-Tabelle automatisch nach Word geschrieben und ständig aktualisiert werden. DDE- und OPC-Server sprechen diese Schnittstelle mit bestimmten Windows-Befehlen an. Insofern sind DDE- und OPC-Server nichts anderes als spezielle Datenaustauschprogramme, die parallel zu den Anwenderprogrammen der SPS laufen.

Während der DDE-Server nur Anwendungen koppeln kann, die wie in Bild 2.13c auf demselben PC laufen, kann der OPC-Server auch Daten für OPC-Clients auf anderen PCs bereitstellen (Bild 2.13b). Deshalb hat sich OPC zu dem Standard-Kopplungsmechanismus für die *vertikale Integration* entwickelt und wird in Abschnitt 8.2.1 näher erläutert. Trotzdem wird eine DDE-Kopplung noch häufig eingesetzt, weil sie einfach und kostengünstig ist.

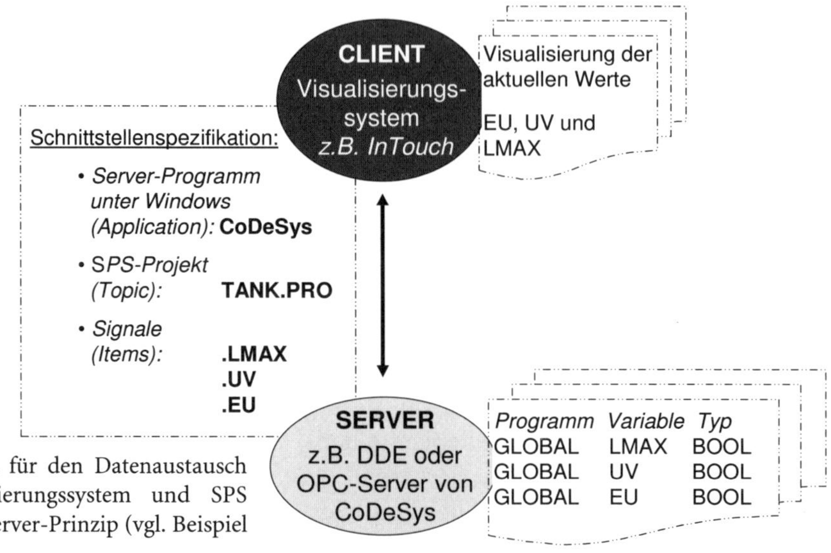

Bild 2.14: Beispiel für den Datenaustausch zwischen Visualisierungssystem und SPS nach dem Client-Server-Prinzip (vgl. Beispiel 2.6).

Beispiel 2.6 *Client-Server-Kopplung über DDE*

Zur Befüllung eines Tanks befindet sich in der Zulaufleitung wie in Bild 2.15b dargestellt die Pumpe EU und das Ventil UV. Darüber hinaus wird der maximale Tankfüllstand durch den Niveauschalter LMAX registriert. Es soll ein SPS-Programm erstellt werden, das den Tank automatisch befüllt, wenn das Ventil UV manuell vom Visualisierungssystem aus geöffnet wird.

In der SPS läuft ein Programm `BEFUELL`, das nur bei geöffnetem Ventil UV und ausreichendem Platz im Behälter ein Signal `EU` zum Einschalten der Pumpe erzeugt (vgl. Bild 2.15a). Die Variablen `UV`, `EU` und `LMAX` wurden *global* deklariert.

Wie Bild 2.14 verdeutlicht stellt das SPS-Programm *CoDeSys* als DDE-Server nun diese Variablen `EU`, `UV` und `LMAX` auf dem PC des Programmiersystems zur Verfügung. Ein anderes Programm, wie hier das Visualisierungssystem *InTouch* der Fa. Wonderware [2.12], kann sie dann als Client abfragen. Dazu sind in InTouch folgende Spezifikationen vorzunehmen [3.3]:

- Angabe des Server-Programms *CoDeSys*, das die Daten aus der SPS zur Verfügung stellt (Application),
- Angabe des SPS-Projekts `TANK.PRO`, in dem die Daten verarbeitet werden (Topic),
- Angabe der Variablen `UV`, `EU` und `LMAX`, die als Daten zwischen SPS und Leitsystem ausgetauscht werden sollen (Items).

Der Bediener aktiviert per Mausklick auf das Zulaufventil im Visualisierungssystem die Variable `UV` in der SPS, so dass die Pumpe anläuft, wenn LMAX noch nicht erreicht ist. Die Aktivierung der Variablen `UV`, `EU` und `LMAX` wird durch Farbumschlag im Visualisierungssystem angezeigt.

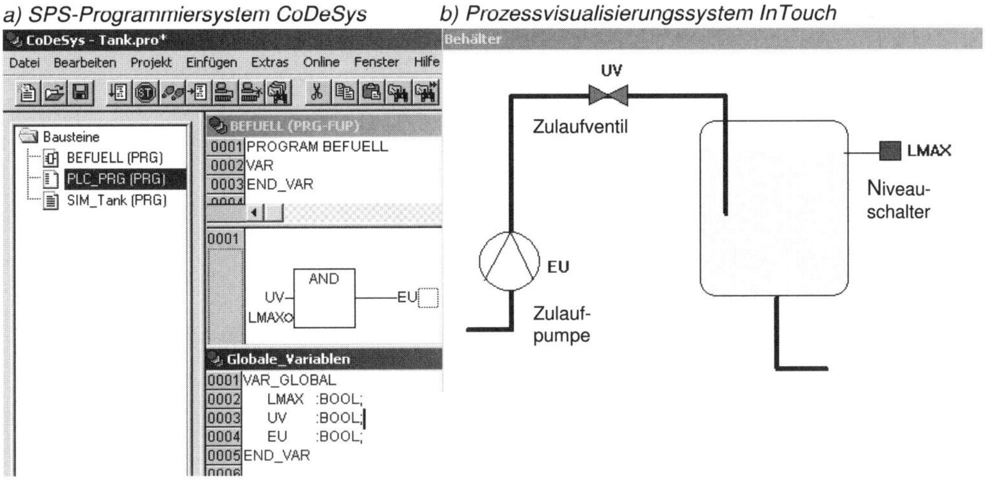

Bild 2.15: Darstellung des SPS-Programms (a) mit zugehöriger Visualisierung (b). Per Mausklick auf das Ventilsymbol wird UV geöffnet und anschließend die Zulaufpumpe EU angesteuert, bis der Füllstand den Niveauschalter LMAX erreicht. □

Kommen eine oder mehrere solcher Anzeige- und Bedienkomponenten zum Einsatz, die miteinander und mit den SPSen vernetzt sind (s. z.B. Bild 2.2), spricht man von einem Prozessleitsystem [2.7].

2.6.3 Prozessleitsysteme

Der Begriff *Leiten* bezieht sich auf das Weiterleiten der Information von den Sensoren und Aktoren über die SPS zum Leitsystem und umgekehrt. Nach DIN 19222 umfasst Leiten „die Gesamtheit aller Maßnahmen, ggf. auch unter Mitwirkung des Menschen, um anhand der aus dem Prozess oder der Umgebung erhaltenen Daten einen gewünschten Prozessablauf nach bestimmten, festgelegten Zielen zu bewirken" [2.13].

Beispiele für solche Maßnahmen sind:

- Bedienung und Beobachtung des Prozesses und seiner Geräte,
- Meldung und Alarmierung bei Störungen,
- Protokollierung und Archivierung von Messwerten,
- Auswertung und Optimierung von Prozesszuständen.

Systeme, die alle diese Tätigkeiten ausführen, werden auch als Supervisory-Control-and-Data-Analysis-Systeme bezeichnet (*SCADA*). Für reine Bedien- und Beobachtungssysteme gibt es branchenabhängig verschiedene Namen und Abkürzungen, wie Visualisierungssystem oder Anzeige- und Bedienkomponente (*ABK*) sowie Man oder auch Human Machine Interface (*MMI* bzw. *HMI*). Immer häufiger realisieren auch diese Systeme weitere der oben aufgeführten Tätigkeiten und nähern sich damit Prozessleitsystemen an.

Übungsaufgaben zu Kapitel 2

Wiederholungsfragen

2.1 Wie ist die *Hardware* einer SPS aufgebaut? Beschreiben Sie die Funktion der einzelnen Ressourcen!

2.2 Welche SPS-Arten gibt es?

2.3 Wie erfolgt die Informationsverarbeitung in einer SPS?

2.4 Wie werden Feldgeräte konventionell an eine SPS angekoppelt?

2.5 Erläutern Sie, wie binäre und wie analoge Signale in die SPS eingelesen werden können!

2.6 Welche Voraussetzung müssen *busfähige Feldgeräte* erfüllen?

2.7 Kann man Feldgeräte mit klassischer Schnittstelle über Feldbus an die SPS ankoppeln?

2.8 Was sind die Vorteile der Feldbustechnik?

2.9 Wie erfolgt die Datenübertragung zwischen SPS und Feldgeräten? Erläutern Sie das Buszugriffsverfahren!

2.10 Welche Funktionen realisieren *Prozessvisualisierungssysteme*, welche *Prozessleitsysteme*?

2.11 Wie erfolgt der Datenaustausch zwischen SPS und Leitsystem?

Übung 2.1 *Zwei- und Vierleitertechnik*

Zur Temperaturmessung soll ein Widerstandsthermometer R_T (z.B. vom Typ *PT 100*) an die SPS angeschlossen werden. Mit der Zweileiterschaltung nach Bild 2.16a entsteht das Problem, dass der Spannungsabfall am Leitungswiderstand R_L die Messung unzulässig verfälscht. Deshalb wird in solchen Fällen die *Vierleiterschaltung* nach Bild 2.16b verwendet, bei der zwei Leiter als Messleitung und die beiden anderen Leiter als Versorgungsleitung dienen [2.6, 2.14].

Bestimmen Sie jeweils die Eingangsspannung U_E bei einer Entfernung zwischen Sensor und Schaltraum von 100 m, einem Leitungswiderstand R_L von 0,01 Ω/m und einem Widerstandsthermometer, das bei Betriebstemperatur einen Wert von 100 Ω einnimmt! Der Eingangswiderstand des A/D-Wandlers R_E kann als annähernd unendlich angenommen werden. Die Stromversorgung liegt bei I_0 = 2,5 mA.

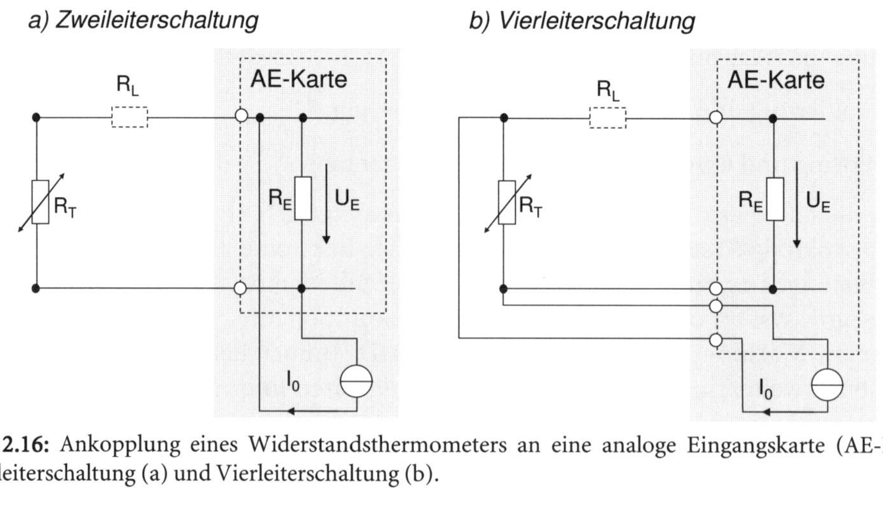

Bild 2.16: Ankopplung eines Widerstandsthermometers an eine analoge Eingangskarte (AE-Karte) in Zweileiterschaltung (a) und Vierleiterschaltung (b).

Übung 2.2 *Planung einer Schrank-SPS*

Für eine verfahrenstechnische Anlage soll das Steuerungssystem konzipiert werden. Hierfür ist es notwendig, die ungefähre Anzahl der benötigten Ein-/Ausgabe-Baugruppen, CPUs etc. abzuschätzen.

Die Anlage besteht aus:

- 100 Motoren mit jeweils 3 binären Eingängen und 1 binären Ausgang in die SPS,
- 200 Ventilen mit jeweils 2 binären Eingängen und 1 binären Ausgang in die SPS,
- 5 Messgeräten für Druck mit 1 Analogeingang in die SPS,
- 5 Messgeräten für Temperatur mit 1 Analogeingang in die SPS,
- 15 Messgeräten für Füllstand mit 1 Analogeingang in die SPS und
- 10 Temperaturreglern mit jeweils 1 Analogein- und -ausgang in die SPS.

Für die Realisierung der Software wird davon ausgegangen, dass

- die Programme zur Steuerung der *Motoren* jeweils 30 Funktionsbausteine umfassen und mit einer Zykluszeit von 500 ms abgearbeitet werden,
- die Programme zur Steuerung der *Ventile* jeweils 20 Funktionsbausteine umfassen und mit einer Zykluszeit von 1000 ms abgearbeitet werden,
- die Programme zur Auswertung der *Messgeräte* jeweils 5 Funktionsbausteine umfassen und
  - für *Druck* mit einer Zykluszeit von 500 ms,
  - für *Temperatur* mit einer Zykluszeit von 5000 ms und
  - für *Füllstand* mit einer Zykluszeit von 1000 ms abgearbeitet werden, und
- die Programme zur Ansteuerung der *Temperaturregler* jeweils 10 Funktionsbausteine umfassen und mit einer Zykluszeit von 5000 ms abgearbeitet werden.

Es soll nun ein Schaltschrank-System auf Basis von Hardware-SPSen entworfen werden.

a) Schätzen Sie die notwendige Anzahl von CPUs ab, wenn eine CPU im Mittel *10000* Bausteine mit einer Zykluszeit von durchschnittlich 1 s abarbeiten kann!

b) Berechnen Sie die notwendige Anzahl an Binäreingangskarten mit 32 Eingängen, Binärausgangskarten mit 16 Binärausgängen, Analogeingangskarten mit 24 Analogeingängen und Analogausgangskarten mit 12 Analogausgängen!

c) Wie viele Schaltschränke sind erforderlich, wenn ein Schrank mit 30 Steckplätzen für E/A-Karten bestückt ist? Zeichnen Sie die Steuerungskonfiguration!

d) Wie erhöht sich die Anzahl an Schränken und Karten, wenn eine Kanalreserve von 30 % einzuplanen ist?

Übung 2.3 *Planung einer Soft-SPS*

Für die Anlage aus Übung 2.2 soll nun ein Steuerungssystem mit Soft-SPS und Feldbusankopplung der Geräte im PC geplant werden.

a) Jede Feldbuskoppelkarte kann 512 Busteilnehmer betreuen und 256 Prozessdatenworte verarbeiten. Wie viele Koppelkarten sind erforderlich?

b) Wie hoch liegt die maximale Rechenzeit für einen 100-MHz-Prozessor, wenn pro Baustein durchschnittlich 100 Bitoperationen ausgeführt werden?

c) Welche Signallaufzeiten ergeben sich, wenn die Zeit für die Datenübertragung vom Sensor über die SPS zum Aktor sich folgendermaßen berechnet:

$$t_{ü} = [13 \cdot (6+n) + 4 \cdot m] \cdot t_{Bit} + t_{SW} + 2 \cdot t_{PH} \qquad (2.1)$$

mit:	n	Anzahl der Nutzdatenbytes
	m	Anzahl der Busteilnehmer
	t_{Bit}	Bitdauer = 0,002 ms
	t_{SW}	Zykluszeit Ansteuerungsprogramme
	t_{PH}	Signallaufzeit auf dem Kabel = 0,016 ms

Übung 2.4 *Erstellung einer Anzeige- und Bedienoberfläche*

Für das Beispiel 2.6 soll eine Visualisierungsoberfläche mit *CoDeSys* erstellt werden. Laden und öffnen Sie hierfür von der Internetseite `www.es.hs-mannheim.de/buch` unter Beispiele, Beispiel2_6 das Projekt `B2_6_Tank.pro`!

Skizzieren Sie unter der Lasche Visualisierungen in CoDeSys zunächst das statische Anlagenbild wie in Bild 2.15b dargestellt!

Für das Ventil UV, die Pumpe EU und den Niveauschalter LMAX sind Farbwechsel gemäß Bild 2.12b zu konfigurieren, wenn die jeweilige Variable `TRUE` wird. Außerdem soll durch einen Mausklick des Bedieners die Variable `UV` ihren Wert von `FALSE` auf `TRUE` bzw. umgekehrt ändern.

Übung 2.5 *Simulation der SPS-Hardware*

Für das Beispiel 2.6 soll nun die Hardware der SPS simuliert werden. Laden und öffnen Sie hierfür von der Internetseite unter Übungen, Uebung2_5 das Projekt `U2_5_Tank_SPS.pro`!

Unter der Lasche Visualisierungen finden Sie die Simulationsoberfläche einer SPS der Fa. ABB vom Typ AC500. Darüber kann die SPS ein- und ausgeschaltet werden, binäre und analoge Eingänge können zu Testzwecken vorgegeben und Ausgänge angezeigt werden.

a) Klicken Sie zum Kennenlernen auf die einzelnen Komponenten und Schnittstellen der SPS! Am Mauszeiger erscheint jeweils ein Hinweistext als Erklärung.

b) Aktivieren Sie per Mausklick den Eingang %IX0.0, der an die SPS zurückmeldet, dass das Ventil UV geöffnet wurde. Beobachten Sie den Ausgang %QX0.0, über den das Stellsignal zum Einschalten an die Pumpe EU geschickt wird.

c) Nehmen Sie die SPS über die RUN-Taste in die Betriebsart STOP! Wie reagieren die Ein- und Ausgänge?

d) Aktivieren Sie den Eingang %IX0.1, über den der Niveauschalter LMAX eingelesen wird. Wie reagiert der Ausgang? Deaktivieren Sie %IX0.1 wieder!

e) Durch Zufluss der Flüssigkeit steigt die Temperatur im Tank. Sie darf den Grenzwert von 80 % des Messbereichendwerts nicht überschreiten. Simulieren Sie den Temperatursensorwert mit Hilfe des Sliders %IW7 und beobachten Sie den Ausgang!

f) Simulieren Sie mit Hilfe der Taste „Simulation Fehler“ einen Hardware-Fehler in der SPS! Mit Hilfe der DIAG-Taste werden die Fehlermeldungen angezeigt. Quittieren Sie die Fehler über die OK-Taste!

3 SPS-Programmierung nach IEC 61131

Die IEC 61131 hat sich in den letzten Jahren zu dem *Standard* für die Programmierung industrieller Automatisierungssysteme entwickelt, unabhängig davon, ob die Software auf einer klassischen SPS, im PC, in einem Prozessleitsystem oder einem intelligenten Antrieb abläuft. Die meisten Hersteller folgen dieser Norm und haben sich in der internationalen Nutzerorganisation *PLCopen* zusammengeschlossen [3.1].

Auch wenn nicht alle Automatisierungssysteme genau gleich zu programmieren sind, bieten die meisten Hersteller doch die Möglichkeit, in den von der Norm vorgeschlagenen *Programmiersprachen* zu programmieren. Auch die *Architektur* der Programmiersysteme ist in den meisten Systemen ähnlich und die Möglichkeiten zur Strukturierung der Software sind weitgehend gleich.

Dieses Buch vermittelt deshalb, wie Automatisierungsaufgaben zu strukturieren und nach IEC 61131 zu programmieren sind. Somit wird die Basis geschaffen, um sich in jedes industrielle Automatisierungssystem schnell und effizient einzuarbeiten.

Zielsetzung der IEC 61131

Trotz der stetig wachsenden Leistungsfähigkeit moderner SPSen sahen sich die Hersteller zu Beginn der 90er Jahre immer größeren *Anforderungen* gegenübergestellt. SPSen verfügten zwar über einen großen Funktionsumfang, doch die zu automatisierenden Anlagen wurden immer komplexer und der Druck zur Kostensenkung stieg.

Eine Folge dieser Entwicklung war, dass SPSen heute nicht mehr singulär betrachtet werden können, sondern wie im vorigen Kapitel dargestellt nur im *Verbund* mit Leitsystemen, Feldbussystemen und weiteren SPSen, mit denen die Automatisierungsaufgabe verteilt gelöst werden kann.

Vor diesem Hintergrund wurden folgende Anforderungen in der Norm IEC 61131 formuliert [1.7, 2.2, 3.1-5]:

- *Standardisierung* der Vorgehensweise bei der Programmierung,
- *objektorientierte* Strukturierung der Programme,
- *herstellerunabhängige* Programmiersprachen, Einbindung von Hochsprachen, wie z.B. *PASCAL* oder *C*,
- *offene*, standardisierte Schnittstellen,
- *Simulations*- und Testmöglichkeiten.

Die Verwirklichung dieser Ziele ermöglicht es, Software für Planungs- und Wartungspersonal verständlicher und *transparenter* zu gestalten. Außerdem ergaben sich erhebliche *Synergieeffekte* durch wiederverwendbare Softwaremodule und die Portabilität der Software zwischen Automatisierungssystemen unterschiedlicher Hersteller. Und schließlich verringert sich der *Qualifizierungs-* und *Lernaufwand* zur Programmierung solcher Systeme.

Die Norm gliedert sich im Wesentlichen in drei Teile:

1. Das *Softwaremodell* beschreibt, welche Softwaremodule es gibt und wie sie mit der SPS-Hardware verknüpft sind,
2. das *Kommunikationsmodell* beschreibt, wie der Datenaustausch zwischen den Softwaremodulen erfolgt, und
3. das *Programmiermodell* beschreibt, wie Anwenderprogramme programmiert werden.

3.1 Das Softwaremodell

Das Softwaremodell stellt die *Architektur* des Programmiersystems dar (s. Bild 3.1). Die Steuerungskonfiguration beschreibt die Hardware des Steuerungssystems. Diese umfasst in der Regel verschiedene Ressourcen, wie z.B. CPUs, E/A-Karten, Kommunikationsprozessoren etc. Auf jeder CPU können verschiedene Tasks (z.B. *Task1,..., TaskM*) ablaufen. Einer Task werden ein oder mehrere Programme zugeordnet, deren Ablauf sie organisiert. Somit laufen auf einer CPU mehrere Programme (z.B. *Programm1,..., ProgrammN*). Jedes Programm kann aus mehreren Funktionen (Function Codes, *FCs*) und Funktionsbausteinen (Function Blocks, *FBs*) bestehen. Globale Variablen ermöglichen den Datenaustausch zwischen den Programmen.

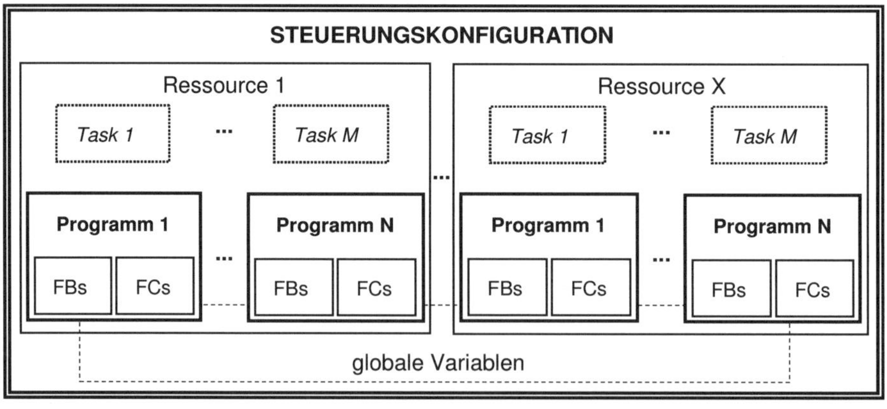

Bild 3.1: Die Architektur oder Steuerungskonfiguration eines SPS-Systems nach IEC 61131 besteht aus mehreren Ressourcen mit verschiedenen Tasks, denen jeweils unterschiedliche Programme mit Funktionsbausteinen (FBs) und Funktionen (FCs) zugeordnet sein können. Globale Variablen ermöglichen den programmübergreifenden Datenaustausch.

Diese Module der Architektur eines SPS-Programmiersystems werden nachfolgend näher erläutert.

3.1.1 Steuerungskonfiguration und Ressourcen

In der Steuerungskonfiguration wird die bestehende *SPS-Hardwarestruktur* in der Programmierumgebung bekannt gemacht, damit beispielsweise Variablen mit den zugehörigen E/A-Kanälen verbunden oder die Software auf verschiedene CPUs verteilt werden kann.

Wie in Bild 3.2 skizziert besteht die *Steuerungskonfiguration* aus mehreren Ressourcen. Unter *Ressourcen* versteht man die Einsteckkarten des Steuerungssystems, auf die die Software zugreift. Im Fall von Hardware-SPSen bestehen die Ressourcen aus CPUs, E/A-Karten und weiteren Schnittstellenkarten z.B. zur Feldbusankopplung. In den meisten Programmiersystemen erfolgt die Steuerungskonfiguration menügesteuert, d.h. man kann die gewünschten Einsteckkarten aus einem Menükatalog auswählen und dann per Drag and Drop an den angestrebten Steckplatz in der Konfiguration ziehen (vgl. Bild 3.2).

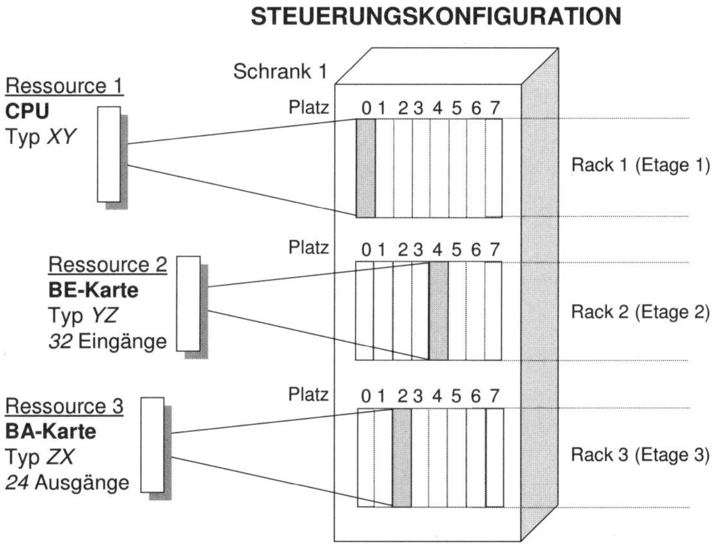

Bild 3.2: Festlegung der Ressourcen in der Steuerungskonfiguration per *Drag and Drop*.

Die Adressierung der E/A-Kanäle erfolgt im Rahmen der Variablendeklaration mit dem Schlüsselwort *AT*. Wie Tabelle 3.1 zeigt, werden Eingangskanäle mit einem *%I* für Input und Ausgangskanäle mit einem *%Q* für Output gekennzeichnet. Der danach folgende Buchstabe beschreibt, ob es sich bei dem E/A-Signal um ein Bit, Byte, Word oder Doubleword handelt. Demnach wird beispielsweise der *2.* Kanal einer binären Eingangskarte am Steckplatz *1* durch die Bezeichnung *%IX1.2* angesprochen.

Folgendes Beispiel erläutert die Vorgehensweise zur Festlegung der Steuerungskonfiguration für eine *Soft-SPS* mit dem über die Internetseite verfügbaren SPS-Programmiersystem CoDeSys.

Tabelle 3.1: Adressierung der E/A-Kanäle.

Kennzeichnung der E/A-Adressierung	1. Folgebuchstabe	2. Folgebuchstabe		Beispiel
AT %	I Eingang Q Ausgang	X B W D	Bit Byte (8 Bit) Word (16 Bit) Doubleword (32 Bit)	AT %IX1.2 AT %IB0 AT %QW7 AT %QD5

Beispiel 3.1 *Steuerungskonfiguration*

Das über die Internetseite erhältliche SPS-Programmiersystem *CoDeSys* kann als Soft-SPS im PC genutzt werden. Um wie in Bild 3.3 Sensoren und Aktoren mit dieser Soft-SPS ansteuern zu können, muss im PC eine Profibuskarte eingebaut sein. Am Profibus ist dann wie in Bild 3.3 veranschaulicht eine dezentrale Peripherie mit E/A-Karten angeschlossen, mit denen die Sensoren und Aktoren verbunden sind.

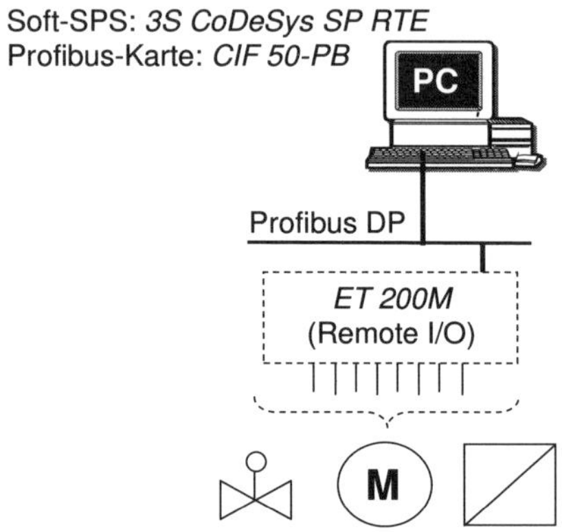

Bild 3.3: Aufbau des Steuerungssystems.

Ein solches SPS-System soll nun zur Steuerung der Tankbefüllung aus Beispiel 2.6 simuliert werden. Als CPU verwendet die Soft-SPS die CPU des Host-PCs, was unter `Zielsystemeinstellungen` z.B. durch „3S CoDeSys SP RTE" festgelegt wird (s. Bild 3.4a)[1].

Danach sind in der `Steuerungskonfiguration` (s. Bild 3.4b) folgende Ressourcen einzutragen:

- Profibuskarte, z.B. *„CIF 50-PB"* der Firma *Hilscher*, mit Angabe der Stationsadresse und der Baudrate,
- dezentrale Peripherie (Remote I/O), z.B. *„ET 200M"* der Firma *Siemens*, mit Angabe der Slave-Adresse,
- E/A-Karten, z.B. *„6ES7 321-1BH01-0AA0"* (16 DE) und *„6ES7 322-1BH01-0AA0"* (16 DA).

Damit *CoDeSys* diese Ressourcen kennt, müssen die *Gerätestammdateien* (vgl. Abschnitt 2.5.2) der Profibuskarte und der Remote I/O im voreingestellten Konfigurationsverzeichnis abgelegt werden.

Um nun die Sensorinformation von einem Eingangskanal der dezentralen Peripherie einlesen zu können, fügt man bei der Deklaration einer Variablen, wie z.B. `LMAX` in Bild 3.4c, das Schlüsselwort `AT` ein und gibt danach den gewünschten Eingangskanal, z.B. `%IX0.0`, ein. Genauso ergänzt man die Variablendeklaration von `UV` um `%QX0.0` und `EU` um `%QX0.1`.

Wählt man unter `Online | Simulation` den Simulationsmodus an, so simuliert CoDeSys die konfigurierten E/A-Karten. Wie in Bild 3.4 erkennbar sind die Ausgangskanäle `%QX0.0` und `%QX0.1` aktiv, weil Ventil und Motor über die Variablen `UV` bzw. `EU` angesteuert werden. □

[1] CoDeSys bietet zwei Soft-SPSen an: Neben der „CoDeSys SP RTE", die bislang nur auf PCs mit einem Prozessor läuft (Stand: März 2008), gibt es noch die „CoDeSys SP PLCWinNT", die auch auf Dual-Core-PCs läuft. Für fast alle Beispiele und Übungsaufgaben ist aber ohnehin zu empfehlen, im *Simulationsmodus* zu arbeiten. Dann ist es unerheblich, welche SPS in den Zielsystemeinstellungen festgelegt ist.

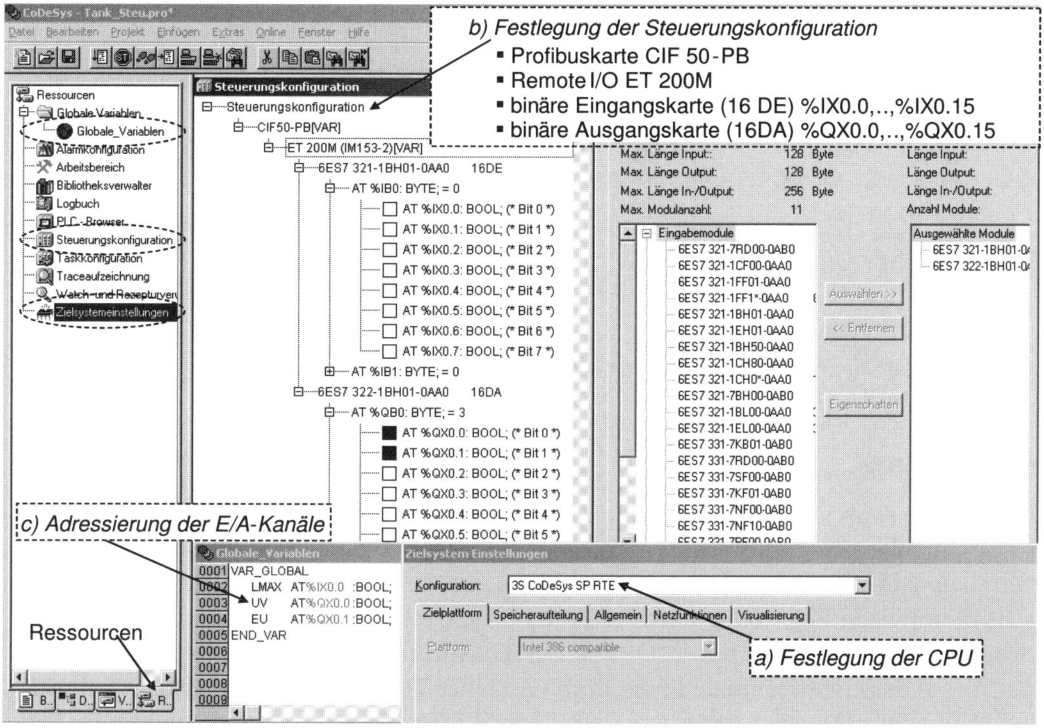

Bild 3.4: Festlegung der Steuerungskonfiguration mit dem SPS-Programmiersystem *CoDeSys*.

3.1.2 Tasks

In einer CPU können eine oder mehrere Tasks ablaufen. Eine Task organisiert den zeitlichen Ablauf der Programme. Dies kann man sich vorstellen wie einen zyklischen Schrittzähler (s. Bild 3.5), der die einzelnen Anweisungen der Programme taktgesteuert Schritt für Schritt anwählt. Die CPU führt daraufhin die Anweisung aus, die in dem angewählten Speicherplatz vermerkt ist. Die auf die Anweisungen bezogenen Variablen gelangen über den Daten- und Adressbus zur CPU und zurück in den RAM.

Einer Task können *mehrere Programme* zugeordnet sein, die alle mit derselben Zykluszeit ablaufen. Nach dem EVA-Prinzip (vgl. Abschnitt 2.3) werden in einer Task folgende Vorgänge organisiert:

- Zuerst werden die *Eingangsdaten* aller Programme **e**ingelesen,
- dann werden die *Programme* nacheinander **v**erarbeitet und
- schließlich werden die *Ausgangsdaten* aller Programme **a**usgegeben.

Somit ist die Zykluszeit einer Task für alle zugeordneten Programme gleich, denn erst *nach* Abarbeitung *aller* Programme werden die Stellwerte an den Prozess ausgegeben. Obwohl also die Programme nacheinander abgearbeitet werden, erreichen die Ausgangsdaten aller Programme erst am Ende des Bearbeitungszyklus und somit quasi gleichzeitig den Prozess (vgl. Bild 3.6a).

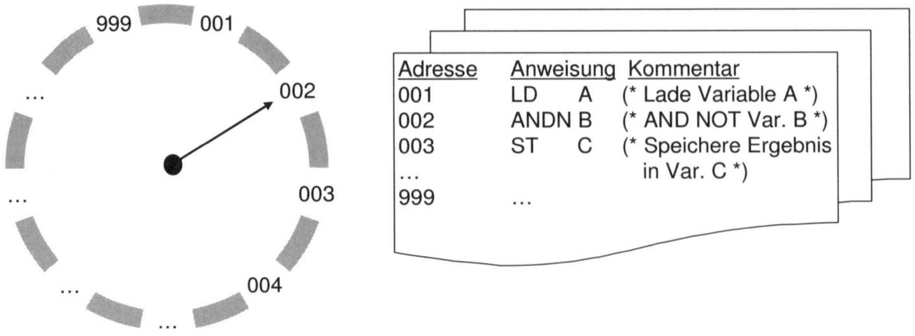

Bild 3.5: Schrittweise Programmabarbeitung durch eine Task.

Multitasking

In einer Ressource (CPU) können aber auch *mehrere Tasks* mit unterschiedlichen Zykluszeiten ablaufen (Multitasking). Dies hat den Vorteil, dass man die Rechnerleistung verteilen kann. Häufig gibt es Programme, wie z.B. eine Drucküberwachung, die schnell auf einen Betriebszustand reagieren müssen. Um also beispielsweise den Überdruck in einem Behälter durch Öffnen des Entlüftungsventils schnell senken zu können, muss das entsprechende Programm von einer Task mit kleiner Zykluszeit abgearbeitet werden. Dagegen kann etwa ein Temperaturregler von einer langsamen Task abgearbeitet werden, da eine Temperaturänderung in der Regel ein träger Prozess ist. Schnelle Tasks, wie z.B. *Task1* in Bild 3.6b, werden von der CPU häufiger abgearbeitet und die Ein- und Ausgangskanäle der zugehörigen Programme entsprechend öfter aktualisiert [2.4].

Das Multitasking wird durch eine Zeitgebereinheit in der CPU realisiert, die mit einem sog. Interrupt-Signal die Prozesse unterbricht, wenn eine andere Task abgearbeitet werden soll. Abhängig vom Rechenaufwand einer Task wird ihr ein bestimmter Prozentteil der verfügbaren Rechenzeit der CPU zugewiesen.

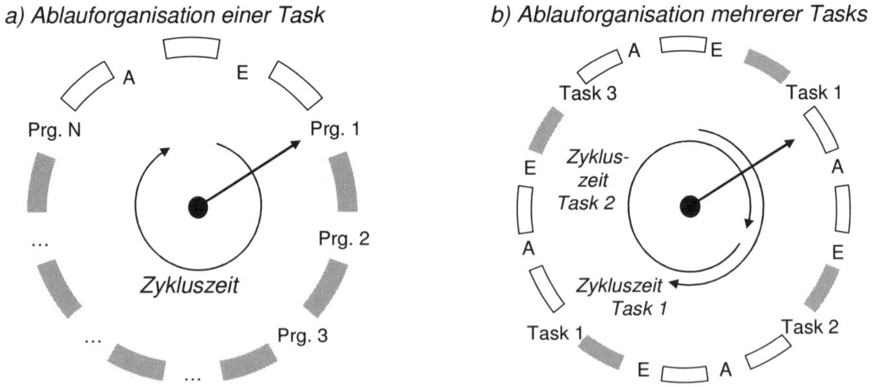

Bild 3.6: Beim Ablauf einer Task werden zunächst die Eingangsdaten aller Programme eingelesen *(E)*, dann die Programme *Prg. 1...N* abgearbeitet, bevor alle Ausgangsdaten ausgegeben *(A)* werden (a). In einer Ressource können aber auch mehrere Tasks mit unterschiedlichen Zykluszeiten nacheinander abgearbeitet werden (b).

Diese Fähigkeit, mehrere Tasks quasi parallel ablaufen zu lassen, nennt man auch *Pseudo-Multitasking*. Ein wirkliches paralleles Ablaufen der Prozesse erreicht man aber nur dann, wenn die Tasks auf verschiedenen Ressourcen (CPUs) laufen.

Beispiel 3.2 *Taskkonfiguration*

In den meisten SPSen gibt es die Möglichkeit, in einer Art Hauptprogramm alle anderen Programme nacheinander aufzurufen und abzuarbeiten. Die Simatic-Steuerungen von Siemens bezeichnen dieses Hauptprogramm als Organisationsbaustein `OB1`, in CoDeSys heißt es `PLC_PRG`. Es wird automatisch vom Betriebssystem aufgerufen und arbeitet die Anweisungen zyklisch ab. Um die Funktionsweise einer Task nach Bild 3.6a zu realisieren, ruft man mit dem Befehl `CAL` einfach die abzuarbeitenden Programme nacheinander auf:

```
PROGRAM PLC_PRG
    CAL  BEFUELL   (* Aufruf des Steuerungsprogramms *)
    CAL  SIM_Tank  (* Aufruf des Prozesssimulationsprogramms *)
```

Die Programme werden somit nacheinander abgearbeitet. Sie laufen jedoch wegen des EVA-Prinzips (**E**ingeben, **V**erarbeiten, **A**usgeben) mit der gleichen, aber unbekannten Zykluszeit ab. Die Zykluszeit hängt vom Umfang der Programme ab und kann deshalb nur nach Beendigung der Programmierung gemessen werden (vgl. Übung 3.1).

Es gibt aber in CoDeSys alternativ zum `PLC_PRG` auch die Möglichkeit, die Programme von echten Tasks abarbeiten zu lassen. Bild 3.7 zeigt die *Taskkonfiguration* für das Beispiel der Tankbefüllung. Um den Unterschied deutlich zu machen, wurden die Tasks `T500` mit 500 ms Zykluszeit und `T5000` mit einer Zykluszeit von 5 s angelegt. `T500` wurde das Programm `SIM_Tank` und `T5000` das Programm `BEFUELL` zugeordnet.

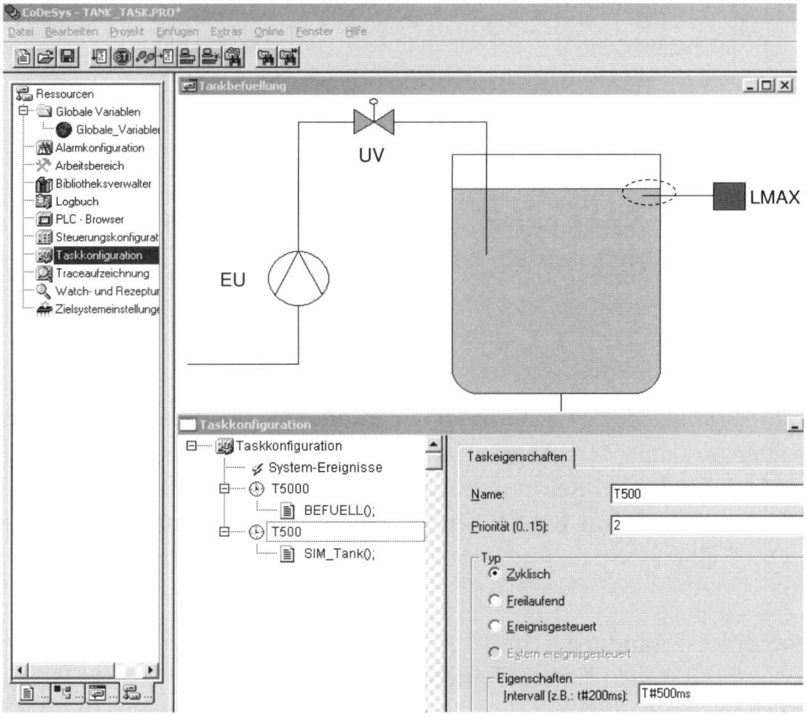

Bild 3.7: Durch Taskkonfiguration in CoDeSys kann das Programm `SIM_Tank` zur Simulation der Tankbefüllung mit einer Zykluszeit von exakt 500 ms bearbeitet werden, während das Steuerungsprogramm `BEFUELL` zehnmal langsamer läuft.

Wenn man nun das Programm startet, stellt man zunächst fest, dass sich der Behälter sehr viel langsamer füllt, denn das Simulationsprogramm läuft langsamer als bei Abarbeitung durch `PLC_PRG`. Darüber hinaus wird der Behälter etwas überfüllt, da das Programm `BEFUELL` 5 s seltener abgearbeitet wird als `SIM_Tank`. Demnach kann die Pumpe erst 5 s nach Erreichen von `LMAX` ausschaltet werden (vgl. Bild 3.7). □

Wie man in Bild 3.7 sieht, können Tasks auch mit einer *Priorität* versehen werden. In der Prozessautomatisierung werden aber zyklische Tasks bevorzugt, weil in der Regel eine *exakte* Zykluszeit eingehalten werden muss. Wenn zwei Tasks die gleiche oder vielfache Zykluszeit haben, entscheidet ihre Priorität darüber, welche von beiden zum Interrupt-Zeitpunkt abgearbeitet wird.

3.1.3 Programmorganisationseinheiten

Ein *Anwenderprogramm*, das zur Automatisierung einer Anlage dient, besteht aus sog. Programmorganisationseinheiten (POEen). Als POEen bezeichnet man:

- Programme,
- Funktionen (vgl. Bild 3.8a) und
- Funktionsbausteine (vgl. Bild 3.8b).

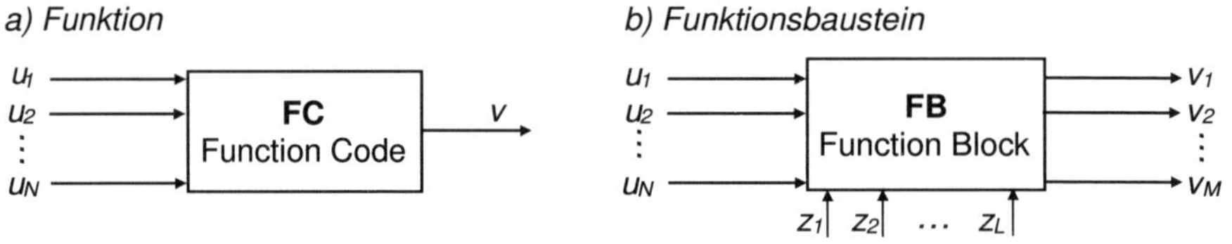

Bild 3.8: Eine Funktion (a) verknüpft mehrere Eingänge $\boldsymbol{u}$ zu einem Ausgangssignal v. Ein Funktionsbaustein (b) erzeugt aus den Eingängen $\boldsymbol{u}$ unter Einbeziehung interner Zustände $\boldsymbol{z}$ mehrere Ausgänge $\boldsymbol{v}$.

Jede dieser POEen besteht wie in Bild 3.9a dargestellt aus einem *Deklarationsteil*, in dem die Variablen deklariert werden, und einem *Anweisungsteil*, der den Programmcode enthält.

Funktionen

Funktionen (*Function Codes, FCs*) können wie in Bild 3.8a skizziert mehrere Eingangsvariablen $\boldsymbol{u}$, aber nur eine Ausgangsvariable v haben. Diese Ausgangsvariable ist der Rückgabewert der Funktion. Rekursive Aufrufe einer Funktion sind nach IEC 61131 nicht möglich. Eine Funktion hat im Unterschied zu einem Funktionsbaustein kein *Gedächtnis*. Das heißt es ist in Funktionen nicht erlaubt, interne Zwischenwerte zu speichern.

Man unterscheidet Standard- und Anwender-Funktionen. Die meisten SPS-Programmiersysteme stellen fertige Standard-Funktionen nach IEC 61131 zur Verfügung, die in Tabelle 3.2 aufgeführt sind. Diese Standard-Funktionen muss der Anwender nicht mehr programmieren, sondern kann sie direkt in seinen Programmen ver-

Tabelle 3.2: Standard-Funktionen nach IEC 61131 *(Auswahl[1])*.

Boole'sche Funktionen:		**Bitfolge-Funktionen:**	
AND	UND-Verbindung	ROL	Links rotieren
NOT	Negation (NICHT)	ROR	Rechts rotieren
OR	ODER-Verbindung	SHL	Links schieben
XOR	EXOR-Verbindung	SHR	Rechts schieben
Arithmetische Funktionen:		**Numerische Funktionen:**	
ADD	Addierer	ABS	Absolutwert
DIV	Divisor	ACOS	Arccos
EXPT	Potenzierung	ASIN	Arcsin
MOD	Modulo-Division	ATAN	Arctan
MUL	Multiplizierer	COS	Cosinus
NEG	Negierer	EXP	Exponent
SUB	Subtrahierer	LN	Natürlicher Logarithmus
Funktionen zur Typumwandlung:		LOG	Logarithmus zur Basis 10
BYTE_TO_WORD		SIN	Sinus
BYTE_TO_INT		SQRT	Quadratwurzel
BYTE_TO_REAL		TAN	Tangens
UINT_TO_INT		**Funktionen für Auswahl:**	
INT_TO_UINT		LIMIT	Begrenzung
DINT_TO_INT		MAX	Maximum
INT_TO_DINT		MIN	Minimum
INT_TO_BYTE		SEL	Binäre Auswahl
INT_TO_WORD		**Funktionen für Vergleich:**	
INT_TO_REAL		EQ	gleich (equal)
REAL_TO_BYTE		LT	kleiner als (less than)
REAL_TO_WORD		GT	größer als (greater than)
REAL_TO_INT		LE	kleiner gleich (less or equal)
TIME_TO_DINT		GE	größer gleich (greater or eq.)
DINT_TO_TIME		NE	ungleich (not equal)

[1] *Nähere Erläuterungen zu IEC-Funktionen finden sich im Anhang B, in der Hilfe zu CoDeSys und im Handbuch[3.6].*

wenden. Im Anhang A des auf der Internetseite verfügbaren Handbuchs zu CoDeSys sind alle Standard-Funktionen nach IEC 61131 ausführlich erläutert [3.6].

Darüber hinaus hat der Anwender wie im folgenden Beispiel die Möglichkeit, eigene *Anwender-Funktionen* selbst zu schreiben.

Beispiel 3.3 *Anwender-Funktion*

Eine Gebäudeheizung nach Bild 3.9 soll in Abhängigkeit der Außentemperatur gesteuert werden. Hierfür wird der Öffnungsgrad y des Gaszufuhrventils linear zur Außentemperatur T eingestellt:

$$y = \begin{cases} 0 & \forall\ T \geq 20°C \\ k \cdot (20°C - T) & \forall\ 0°C < T < 20°C \\ 100 & \forall\ T \leq 0°C \end{cases} \tag{3.1}$$

In Bild 3.9a ist die Software für die Funktion `Y` dargestellt. Sie besteht aus einem Deklarationsteil zur Deklaration der Variablen und einem Anweisungsteil zur Programmierung der Logik. Die

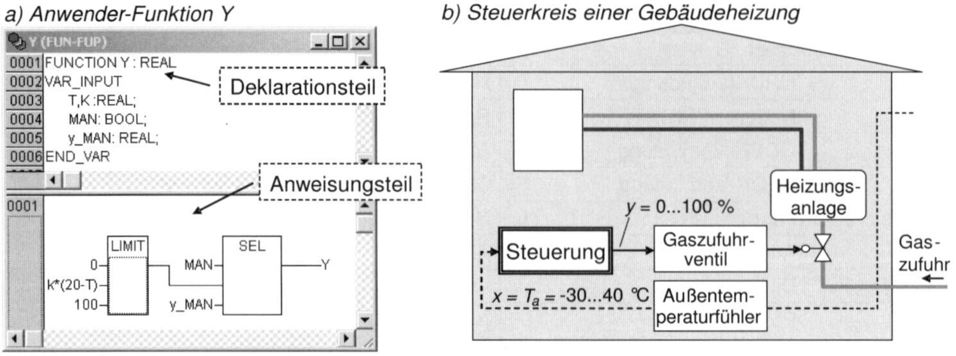

Bild 3.9: Zur Steuerung der Gaszufuhr für eine Gebäudeheizung (a) bestimmt die Anwender-Funktion Y den Öffnungsgrad des Gaszufuhrventils in Abhängigkeit der Außentemperatur T_a (b).

Funktion besitzt die Eingangsvariablen T, K, MAN und y_MAN. Die Ausgangsvariable Y ist der Rückgabewert der Funktion.

Gl. 3.1 wird durch die Standard-Funktion LIMIT realisiert (s. Anhang B). Nachfolgend wird noch die Standard-Funktion SEL als Schalter verwendet, denn sie weist der Variablen Y den Wert der Variablen y_MAN zu, wenn die Variable MAN auf TRUE gesetzt ist. Ist MAN dagegen FALSE, wird Y mit dem Ausgang der Funktion LIMIT verknüpft. □

Außer Standard-Funktionen stehen in den meisten Programmiersystemen auch *Standard-Funktionsbausteine* zur Verfügung.

Funktionsbausteine

In Funktionsbausteinen (*Function Blocks, FBs*) können auch interne Zwischenwerte, sog. Zustände, gespeichert werden. Im Unterschied zu einer Funktion kann ein Funktionsbaustein mehrere Ausgänge ***v*** haben. Diese werden durch Verknüpfung der Eingänge ***x*** und der Zustände ***z*** erzeugt (s. Bild 3.8b).

Tabelle 3.3: Standard-Funktionsbausteine nach IEC 61131 *(Auswahl[1])*.

Speicher *(s. Abschnitt 4.2.1)*	SR	Flip-Flop mit vorrangig Setzen
	RS	Flip-Flop mit vorrangig Rücksetzen
Trigger	F_TRIG	Erkennung einer fallenden Flanke
	R_TRIG	Erkennung einer steigenden Flanke
Zähler *(s. Abschnitt 4.2.2)*	CTU	Aufwärts-Zähler
	CTD	Abwärts-Zähler
	CTUD	Auf- und Abwärts-Zähler
Timer *(s. Abschnitt 4.2.3)*	TP	Pulstimer (Mono-Flop)
	TON	Timer mit Einschaltverzögerung
	TOF	Timer mit Ausschaltverzögerung

[1] *Nähere Erläuterungen zu IEC-Funktionen finden sich im Anhang B, in der Hilfe zu CoDeSys und im Handbuch[3.6].*

In Tabelle 3.3 sind die Standard-Funktionsbausteine nach IEC 61131 aufgeführt. Der Aufbau dieser Standard-Funktionsbausteine ist in Anhang B und im Handbuch zu CoDeSys beschrieben [3.6]. Wie diese Bausteine für verschiedene automatisierungstechnische Aufgabenstellungen verwendet werden, wird im Abschnitt 4.2 erläutert. Da das *RS-Flip-Flop* aber ein wichtiger Standard-Funktionsbaustein ist, der binäre Signale speichern kann, soll sein Innenleben nachfolgend kurz vorgestellt werden.

Beispiel 3.4 *Funktionsbaustein RS-Flip-Flop*
Es soll der Funktionsbaustein eines RS-Flip-Flops programmiert werden. Das Charakteristische des RS-Flip-Flops ist, dass der aktuelle Ausgangswert `OUT` gespeichert und im nächsten Bearbeitungszyklus als interner Zustand `Z` auf die Eingangslogik zurückgeführt wird. Das Verhalten des RS-Flip-Flops drückt sich in folgender Wahrheitstabelle aus:

Eingänge		**Zustand**	**Ausgang**
SET	RESET	Z	OUT
0	0	0	0
1	0	0	1
0	0	1	1
1	0	1	1
1	1	1	0
1	1	0	0
0	1	0	0
0	1	1	0

0 entspricht *FALSE*
1 entspricht *TRUE*

Wie man sieht, ist das RS-Flip-Flop rücksetzdominant, denn der Ausgang `OUT` kann nur dann `TRUE` werden, wenn der Rücksetzeingang `RESET=FALSE` ist. Das Speicherverhalten drückt sich dadurch aus, dass der Ausgang so lange gesetzt bleibt, bis `RESET=TRUE` wird, auch wenn `SET=FALSE` ist.

Somit ergibt sich die Schaltfunktion für `OUT`:

$$OUT = RESET' \wedge (SET \vee Z) \quad (3.2)$$ [1]

Die Programmierung des Funktionsbausteins RS geschieht folgendermaßen:

```
FUNCTION_BLOCK RS
  VAR_INPUT
    RESET : BOOL;      (* Rücksetz-Eingang *)
    SET   : BOOL;      (* Setz-Eingang *)
  END_VAR
  VAR_OUTPUT
    OUT   : BOOL;      (* Ausgang *)
  END_VAR
  VAR
    Z     : BOOL;      (* gespeicherter Zustand: Ausgangswert vom letzten Zyklus *)
  END_VAR
```

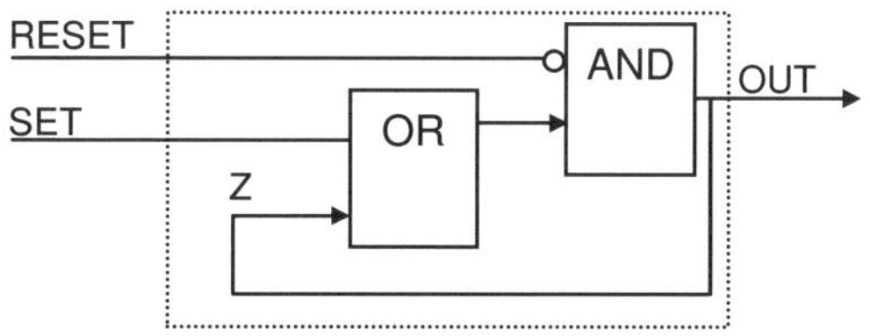

□

[1] Für Boole'sche Ausdrücke werden folgende Symbole verwendet: A' (A *NICHT*), $A \vee B$ (A *ODER* B), $A \wedge B$ (A *UND* B).

3.1.4 Variablen

Das letzte Element des Softwaremodells aus Bild 3.1 sind die *Variablen*, mit denen die Kommunikation zwischen den Programmorganisationseinheiten realisiert wird. Man unterscheidet prinzipiell folgende Variablenarten, gekennzeichnet durch die Schlüsselwörter:

- VAR: *Lokale* Variablen sind nur innerhalb der Programmorganisationseinheit gültig, in der sie deklariert wurden.
- VAR_GLOBAL: *Globale* Variablen gelten in allen Programmen, Funktionen und Funktionsbausteinen.
- VAR_INPUT: Durch *Eingangsvariablen* werden Werte in Funktionen oder Funktionsbausteine hineingeschrieben.
- VAR_OUTPUT: Durch *Ausgangsvariablen* werden Werte von Funktionsbausteinen ausgegeben.
- VAR_IN_OUT: Im Gegensatz zu reinen Eingangsvariablen können Ein- und Ausgangsvariablen innerhalb des Funktionsbausteins verändert und dann ausgegeben werden.
- VAR_RETAIN: Diese Variablen behalten ihren Wert, wenn die SPS aus- und wieder eingeschaltet wird.
- VAR_PERSISTENT: Persistente Variablen behalten ihren Wert, wenn die Software erneut in die SPS geladen wird.

Die beiden letzten Variablentypen werden auch als permanente Variablen bezeichnet und können miteinander kombiniert werden. Sie lassen sich lokal oder auch global deklarieren. Adressiert eine Variable einen E/A-Kanal, z.B. durch *AT %IX0.0*, spricht man auch von einer *direkten* Variablen.

Eine Variablendeklaration besteht im Allgemeinen aus folgenden 5 Bestandteilen, wobei die optionalen Bestandteile kursiv gedruckt sind:

<Variablenname>	*AT<Adresse>*	:<Datentyp>	:=*<Initialwert>*;	*(* Kommentar *)*
z.B.: `LMAX`	`AT%IX0.0`	`:BOOL`	`:=FALSE;`	`(* Niveau *)`

Über die Wahl der *Variablennamen* lohnt es sich Gedanken zu machen. Weitverbreitet ist die sog. ungarische Notation [3.6], in der Datentypen im Variablennamen mit einkodiert werden, um in großen Programmen den Programmierer zu unterstützen. In der Prozessautomatisierung ist das Ziel aber ein anderes. Es geht in erster Linie darum, die Software für den Anwender verständlich zu gestalten, damit er leicht Änderungen und Ergänzungen vornehmen kann. Aus diesem Grund sollten Variablen stets so bezeichnet werden, dass ihr Zweck durch den Namen verdeutlicht wird. Dann lässt sich ein Programm oft auch ohne Kommentare verstehen.

Jede Variable ist durch einen Datentyp charakterisiert. Die *Standard-Datentypen* nach IEC 61131, wie `BOOL`, `INT`, `REAL` und `TIME`, sind in Tabelle 3.4 aufgeführt.

Tabelle 3.4: Standard-Datentypen nach IEC 61131 *(Auswahl)*

	Datentyp	Größe	Wertebereich	Beispiel
Bitfolgen	BOOL	1 Bit	FALSE/TRUE	FALSE
	BYTE	8 Bit	16#00...16#FF *(Hex-Darstellung)*	16#00
	WORD	16 Bit	16#0000...16#FFFF	16#0000
	DWORD	32 Bit	16#00000000...16#FFFFFFFF	16#00000000
Ganze Zahlen	SINT	8 Bit	–128...127	0
	INT	16 Bit	–32768...32767	0
	DINT	32 Bit	2147483648... 2147483647	0
Ganze Zahlen ohne Vorzeichen	USINT	8 Bit	0...255	0
	UINT	16 Bit	0...65535	0
	UDINT	32 Bit	0...4294967295	0
Fließkommazahlen	REAL	32 Bit	$-3{,}4 \cdot 10^{38}...3{,}4 \cdot 10^{38}$ (Auflösung $1{,}18 \cdot 10^{38}$)	0.0
Zeit	TIME			t#2h:1m:0s:0ms
Uhrzeit	TIME_OF_DAY			tod#15:23:17.456
Datum	DATE			d#2003-18-01
Zeichenfolge	STRING			STRING(4)='Text'

3.2 Das Kommunikationsmodell

Das Kommunikationsmodell der IEC 61131 beschreibt, wie der Datenaustausch *innerhalb eines* Programms und *zwischen* Programmen erfolgt.

3.2.1 Datenaustausch innerhalb eines Programms

Innerhalb eines Programms wird die Kommunikation mit *Funktionen* und *Funktionsbausteinen* durch Verquellen der Ein- und Ausgangsvariablen ermöglicht. Eine Funktion liefert bei Aufruf einen Rückgabewert, der in einem Programm oder Funktionsbaustein weiterverarbeitet werden kann. Beim Aufruf der Funktion müssen Werte für die festgelegten *Eingangsvariablen* (VAR_INPUT) der Funktion übergeben werden.

Auch für einen Funktionsbaustein, der aus einem Programm oder einem anderen Funktionsbaustein heraus aufgerufen wird, müssen den spezifizierten *Ein- und Ausgangsvariablen* (VAR_INPUT bzw. VAR_OUTPUT) Werte zugewiesen werden. Im Unterschied zum Funktionsaufruf kann bei einem Funktionsbaustein nur dessen *Instanz* aufgerufen werden. Die Instanz ist als Variable vom Typ des Funktionsbausteins zu deklarieren. Man kann sich eine Instanz sozusagen als Kopie des Originalbausteins vorstellen. Bei mehrfacher Verwendung des Originalbausteins in verschiedenen Instanzen ist somit gewährleistet, dass die Instanzen unabhängig voneinander ablaufen und sich nicht gegenseitig beeinflussen.

Beispiel 3.5 *Datenaustausch innerhalb eines Programms*
Die mathematische Funktion $F1 = A \cdot B / C$ soll vom Funktionsbaustein `FB1` aufgerufen werden, dem im Programm `PRG1` Werte übergeben werden (s. Bild 3.10).

Zum Aufruf des Funktionsbausteins im Programm `PRG1` ist dessen Instanz `INSTANZ1` als Variable vom Typ `FB1` zu deklarieren. Der Funktionsbaustein wiederum soll in diesem Beispiel die Funktion `F1` aufrufen, die eine arithmetische Funktion durchführt.

Bild 3.10 zeigt, wie die vom Programm vorgegebenen Werte `WERT1=2.0`, `WERT2=10.0` und `WERT3=2.5` über die Eingangsvariablen `X, Y, Z` des Funktionsbausteins an die Eingangsvariablen `A`, `B` und `C` der Funktion übergeben werden.

```
PROGRAM PRG1
VAR
    WERT1       :REAL;
    WERT2       :REAL;
    WERT3       :REAL;
    WERT4       :REAL;
    INSTANZ1    :FB1;
END_VAR

WERT1 :=        2.0;
WERT2 :=        10.0;
WERT3 :=        2.5;

INSTANZ1(X:=WERT1, Y:=WERT2, Z:=WERT3);
WERT4:=INSTANZ1.ERGEBNIS;

FUNCTION_BLOCK FB1
VAR_INPUT
    X       :REAL;
    Y       :REAL;
    Z       :REAL;
END_VAR

VAR_OUTPUT
    ERGEBNIS    :REAL;
END_VAR

ERGEBNIS:= F1(X,Y,Z) * F1(X,Y,Z) - 3 * F1(X,Y,Z);

FUNCTION F1 : REAL
VAR_INPUT
    A       :REAL;
    B       :REAL;
    C       :REAL;
END_VAR

F1:= A*B/C;
```

Bild 3.10: Beispiel für das Aufrufen und Auslesen von Funktionsbausteinen und Funktionen. Durch Übergabe der Werte berechnet das Programm `WERT4=40`.

Der Rückgabewert der Funktion ist:

$$F1 = \frac{A \cdot B}{C} \tag{3.3}$$

`F1` wird im Funktionsbaustein `FB1` weiterverarbeitet:

$$Ergebnis = F1^2 - 3 \cdot F1 = 40 \tag{3.4}$$

Das Programm `PRG1` liest nun diesen Wert durch das Konstrukt `INSTANZ1.ERGEBNIS` aus dem Funktionsbaustein aus. □

3.2.2 Datenaustausch zwischen Programmen

Die Kommunikation zwischen verschiedenen Programmen kann nach IEC 61131 nur mittels *globaler Variablen* realisiert werden, was programmiertechnisch alles andere als elegant ist. Globale Variablen schränken die Übersichtlichkeit ein und führen zu unerwünschten Effekten, wenn Variablen mehrfach, d.h. lokal und global, deklariert werden. Deshalb sollte man die Anzahl der globalen Variablen in einem Projekt so weit wie möglich gering halten und den Datenaustausch zwischen Programmen auf das Notwendigste beschränken.

Beispiel 3.6 *Datenaustausch zwischen Programmen*
Der programmübergreifende Datenaustausch soll an dem sehr überschaubaren Beispiel der Programme `P1` und `P2` in Bild 3.11 dargestellt werden.

Dabei wird im Programm P2 der globalen Variablen Y der Wert 50.0 zugewiesen. Der Wert dieser globalen Variablen ist somit in allen Programmen verfügbar, so dass z.B. das Programm P1 diesen Wert weiterverarbeiten kann und für X=2·Y/3=33,3 berechnet.

Die beiden Programme P1 und P2 werden von der Task PLC_PRG mit dem CAL-Befehl aufgerufen. □

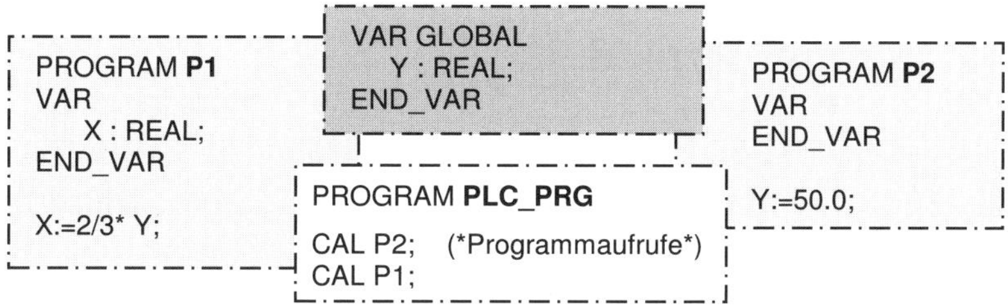

Bild 3.11: Beispiel für den Datenaustausch *zwischen* zwei Programmen, die beide vom Programm PLC_PRG aufgerufen werden.

Signalmodell einer SPS

Prinzipiell empfiehlt es sich, zwischen folgenden *Signaltypen* von Programmen zu unterscheiden:

- Der programmübergreifende Datenaustausch erfolgt durch die *Steuersignale* $\boldsymbol{u}$ und die *Statussignale* $\boldsymbol{v}$, die jeweils global zu deklarieren sind.
- Dagegen werden die *Messsignale* $\boldsymbol{x}_e$ von den Sensoren über die SPS-Eingangskanäle eingelesen und die *Stellsignale* $\boldsymbol{y}_a$ von den Programmen über die SPS-Ausgangskanäle an die Aktoren übertragen.

Die Statussignale $\boldsymbol{v}$ eines Programms (z.B. die Variable Y des Programms P2 in Bild 3.11) können als Steuersignale $\boldsymbol{u}$ eines anderen Programms (z.B. in P1) verwendet werden und verknüpfen somit die beiden Programme. Bild 3.12 zeigt, dass jedes Programm über seine Steuer- und Statussignale mit anderen Programmen und durch Mess- und Stellsignale mit den Sensoren und Aktoren kommunizieren kann.

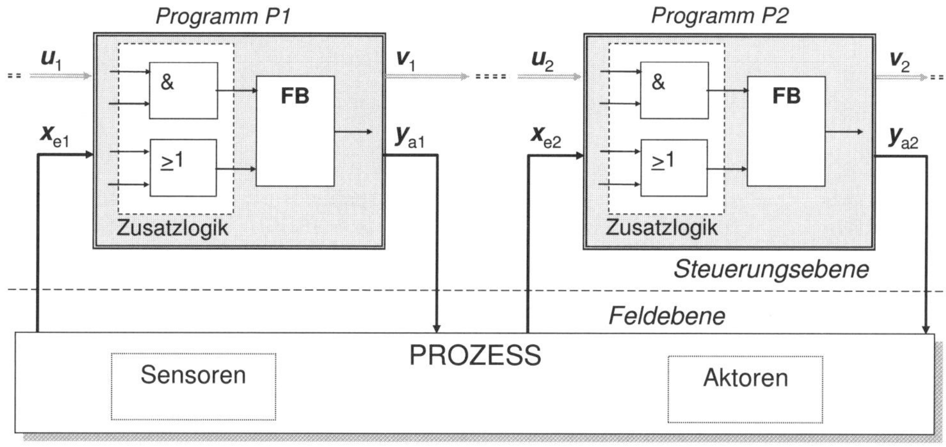

Bild 3.12: Programme erhalten durch die Messsignale $\boldsymbol{x}_e$ Informationen vom Prozess und beeinflussen den Prozess über die Stellsignale $\boldsymbol{y}_a$. Der Datenaustausch zwischen den Programmen erfolgt durch die SPS-internen Steuersignale $\boldsymbol{u}$ bzw. die Statussignale $\boldsymbol{v}$.

Für den programmübergreifenden Datenaustausch sind die Steuer- und Statussignale $\boldsymbol{u}$ bzw. $\boldsymbol{v}$ als *globale Variablen* zu deklarieren. Dagegen können die Mess- und Stellsignale $\boldsymbol{x}_e$ bzw. $\boldsymbol{y}_e$ *lokal* deklariert werden. Sie müssen jedoch die vorgesehenen E/A-Kanäle adressieren, um mit dem Prozess zu kommunizieren (z.B. *AT %IX0.0*).

3.3 Das Programmiermodell

Das Programmiermodell beschreibt, wie die *Anwendersoftware* zu erstellen ist. Zur Erzeugung der Anwendersoftware besteht die Möglichkeit, neben den in der Norm definierten Standard-Funktionen und -Funktionsbausteinen eigene, sog. Anwender-Funktionen und -Funktionsbausteine, zu entwickeln. Die Syntax zur Erstellung solcher Anwender-Funktionen und -Funktionsbausteine wurde bereits im Beispiel 3.5 für die Programmiersprache Strukturierter Text veranschaulicht.

Außer dem Strukturierten Text *(ST)* sind in der Norm noch vier weitere, in Bild 3.13 dargestellte Programmiersprachen definiert: Anweisungsliste *(AWL)*, Funktionsbausteinsprache *(FBS)*, Kontaktplan *(KOP)* und Ablaufsprache *(AS)*.

3.3.1 Programmiersprachen

Die Einigung auf diese Sprachen ist historisch begründet. So bildet der *Kontaktplan* (*Ladder Diagram, LD*) die Relais-Schaltung früherer verbindungsprogrammierter Steuerungen nach. Er wird im amerikanischen Raum auch heute noch vielfach eingesetzt. In Europa wird als grafische Sprache hauptsächlich die *Funktionsbausteinsprache* (*Function Block Diagram, FBD*) verwendet, die an Blockschaltbilder und Logikpläne angelehnt ist (s. z.B. Bilder 1.9 und 3.9a).

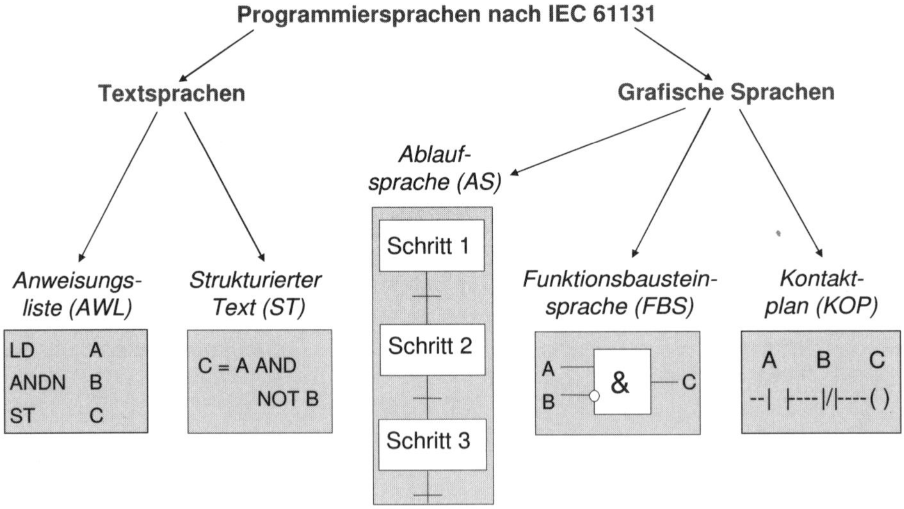

Bild 3.13: SPS-Programmiersprachen nach IEC 61131.

Textsprachen

Von den Textsprachen verwenden die Steuerungstechniker in Europa bis heute gerne die *Anweisungsliste (Instruction List, IL)*. Sie ist der Assemblerprogrammierung sehr ähnlich und wurde in den Anfangszeiten der SPS aus Rechenzeitgründen eingesetzt. Wie in Bild 3.13 dargestellt, enthält jede Zeile eine Anweisung, bestehend aus einem Operator, gefolgt von einem Operanden. In jeder Zeile wird das aktuelle, im Arbeitsspeicher vorhandene Ergebnis über den Operator mit dem Operanden verknüpft.

Im Beispiel von Bild 3.13 wird in der ersten Zeile der Anweisungsliste der Operand `A` durch den Operator `LD` in den Arbeitsspeicher geladen. In der zweiten Zeile erfolgt eine UND-Verknüpfung mit dem *negierten* Operanden `B`. Das Ergebnis dieser Verknüpfung wird schließlich in der dritten Zeile durch den Operator `ST` in der Variablen `C` abgespeichert.

Dadurch entstehen für komplexere Operationen sehr lange und unübersichtliche Listen, mitunter sogar mit Sprüngen, was für Wartungs- und Planungspersonal sehr schlecht nachvollziehbar ist.

Tabelle 3.5 listet die speziellen AWL-Operatoren auf. Darüber hinaus können auch die IEC-Funktionen, z.B. `AND` in Bild 3.13, als Operatoren dienen, die ggf. durch den Modifikator `N` den Operanden negieren.

Tabelle 3.5: Operatoren für die Anweisungsliste (AWL).

Operator	Beschreibung
LD	lädt den Wert einer Variablen in den Arbeitsspeicher.
LDN	lädt den Wert einer Variablen negiert in den Arbeitsspeicher.
ST	speichert aktuelles Ergebnis in einer Variablen.
STN	speichert aktuelles Ergebnis negiert in einer Variablen.
S	setzt Boole'sche Variable auf TRUE, wenn aktuelles Ergebnis TRUE ist.
R	setzt Boole'sche Variable auf FALSE, wenn aktuelles Ergebnis TRUE ist.
JMP	Sprung zur Marke (≡ Text mit nachfolgendem Doppelpunkt zu Beginn einer Zeile).
JMPC	Sprung zur Marke, wenn das Ergebnis TRUE ist.
JMPN	Sprung zur Marke, wenn das Ergebnis FALSE ist.
CAL	Aufruf eines Programms, eines Funktionsbausteins oder einer Funktion.
CALC	Aufruf, wenn das Ergebnis TRUE ist.
CALN	Aufruf, wenn das Ergebnis FALSE ist.
RET	Rücksprung von Funktion oder Funktionsbaustein.
RETC	Rücksprung, wenn das Ergebnis TRUE ist.
RETN	Rücksprung, wenn das Ergebnis FALSE ist.

Heutzutage spielt die Rechenzeit eine immer kleinere Rolle, so dass sich Hochsprachen wie *Pascal, C* oder *Strukturierter Text (ST)* sowohl zur Programmierung von Mikrocomputern als auch von SPSen immer mehr durchsetzen. Die Beispiele 3.5...3.7 zeigen, dass der Strukturierte Text große Ähnlichkeit zu Hochsprachen wie C oder Pascal hat. Im Strukturierten Text werden Befehle wie in Hochsprachen üblich bedingt (z.B. durch `IF..THEN..ELSE`) und/oder in Schleifen (z.B. mit `FOR..TO..DO`) ausgeführt. Jeder Befehl endet mit einem Semikolon. Diese speziellen ST-Befehle sind in Tabelle 3.6 zusammengestellt.

Tabelle 3.6: Befehle für den Strukturierten Text (ST).

	Befehl	**Beschreibung (Beispiel)**

Auswahlbefehle	IF	IF a < b THEN c:= 1;
		  ELSIF a = b THEN c:= 2;
		    ELSE c:= 3;
		END_IF

	CASE	CASE f OF
		  1: a:=3;
		  2: a:=4;
		ELSE a:=0;
		END_CASE;

Schleifen	FOR	FOR a:= 1 TO 10 BY 2 DO
		  f[a] := b;
		END_FOR;

	WHILE	WHILE b > 1 DO
		      b:=b/2;
		END_WHILE

	REPEAT	REPEAT a:= a * b; UNTIL a > 10000 END_REPEAT;
Abbruch	EXIT	Beendigung einer Schleife unabhängig von der Abbruchbedingung
Rücksprung	RETURN	Rücksprung aus einer Funktion oder einem Funktionsbaustein
Programmaufruf		PRG1();
Funktionsbausteinaufruf		FB1(IN:=a, PT:=t#5s); c:=FB1.Q; (s. auch Bild 3.10)
Funktionsaufruf		F1(X,Y,Z); (s. auch Bild 3.10)

Grafische Sprachen

Die Funktionsbausteinsprache kann Funktionen und Funktionsbausteine wie in einem Blockschaltbild anordnen. Sie eignet sich sehr gut zur Darstellung von Regelungen und binären Logikschaltungen. Diese Darstellung wird weitläufig auch als *Funktionsplan (FUP)* bezeichnet. Die Verknüpfungssteuerungen in Kapitel 4 werden überwiegend in der Funktionsbausteinsprache erstellt.

Eine Sonderstellung nimmt die ***Ablaufsprache AS*** (*Sequential* ***Function*** *Chart, SFC*) ein, denn mit ihr können nur sequenzielle Steuerungsaufgaben in Form von Schrittketten programmiert werden. Aufgrund der Vielzahl der in der Praxis vorkommenden sequenziellen Prozessabläufe wird ihre Programmierung mit AS in einem eigenen Kapitel erläutert (s. Kapitel 5).

Empfehlungen für den Einsatz der SPS-Programmiersprachen

Generell kann man sagen, dass die Textsprachen *unübersichtlicher* sind als die grafischen Sprachen. Zur Entwicklung umfangreicher numerischer Algorithmen eignen sich Textsprachen aber häufig besser, da mit ihnen *effizienter* programmiert werden kann.

Da SPSen jedoch stets Anlagen steuern, die gewartet und ab und zu umkonfiguriert werden müssen, ist die *Verständlichkeit* und *Übersichtlichkeit* der Software oberstes Gebot. Deshalb sollten übergeordnete Programme übersichtlich und änderungsfreundlich gestaltet und mit *grafischen Sprachen*, wie z.B. FBS oder AS, programmiert werden.

Es wird folgender *Einsatz* der Programmiersprachen empfohlen:

- *Prozessabläufe* lassen sich sehr gut als Schrittketten beschreiben und werden deshalb in der Ablaufsprache *AS* programmiert,
- *Ansteuerprogramme* für Aktoren und Sensoren bestehen zumeist aus Verknüpfungslogik und werden deshalb in der Funktionsbausteinsprache *FBS* programmiert,
- Anwender-*Funktionsbausteine* und *-Funktionen*, die das Wartungspersonal in der Regel ohnehin als Black-Box ansieht, können effizient in Textsprachen wie *AWL* oder *ST* programmiert werden.

3.3.2 Anwender-Datentypen

Für eine übersichtliche Programmstrukturierung hat der Anwender die Möglichkeit, eigene Anwender-Datentypen mit dem Schlüsselwort `TYPE` zu definieren. Anwender-Datentypen können für verschiedene Zwecke verwendet werden, wie Tabelle 3.7 und das folgende Beispiel zeigen.

Tabelle 3.7: Anwender-Datentypen.

Datentyp	Erläuterung	Beispiel
Referenz	Alternativer Name für Standard-Datentyp.	TYPE *Helligkeit* : USINT; END_TYPE
Aufzählung	Aufzählung von String-Konstanten.	TYPE *Ampeldaten* : (Rot,Gelb,Gruen); END_TYPE
Unterbereiche	Datentyp, dessen Wertebereich nur eine Untermenge eines Basistypen umfasst.	TYPE *SubInt* : INT (-4095..4095); END_TYPE
Datenfeld	Vektoren oder Matrizen elementarer Datentypen.	VAR *Bild* : ARRAY[0..8] OF *Helligkeit*; END_VAR
Struktur	Zusammenfassung ungleicher Datentypen.	TYPE *Merkmale* : STRUCT X_POS : REAL; Y_POS : REAL; GROESSE : INT; END_STRUCT END_TYPE

Beispiel 3.7 *Anwender-Datentypen zur Auswertung einer Sensormatrix*

Der Zweibackengreifer eines Roboterarms in Bild 3.14 soll einen Gegenstand sicher greifen. Hierfür ist es wichtig, dass der Gegenstand möglichst mittig zwischen den beiden Greiferbacken sitzt. Um dies zu gewährleisten, sind in der linken Greiferbacke Lichtquellen angebracht und in der rechten Greiferbacke 9 lichtempfindliche Sensoren.

Wenn nun ein Objekt zwischen den Greiferbacken wie in Bild 3.14b von Licht bestrahlt wird, fällt das Licht infolge des Objektschattens nicht auf alle Sensoren. Jeder Sensor überträgt einen

Helligkeitswert zwischen 0 und 255 an die SPS. Die Sensoren, die nur wenig Licht empfangen, senden einen niedrigen Helligkeitswert, die anderen einen hohen Helligkeitswert an die SPS. In der SPS soll ein Programm geschrieben werden, das den Schatten eines Objektes anhand der Helligkeitswerte der Sensordaten erkennt.

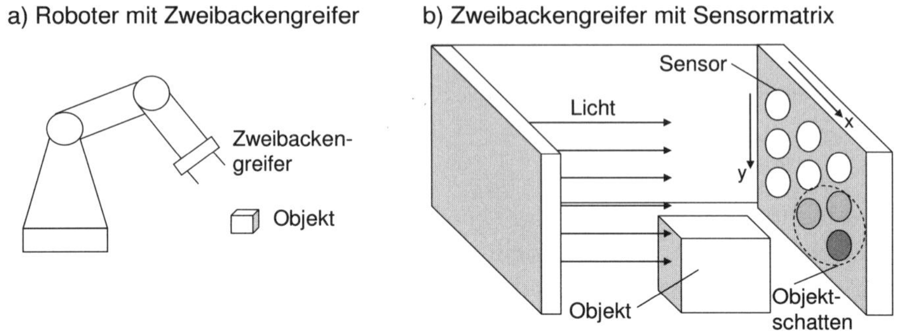

Bild 3.14: Um ein Objekt mittig zu greifen, muss sich der Zweibackengreifer eines Roboterarms (a) so an das Objekt annähern, dass der Objektschatten in der Mitte der Sensormatrix liegt (b).

Zur Auswertung der Matrix wird der neue Datentyp `Helligkeit` (s. Tabelle 3.7) eingeführt, mit dem die Helligkeit der Bildpunkte in einer Auflösung von 8 Bit beschrieben wird. Dies entspricht einem Wertebereich von 0 bis 255. Dunkle Bildpunkte erhalten einen niedrigen, helle Bildpunkte einen hohen Helligkeitswert.

Für die Sensormatrix wird der Datentyp `Bild` als Array mit 9 Komponenten vom Typ `Helligkeit` eingeführt. In diesem Array sind die Helligkeitswerte der Bildpunkte von links nach rechts beginnend in der obersten Zeile aneinandergereiht.

Dunkle Bildpunkte $(x_i|y_i)$, deren Helligkeitswert kleiner als die Schwelle 50 ist, bilden auf der Sensormatrix einen Objektschatten. Sein Schwerpunkt ergibt sich durch die Mittelwerte der x- und y-Koordinaten der dunklen Bildpunkte:

$$x_{POS} = \frac{1}{N}\sum_{i=0}^{N-1} x_i \qquad y_{POS} = \frac{1}{N}\sum_{i=0}^{N-1} y_i \tag{3.5}$$

Dabei ist N die Anzahl der Zeilen bzw. der Spalten der Sensormatrix, d.h. in diesem Beispiel ist also $N = 3$. Der Schwerpunkt $(x_{POS}|y_{POS})$ wird im folgenden Programm im Datentyp `Merkmale` angegeben, der eine Struktur aus der x- und y-Position des Objekts darstellt.

Das in Bild 3.15 dargestellte Programm durchläuft also die Sensormatrix zeilenweise von links nach rechts und prüft, ob ein Sensorwert kleiner als 50 ist. Für die abgebildete Sensormatrix würden sich beispielsweise also die Sensoren bei $(x|y)$ = (2|1), (1|2), (2|2) finden. Ihr Schwerpunkt ergibt sich nach Gl. 3.5 an der Position (1,67|1,67). □

3.3.3 Anwender-Funktionsbausteine

Neben den Standard-Funktionsbausteinen, wie Zähler, Timer, Speicher, hat der Anwender die Möglichkeit, eigene sog. *Anwender-Funktionsbausteine* zu erzeugen. Wie jeder Funktionsbaustein können auch die Anwender-Funktionsbausteine mehrfach in Programmen eingesetzt werden. Diese Wiederverwendbarkeit von Funktionsbausteinen erlaubt es, die Software großer Projekte übersichtlich und *modular* zu strukturieren. Dadurch reduziert sich der Programmcode erheblich und man spart Engineering- und Testaufwand.

```
PROGRAM OBJEKT_Position
  VAR
    SENSOR : Bild := 218, 223, 243,
                     234, 198,  32,
                     187,  17,  37;   (* eingelesene Sensormatrix *)
    OBJEKT  : Merkmale;          (* Objektmerkmale *)
    x: INT;                      (* Laufvariable für x-Komponente *)
    y: INT;                      (* Laufvariable für y-Komponente *)
  END_VAR

OBJEKT.GROESSE:= 0;              (* Initialisierung *)
OBJEKT.X_POS:= 0.0;
OBJEKT.Y_POS:= 0.0;

FOR y:=0 TO 2 DO                 (* Bildzeilen *)
    FOR x:=0 TO 2 DO             (* Bildspalten *)
      IF SENSOR[ y + 3 * x ] < 50 THEN        (* Nur dunkle Bildpunkte stellen Objektschatten dar *)
          OBJEKT.X_POS:= OBJEKT.X_POS +x; (* Summe der x-Positionen der dunklen Pixel *)
          OBJEKT.Y_POS:= OBJEKT.Y_POS +y; (* Summe der y-Positionen der dunklen Pixel *)
          OBJEKT.GROESSE:= OBJEKT.GROESSE + 1;  (* Anzahl der dunklen Pixel *)
      END_IF
    END_FOR
END_FOR

IF OBJEKT.GROESSE > 0   THEN              (* Wurde ein Objekt detektiert? *)
          OBJEKT.X_POS:= OBJEKT.X_POS / OBJEKT.GROESSE ;        (* mittlere x-Position *)
          OBJEKT.Y_POS:= OBJEKT.Y_POS / OBJEKT.GROESSE ;        (* mittlere y-Position *)
ELSE
          OBJEKT.X_POS:= -10.0;           (* x-Position negativ, d.h. nicht definiert *)
          OBJEKT.Y_POS:= -10.0;           (* y-Position negativ, d.h. nicht definiert *)
END_IF
```

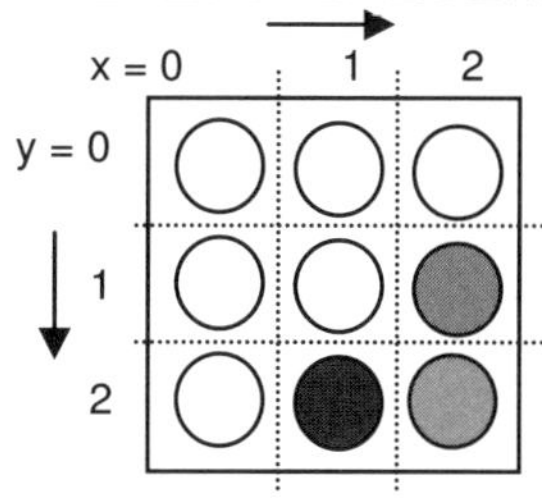

Bild 3.15: Programm zur Auswertung der Sensormatrix aus Beispiel 3.7.

Die Kunst der modularen *Programmstrukturierung* besteht also darin, Programmteile zu finden, die sich mehrfach wiederholen, und diese als Anwender-Funktionsbausteine zu programmieren.

Einen Anwender-Funktionsbaustein würde man in der Informatik als *Klasse* mit bestimmten Eigenschaften bezeichnen, die in der Logik des Bausteins enthalten sind. Durch Einfügen des Anwender-Funktionsbausteins in ein Programm entsteht ein *Objekt* oder eine sog. *Instanz* des Bausteins. Instanzen müssen in den Programmen, in denen sie aufgerufen werden, wie Variablen mit Name und Typ deklariert werden (z.B. `INSTANZ1 : KLASSE_A` in Bild 3.16).

Man kann eine Instanz als Kopie oder spezielles Exemplar (Objekt) des Funktionsbausteins ansehen. In einer Software kann es mehrere Instanzen einer Klasse geben. Deshalb ist eine wichtige Eigenschaft der *Instanzierung*, dass die eingefügten Instanzen unabhängig voneinander ablaufen können und sich nicht gegenseitig beeinflussen. Beispielsweise bestehen `INSTANZ1` und `INSTANZ2` in Bild 3.16 beide aus dem Baustein `KLASSE_A`. Im Programm `P1` wird `INSTANZ1` aber im Allgemeinen mit anderen Werten abgearbeitet als `INSTANZ2` im Programm `P2`.

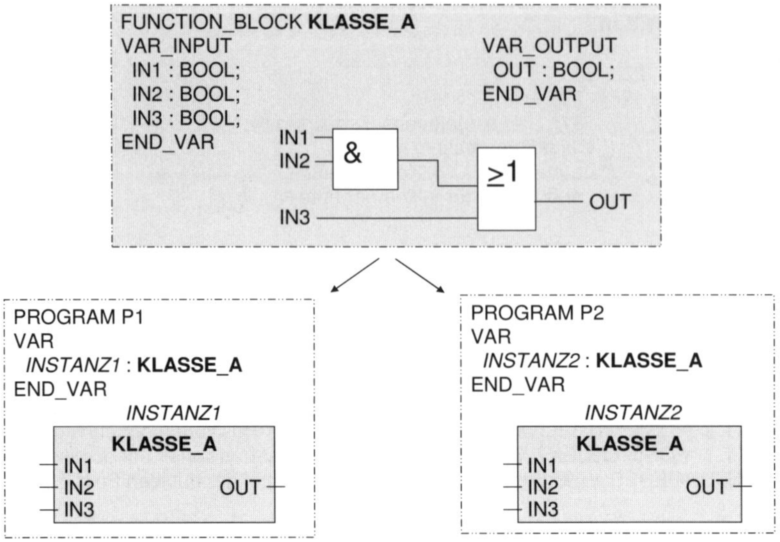

Bild 3.16: Instanzierung des Funktionsbausteins `KLASSE_A` als `INSTANZ1` und `INSTANZ2` in verschiedenen Programmen.

3.4 Leitfaden für die Softwareentwicklung

In der Prozessautomatisierung sind in der Regel Hunderte von Feldgeräten (Sensoren und Aktoren) anzusteuern. Um diese immense Menge an Software transparent zu gestalten, ist eine objektorientierte Strukturierung sinnvoll.

3.4.1 Objektorientierte Softwarestrukturierung

Objektorientiertheit bedeutet, *die Objekte der realen Welt in der Software nachzubilden.* In der Fabrik- und Prozessautomatisierung sind die Objekte die Feldgeräte in der Anlage wie etwa der Motor EU4711 in Bild 3.17. Die Feldgeräte unterscheiden sich in der Regel nur durch relativ wenige Feldgerätetypen voneinander. Diese Anlagenstruktur wird durch folgende Modularisierung in der Anwendersoftware nachgebildet:

- Für jedes Feldgerät in der Anlage wird ein eigenes Ansteuer*programm* in der SPS erstellt.
- Für die Daten jedes Feldgeräts wird eine *globale Strukturvariable* angelegt.
- Für jeden Feldgerätetyp, z.B. Motor, Ventil, Regler oder Messsonde, wird mindestens ein *Anwender-Funktionsbaustein* entwickelt.
- Für die Daten jedes Feldgerätetyps wird ein *Anwender-Datentyp* angelegt.

Anlage	Feldgerät z.B. EU4711	Feldgerätetyp z.B. Motor mit einer Drehrichtung
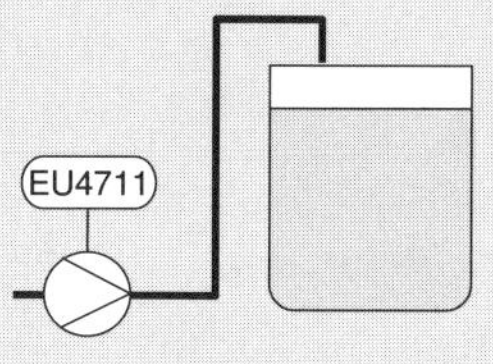	*Programm* PROGRAM EU4711	*Funktionsbaustein* FUNCTION_BLOCK TYP_IDF1
	Globale Strukturvariable VAR_GLOBAL E4711:MOTORDATEN;	*Anwender-Datentyp* TYPE MOTORDATEN
Software	**Objekt**	**Klasse**

Bild 3.17: Objektorientierte Softwarestrukturierung am Beispiel einer Pumpe.

Durch die Vielzahl der Feldgeräte entstehen so zwar viele Programme und globale Variablen. Die Liste der Programme und die der globalen Variablen entsprechen dabei aber exakt der Feldgeräteliste (Messstellenliste) des Anlagenplaners.

Somit erreicht man eine eindeutige Abbildung zwischen der *realen Welt* in der Anlage und der *Steuerungssoftware*, was sehr zur Verständlichkeit der SPS-Programme beiträgt. Ziel ist es jedoch, mit möglichst wenigen Funktionsbausteinen (Klassen) eine Vielzahl von Geräten (Objekten) ansteuern zu können.

3.4.2 Vorgehensweise bei der strukturierten Programmierung

Auf Basis der objektorientierten Softwarestrukturierung hat sich bei der Entwicklung der Automatisierungssoftware ein Vorgehen anhand der folgenden fünf Stufen als zweckmäßig erwiesen:

Stufe 1: Softwarestrukturierung

a) Pro Feldgeräte*typ* werden ein *Funktionsbaustein* und ein Anwender-Datentyp definiert.

b) Pro *Feldgerät* sind ein Ansteuer*programm* und eine globale Struktur*variable* vorzusehen.

Stufe 2: Entwurf der Funktionsbausteine und Funktionen

a) Deklaration der *Ein-* und *Ausgangsvariablen.*

b) Entwurf der Schaltungs*logik*.

Stufe 3: Entwurf der Programme

a) Deklaration der Variablen für *Mess-* und *Stellsignale* $\boldsymbol{x}_e$ bzw. $\boldsymbol{y}_a$ und ihrer *E/A-Zuordnung.*

b) Deklaration der globalen Variablen für *Steuer-* und *Statussignale* $\boldsymbol{u}$ bzw. $\boldsymbol{v}$ möglichst für jeden Gerätetyp gesammelt als globale Strukturvariable.

c) *Instanzierung* der Funktionsbausteine aus Stufe 2.

d) Entwurf der *Zusatzlogik,* die nicht im Funktionsbaustein vorhanden, aber zur Ansteuerung erforderlich ist.

Stufe 4: Implementierung der Software

a) *Implementierung* der entworfenen Programme, Funktionsbausteine, Datentypen und Variablen.

b) Festlegung der *Steuerungskonfiguration.*

c) *Taskzuordnung* der implementierten Programme.

Stufe 5: Test und Inbetriebnahme

a) *Test* der implementierten Software in der Simulation.

b) *Laden* der Software in die SPS.

c) *Inbetriebnahme* von Software und SPS im Zusammenspiel mit der Anlage.

d) *Protokollierung* der Tests anhand der Entwurfsdokumentation aus Stufe 2 und 3.

Diese Vorgehensweise der strukturierten Programmierung wird in folgendem Beispiel veranschaulicht.

Beispiel 3.8 *Wasseraufbereitungsanlage*

Für die in Bild 3.18 abgebildete Anlage soll ein *Halb-Automatikbetrieb* programmiert werden. D.h. die Geräte werden über die Anzeige- und Bedienoberfläche *manuell* bedient, um das Schmutzwasser in Behälter B nach Erhitzen in den Behälter C zu befördern. Danach soll Reinigungsmedium aus dem Behälter A hinzudosiert und vermischt werden, so dass sich ein gewünschter pH-Wert einstellt. Zum Schluss soll das neutralisierte Schmutzwasser abgelassen werden.

Die Programmierung der Software orientiert sich an den oben aufgeführten Stufen:

Stufe 1: Softwarestrukturierung

Die Anlage besteht aus folgenden Feldgeräten:

- einem *Antriebsmotor mit einer Drehrichtung* als Rührer EU1,
- drei *AUF-/ZU-Ventilen* UV1, UV2 und UV3,

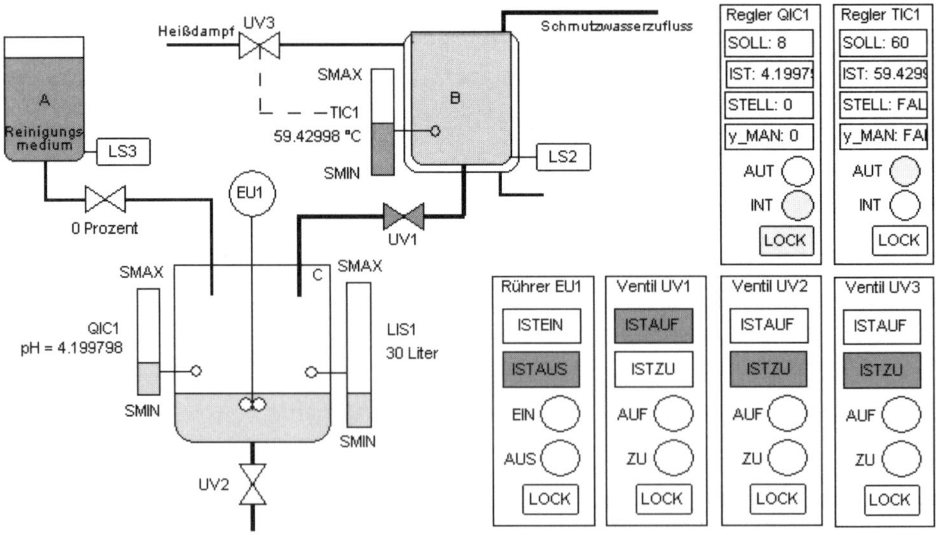

Bild 3.18: Anzeige- und Bedienoberfläche einer Schmutzwasserreinigungsanlage.

- einer analogen *pH-Wertsonde* QIC1, mit der über ein *Regelventil* (Öffnungsgrad 0...100 %) die Dosierung der Reinigungsflüssigkeit A in den Behälter C realisiert wird,
- zwei *Niveauschaltern* LS2 und LS3 an den Behältern A und B, die bei Erreichen des unteren Grenzwertes ein Boole'sches Signal an die SPS melden,
- einer analogen *Standsonde* LIS1, die den analogen Füllstandswert im Behälter C misst,
- einem *Temperaturregler* TIC1, der Heißdampf in den Mantel des Behälters B führt, wenn die Temperatur unterhalb eines gewünschten Sollwerts liegt.

In Tabelle 3.8 wird jedem Feldgerät (Objekt) ein Gerätetyp (Klasse) zugeordnet, der als Funktionsbaustein zu programmieren ist. Eine kleine Ausnahme bilden die Reglerprogramme `QIC1` und `TIC1`, die außer den Reglerbausteinen auch den Funktionsbaustein `TYP_AIN` zum Einlesen des Istwerts umfassen (s. Abschnitt 4.5).

Tabelle 3.8: Typicalzuordnung für jedes Feldgerät.

Feldgerät (Objekt)		*Feldgerätetyp (=Typical, Klasse)*	
Programm	**Glob. Variable**	**Funktionsbaustein**	**Datentyp**
EU1	E1	TYP_IDF1 (Individual Drive Function)	Motordaten
LIS1	L1	TYP_AIN (Analog Input, *s. Beispiel 4.11)*	Analogdaten
LS2	L2	TYP_BIN (Binary Input, *s. Übung 4.10)*	Binärdaten
LS3	L3	TYP_BIN (Binary Input, *s. Übung 4.10)*	Binärdaten
QIC1	L1	TYP_AIN, TYP_PID, TYP_AOUT (PID-Regler, *s. Beispiel 4.13)*	Reglerdaten
TIC1	T1	TYP_AIN, TYP_IDF1 (Zweipunktregler mit Individual Drive Function, *s. Beispiel 4.12)*	Zweipunkt- Reglerdaten
UV1	U1	TYP_IDF1 (Individual Drive Function)	Ventildaten
UV2	U2	TYP_IDF1 (Individual Drive Function)	Ventildaten
UV3	U3	TYP_IDF1 (Individual Drive Function)	Ventildaten

Stufe 2: Entwurf der Funktionsbausteine und Funktionen

Vom Prinzip her sind die Funktionen des Motors EU1 und die der Ventile UV1, UV2 und UV3 zwar nicht identisch, aber sehr ähnlich. Die grundlegende Funktionalität umfasst das *Aktivieren* und *Deaktivieren* des Stellsignals über einen binären Ausgang im Feld. Dadurch wird ein Motor ein- oder ausgeschaltet bzw. ein Ventil auf- oder zugefahren. Deshalb kann für alle vier Aktoren der gleiche Funktionsbaustein `TYP_IDF1` (s. Bild 3.19) verwendet werden.

Die *Eingangsvariablen* `ON`[1] und `OFF` des Bausteins aktivieren bzw. deaktivieren das RS-Flip-Flop, dessen *Ausgangsvariable* `OUT` als Stellsignal für den Motorschütz bzw. die Magnetventile dient. Darüber hinaus wird die Ansteuerung durch das *Signal* `LOCK` verriegelt und abgeschaltet, wenn z.B. ein Prozess- oder Gerätefehler anliegt. Solange `LOCK=TRUE` ist, kann das Gerät nicht wieder aktiviert werden, da das Flip-Flop rücksetzdominant ist.

In diesem Beispiel soll zunächst nur diese sehr einfache Logik zur Ansteuerung der Ventile und Motoren zu Grunde gelegt werden. Weitere Funktionen des *Einzelsteuerfunktionsbausteins* wie Rückmeldungen, Laufzeitüberwachung, Schutzfunktionen, Alarmierungen und die Bedienmög-

[1] Da *Funktionsbausteine* in verschiedenen (auch internationalen) Projekten eingesetzt werden können, sind die Variablennamen in *Englisch*. In den projektspezifischen *Programmen* können die Variablennamen in der jeweiligen Landessprache, also hier in *Deutsch*, formuliert werden.

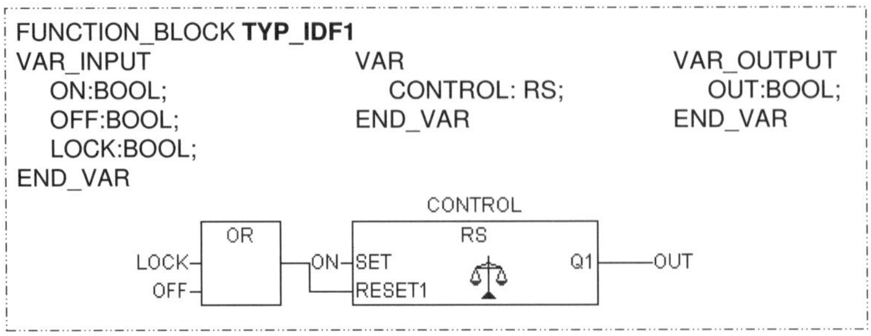

Bild 3.19: Realisierung eines Typicals als Einzelsteuerfunktionsbaustein (Individual **D**rive **F**unction, IDF) zur Steuerung eines Ventils oder Motors.

lichkeiten infolge mehrerer Betriebsarten werden ebenso wie die Ansteuerung der übrigen Geräte aus Tabelle 3.5 in Kapitel 4 besprochen.

Stufe 3: Entwurf der Programme

Das prinzipielle Verhalten der Aktoren EU1, UV1, UV2 und UV3 ist also gleich, so dass in diesen Programmen (s. Bild 3.20) der gleiche Funktionsbaustein vom Typ *Einzelsteuerfunktion* (Individual **D**rive **F**unction, IDF1) verwendet werden kann. Die Instanzierung eines Funktionsbausteins erfordert immer auch seine Deklaration als Variable, wie z.B. `VENTIL:TYP_IDF1`.

Die Stellsignale adressieren im Rahmen der Deklaration der lokalen Programmvariablen direkt *SPS-Ausgangskanäle* (z.B. `STELL AT%QX0.0:BOOL;`). Das Ein- und Ausschalten des Motors bzw. das Auf- und Zufahren der Ventile erfolgt über die Steuersignale `EIN/AUS` bzw. `AUF/ZU`. Der Status der Geräte wird durch die Signale `ISTEIN` bzw. `ISTAUF` nach außen bekannt gemacht. Da die Steuer- und Statussignale programmübergreifend verwendet werden, sind sie global zu deklarieren.

Um die Menge der globalen Variablen klein zu halten, empfiehlt es sich wie in Bild 3.21, die Steuer- und Statussignale eines Feldgerätetyps in einer *Struktur* als Anwender-Datentypen zusammenzufassen. Hierfür werden die gerätespezifischen Strukturen `Motordaten`, `Ventildaten` und `Analogdaten` als Anwender-Datentypen definiert.

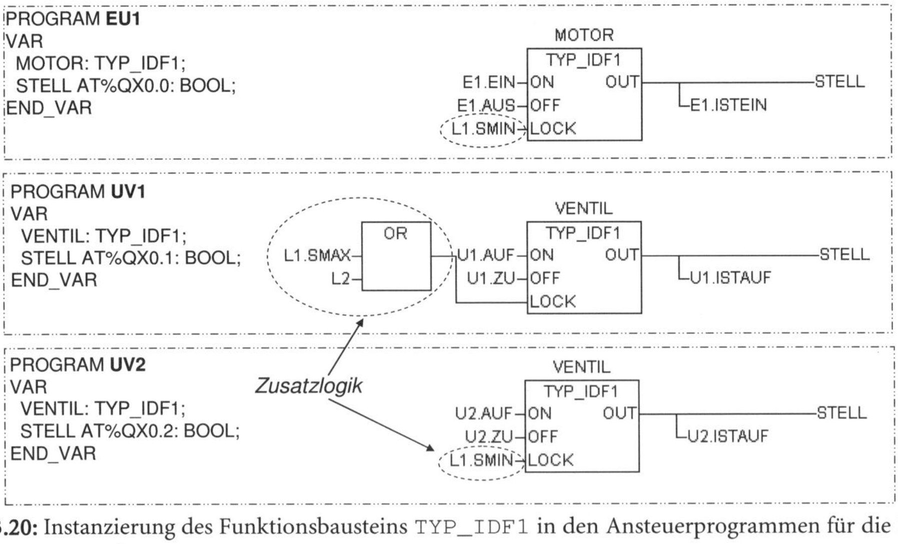

Bild 3.20: Instanzierung des Funktionsbausteins `TYP_IDF1` in den Ansteuerprogrammen für die Feldgeräte `EU1`, `UV1` und `UV2`.

Genauso wie für jedes Feldgerät nach Tabelle 3.8 ein Programm geschrieben wird, sollte auch für jedes Feldgerät eine globale Strukturvariable deklariert werden, in der die Steuer- und Statusvariablen zusammengefasst sind. Der Aufruf dieser *globalen Strukturvariablen* erfolgt wie in den Programmen in Bild 3.20 veranschaulicht z.B. durch `U1.AUF`, d.h. Variablenname und Strukturelement werden durch einen Punkt voneinander getrennt.

Somit beschreibt jedes Programm zusammen mit der zugehörigen globalen Strukturvariablen die Eigenschaften eines Feldgeräts, wodurch die *realen Objekte* der Anlage transparent in der Software abgebildet werden.

```
TYPE Motordaten:
  STRUCT
        EIN:BOOL;
        AUS:BOOL;
        ISTEIN:BOOL;
  END_STRUCT
END_TYPE

TYPE Ventildaten:
  STRUCT
        AUF:BOOL;
        ZU:BOOL;
        ISTAUF:BOOL;
  END_STRUCT
END_TYPE

TYPE Analogdaten:
  STRUCT
        IST:INT;
        SMAX:BOOL;
        SMIN:BOOL;
  END_STRUCT
END_TYPE

VAR_GLOBAL
     E1: Motordaten;      U1: Ventildaten ;      L1: Analogdaten;
                          U2: Ventildaten ;
END_VAR
```

Bild 3.21: Deklaration der Steuer- und Statussignale als globale Strukturvariablen in Form einer gerätespezifischen Struktur.

Entwurf der Zusatzlogik: Bislang umfassen die Ansteuerungsprogramme Standardeigenschaften der Feldgeräte wie das normale Ein-/Ausschalten. Nun sind aber häufig auch prozessbedingte Funktionen als *Zusatzlogik* in die Ansteuerprogramme einzubauen, die mitunter auch Signale anderer Programme erfordern. Tabelle 3.9 zeigt eine sog. Cause-Effekt-Matrix, in der die geforderten Programmverknüpfungen für das Beispiel zusammengestellt sind.

Die diese Verriegelungen auslösenden Statussignale `L1.SMIN` und `L1.SMAX` sowie `L2` werden in der Zusatzlogik der Programme `EU1`, `UV1` und `UV2` auf den `LOCK`-Eingang des Funktionsbausteins `TYP_IDF1` geschaltet (s. Bild 3.20).

Wie bei der Instanzierung von `TYP_IDF1` in den Programmen `EU1`, `UV1`, `UV2` und `UV3` ist nun auch für die Instanzierung der Bausteine `TYP_PID`, `TYP_AIN` und `TYP_BIN` in die Programme `QIC1`, `LIS1` bzw. `LS2` und `LS3` vorzugehen. Um den Rahmen dieses Beispiels jedoch nicht zu sprengen, werden diese Bausteine in den Beispielen 4.11...13 und Übung 4.10 diskutiert.

Tabelle 3.9: Cause-Effekt-Matrix zur Beschreibung kontinuierlicher Schaltungen in der Anlage, z.B. zur Verriegelung einzelner Feldgeräte in einem bestimmten Prozesszustand.

				Effekt		
Ursache			**Aktor**	EU1	UV1	UV2
Feld-gerät	**Variable**	**Wert**	**Aktion** / **Prozesszustand**	LOCK	LOCK	LOCK
LIS1	L1.SMIN	TRUE	Motor könnte ohne Widerstand der Flüssigkeit durchdrehen.	x		x
LIS1	L1.SMAX	TRUE	Behälter C könnte überlaufen.		x	
LS2	L2	TRUE	Behälter B ist leer.		x	

Stufe 4: Implementierung der Software

Nach Implementierung der Funktionspläne nach Bild 3.19...21 in das über die Internetseite verfügbare Programmiersystem CoDeSys ist nun zunächst die CPU im Menü `Zielsystemeinstellung` auszuwählen. Außerdem sind in der `Steuerungskonfiguration` die *E/A-Karten* gemäß Bild 3.4 anzugeben.

Für dieses Beispiel sind dabei folgende E/A-Kanäle vorzusehen, die in der dezentralen Peripherie „ET-200M" untergebracht sind und über Profibus DP in die Soft-SPS des PCs eingelesen werden (Profibuskarte „CIF 50-PB"):

- binäre Eingangskarte mit den Adressen *%IB0* und *%IB1* für die binären Eingänge von `L2` (%IX0.0) und `L3` (%IX0.1),
- binäre Ausgangskarte mit den Adressen *%QB0* und *%QB1* für die binären Ausgänge der Stellsignale von `EU1` (%QX0.0), `UV1` (%QX0.1), `UV2` (%QX0.2) und `UV3` (%QX0.3),
- analoge Eingangskarte mit den Adressen *%IW1, %IW2, %IW3* für die analogen Eingänge von `QIC1` (%IW1), `LIS1` (%IW2), `TIC1` (%IW3) und
- analoge Ausgangskarte mit der Adresse *%QW1* für den analogen Ausgang von `QIC1` (%QW1).

In diesem Beispiel sollen die Programme nur von einer Task aufgerufen werden, und zwar vom Programm `PLC_PRG`, das unter *CoDeSys* die Programmaufrufe in AWL folgendermaßen realisiert:

```
PROGRAM PRG_PLC
        CAL    LIS1    (* Messung des Füllstands im Reaktor *)
        CAL    LS2     (* Überwachung des Niveauschalters in Behälter B *)
        CAL    LS3     (* Überwachung des Niveauschalters in Behälter A *)
        CAL    QIC1    (* pH-Wertregelung im Reaktor *)
        CAL    TIC1    (* Temperaturregelung in Behälter B *)
        CAL    EU1     (* Rührer im Reaktor *)
        CAL    UV1     (* Zulaufventil in Reaktor *)
        CAL    UV2     (* Ablaufventil des Reaktors *)
        CAL    UV3     (* Heißdampfventil *)
```

Stufe 5: Test und Inbetriebnahme der Software

Der Softwaretest kann zunächst im *Simulationsmodus* der CPU des PCs ablaufen. Dies ist deshalb von Vorteil, weil einzelne Module direkt nach ihrer Programmierung getestet werden können, ohne dass sie schon auf die Aktoren und Sensoren zugreifen und evt. Schaden anrichten können. Außerdem ist es dringend erforderlich, die programmierten Funktionsbausteine zunächst in einer Instanz zu testen, bevor sie mehrmals instanziert werden und sich die Fehler zahlreich fortpflanzen.

Der Simulationstest umfasst

- den *Modultest* der Funktionsbausteine und
- den *Integrationstest* der Zusatzlogik in den Programmen.

Ein Testplan kann dabei in Tabellenform wie z.B. in Tabelle 3.10 erstellt werden. Diese ist jedoch nicht als statische Wahrheitstabelle zu betrachten, sondern die zeitliche Reihenfolge der Tests muss wegen des Speicherverhaltens des RS-Flipflops berücksichtigt werden. Die linke Spalte beschreibt dabei den *Testvorgang*, die mittlere Spalte das *Akzeptanzkriterium*. Um den Testplan später auch gleich als Testprotokoll verwenden zu können, wird die rechte Spalte für das *Testergebnis* vorgesehen. Tabelle 3.10 zeigt exemplarisch den Plan bzw. das Protokoll für den Test des Bausteins `TYP_IDF1` im Programm `EU1`. Wenn dieser Test erfolgreich verlief, kann man auf

Tabelle 3.10: Testprotokoll für den *Modultest* des Funktionsbausteins `TYP_IDF1` nach Bild 3.19.

Test-Nr.	Testvorgang Aktivierung der Steuersignale			Akzeptanzkriterium Überprüfung der Statussignale	Test-ergebnis
Schritt	ON	OFF	LOCK	OUT	OUT
1	0	0	0	0	OK
2	1	0	0	1	OK
3	0	0	0	1	OK
4	0	0	1	0	OK
5	1	0	1	0	OK
6	1	0	0	1	OK
7	0	1	0	0	OK
8	1	1	0	0	OK

die Tests der Instanzen in den Programmen `UV1` und `UV2` verzichten, denn es handelt sich ja um den gleichen Baustein.

Zu testen bleiben allerdings noch die *Zusatzlogik* und die *Programmverknüpfungen*. Gerade diese sind besonders sicherheitsrelevant, weil sie die Aktoren verriegeln, etwa um den Überlauf eines Behälters zu verhindern. Auch bei diesen Tests sind wie in Tabelle 3.11 Testvorgang, Akzeptanzkriterium und Testergebnis in Tabellenform aufzuführen.

Der Test der Software im Zusammenspiel mit den Sensoren und Aktoren sowie die *Inbetriebnahme* unter realen Betriebsbedingungen werden im Zusammenhang mit der Qualifizierung von Steuerungen im Abschnitt 7.3 diskutiert. □

Tabelle 3.11: Testprotokoll für den *Integrationstest* der Zusatzlogik im Programm `UV1` nach Bild 3.20.

Test-Nr.	Testvorgang Aktivierung der Steuersignale	Akzeptanzkriterium Überprüfung der Statussignale	Test-ergebnis
1	Aktivierung von U1.AUF bis L2=1	UV1 wird verriegelt (STELL=0, LOCK=1)	OK
2	Neues Schmutzwasser fließt zu (L2=0)	Verriegelung wird aufgehoben (STELL=0, LOCK=0)	OK
3	Aktivierung von U1.AUF bis L1.SMAX=1	UV1 wird verriegelt (STELL=0, LOCK=1)	OK
4	Aktivierung von U2.AUF bis L1.SMAX=0	Verriegelung wird aufgehoben (STELL=0, LOCK=0)	OK

3.4.3 Umsetzung des Leitfadens auf spezielle Steuerungen

Das vorgestellte Vorgehen der strukturierten Programmierung lässt sich in den meisten Industriesteuerungen leicht umsetzen, weil die Programmierstrukturen nach IEC 61131 genormt sind (vgl. Übung 3.6).

Am Beispiel des Programmiersystems STEP 7 von Siemens werden im Anhang C die Unterschiede, die bei der strukturierten Programmierung zu berücksichtigen sind, kurz vorgestellt.

Übungsaufgaben zu Kapitel 3

Wiederholungsfragen

3.1 Welche Komponenten umfasst das *Softwaremodell*?

3.2 Was versteht man unter der Zykluszeit einer Task?

3.3 Was versteht man unter Multitasking?

3.4 Welche Standard-Funktionen (FCs) und Standard-Funktionsbausteine (FBs) gibt es nach IEC?

3.5 Kann eine Funktion mehrere Ausgänge haben?

3.6 Kann in einer Funktion ein Funktionsbaustein aufgerufen werden?

3.7 Kann man in einem Funktionsbaustein direkt dargestellte Variablen ansprechen, z.B. den Eingang `%IX6.0`? Welches Problem bekommt man dadurch?

3.8 Welche Variablentypen gibt es in der IEC? Was ist der Unterschied zwischen globalen, lokalen und direkten Variablen?

3.9 Welche Datentypen gibt es in der IEC?

3.10 Wie erfolgt die *Kommunikation*

- innerhalb eines Programms
- zwischen verschiedenen Programmen?

3.11 Welche *Programmiersprachen* gibt es nach IEC 61131?

3.12 Welche Anwenderdatentypen können Sie nach IEC 61131 deklarieren?

3.13 Wie modularisiert man die Programme zur Ansteuerung von Aktoren und Sensoren?

3.14 Welche Auswirkungen ergeben sich bei einer nachträglichen Änderung von Anwender-Funktionsbausteinen?

3.15 Wie ist die Vorgehensweise bei der *strukturierten Programmierung*?

3.16 Wie sind Softwaretests zu dokumentieren?

Übung 3.1 *Messung der Zykluszeit*

Erstellen Sie ein Programm zur Messung der Zykluszeit von CoDeSys im Simulationsbetrieb, indem Sie das Hauptprogramm `PLC_PRG` tausendmal durchlaufen lassen und die Zeit durch einen Timer messen.

Übung 3.2 *Programmiersprachen und direkte Variablen*

Es soll eine Schaltung mit drei Eingängen und vier Ausgängen programmiert werden. Einer der Eingänge fungiert als Freigabe, mit den beiden andern sollen vier Zustände unterschieden werden. Die Schaltung soll bei Freigabe für jeden Zustand einen der vier Ausgänge ansteuern.

a) Deklarieren Sie die Ein- und Ausgangsgrößen als direkte Variablen, und spezifizieren Sie die Steuerungskonfiguration!

b) Entwerfen Sie die Logik für das Programm über eine Wahrheitstabelle (vgl. Tabelle 3.3)!

c) Schreiben Sie das Programm in ST!

d) Schreiben Sie das Programm in AWL!

e) Schreiben Sie das Programm in KOP!

f) Schreiben Sie das Programm in FBS!

Übung 3.3 *Felder und Schleifen*

Ein Werkzeugmagazin umfasst die Positionen 0...5. An jeder Position des Magazins kann eines von 8 verschiedenen Werkzeugen eingelagert sein. Der Benutzer gibt den gewünschten Werkzeugtyp 0...7 als Dualzahl über die Eingänge der SPS vor. Das Programm soll die Position des gewünschten Werkzeugtyps über die Ausgänge der SPS ausgeben.

a) Welche Variablen müssen deklariert werden?

b) Schreiben Sie das Programm in ST! Die Lagerposition, an der sich das gesuchte Werkzeug befindet, soll durch Leuchten der zugehörigen Ausgangslampen 1...6 an der SPS angezeigt werden!

c) Testen Sie Ihr Programm für die Magazinstände

   i. |6|1|4|5|7|0|,

   ii. |3|7|0|1|7|7| und

   iii. |3|7|5|1|1|7|,

   wenn jeweils ein Werkzeug vom Typ 7, 6 und 5 herausgesucht werden soll! Welche Ausgangslampe wird dann jeweils angesteuert?

Übung 3.4 *Anwender-Funktionen*

Erläutern Sie am Beispiel der Funktion $z = y^{1/x}$ in ST, wie man eine Anwender-Funktion erzeugt und aufruft!

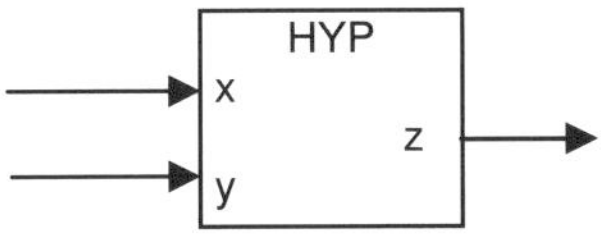

Übung 3.5 *Strukturierte Programmierung*

In der in Bild 3.22 skizzierten Anlage sollen die Flüssigkeiten aus Behälter A und B in den Behälter C befördert und dort vermischt werden.

Programmieren Sie für die Klasse der Motoren (EU) den Funktionsbaustein `TYP_IDF1` mit folgenden Eigenschaften:

Der Baustein soll die binären Ausgänge

- `OUT` zum *Ansteuern* des Antriebs im Feld und

die binären Eingänge

- `ON` zum *manuellen Einschalten* über die Anzeige- und Bedienoberfläche (s. Bild 3.20),
- `OFF` zum *manuellen Ausschalten* und
- `LOCK` zum *automatischen Ausschalten* und *Verriegeln*

besitzen. Die Ansteuerung soll außer durch `OFF` auch dann zurückgesetzt werden, wenn andere Prozesszustände (z.B. Maximum eines Füllstands) das Signal `LOCK` setzen.

a) Erstellen Sie durch Verwendung des Bausteins `TYP_IDF1` (s. Bild 3.19) die drei Programme `EU1`, `EU2` und `EU3` zur Steuerung der Motoren!

b) Ergänzen Sie die Programme für die Ansteuerung der Antriebe um folgende Verriegelungsbedingungen:

   i. EU1 muss verriegelt werden, wenn EU2 läuft und umgekehrt,

   ii. EU3 muss verriegelt werden, wenn der untere Grenzstand L1 erreicht ist,

iii. EU1 und EU2 müssen verriegelt werden, wenn der obere Grenzstand L3 erreicht ist.

c) Testen Sie die Programme in *CoDeSys*!

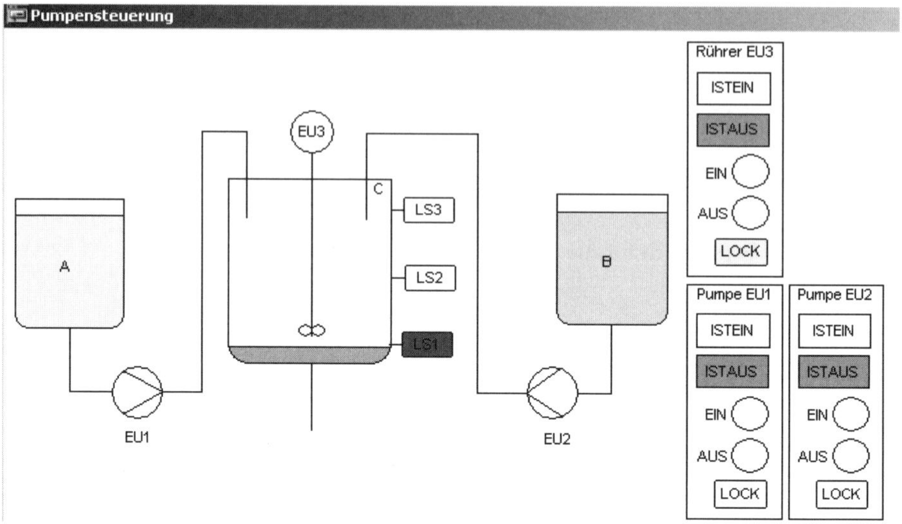

Bild 3.22: Durch Ansteuerung der Pumpen EU1 und EU2 soll zunächst die Flüssigkeit aus Behälter A bis zu dem Stand LS2 und dann die Flüssigkeit B bis zum Stand LS3 in den Behälter C befördert werden, bevor die Flüssigkeiten vermischt werden.

Übung 3.6 *Umsetzung der strukturierten Programmierung in STEP 7*

Die Behältersteuerung für die Anlage aus Bild 3.22 soll nun mit STEP 7 statt wie in Übung 3.5 mit CoDeSys programmiert werden. Hierzu sind in *Anhang C* Hinweise gegeben, wie die strukturierte Programmierung mit STEP 7 umgesetzt werden kann. Diese sollen schrittweise umgesetzt werden.

a) Erstellen Sie den Baustein `TYP_IDF1` (s. Bild 3.19) sowie seinen Instanz-Datenbaustein!

b) Definieren Sie den Anwenderdatentyp `Motordaten`!

c) Erstellen Sie für die Ansteuerung der Pumpen auf Basis des Instanz-Datenbausteins aus a) die Funktionsbausteine `EU1`, `EU2` und `EU3`!

d) Deklarieren Sie mit Hilfe eines Global-Datenbausteins die globalen Strukturvariablen `E1`, `E2` und `E3`!

e) Ergänzen Sie die Funktionsbausteine aus b) um die in Übung 3.5 angegebenen Verriegelungsbedingungen! Deklarieren Sie die Niveauschalter in dem Global-Datenbaustein!

f) Erzeugen Sie die Instanz-Datenbausteine für die Funktionsbausteine `EU1`, `EU2` und `EU3` und rufen Sie diese in der Task `OB1` auf!

4 Verknüpfungssteuerungen

Nachdem bisher die *Systemstrukturen* von SPSen vorgestellt wurden, soll in den folgenden beiden Kapiteln erläutert werden, wie die Software für typische *Anwendungen* aus der Fabrik- und Prozessautomatisierung zu entwerfen ist.

Dabei unterscheidet man nach DIN 19226 prinzipiell zwei Arten von Programmen [1.1]:

- *Verknüpfungssteuerungen*, die den Eingangssignalen durch eine Verknüpfungslogik kontinuierlich, d.h. in jedem Zyklus, bestimmte Ausgangssignale zuordnen, und
- *Ablaufsteuerungen*, in denen Schritte und Weiterschaltbedingungen als Kette aneinandergereiht sind und nur im aktuellen Schritt Ausgangssignale aktiviert werden.

Der Funktionsplan einer Verknüpfungssteuerung wird auch als *CFC* (*Continuous Function Chart*) bezeichnet, da er in jedem Zyklus neue Ausgangssignale erzeugt. Den Funktionsplan für eine Ablaufsteuerung bezeichnet man auch als Schrittkette oder *SFC* (*Sequential Function Chart*), weil die Schritte nacheinander abgearbeitet werden (vgl. Ablaufsprache *AS* in Bild 3.13).

Bevor Ablaufsteuerungen im Kapitel 5 erläutert werden, sollen im Folgenden die diversen Verknüpfungssteuerungen vorgestellt werden. Dabei stehen insbesondere Entwurfsverfahren im Mittelpunkt, die systematisch von einer verbalen Aufgabenstellung zur Schaltungslogik führen.

4.1 Entwurf von Schaltnetzen

Schaltnetze sind binäre *Logikschaltungen ohne Gedächtnis*, d.h. es findet keine Speicherung von Signalzuständen statt, die im nächsten Bearbeitungszyklus der SPS wieder verwendet werden. Somit umfassen Schaltnetze hauptsächlich Verknüpfungen von Boole'schen Funktionen wie `AND`, `OR`, `NOT`, `XOR`. Ein Schaltnetz ordnet nach Bild 4.1 jeder Eingangskombination $\boldsymbol{u}$ *eindeutig* eine Ausgangskombination $\boldsymbol{v}$ zu. Somit erhält man bei gleichen Eingangssignalen $\boldsymbol{u} = (u_1, u_2,..., u_N)^T$ auch stets die gleichen Ausgangssignale $\boldsymbol{v} = (v_1, v_2,..., v_M)^T$.

Bild 4.1: Ein Schaltnetz besitzt kein Gedächtnis. Es erzeugt deshalb bei gleichem Eingangssignalmuster $\boldsymbol{u}$ stets das gleiche Ausgangssignalmuster $\boldsymbol{v}$.

Wie in Abschnitt 3.1.3 erläutert, sind binäre *Funktionen* somit immer Schaltnetze. Ein Schaltnetz kann aber auch ein Teil eines *Programms* oder eines *Funktionsbausteins* sein.

Zur Programmierung von Schaltnetzen ist es hilfreich, die Schaltfunktion $\boldsymbol{v} = f(\boldsymbol{u})$ mit einem geeigneten Entwurfsverfahren zu ermitteln (s. z.B. [4.1...3, 2.1, 2.9]).

4.1.1 Wahrheitstabelle

Das einfachste Verfahren zur Ermittlung der gesuchten Schaltfunktion ist eine Wahrheitstabelle, die die Ein- und Ausgangskombinationen gegenüberstellt. Im Allgemeinen sind in einer Wahrheitstabelle für alle Eingangskombinationen die entsprechenden Ausgangswerte zu ermitteln. Für N Eingänge ergeben sich 2^N Zeilen in der Wahrheitstabelle.

Minterme und Maxterme

Die *Eingangskombinationen* einer Wahrheitstabelle lassen sich durch sog. Minterme oder Maxterme beschreiben, wie in Tabelle 4.1 an einem Beispiel veranschaulicht.

Ein *Minterm* ist eine UND-Verknüpfung (*Konjunktion*) der Eingangsvariablen in negierter Form, wenn ihr Wert $u_j = 0$ ist, oder in nicht negierter Form, wenn ihr Wert $u_j = 1$ ist. Jede dieser Konjunktionen nennt man einen Minterm der Wahrheitstabelle. Für N Eingänge lassen sich also 2^N Minterme m_i formulieren. Betrachtet man die Wahrheitstabelle 4.1, so ergibt sich z.B. in Zeile 2 für den Eingangsvektor $\boldsymbol{u} = (0,1,0)^T$ der Minterm m2 = u1 ' ∧ u2 ∧ u3 '.

Statt Mintermen können auch sog. *Maxterme* zur Beschreibung der Eingangskombinationen herangezogen werden. Dabei wird jede Eingangsvariable in negierter Form, wenn ihr Wert $u_j = 1$ ist, oder in nicht negierter Form, wenn ihr Wert $u_j = 0$ ist, auf ein ODER-Gatter geschaltet. Das Ergebnis dieser *Disjunktion* ist ein Maxterm. Betrachtet man wieder den Eingangsvektor $\boldsymbol{u} = (0,1,0)^T$ in Zeile 2 der Wahrheitstabelle 4.1, so ergibt sich als Maxterm M2 = u1 ∨ u2 ' ∨ u3.

In der Wahrheitstabelle 4.1 sind alle Min- und Maxterme für ein Schaltnetz mit $N = 3$ Eingängen angegeben.

Tabelle 4.1: Wahrheitstabelle für ein Schaltnetz v = f(u1, u2, u3) mit den Mintermen m0,...,m7 und den Maxtermen M0,...,M7.

Zeile i	u1	u2	u3	v = f_i	Minterme m_i	Maxterme M_i
0	0	0	0	0	u1' ∧ u2' ∧ u3'	u1 ∨ u2 ∨ u3
1	1	0	0	1	u1 ∧ u2' ∧ u3'	u1' ∨ u2 ∨ u3
2	0	1	0	1	u1' ∧ u2 ∧ u3'	u1 ∨ u2' ∨ u3
3	1	1	0	1	u1 ∧ u2 ∧ u3'	u1' ∨ u2' ∨ u3
4	0	0	1	0	u1' ∧ u2' ∧ u3	u1 ∨ u2 ∨ u3'
5	1	0	1	0	u1 ∧ u2' ∧ u3	u1' ∨ u2 ∨ u3'
6	0	1	1	0	u1' ∧ u2 ∧ u3	u1 ∨ u2' ∨ u3'
7	1	1	1	1	u1 ∧ u2 ∧ u3	u1' ∨ u2' ∨ u3'

Disjunktive und konjunktive Normalform

Die Vorgehensweise zur Ermittlung der Schaltfunktion $\boldsymbol{v} = f(\boldsymbol{u})$ ist nun so, dass man in der Wahrheitstabelle die Zeilen untersucht, in denen der Ausgang $v=f_i=1$ (≡TRUE) ist. Ermittelt man für jede dieser Zeilen den dazugehörigen Minterm m_i und schaltet diese Minterme auf ein ODER-Gatter (Disjunktion), so erhält man die gesuchte Schaltfunktion für den Ausgang v. Diese Schaltfunktion wird auch als *disjunktive Normalform* (DNF) bezeichnet:

$$v = f(u_1, u_2, ..., u_N) = \bigvee_{i=0}^{2^N-1} f_i \cdot m_i(u_1, u_2, ..., u_N) \tag{4.1}$$

Alternativ hierzu lässt sich die Schaltfunktion aber auch dadurch ermitteln, dass man in der Wahrheitstabelle die *Zeilen* betrachtet, für die am *Ausgang* eine 0 (≡FALSE) eingetragen ist. Wenn in mehreren Zeilen eine 0 eingetragen ist, ergibt sich die Schaltfunktion v aus einer UND-Verknüpfung der Maxterme M_i, die für den Ausgang in der i-ten Zeile den Wert $f_i = 0$ bzw. $f_i' = 1$ hervorrufen:

$$v = f(u_1, u_2, ..., u_N) = \bigwedge_{i=0}^{2^N-1} f_i' \cdot M_i(u_1, u_2, ..., u_N) \tag{4.2}$$

Diese Form der Schaltfunktion nennt man *konjunktive Normalform* (KNF). In jedem Fall sind die Ergebnisse der konjunktiven (KNF) und der disjunktiven Normalform (DNF) *gleich*. Welche man verwendet, hängt davon ab, ob es einfacher ist, die Minterme oder die Maxterme zu ermitteln, ob also für den jeweiligen Ausgang mehr 1-Signale oder mehr 0-Signale in der Wahrheitstabelle eingetragen sind.

Im Fall von Schaltnetzen mit mehr als einem Ausgang sind diese Schaltfunktionen nacheinander für jeden der Ausgänge $\boldsymbol{v} = (v_1, v_2, ..., v_M)^T$ zu ermitteln.

Beispiel 4.1 *Wahrheitstabelle*

Es soll ein Schaltnetz mit den drei Eingängen u1, u2 und u3 sowie dem Ausgang v entworfen werden. Das gewünschte Verhalten des Schaltnetzes ist in Wahrheitstabelle 4.1 angegeben. Die Minterme sind hell, die Maxterme dunkel unterlegt.

Aus Tabelle 4.1 ergeben sich folgende Minterme, die einen Funktionswert $f_i = 1$ für den Ausgang v erzeugen:

$$\mathrm{m1} = \mathrm{u1} \wedge \mathrm{u2}' \wedge \mathrm{u3}' \tag{4.3}$$

$$\mathrm{m2} = \mathrm{u1}' \wedge \mathrm{u2} \wedge \mathrm{u3}' \tag{4.4}$$

$$\mathrm{m3} = \mathrm{u1} \wedge \mathrm{u2} \wedge \mathrm{u3}' \tag{4.5}$$

$$\mathrm{m7} = \mathrm{u1} \wedge \mathrm{u2} \wedge \mathrm{u3} \tag{4.6}$$

Damit ist die DNF der Schaltfunktion:

$$\begin{aligned} v &= \mathrm{m1} \vee \mathrm{m2} \vee \mathrm{m3} \vee \mathrm{m7} \\ &= \mathrm{u1} \wedge \mathrm{u2}' \wedge \mathrm{u3}' \vee \mathrm{u1}' \wedge \mathrm{u2} \wedge \mathrm{u3}' \vee \mathrm{u1} \wedge \mathrm{u2} \wedge \mathrm{u3}' \vee \mathrm{u1} \wedge \mathrm{u2} \wedge \mathrm{u3} \end{aligned} \tag{4.7}$$

Andererseits ergeben sich aus Tabelle 4.1 aber auch folgende Maxterme, die einen Funktionswert $f_i = 0$ für den Ausgang v erzeugen:

$$\mathrm{M0} = \mathrm{u1} \vee \mathrm{u2} \vee \mathrm{u3} \tag{4.8}$$

$$\mathrm{M4} = \mathrm{u1} \vee \mathrm{u2} \vee \mathrm{u3}' \tag{4.9}$$

$$M5 = u1' \vee u2 \vee u3' \tag{4.10}$$

$$M6 = u1 \vee u2' \vee u3' \tag{4.11}$$

Die KNF der Schaltfunktion ist somit:

$$\begin{aligned} v &= M0 \wedge M4 \wedge M5 \wedge M6 \\ &= (u1 \vee u2 \vee u3) \wedge (u1 \vee u2 \vee u3') \wedge (u1' \vee u2 \vee u3') \wedge (u1 \vee u2' \vee u3') \end{aligned} \tag{4.12}$$

Mit der so gewonnenen Schaltfunktion für v ließe sich die Logik leicht als *Verknüpfungssteuerung*, z.B. in der Funktionsbausteinsprache, aufbauen. □

Das Problem dieses Schaltungsentwurfsverfahrens ist jedoch, dass die Logik sehr komplex werden kann. Ein Maß Λ für die *Komplexität der Logik* ist die Summe der Signale und der notwendigen UND-/ODER-Verknüpfungen:

$$\Lambda = \textit{Anzahl der Signale} + \textit{Anzahl der Verknüpfungen} \tag{4.13}$$

Im Beispiel 4.1 gibt es 3 Eingangssignale und im Fall der DNF 8 UND- sowie 3 ODER-Verknüpfungen. In Summe erhält man also eine Komplexität von $\Lambda = 14$. Für die KNF erhält man ebenfalls $\Lambda = 14$. Dabei stellt sich die Frage, ob die Schaltfunktion nicht auch in einer geringeren Komplexität darstellbar wäre.

4.1.2 Karnaugh-Veitch-Diagramme

Um die Logik für eine Schaltfunktion mit minimaler Komplexität zu finden, werden Karnaugh-Veitch-Diagramme (KV-Diagramme, s. Bild 4.2) als Entwurfsverfahren eingesetzt. In einem solchen Diagramm wird die Wahrheitstabelle in Form einer *Matrix* dargestellt, wobei die Eingangskombinationen $\boldsymbol{u} = (u_1, u_2, u_3)^T$ an den Zeilen und Spalten der Matrix festgelegt und die Ausgangswerte für v in die Felder der Matrix eingetragen werden.

Betrachtet man wieder die Wahrheitstabelle 4.1 mit 3 Eingängen und einem Ausgang, so werden die Funktionswerte für den Ausgang v aus den Zeilen 0...7 der Wahrheitstabelle in die Felder 0...7 des KV-Diagramms eingetragen (vgl. Bild 4.2a). Die *Zeilen-* bzw. *Feldnummer i* entspricht der Dualzahl, die die Werte der jeweiligen Eingangskombination darstellen:

$$i = u_1 \cdot 2^0 + u_2 \cdot 2^1 + u_3 \cdot 2^2 \tag{4.14}$$

Zum Beispiel entspricht die Eingangskombination $\boldsymbol{u} = (0,1,1)^T$ der Dualzahl 6 und wird ins Feld 6 des KV-Diagramms eingetragen. In Tabelle 4.1 steht in der *Zeile 6* der Funktionswert v=0. Deshalb wird im *Feld 6* von Bild 4.2a eine 0 eingetragen. Werden alle Funktionswerte für v so in das KV-Diagramm eingefügt, erhält man zunächst lediglich eine etwas kompaktere Darstellung der Wahrheitstabelle.

Der Vorteil dieser Darstellungsweise liegt nun darin, dass man nach Symmetrien suchen kann. Ziel ist es, benachbarte Felder mit einer 1 zusammenzufassen und dabei zusammenhängende oder symmetrische *2er-*, *4er-*, *6er-*, *8er-*,...*Pärchen* zu bilden. In

Bild 4.2a kann man die drei eingekreisten 2er-Pärchen erkennen, die als Minterme für die Schaltfunktion formuliert werden.

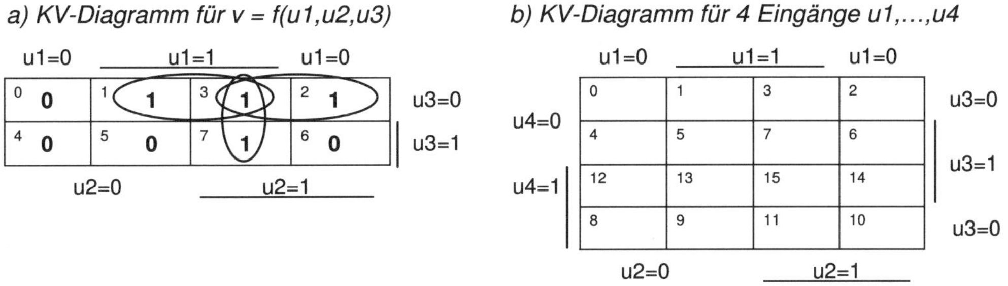

Bild 4.2: Karnaugh-Veitch-(KV-)Diagramm für das Beispiel 4.1 (Tabelle 4.1) mit 3 Eingängen (a) und ein KV-Diagramm allgemein für 4 Eingänge (b). Die Zeilennummern der Wahrheitstabelle sind jeweils klein in der linken oberen Ecke eines Feldes eingetragen. Die fett eingetragene Zahl ist der zugehörige Wert der Schaltfunktion *v*.

Wie das folgende Beispiel zeigt, ist die daraus resultierende Schaltfunktion nach Gl. 4.18 weitaus weniger komplex als die allein durch die Wahrheitstabelle gefundene Schaltfunktion nach Gl. 4.11. Beide Gleichungen führen aber zu identischen Ergebnissen.

Beispiel 4.2 *KV-Diagramm*

Für das Beispiel 4.1 soll mit Hilfe des KV-Diagramms eine Vereinfachung der Schaltfunktion nach Gl. 4.7 gefunden werden.

In der Wahrheitstabelle 4.1 gibt es $2^3 = 8$ Ausgangswerte für *v*. Bild 4.2a veranschaulicht, wie diese Ausgangswerte gemäß den festgelegten Eingangswerten $\boldsymbol{u} = (u_1, u_2, u_3)^T$ in das Diagramm eingetragen werden. Die Eingangswerte sind so festgelegt, dass sich in den Spalten die 0/1-Muster für u_1 und u_2 überlappend gegenüberstehen. In der oberen Zeile werden die Ausgangswerte für u_3=0 und in der unteren Zeile für u_3=1 eingetragen.

Somit beschreibt das Feld 0 die Eingangskombination $\boldsymbol{u} = (0,0,0)^T$, die nach Gl. 4.14 als Dualzahl interpretiert auch den Wert 0 ergibt. Die weiteren Felder 1, 2 und 3 von links nach rechts stehen für die Eingangskombinationen $\boldsymbol{u} = (1,0,0)^T$, $(0,1,0)^T$ bzw. $(1,1,0)^T$. In der unteren Zeile beschreiben die Felder 4...7 von links nach rechts die Ausgangswerte für die Eingangskombinationen $\boldsymbol{u} = (0,0,1)^T$, $(1,0,1)^T$, $(0,1,1)^T$ bzw. $(1,1,1)^T$.

Zur Ermittlung der minimalen Schaltfunktion trägt man nun die jeweiligen Ausgangswerte für *v* in die Felder 0...7 ein, die in Bild 4.2a fett markiert sind, und sucht unter den Feldern, in die eine 1 eingetragen ist, nach *2er-*, *4er-* oder *8er-*Pärchen. In Bild 4.2a findet man die *drei* umkreisten *2er-*Pärchen, für die folgende Minterme formuliert werden können:

$$\mathrm{m13} = \mathrm{u1} \wedge \mathrm{u3}' \qquad (4.15)$$

$$\mathrm{m23} = \mathrm{u2} \wedge \mathrm{u3}' \qquad (4.16)$$

$$\mathrm{m37} = \mathrm{u1} \wedge \mathrm{u2} \qquad (4.17)$$

Durch eine ODER-Verknüpfung dieser Minterme ergibt sich die Schaltregel:

$$v = \mathrm{u1} \wedge \mathrm{u3}' \vee \ \mathrm{u2} \wedge \mathrm{u3}' \vee \ \mathrm{u1} \wedge \mathrm{u2} \qquad (4.18)$$

Diese Schaltfunktion ist zwar identisch zu Gln. 4.7 und 4.12, sie benötigt aber nur 5 statt 11 Verknüpfungen, so dass das Maß für die Komplexität $\Lambda = 8$ statt 14 beträgt. □

Für ein Schaltnetz mit $N = 4$ Eingängen ergibt sich das in Bild 4.2b dargestellte KV-Diagramm mit demnach $2^N = 16$ Feldern. Auch hierbei entsprechen die in den Feldern oben links eingetragenen Feldnummern den als Dualzahl interpretierten Eingangskombinationen $\boldsymbol{u} = (u_1, u_2, u_3, u_4)^T$.

Der Nachteil der KV-Diagramm-Methode liegt sicherlich in dem Problem, dass die Diagramme für mehr als 4 Eingänge sehr groß und unübersichtlich werden. Hat ein Schaltnetz mehr als einen Ausgang, so ist für jeden Ausgang eine Schaltfunktion und demnach auch ein KV-Diagramm zu erstellen.

Trotz alledem erreicht man durch den Entwurf mit dem KV-Diagramm in vielen Fällen eine Schaltfunktion mit *minimaler Komplexität* und spart dadurch nicht nur Rechenzeit, sondern gestaltet das Programm durch Einsparung von Logikgattern auch wesentlich übersichtlicher.

Viele Anwendungen erfordern allerdings das Speichern bestimmter Zustände. Werden beispielsweise zum Einschalten eines Motors wie in Beispiel 3.8 *Taster* eingesetzt, so muss diese Aktivierung gespeichert werden, denn ein Taster bleibt nach Betätigung nicht gedrückt, sondern wird automatisch wieder zurückgesetzt. Wie der Entwurf für Schaltungen mit einem solchen *Speicherverhalten* abläuft, wird nachfolgend erläutert.

4.2 Entwurf von Schaltwerken

Schaltwerke sind Logikschaltungen *mit Gedächtnis*, die interne Zustände der Logik speichern können. Im Gegensatz zu *Schaltnetzen* ohne Gedächtnis können in Schaltwerken für ein- und dieselbe Eingangskombination $\boldsymbol{u}$ *abhängig von den inneren Zuständen* $\boldsymbol{z}$ verschiedene Ausgangskombinationen $\boldsymbol{v}$ auftreten (s. Bild 4.3).

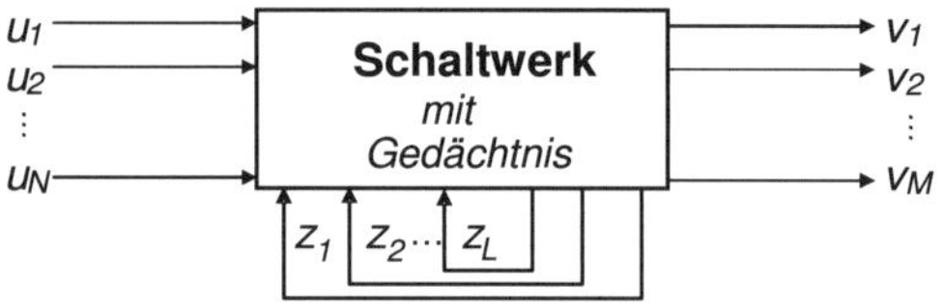

Bild 4.3: Ein Schaltwerk erzeugt aus den Eingängen $\boldsymbol{u}$ unter Einbeziehung gespeicherter Zustände $\boldsymbol{z}$ die Ausgänge $\boldsymbol{v}$.

Gemäß Abschnitt 3.1.3 kann also ein Schaltwerk nur Bestandteil eines Funktionsbausteins oder eines Programms sein, denn Funktionen haben kein Gedächtnis. Für die Speicherung der Zustände in Schaltwerken stehen nach IEC 61131 folgende Standard-Funktionsbausteine zur Verfügung:

- *Speicher* in Form der Flip-Flops `RS` und `SR`,
- *Zähler* `CTU`, `CTD` und `CTUD` sowie
- *Zeitgeber* `TP`, `TON` und `TOF`.

4.2.1 Speicherschaltungen mit Flip-Flops

In Beispiel 3.4 wurde bereits der Aufbau eines RS-Flip-Flops erläutert. Dabei wurde deutlich, dass ein RS-Flip-Flop ein binäres Zustandssignal speichern kann, wobei das Rücksetzen dominiert. Der Zustandsgraf in Bild 4.4 veranschaulicht dieses Verhalten. Es wird prinzipiell zwischen den beiden Zuständen Q1=0 und Q1=1 unterschieden. Der Übergang vom Zustand Q1=0 nach Q1=1 erfolgt, wenn der Eingang SET=1 und der andere Eingang RESET1=0 ist. Der Zustand Q1=1 bleibt aktiv, solange RESET1=0 ist. Wird RESET1=1, erfolgt der Übergang zum Zustand Q1=0. Darin verweilt der Baustein, solange RESET1=1 und SET=0 ist.

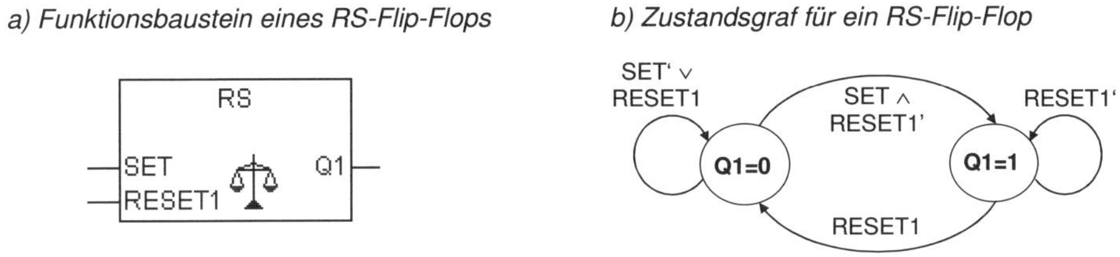

Bild 4.4: Funktionsbaustein eines Flip-Flops (a) und sein Zustandsgraf (b).

Betrachtet man das RS-Flip-Flop als Schaltwerk, so besitzt es die Eingänge u_1 = SET und u_2 = RESET1 und den Ausgang v = Q1. Der Ausgangswert wird gespeichert und als sog. Zustand z wieder zurückgeführt (vgl. Beispiel 3.4), was durch folgende Zustandsgleichungen ausgedrückt wird:

$$\mathrm{Q1} := [\mathrm{SET} \vee \mathrm{Q1}] \wedge \mathrm{RESET1}' \tag{4.19a}$$

$$z(k+1) = [u_1(k) \vee z(k)] \wedge u_2(k)' \tag{4.19b}$$

Der neue Zustand für den nächsten Abtastzeitpunkt $k+1$ ergibt sich also aus den Eingangssignalen $u_1(k)$, $u_2(k)$ und sowie dem aktuellen Zustand $z(k)$.

Bei einem SR-Flip-Flop ist im Unterschied zum RS-Flip-Flop das Setzen dominant. Ansonsten ist die Funktionsweise die gleiche. Da Flip-Flops, wie das nachfolgende Beispiel zeigt, häufig Geräte ansteuern, die im Notfall deaktiviert werden müssen, werden in der Automatisierungstechnik vorwiegend RS-Flip-Flops eingesetzt, bei denen diese Notfallaktion dominant ist.

Beispiel 4.3 *Steuerung eines Förderbands über Taster*

Ein Förderband nach Bild 4.5 soll Kisten zum Ein- und Auslagern von Waren zu einem Hochregallager transportieren. Das Förderband wird von dem Motor EU1 mit *zwei Drehrichtungen* angetrieben. Die beiden Endschalter GS1_V und GS1_H signalisieren, wenn die Kiste vorne bzw. hinten angelangt ist. Der Bediener soll das Förderband durch die Taster VOR, RUECK und AUS vom Visualisierungssystem aus ansteuern. Bei Erreichen der Endschalter ist der Motor zu verriegeln.

Da Taster nach Betätigung nicht gedrückt bleiben, sondern sich automatisch wieder zurücksetzen, muss ihre Aktivierung gespeichert werden. Bild 4.6 zeigt die Logik für den Funktionsbaustein TYP_IDF2 mit RS-Flip-Flops. Wie man sieht, aktivieren die Eingangssignale ON1, ON2, OFF, LOCK1 und LOCK2 die Setz- bzw. Rücksetzeingänge der RS-Flip-Flops, die diese Aktivie-

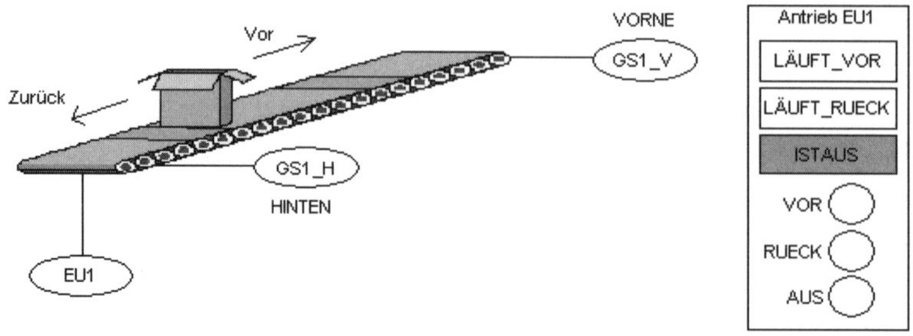

Bild 4.5: Steuerung eines Förderbandes zum Transport von Waren. Die Ansteuerung des Motors EU1 kann manuell über Taster erfolgen. Bei Erreichen der Sensoren GS1_V oder GS1_H ist der Motor automatisch abzuschalten.

rung speichern. Das heißt diese Signale müssen nur kurzzeitig anstehen, damit der Antrieb über die Ausgangssignale `OUT1` und `OUT2` entsprechend angesteuert wird.

Dabei ist jedoch zu beachten, dass die Drehrichtung dieses Motors nur geändert werden darf, wenn der Motor ausgeschaltet ist. Deshalb werden die entsprechenden RS-Flip-Flops nur dann durch die Anwahl zur Vorwärts- bzw. Rückwärtsfahrt gesetzt, wenn sich der Motor nicht gerade in die entgegengesetzte Richtung dreht. Die Variable `ON1` aktiviert also nur dann die positive Drehrichtung, wenn `OUT2=0` ist und umgekehrt.

Damit das Förderband bei Erreichen der Endschalter automatisch anhält, sind die Signale `G1V` und `G1H` auf die Verriegelungseingänge `LOCK1` und `LOCK2` zu schalten. □

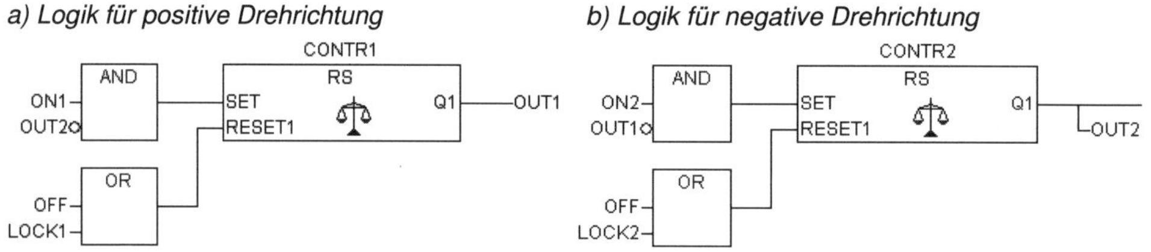

Bild 4.6: Funktionsbaustein `TYP_IDF2` für einen Motor mit *zwei* Drehrichtungen, der über die tastenden Signale `ON1`, `ON2`, `OFF` aktiviert wird.

4.2.2 Zählschaltungen mit Countern

Weitere Bausteine mit einem Gedächtnis sind *Zähler*. Beim Zählvorgang wird der aktuelle Zählerstand als Zustand $z(k)$ gespeichert. Bei Anliegen eines Eingangsimpulses $u_1(k)$ wird der Zählerstand inkrementiert (Aufwärtszählen). Liegt dagegen am zweiten Eingang $u_2(k)$ ein Impuls an, wird der Zählerstand dekrementiert (Abwärtszählen):

$$z(k+1) = z(k) + \underbrace{u_1(k) - u_1(k-1)}_{inkrementieren} - \underbrace{\left[u_2(k) - u_2(k-1)\right]}_{dekrementieren} \tag{4.20}$$

Diese Zustandsgleichung wird durch den in Bild 4.7 abgebildeten Funktionsbaustein `CTUD` (**C**ount **U**p and **D**own) realisiert. Für $u_1(k)$ stellt der Baustein den Eingang `CU` (**C**ount **U**p) bereit. Liegt an ihm eine positive Flanke, d.h. $u_1(k)$=1 und $u_1(k-1)$=0, so wird der Zustand $z(k)$=`CV` (**C**ounted **V**alue) um eins erhöht. Ist das Zählergebnis

```
FUNCTION_BLOCK TYP_PULSE
VAR_INPUT
    SENSOR      :BOOL;
    DIRECTION1  :BOOL;
    DIRECTION2  :BOOL;
    RESET       :BOOL;
    START       :BOOL;
    MAX_POS     :INT;
END_VAR

VAR_OUTPUT
    POSITION    :INT;
    SMAX        :BOOL;
    SMIN        :BOOL;
END_VAR

VAR
    COUNT_POSITION: CTUD;
    PULSE: R_TRIG;
END_VAR
```

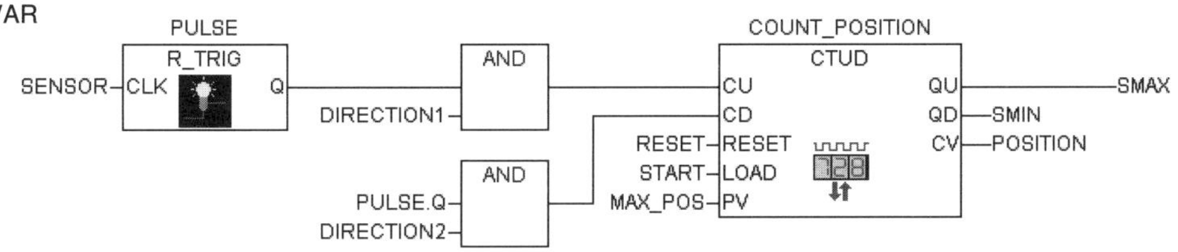

Bild 4.7: Einsatz des Zählerbausteins CTUD zur richtungsabhängigen Bestimmung der Lagerfachposition in einem Hochregallager (s. Beispiel 4.4).

CV=PV (**P**reset **V**alue, Sollwert), so ist das Aufwärtszählen beendet, was durch das Ausgangssignal QU=1 signalisiert wird.

Das *Abwärtszählen* erfolgt, wenn eine steigende Flanke am Eingang u_2(k)=CD (**C**ount **D**own) anliegt, d.h. $u_2(k)=1$ und $u_2(k-1)=0$. Dann wird $z(k)$=CV um eins vermindert. Wenn CV=0 ist, wird das Ausgangssignal QD=1 ausgegeben.

Durch den Eingang RESET wird der Zähler mit CV=0 initialisiert. Wenn der Eingang LOAD=1 ist, wird der Zähler mit CV=PV initialisiert. Um den Zählvorgang zu starten, müssen die Eingänge RESET=0 und LOAD=0 sein. Sonst wird der Zähler stets neu initialisiert.

Beispiel 4.4 *Warenaufzug in einem Hochregallager*

Um Waren in einem Hochregallager wie in Bild 4.8 ein- und auszulagern, wird im Innern des Lagers ein Transportaufzug von zwei Motoren EU_X und EU_Y angetrieben. Der Bediener gibt die Zielposition SOLL_X und SOLL_Y für das anzufahrende Lagerfach vor.

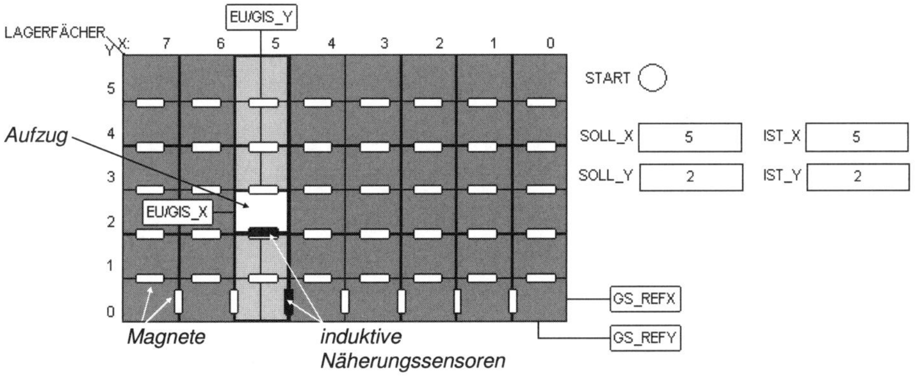

Bild 4.8: Hochregallager mit einem Aufzug, der die Waren durch die Motoren EU_X und EU_Y zu den einzelnen Lagerfächern transportieren kann.

Zur Ermittlung der Istposition sind an der Schienenführung des Aufzugs zwei *induktive Näherungsschalter* GIS_X und GIS_Y angebracht. Da sich an jedem Lagerfach ein Magnet befindet, wird immer dann ein binärer Schaltimpuls an die SPS gesendet, wenn der Aufzug an einem Lagerfach bzw. dessen *Magneten* vorbeigefahren ist. Der in Bild 4.7 vorgestellte Baustein `TYP_PULSE` zählt diese Impulse und ermittelt so, an wie vielen Lagerfächern der Aufzug vorbeigefahren ist.

Beim Start des Programms ist die Istposition des Aufzugs jedoch unbekannt. Deshalb wird eine sog. *Referenzfahrt* durchgeführt und dazu im Program `GIS_X` nach Bild 4.9 der Zähler auf die maximale Istposition `MAX_POS=7` gesetzt. Da als Sollposition anfangs `SOLL=0` eingetragen ist, wird der Aufzug nach rechts bewegt, bis durch den Endschalter `REF_X` erkannt wird, dass der Aufzug an der Position X=0 angelangt ist. Nun ist die Istposition bekannt, und der Baustein `TYP_PULSE` kann stets die korrekte Position durch Zählen der eingelesenen Impulse ermitteln. Immer wenn der Aufzug nach links fährt und das binäre Eingangssignal `SENSOR=1` wird, wird die Variable `IST` hochgezählt. Fährt der Aufzug in die entgegengesetzte Richtung und ist `SENSOR=1`, dekrementiert der Zähler die Variable `IST`.

Die ermittelte Istposition wird nun im Programm `EU_X` mit dem Sollwert verglichen. Solange `IST` kleiner als `SOLL` ist, fährt der Aufzug durch das Programm `EU_X` nach links. Wenn dagegen `IST` größer als `SOLL` ist, fährt er nach rechts. Sind `IST` und `SOLL` gleich, wird der Motor ausgeschaltet. Für die Steuerung des Aufzugs kann der Baustein `TYP_IDF2` aus Beispiel 4.3 verwendet werden. Für die Bewegung in y-Richtung sind die entsprechenden Programme `GIS_Y` und `EU_Y` zu erstellen. □

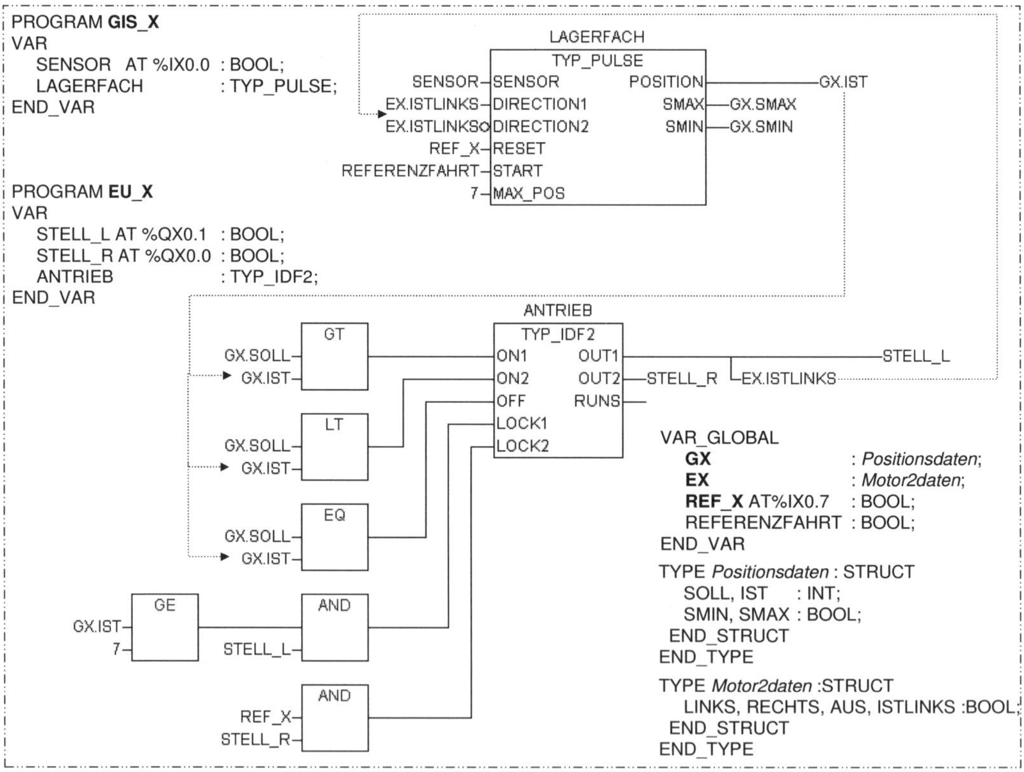

Bild 4.9: Steuerung des Antriebs `EU_X` zur Bewegung des Aufzugs im Hochregallager nach Bild 4.8 an eine vorgegebene Sollposition `GX.SOLL`.

Neben dem Auf- und Abwärtszähler `CTUD` gibt es auch die Bausteine `CTU` und `CTD`, die nur auf- bzw. abwärts zählen und demnach nur die jeweilige Teilfunktion des Bausteins `CTUD` übernehmen. Anstatt Werte vom Typ `INTEGER` mit den beschriebenen Zählerbausteinen zu zählen, sind Timer Zeitzähler, die Werte vom Typ `TIME` zählen.

4.2.3 Zeitschaltungen mit Timern

Timer sind Funktionsbausteine, die die Zeit messen und in Abhängigkeit dieser Messung binäre Signale erzeugen.

Es gibt drei Arten von Timern:

- Pulstimer `TP`,
- Einschaltverzögerung `TON` und
- Ausschaltverzögerung `TOF`.

Allen Timerbausteinen ist gemeinsam, dass sie die Zeit messen, die als Zustand $z(k)$ angesehen werden kann. Für die Zeit gilt demnach folgende Zustandsgleichung:

$$z(k+1) = z(k) + T_0 \quad (4.21)$$

Dabei ist T_0 die in einem EVA-Zyklus abgelaufene Zykluszeit. Die Timer unterscheiden sich aber in dem Ausgangsimpuls, der in Abhängigkeit der abgelaufenen Zeit erzeugt wird.

Wie in Bild 4.10 dargestellt erzeugt der Funktionsbaustein `TP` einen Impuls der Länge `PT` (**P**reset **T**ime). Wenn der Eingang `IN` von `0` nach `1` wechselt, wird ein Puls am Ausgang `Q` für die Zeitdauer `PT` ausgegeben. Die Zeit, die bereits verstrichen ist, wird am Ausgang `ET` (**E**lapsed **T**ime) ausgegeben. Wenn `IN` ein zweites Mal `1` wird, während `PT` noch andauert, hat dies keine Auswirkung auf die Dauer des am Ausgang `Q` erzeugten Pulses.

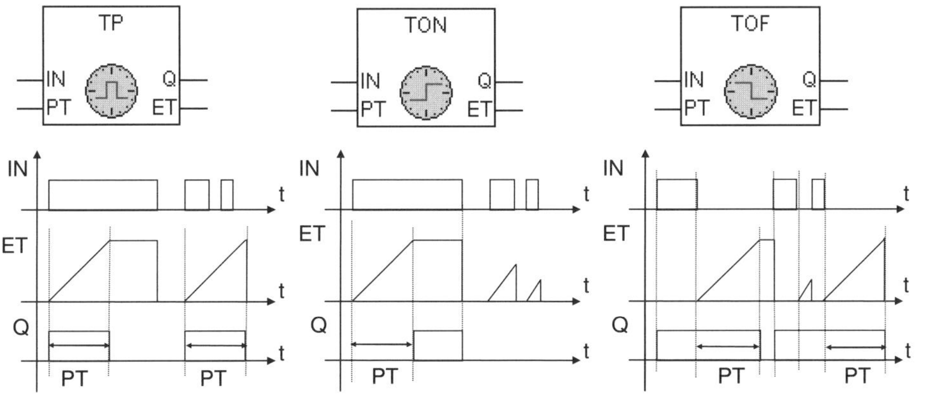

Bild 4.10: Darstellung der Funktionsweise der drei Timerbausteine `TP`, `TON` und `TOF` anhand typischer Impulsdiagramme.

Der Zeitgeber `TON` erzeugt eine Einschaltverzögerung, die bei einem anliegenden Impuls am Eingang `IN` einen um die Zeit `PT` verzögerten Impuls am Ausgang `Q` erzeugt, solange der Impuls am Eingang anliegt. Charakteristisch für diesen Baustein sind also das **v**erzögerte **E**inschalten und das **s**ofortige **A**usschalten bei fallender Flanke am Eingang (VESA).

Dagegen ist der Baustein `TOF` durch ein **s**ofortiges **E**in-, aber **v**erzögertes **A**usschalten charakterisiert (SEVA, s. Bild 4.10).

Beispiel 4.5 *Taktgenerator für einen Schrittmotor*
Eine Überwachungskamera wird wie in Bild 4.11a skizziert rotatorisch von einem Schrittmotor angetrieben. Dieser Antrieb bewegt die Motorwelle um einen Schritt, wenn ein Impuls vom Stellausgang `CLK` der SPS ausgegeben wird. Um die Kamera nun um eine gewisse Distanz zu drehen, ist eine entsprechende Anzahl an Impulsen in Form des in Bild 4.11b dargestellten Taktsignals erforderlich.

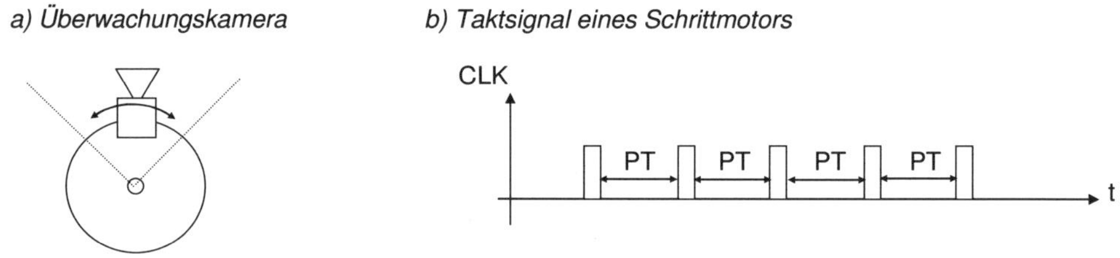

Bild 4.11: Für eine Überwachungskamera (a), die von einem Schrittmotor angetrieben wird, ist ein periodischer Stellsignalverlauf erforderlich (b).

Ein solches Taktsignal kann mit einer Einschaltverzögerung `TON` realisiert werden, indem der Ausgang des Timers negiert auf den Eingang zurückgeführt wird, wie die Logik des Funktionsbausteins `TYP_SMOT` zur Ansteuerung des Schrittmotors in Bild 4.12 zeigt.

Da die Kamera linksherum und rechtsherum drehbar sein soll, wird der Taktgenerator durch zwei Flip-Flops angesteuert, die über die Variablen `RUN1` und `RUN2` die jeweilige Drehrichtung vorgeben. Das Stellsignal `OUT` schaltet den Motor ein und aus. Auf eine Drehrichtungsverriegelung wie im Baustein `TYP_IDF2` wird in diesem Beispiel verzichtet, weil die Überwachungska-

```
FUNCTION_BLOCK TYP_SMOT
VAR_INPUT                         VAR_OUTPUT                   VAR
   ON1, ON2        : BOOL;           OUT          : BOOL;         CONTROL1  : RS;
   OFF             : BOOL;           CLK          : BOOL;         CONTROL2  : RS;
   LOCK1, LOCK2    : BOOL;           RUN1, RUN2   : BOOL;         CLOCK     : TON;
   PULSE_TIME      : REAL;        END_VAR                      END_VAR
END_VAR
```

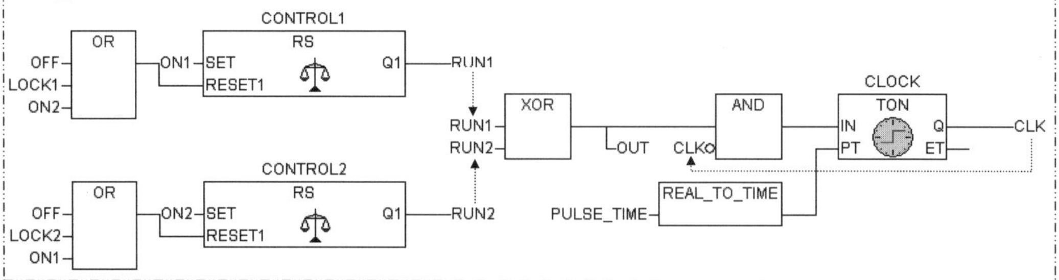

Bild 4.12: Funktionsbaustein `TYP_SMOT` zur Ansteuerung des Schrittmotors einer Überwachungskamera nach Bild 4.11.

mera bei Sollwertänderungen stoßfrei von einer Linksdrehung zur Rechtsdrehung bzw. umgekehrt umschalten können soll. □

Nun sind nicht immer alle Anwendungen so überschaubar wie in den vergangenen Beispielen. Deshalb wird nachfolgend ein Verfahren zum Entwurf komplexerer Schaltwerke mit Gedächtnis vorgestellt.

4.2.4 Automatenentwurf

Für den Entwurf von Schaltwerken gibt es ein systematisches Vorgehen, das die Schaltung in Form eines Moore-Automaten [4.1...3] aufbaut. Die Struktur des Moore-Automaten umfasst die in Bild 4.13 dargestellten drei Blöcke:

- Ein *Eingangsschaltnetz*, das anhand der aktuellen Eingangssignale $\boldsymbol{u}(k)$ und der im letzten Zyklus gespeicherten Zustände $\boldsymbol{z}(k)$ die neuen Zustände $\boldsymbol{z}(k+1)$ erzeugt,
- ein *Gedächtnis*, das diese neuen Zustände $\boldsymbol{z}(k+1)$ durch Halteglieder $\boldsymbol{H}$ für den nächsten Abtastzyklus $k+1$ speichert, und
- ein *Ausgangsschaltnetz*, das in Abhängigkeit der aktuellen Zustandssignale $\boldsymbol{z}(k)$ die Ausgangssignale $\boldsymbol{v}(k)$ hervorruft.

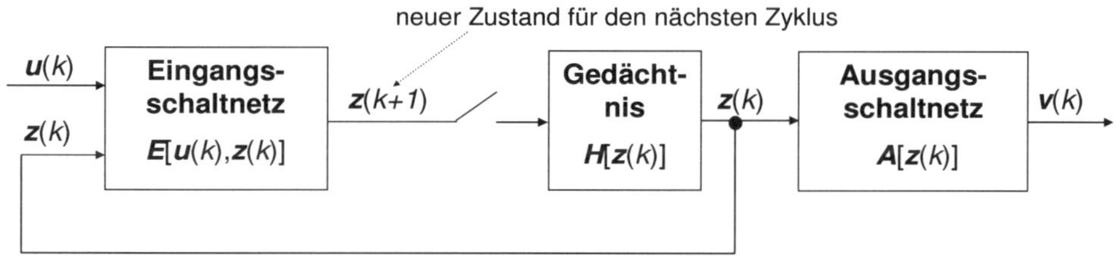

Bild 4.13: Struktur des Moore-Automaten zum Entwurf von Schaltwerken.

Dieses Verhalten lässt sich durch die folgenden *Zustandsgleichungen* zusammenfassen:

$$\boldsymbol{z}(k+1) = \boldsymbol{E}[\boldsymbol{u}(k), \boldsymbol{z}(k)] \tag{4.22}$$

$$\boldsymbol{v}(k) = \boldsymbol{A}[\boldsymbol{z}(k)] \tag{4.23}$$

Die Vorgehensweise zum Entwurf solcher Schaltwerke erfolgt in drei Schritten.

Schritt 1: Festlegung der Ein-/Ausgangs- und Zustandssignale

Anders als bei den Entwurfsverfahren für Schaltnetze muss bei Schaltwerken die Dynamik der Eingangs- und Ausgangssignale berücksichtigt werden. Hierfür betrachtet man den typischen Zeitverlauf der Ein- und Ausgangssignale in einem *Impuls*- oder *GANTT*-Diagramm (vgl. Bild 4.14).

Nach Gl. 4.23 ergeben sich die Ausgänge $\boldsymbol{v}(k)$ alleine aus den Zuständen $\boldsymbol{z}(k)$. Demnach ist es gemäß dem inversen Zusammenhang möglich, allein anhand der Dynamik des Ausgangssignalverlaufs $\boldsymbol{v}(k)$ auf die *Zustände* $\boldsymbol{z}(k)$ zurückzuschließen.

Hierfür verfolgt man im Impulsdiagramm das *Signalmuster der Ausgänge* $\boldsymbol{v}(k)$ von k=0 bis $k\to\infty$, wie in Bild 4.14 durch den grauen Balken angedeutet. Immer wenn sich das Signalmuster der Ausgänge ändert, erfolgt ein Zustandswechsel. Gleiche Signalmuster beschreiben nur dann denselben Zustand, wenn die gleichen zeitlichen Bedingungen vorherrschen. Zur besseren Veranschaulichung der Vorgehensweise wird nachfolgend das dem Bild 4.14 zu Grunde liegende Beispiel betrachtet.

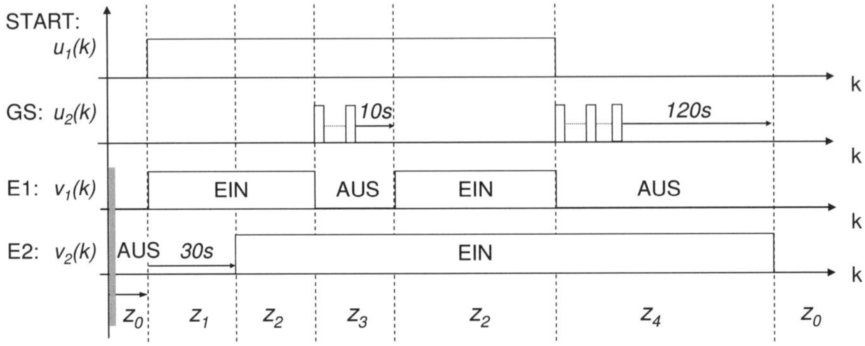

Bild 4.14: Ermittlung der Zustände z_i anhand des Impuls- oder GANTT-Diagramms der Ein- und Ausgangssignale $\boldsymbol{u}(k)$ bzw. $\boldsymbol{v}(k)$ für Beispiel 4.6 zur Steuerung einer Gepäckanlage.

Beispiel 4.6 *Ein-/Ausgangs- und Zustandssignale einer Gepäckanlage*

Für die Gepäckausgabe an einem Flughafen ist das SPS-Programm `GEPAECK` zu entwickeln. Dazu sind wie in Bild 4.15 skizziert die Förderbänder EU1 und EU2 anzusteuern. Nach Aktivierung des `START`-Schalters soll zunächst das Förderband EU1 loslaufen und 30 s später auch das Förderband EU2.

Wenn der Sensor GS einen Koffer detektiert, muss das Förderband EU1 anhalten, um eine Kollision zu vermeiden. Wird im Anschluss 10 s lang kein Koffer mehr als Hindernis erkannt, läuft das Förderband EU1 wieder an.

Nachdem alle Koffer auf das Band gelegt wurden, kann der `START`-Schalter zurückgesetzt werden, so dass das Förderband EU1 anhält. Das Förderband EU2 muss aber noch so lange laufen, bis 120 s lang kein Koffer mehr detektiert wurde.

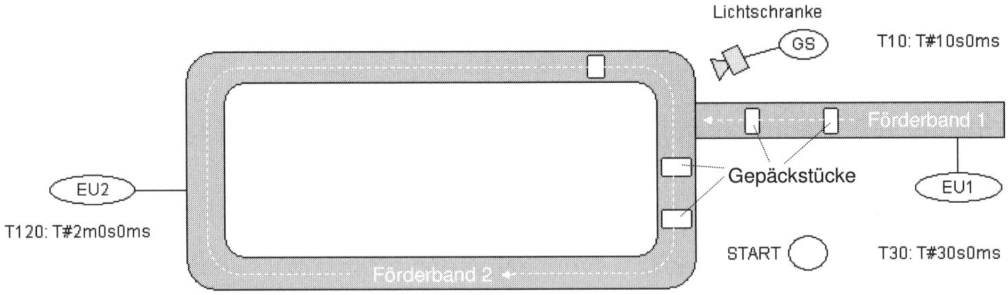

Bild 4.15: Technologieschema einer Gepäckausgabeanlage am Flughafen.

Die Eingangssignale für das Schaltwerk zur Steuerung der Gepäckanlage sind der `START`-Schalter und das Signal `GS` der Lichtschranke. Die Ausgangssignale sind die Steuersignale `E1` und `E2` für die Antriebe der Förderbänder EU1 und EU2, die wie im Abschnitt 3.4 der strukturierten Projektierung vorgeschlagen als eigene Programme `EU1` und `EU2` ablaufen, was hier nicht weiter behandelt wird. Dabei ist jedoch zu beachten, dass die Signale `E1` und `E2` dann als globale Strukturvariablen wie in Bild 3.21 zu deklarieren sind, denn sie müssen zwischen den Programmen GEPAECK, EU1 und EU2 Daten austauschen. Somit ergibt sich folgende Festlegung der *Ein- und Ausgangssignale* für das Schaltwerk:

```
VAR_GLOBAL
    EIN AT%IX0.0: BOOL;   (* Ein-/Ausschalter *)
    GS  AT%IX0.1: BOOL;   (* Lichtschranke *)
    E1: Motordaten; (* Steuersignal für Programm EU1 vgl. Bild 3.21 *)
    E2: Motordaten; (* Steuersignal für Programm EU2 *)
END_VAR
```

Zur Erkennung der Zustände dient wie bereits erwähnt das Impulsdiagramm aus Bild 4.14. Verfolgt man das Signalmuster der Ausgänge v_1 und v_2 entlang der Zeitachse t von links nach rechts (wie durch den dicken grauen Balken in Bild 4.14 angedeutet), so lassen sich 5 Zustände $z_0,\ldots,z_4$ unterscheiden. Obwohl die Ausgangssignalmuster für z_3 und z_4 gleich sind, gelten andere zeitliche Bedingungen. Im Zustand z_3 läuft ein Timer, bis 10 s lang kein Koffer mehr detektiert wird, im Zustand z_4 läuft ein Timer, bis 120 s lang kein Koffer mehr detektiert wird. Dagegen tritt der Zustand z_2 zweimal auf, wobei beide Male das gleiche Ausgangssignalmuster vorliegt und kein Timer läuft. □

Die gefundenen Zustände sind nun durch Halteglieder für den nächsten Abtastzyklus zu speichern. Hierfür stehen nach IEC 61131 beispielsweise RS-Flip-Flops zur Verfügung. Prinzipiell könnte für die Speicherung jedes Zustands ein RS-Flip-Flop vorgesehen werden. Dieser Ansatz entspricht dem einer Ablaufsteuerung und wird in Kapitel 5 vorgestellt (vgl. Übung 5.4).

Tabelle 4.2: Zustandstabelle zur Codierung von acht Zuständen $z_0 \ldots z_7$ durch die Ausgangssignale der Halteglieder H1.Q...H3.Q nach dem Gray-Code.

	Haltegliedausgänge		
	H1.Q	H2.Q	H3.Q
z_0	0	0	0
z_1	1	0	0
z_2	1	1	0
z_3	0	1	0
z_4	0	1	1
z_5	1	1	1
z_6	1	0	1
z_7	0	0	1

Da r RS-Flip-Flops 2^r Zustände speichern können, ergibt sich die Anzahl r der erforderlichen RS-Flip-Flops aus der Anzahl L der unterschiedenen Zustände:

$$r \geq \log_2(L) \tag{4.24}$$

Da z.B. aus Bild 4.14 L=5 Zustände ermittelt werden, sind r=3 RS-Flip-Flops zur Codierung der Zustände notwendig. Die Zustandssignale $\boldsymbol{z} = (z_0, z_1,\ldots, z_{L-1})^{\mathrm{T}}$ ergeben sich im Moore-Automaten aus der Ausgangssignalkombination der Halteglieder $\boldsymbol{H} = (H_1, H_2,\ldots, H_{\mathrm{m}})^{\mathrm{T}}$, was in der *Zustandstabelle* 4.2 festgelegt wird.

Die Zustandscodierung in Tabelle 4.2 ist nach dem sog. Gray-Code gewählt, damit bei einem Zustandswechsel möglichst *wenige* Signaländerungen auftreten, was im Allgemeinen zu einer minimalen Komplexität der Schaltung führt. Sie kann im Einzelfall jedoch auch anders gewählt werden.

Aus der Zustandstabelle 4.2 erhält man für die acht Zustände folgende Gleichungen:

$$\mathtt{Z0 = H1.Q' \wedge H2.Q' \wedge H3.Q'} \tag{4.25}$$

$$\mathtt{Z1 = H1.Q \wedge H2.Q' \wedge H3.Q'} \tag{4.26}$$

$$\mathtt{Z2 = H1.Q \wedge H2.Q \wedge H3.Q'} \tag{4.27}$$

$$\mathtt{Z3 = H1.Q' \wedge H2.Q \wedge H3.Q'} \tag{4.28}$$

$$\mathtt{Z4 = H1.Q' \wedge H2.Q \wedge H3.Q} \tag{4.29}$$

$$\mathtt{Z5 = H1.Q \wedge H2.Q \wedge H3.Q} \tag{4.30}$$

$$\mathtt{Z6 = H1.Q \wedge H2.Q' \wedge H3.Q} \tag{4.31}$$

$$\mathtt{Z7 = H1.Q' \wedge H2.Q' \wedge H3.Q} \tag{4.32}$$

```
FUNCTION_BLOCK H_3BIT
VAR_INPUT              VAR              VAR_OUTPUT
  S1: BOOL;              H1: RS;          Z0: BOOL;
  R1: BOOL;              H2: RS;          Z1: BOOL;
  S2: BOOL;              H3: RS;          Z2: BOOL;
  R2: BOOL;            END_VAR            Z3: BOOL;
  S3: BOOL;                               Z4: BOOL;
  R3: BOOL;                               Z5: BOOL;
END_VAR                                   Z6: BOOL;
                                          Z7: BOOL;
                                        END_VAR
```

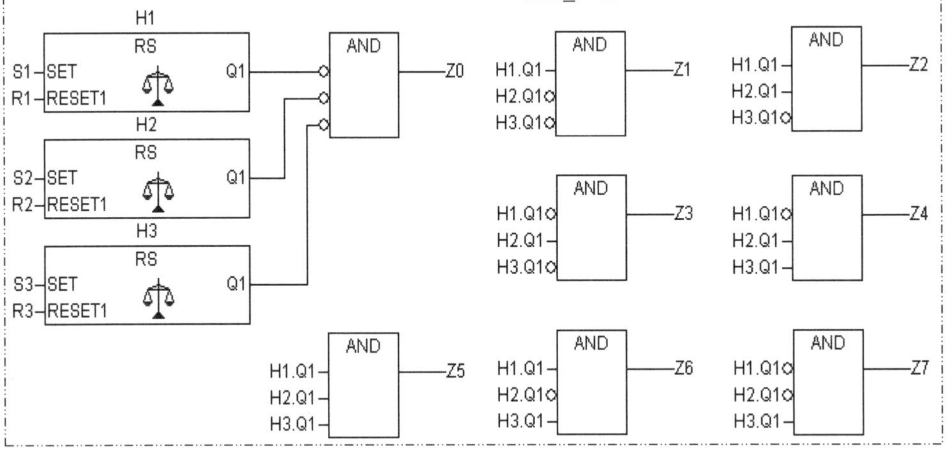

Bild 4.16: Funktionsbaustein `H_3BIT` zur Realisierung von drei Haltegliedern `H1`, `H2` und `H3`, deren Ausgangssignale nach Tabelle 4.4 als Gray-Code die Zustandssignale `Z0`...`Z7` ergeben.

Die Programmierung dieser Logik erfolgt aus Verallgemeinerungsgründen mit dem in Bild 4.16 dargestellten Funktionsbaustein `H_3BIT`, der wie ein *3-Bit-Multiplexer* die Ausgangssignale der RS-Flip-Flops als Gray-Code den Zustandssignalen `Z0`,...,`Z7` zuordnet. Dieser Funktionsbaustein kann unabhängig von der Aufgabenstellung als 3-Bit-Halteglied für beliebige Schaltwerke mit $L \leq 8$ Zuständen verwendet werden, also auch für die Gepäckanlage aus Beispiel 4.6. Wenn weniger als 8 Zustände benötigt werden, bleiben die Ausgänge der nicht benötigten Zustände unverknüpft.

Schritt 2: Zustandsgraf und Zustandsübergangstabelle

Die gefundenen Zustände werden nun im *Zustandsgraf* nach Bild 4.17 jeweils in einen Kreis eingetragen. Aus dem Impulsdiagramm aus Bild 4.14 lässt sich die Zustandsfolge ablesen. Innerhalb des Kreises wird zusätzlich angegeben, welche Ausgangssignale in diesem Zustand aktiv sind. Wie man sieht, ist in den Zuständen z_3 und z_4 jeweils Förderband 1 ($v_1 = 0$) aus- und Förderband 2 ($v_2 = 1$) eingeschaltet.

Die Übergänge von einem Zustand zum anderen werden im Zustandsgraf durch Pfeile zwischen den Kreisen dargestellt. An die Pfeile werden die sog. Übergangsbedingungen geschrieben, die von den Eingangs- und Zustandssignalen $\boldsymbol{u}(k)$ bzw. $\boldsymbol{z}(k)$ verursacht werden.

Somit sieht man auf einen Blick, welche *Zustandsübergänge* $\boldsymbol{z}(k) \rightarrow \boldsymbol{z}(k+1)$ es gibt und durch welche Signale $\boldsymbol{u}(k)$ und $\boldsymbol{z}(k)$ sie hervorgerufen werden. Für das Beispiel der Gepäckanlage ist der Zustandsgraf in Bild 4.17 dargestellt.

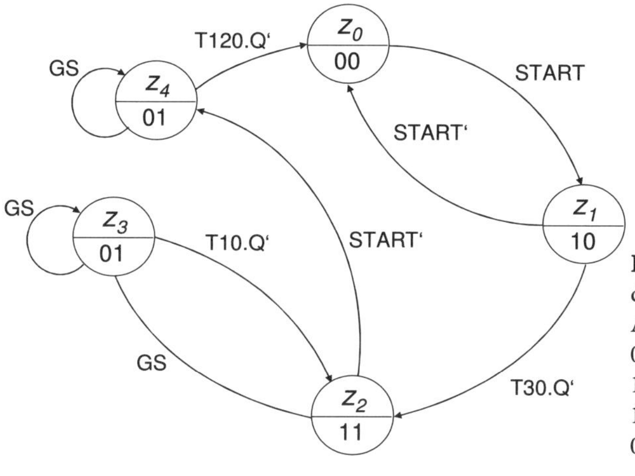

Bild 4.17: Zustandsgraf für das Beispiel der Gepäckanlage (vgl. Bild 4.15) mit der Ausgangssignalkennzeichnung:
00: v_1=0, v_2=0 (EU1 und EU2 aus)
10: v_1=1, v_2=0 (nur EU1 ein)
11: v_1=1, v_2=1 (EU1 und EU2 ein)
01: v_1=0, v_2=1 (nur EU2 ein)

Beispiel 4.7 *Zustandsgraf der Gepäckanlage*

Aus dem Impulsdiagramm in Bild 4.14 kann man ablesen, dass ein Übergang von z_0 nach z_1 erfolgt, wenn der `START`-Schalter gedrückt wurde. Dabei wird der Timer `T30` gestartet, dessen Ausgangssignal `T30.Q` nach 30 s deaktiviert wird (Ausschaltverzögerung `TOF`). Während dieser Zeit bleibt das System im Zustand z_1, nach Ablauf der Zeit erfolgt der Übergang zu Zustand z_2.

Wenn der Sensor GS einen Koffer erkennt, erfolgt der Übergang nach z_3. Dabei wird ein Timer `T10` als Ausschaltverzögerung gestartet, dessen Ausgang 10 s nach dem Sensorsignal zurückgesetzt wird. Danach springt das System in den Zustand z_2 zurück, bis entweder wieder ein Koffer erkannt wird oder der `START`-Schalter zurückgesetzt wird, was den Übergang nach z_4 verursacht.

Dabei wird ein Timer `T120` als Ausschaltverzögerung gestartet, dessen Ausgang 120 s nach dem Ausschalten oder nachdem der letzte Koffer detektiert wurde, zurückgesetzt wird. Solange läuft das Förderband EU2 nach, bevor das zurückgesetzte Ausgangssignal des Timers `T120.Q` den Übergang in den Zustand z_0 verursacht. □

Nachdem nun feststeht, welche Signale *Zustandsübergänge* hervorrufen, muss man sich jetzt für jeden Zustandsübergang überlegen, welche Speicher oder Zeitglieder zu setzen oder zurückzusetzen sind. Die *Zustandsübergangstabelle* 4.3 beschreibt auf der rechten Seite die Übergangs*aktionen*, die bei einem Zustandsübergang durchzuführen sind. Zum einen wird hierbei gemäß der Zustandscodierung nach Tabelle 4.2 festgelegt, welche RS-Flip-Flops zu setzen oder zurückzusetzen sind. Zum andern sind nach dem Impulsdiagramm (Bild 4.14) für die Zustände z_1, z_3 und z_4 die Timer `T30`, `T10` bzw. `T120` zu aktivieren.

Um beispielsweise für den Zustand z_1 die Codierung $\boldsymbol{H} = (1,0,0)^T$ zu erzeugen, ist beim Übergang von z_0 nach z_1 das Halteglied `H1` zu setzen. Darüber hinaus ist der Timer `T30` als Ausschaltverzögerung (`TOF`) zu starten, um die Zeit von 30 s zu zählen, bis in den Zustand z_2 gesprungen wird, usw.

Tabelle 4.3: Zustandsübergangstabelle für das Beispiel der Gepäckanlage aus Bild 4.15.

		Übergangsaktionen ≡ Ansteuerung der Halteglieder[1]					
Übergangs-bedingungen	*Zustands-übergänge*	H1	H2	H3	T30	T10	T120
START	$z_0 \rightarrow z_1$	S			IN		
START'	$z_1 \rightarrow z_0$	R					
T30.Q'	$z_1 \rightarrow z_2$		S				
GS	$z_2 \rightarrow z_3$	R				IN	
GS	$z_3 \rightarrow z_3$					IN	
T10.Q'	$z_3 \rightarrow z_2$	S					
START'	$z_2 \rightarrow z_4$	R		S			IN
GS	$z_4 \rightarrow z_4$						IN
T120.Q'	$z_4 \rightarrow z_0$		R	R			

[1] `S` *kennzeichnet das Setzen,* `R` *das Rücksetzen eines Haltegliedes. Unter* `IN` *ist der Start eines Timers vom Typ* `TOF` *zu verstehen.*

Schritt 3: Ermittlung der Eingangs- und Ausgangsschaltnetze

Das Eingangsschaltnetz ergibt sich aus der Zustandsübergangstabelle (vgl. Tabelle 4.3). In dieser sind links auch die Signale eingetragen, die einen Zustandsübergang auslösen. Zur Ermittlung der Schaltfunktionen ist nun für jedes in der Zustandsübergangstabelle eingetragene *S*, *R* oder *IN* die zugehörige Übergangsbedingung mit dem aktuellen Zustand konjunktiv zu verknüpfen:

$$\textit{Übergangsaktion} = \textit{Übergangsbedingung} \wedge \textit{aktueller Zustand} \tag{4.33}$$

Die disjunktiven Normalformen aller Übergangsaktionen ergeben die Logik für das Eingangsschaltnetz des Moore-Automaten nach Gl. 4.22. Dabei ist zu beachten, dass die neu erzeugten Zustände $\boldsymbol{z}(k+1)$ für den nächsten Bearbeitungszyklus noch nicht im Eingangsschaltnetz des aktuellen Bearbeitungszyklus verwendet werden dürfen. Um dies zu gewährleisten, erfolgt in Bild 4.18 die Zuweisung der Haltegliedausgänge auf die Zustandsvariablen `Z0`,...,`Z4` erst *nach* Abarbeitung des gesamten Eingangsschaltnetzes. Damit auch die Timerausgänge erst im nächsten Bearbeitungszyklus auf das Eingangsschaltnetz wirken, sind die Timer im Funktionsplan *unterhalb* der Halteglieder anzuordnen.

Die *Ausgangslogik* ergibt sich aus dem in Schritt 1 erstellten Impulsdiagramm (vgl. Bild 4.14). Daraus ist ablesbar, welchen Zuständen die Ausgänge zugeordnet sind. Diese Zuordnung kann in der sog. Ausgangstabelle dargestellt werden (s. Tabelle 4.4).

Die Schaltfunktionen für die Ausgänge $\boldsymbol{v}$ lassen sich als disjunktive Normalform anhand der Wahrheitstabelle 4.4 ermitteln. Dadurch ist auch das Ausgangsschaltnetz des Moore-Automaten nach Gl. 4.23 fertig entworfen.

Tabelle 4.4: Ausgangstabelle zur Ermittlung der Ausgänge $\boldsymbol{v}(k)$ in Abhängigkeit der Zustände $\boldsymbol{z}(k)$ nach Gl. 4.23 für das Beispiel der Gepäckanlage.

	$v_1(k)$		$v_2(k)$	
	E1.EIN	E1.AUS	E2.EIN	E2.AUS
z_0	0	1	0	1
z_1	1	0	0	1
z_2	1	0	1	0
z_3	0	1	1	0
z_4	0	1	1	0

Das folgende Beispiel veranschaulicht den Entwurf der Ein- und Ausgangsschaltnetze für die Gepäckanlage und stellt das Steuerungsprogramm vor.

Beispiel 4.8 *Entwurf des Steuerungsprogramms für die Gepäckanlage*

Anhand der Zustandsübergangstabelle 4.3 lässt sich die Logik für das Eingangsschaltnetz des Automaten herleiten. Gemäß Gl. 4.33 wird jede Übergangsaktion durch eine UND-Verknüpfung der Übergangsbedingung mit dem aktuellen Zustand beschrieben. Zum Beispiel wird das Halteglied `H3` beim Übergang von z_2 nach z_4 gesetzt, so dass die Schaltfunktion in Gl. 4.38 die `UND`-Verknüpfung der Übergangsbedingung `START'` mit dem aktuellen Zustand `Z2` darstellt. Genauso ergeben sich die Schaltfunktionen der anderen Flip-Flops und Timer. Mehrere zu einem Haltegliedeingang gehörende Übergangsaktionen werden disjunktiv verknüpft:

$$\mathtt{H1.S} = \mathtt{Z0} \wedge \mathtt{START} \vee \mathtt{Z3} \wedge \mathtt{T10.Q'} \tag{4.34}$$

$$\mathtt{H1.R} = \mathtt{Z1} \wedge \mathtt{START'} \vee \mathtt{Z2} \wedge \mathtt{GS} \vee \mathtt{Z2} \wedge \mathtt{START'} \tag{4.35}$$

$$\mathtt{H2.S} = \mathtt{Z1} \wedge \mathtt{T30.Q'} \tag{4.36}$$

$$\mathtt{H2.R} = \mathtt{Z4} \wedge \mathtt{T120.Q'} \tag{4.37}$$

$$\mathtt{H3.S} = \mathtt{Z2} \wedge \mathtt{START'} \tag{4.38}$$

$$\mathtt{H3.R} = \mathtt{Z4} \wedge \mathtt{T120.Q'} \tag{4.39}$$

Für die Beschaltung der Timer ergibt sich aus der Zustandsübergangstabelle 4.3 folgende Logik:

$$\mathtt{T10.IN} = \mathtt{Z2} \wedge \mathtt{GS} \vee \mathtt{Z3} \wedge \mathtt{GS} \tag{4.40}$$

$$\mathtt{T30.IN} = \mathtt{Z0} \wedge \mathtt{START} \tag{4.41}$$

$$\mathtt{T120.IN} = \mathtt{Z2} \wedge \mathtt{START'} \vee \mathtt{Z4} \wedge \mathtt{GS} \tag{4.42}$$

Schließlich wird aus der Ausgangstabelle 4.4 die Logik für das *Ausgangsschaltnetz* des Moore-Automaten ermittelt:

$$\mathtt{E1.EIN} = \mathtt{Z1} \vee \mathtt{Z2} \tag{4.43}$$

$$\mathtt{E1.AUS} = \mathtt{Z0} \vee \mathtt{Z3} \vee \mathtt{Z4} \tag{4.44}$$

$$\mathtt{E2.EIN} = \mathtt{Z2} \vee \mathtt{Z3} \vee \mathtt{Z4} \tag{4.45}$$

$$\mathtt{E2.AUS} = \mathtt{Z0} \vee \mathtt{Z1} \tag{4.46}$$

Die zu den Schaltfunktionen nach Gl. 4.34...4.46 gehörige Ein- und Ausgangslogik ist im Programm `GEPAECK` in Bild 4.18 dargestellt.

Mit Hilfe der globalen Strukturvariablen `E1` und `E2` werden nun die Programme der beiden Antriebe EU1 und EU2 angesteuert. In diesen Programmen wird wie in Beispiel 3.8 jeweils ein Motor mit einer Drehrichtung angesteuert, der die beiden Förderbänder antreibt. □

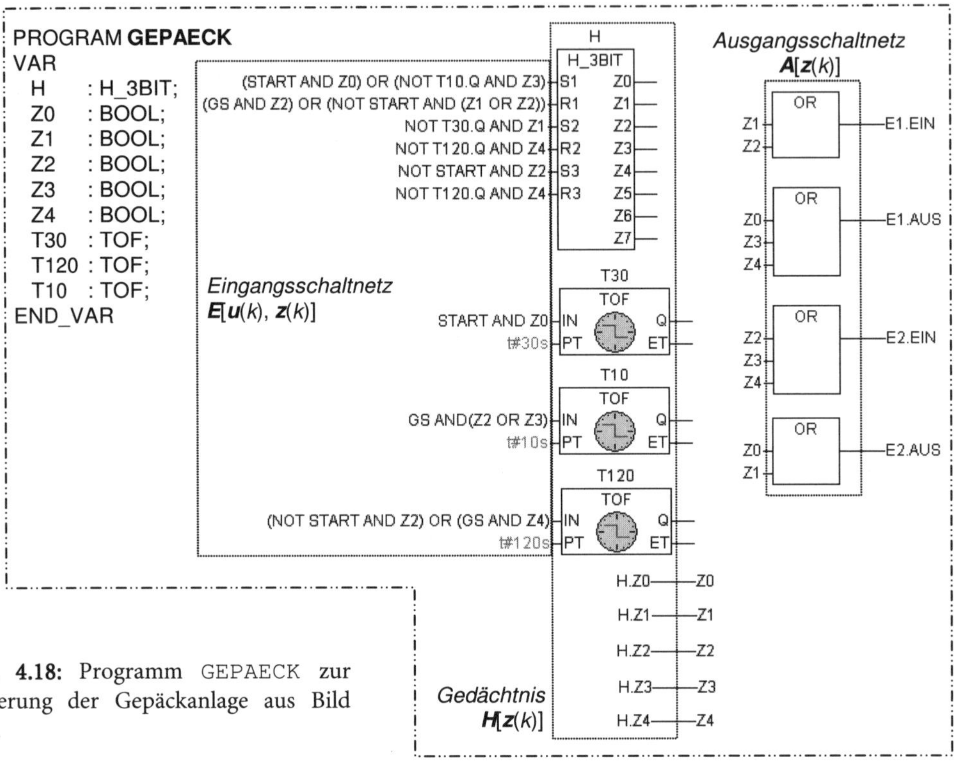

Bild 4.18: Programm `GEPAECK` zur Steuerung der Gepäckanlage aus Bild 4.15.

Dieser Automatenentwurf findet in der Fabrik- und Prozessautomatisierung im Wesentlichen Anwendung beim Entwurf von *Programmverknüpfungen* und *Funktionsbausteinen* (Stufe II bzw. III der strukturierten Projektierung). Eine modulare Programmstrukturierung ermöglicht es, diesen aufwändigen Entwurf getrennt von den standardisierten Ansteuerprogrammen der Feldgeräte zu betrachten. Deshalb wurde im vorigen Beispiel das Programm `GEPAECK` von den Programmen `EU1` und `EU2`, die die normale Ansteuerung von Motoren mit einer Drehrichtung realisieren, aus Übersichtlichkeitsgründen getrennt.

Im folgenden Abschnitt soll nun erörtert werden, wie diese Ansteuerprogramme für Motoren und Ventile in industriellen Anwendungen zu entwerfen sind.

4.3 Einzelsteuerfunktionen

Als *Einzelsteuerfunktionen (ESF)* oder *Individual Drive Functions (IDF)* werden Funktionsbausteine bezeichnet, die zur Ansteuerung von Ventilen und Motoren dienen [1.2].

Im Zuge der strukturierten Programmierung ist für jeden Feldgerätetyp ein Funktionsbaustein zu entwickeln. Deshalb werden im Folgenden die Einzelsteuerfunktionsbausteine für häufig vorkommende Motor- und Ventiltypen besprochen. Neben der reinen Ansteuerungslogik spielen dabei vor allem auch *Schutzfunktionen* sowie *Bedien-* und *Visualisierungsmöglichkeiten* eine wichtige Rolle.

4.3.1 Motorbausteine

In der Fabrik- und Prozessautomatisierung werden die in Tabelle 4.5 aufgeführten Motortypen häufig eingesetzt.

Tabelle 4.5: Auflistung der gängigsten Motortypen und Verweis auf die besprochene Ansteuerungslogik

Motortyp	Baustein	Steuersignale	Stellsignale	Beispiel
Motor mit einer Drehrichtung (*Einrichtungsmotor*)	**TYP_IDF1**	*EIN* *AUS*	STELL	Bild 3.19 in Beispiel 3.8
Motor mit zwei Drehrichtungen (*Zweirichtungsmotor*)	**TYP_IDF2**	*LINKS* *RECHTS* *AUS*	STELL_L STELL_R	Bild 4.6 zu Beispiel 4.3
Schrittmotor	**TYP_SMOT**	*LINKS* *RECHTS* *AUS* *TAKTZEIT*	STELL RECHTSLAUF TAKT	Bild 4.12 in Beispiel 4.5
Polumschaltbarer Einrichtungsmotor	**TYP_DSPEED**	*SCHNELL* *LANGSAM* *AUS*	A_SCHNELL A_LANGSAM	Bild 4.19
Drehzahlveränderbarer Einrichtungsmotor mit *Umrichter*	**TYP_CONV**	*DREHZAHL* *EIN* *AUS*	N_SOLL STELL	Übung 4.7
Drehzahlveränderbarer Zweirichtungsmotor mit *Pulsweitenmodulation*	**TYP_PWM**	*LINKS* *RECHTS* *AUS* *PULS_PAUSEN*	STELL_L STELL_R TAKT	Übungen 4.5 und 4.9

Die einfachste Variante ist ein *Motor mit einer Drehrichtung* und konstanter Drehzahl, der schon zur Ansteuerung des Rührers in Beispiel 3.8 durch den Funktionsbaustein `TYP_IDF1` verwendet wurde.

Für den Antrieb des Förderbandes in Beispiel 4.3 wurde die Ansteuerungslogik `TYP_IDF2` des *Zweirichtungsmotors* entworfen, denn dieser Motor kann seine Welle links- oder rechtsherum antreiben. Das Gleiche gilt zwar auch für den *Schrittmotor* in Beispiel 4.5, doch seine Ansteuerung im Funktionsbaustein `TYP_SMOT` erfolgt durch getaktete Impulssignale. Pro ausgegebenem Impuls bewegt der Motor die Welle um einen Schritt nach links oder rechts.

Das Verhalten des *polumschaltbaren Motors* (dual-speed motor) wird durch den Zustandsgraf in Bild 4.19a beschrieben. Daraus erkennt man, dass er sich in den zwei Geschwindigkeitsstufen `LANGSAM` und `SCHNELL` drehen kann. Zunächst darf sich der Motor im Zustand z_1 nur mit der langsamen Geschwindigkeit bewegen. Die schnelle Geschwindigkeitsstufe im Zustand z_2 kann nur angesteuert werden, wenn sich der Motor beispielsweise schon 10 s mit der langsamen Geschwindigkeit gedreht hat. Die Logik zur Ansteuerung dieses Antriebs in Bild 4.19c ergibt sich aus der Zustandsübergangstabelle (Bild 4.19b) gemäß dem in Abschnitt 4.2.4 erläuterten Automatenentwurfsverfahren.

Drehzahlveränderbare Motoren werden im Allgemeinen über eine Frequenzumrichterkarte angesteuert. Wie in Kapitel 6 erläutert realisiert dieser *Umrichter* (converter) eine Drehzahl- und Stromregelung. Da die Regelung komplett in der Hardware des Umrichters durchgeführt wird, muss die SPS hierfür nur die gewünschte Soll-Drehzahl vorgeben. Somit unterscheidet sich die Ansteuerlogik des Funktionsbausteins `TYP_CONV` vom normalen Motor mit einer Drehrichtung nur darin, dass zusätzlich zum Stellsignal, das den Motor ein- und ausschaltet, die einzustellende Drehzahl `N_SOLL` über einen Analogausgang der SPS an die Umrichterkarte übertragen wird (s. Übung 4.7).

Für kleinere Gleichstrommotoren wird häufig auf die Umrichterkarte verzichtet. Um trotzdem die Drehzahl variieren zu können, gibt die SPS eine Rechteckspannung an den Stromsteller des Motors aus, deren Pulspausenverhältnis zur Soll-Drehzahl pro-

a) Zustandsgraf für polumschaltbaren Motor

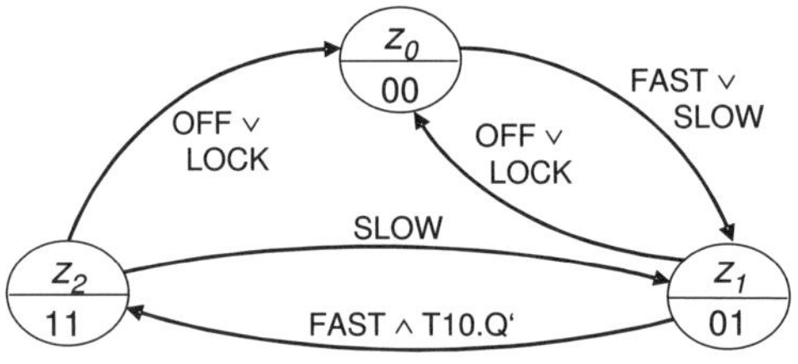

b) Zustandsübergangstabelle

		H1	H2	T10
FAST ∨ SLOW	$z_0 \rightarrow z_1$	S		IN
OFF ∨ LOCK	$z_1 \rightarrow z_0$	R		
FAST ∧ T10.Q‘	$z_1 \rightarrow z_2$		S	
SLOW	$z_2 \rightarrow z_1$	R		
OFF ∨ LOCK	$z_2 \rightarrow z_0$	R	R	

c) Funktionsbaustein

```
FUNCTION_BLOCK TYP_DSPEED
 VAR_INPUT              VAR                     VAR_OUTPUT
   FAST: BOOL;            Z0, Z1, Z2: BOOL;       OUT_S: BOOL;
   SLOW: BOOL;            H1, H2: RS;             OUT_F: BOOL;
   OFF: BOOL;           END_VAR                 END_VAR
   LOCK: BOOL;
 END_VAR
```

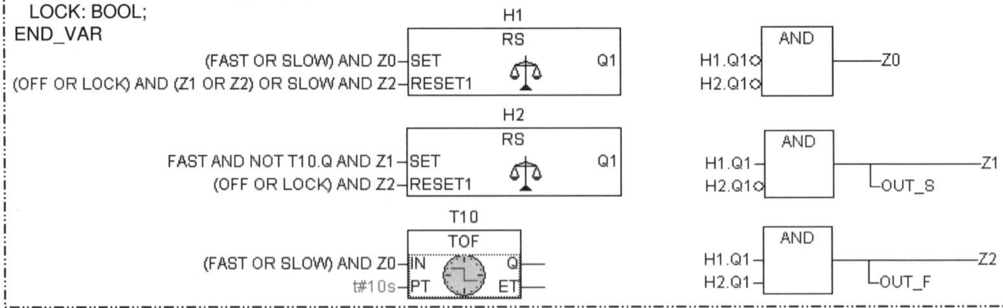

Bild 4.19: Zustandsgraf (a), Zustandsübergangstabelle (b) und Logik (c) für einen polumschaltbaren Motor mit den zwei Geschwindigkeitsstufen `LANGSAM` (`OUT_S`) und `SCHNELL` (`OUT_F`).

portional ist. Diese *Pulsweitenmodulation* (PWM) wandelt das kontinuierliche Spannungsstellsignal in ein diskontinuierliches Taktsignal [4.4, 4.5]. Der Funktionsbaustein `TYP_PWM` unterscheidet sich von der Schrittmotoransteuerung nur dadurch, dass sein ausgegebenes Taktsignal ein einstellbares Pulspausenverhältnis erfüllt, das proportional zur Soll-Drehzahl ist (s. Übung 4.5).

4.3.2 Ventilbausteine

Die Ansteuerbausteine für Ventile unterscheiden sich im Prinzip nur wenig von den Motorbausteinen. Tabelle 4.6 listet die gängigsten Ventiltypen und deren Bausteine auf.

Tabelle 4.6: Auflistung der gängigsten Magnetventiltypen und Verweis auf die besprochene Ansteuerungslogik (geöffnete Wege sind grau dargestellt).

Ventiltyp	Baustein	Steuersignale	Stellsignale	Beispiel
Zweiwege-Magnetventil (Absperrventil)	**TYP_IDF1**	*AUF* *ZU*	STELL	Bild 3.19 in Beispiel 3.8
Dreiwege-Magnetventil	**TYP_IDF2**	*AC_AUF* (A, B, C) *BC_AUF* (A, B, C) *ZU* (A, B, C)	STELL_AC STELL_BC	Bild 4.6 zu Beispiel 4.3
Vierwege-Magnetventil	**TYP_IDF3**	*AD_AUF* (A, B, C, D) *BD_AUF* (A, B, C, D) *CD_AUF* (A, B, C, D) *ZU* (A, B, C, D)	STELL_AD STELL_BD STELL_CD	Bild 4.40, Übung 4.6
Regelventil	**TYP_PID**	*AUT, SOLL, EXT* *STELL_MAN*	STELL, MAX, MIN	Beispiel 4.13, Bild 4.34

Hierbei ist die einfachste Variante das *Zweiwege-Magnetventil*, das den Weg einer Flüssigkeit durch ein Rohr öffnen oder schließen kann. Die Logik wird durch den Baustein `TYP_IDF1` bereitgestellt, der auch schon zur Ansteuerung des Einrichtungsmotors diente. Lediglich die Steuersignale sollten sinngemäß mit `AUF` und `ZU` statt `EIN` und `AUS` deklariert werden. Dieser Ventiltyp wurde in Beispiel 3.8 als Zulauf- und Ablaufventil UV1 bzw. UV2 verwendet (vgl. Bild 3.20).

An Rohrleitungsverzweigungen werden häufig *Dreiwegeventile* eingesetzt, die für die Flüssigkeit wie in Tabelle 4.6 skizziert z.B. die beiden Wege `AC` und `BC` öffnen können. Die Ansteuerlogik ist die gleiche wie für den Zweirichtungsmotor, so dass der Baustein `TYP_IDF2` für dieses Ventil verwendet werden kann.

Darüber hinaus gibt es an Rohrleitungskreuzungen die Möglichkeit, *Vierwegeventile* einzusetzen. Diese erfordern eine Logik, die vier Ventilzustände, wie z.B. `AD`, `BD`, `CD` und `ZU`, ansteuert. Diese vier Zustände lassen sich mit *zwei* RS-Flip-Flops codieren. Der Zustandsgraf in Bild 4.40 veranschaulicht die Wirkungsweise der Ventilansteuerung. Die sich daraus ergebende Schaltung für den Baustein `TYP_IDF3` wird in Übung 4.6 erörtert.

Schließlich gibt es sog. *Regelventile* als kontinuierlich veränderbare Stelleinrichtung für Regelungen. Diese können ihren Öffnungsgrad kontinuierlich zwischen 0 % und 100 % verändern. In Beispiel 3.8 wurde ein Regelventil im Zusammenspiel mit einer pH-Wert-Messsonde zur Dosierung der Flüssigkeit A in den Reaktor eingesetzt (s. Bild 3.18). Genauere Erläuterungen hinsichtlich der Logik solcher Regelventile mit analogem Stellausgang werden im Abschnitt 4.5 gegeben.

4.3.3 Schutzmaßnahmen

Die Ansteuerung von Motoren und Ventilen erfordert die Berücksichtigung elementarer *Sicherheitsvorkehrungen*. Diese verfolgen das Ziel, die Motoren und Ventile vor Fehlern zu schützen und sie im Fehlerfall in einen sicheren Zustand zu überführen. Prinzipiell lassen sich zwei Fehlerarten unterscheiden:

- *Prozessfehler* (z.B. Behälterüberlauf, Trockenlauf einer Pumpe, Überhitzung oder Überdruck in Behältern etc.),
- *Gerätefehler* (z.B. Drahtbruch, Überhitzung eines Antriebs etc.).

Prozessfehler, wie z.B. ein Behälterüberlauf, sollen durch die Steuerung verhindert werden, d.h. in der Software sind präventive Maßnahmen vorzusehen, um solche Fehler zu vermeiden.

Verriegelungen

Wenn Sensoren gefährliche Prozesszustände erkennen, müssen die relevanten Aktoren verriegelt werden. Zur Spezifikation verwendet man sog. Ursache-Wirkungs-Diagramme in Form einer Verriegelungsmatrix (s. Tabelle 4.9 zur Übung 4.1).

Verriegelung bedeutet,

- das Gerät in den *sicheren Zustand* zu überführen, d.h. Motoren sind auszuschalten, Zulaufventile sind zu-, Entlüftungsventile aufzufahren, und
- solange der gefährliche Prozesszustand ansteht, darf es nicht möglich sein, das Gerät in einen *anderen Zustand* als den sicheren Zustand zu überführen.

Zur Verriegelung der Motoren und Ventile wurde in den bisher besprochenen Bausteinen stets der Verriegelungseingang `LOCK` vorgesehen (s. z.B. Bild 4.20), der das Stellsignal deaktiviert und seine Aktivierung blockiert. Typische Verriegelungsmaßnahmen sind in Beispiel 3.8 aufgeführt, wie z.B. die Verriegelung der Zulaufventile eines Behälters, wenn sein Füllstand eine gewisse Obergrenze erreicht (s. Tabelle 3.9).

Schutzschalter

Im Gegensatz dazu wirken die Maßnahmen infolge von *Gerätefehlern* nicht präventiv, sondern reaktionär. Das bedeutet, der Fehlerfall ist schon eingetreten, wenn die Steuerung reagiert. Die Reaktion der Steuerung kann somit nur folgende Maßnahmen umfassen:

- *Abschaltung* des fehlerhaften Geräts, d.h. Überführung der Teilanlage in den sicheren Zustand,
- *Alarmierung* des Fehlers im Leitsystem durch optische und akustische Meldung,
- erst wenn der Fehler nicht mehr ansteht und die Alarmmeldung vom Bediener *quittiert* wurde, darf das Gerät wieder in den Betriebszustand überführt werden.

Zur Erkennung von Gerätefehlern sind häufig Schutzschalter in die Geräte eingebaut, die als binäres Sensorsignal in die SPS eingelesen werden können. Beispielsweise besitzen Motoren einen *Bimetallschalter*, der bei Überhitzung des Motors ein binäres Alarmsignal an die SPS sendet. Darüber hinaus ist häufig auch ein sog. *Reparaturschalter* notwendig, der in der SPS signalisiert, dass der Motor in der Anlage gerade repariert wird und keinesfalls aktiviert werden darf.

Ruhestromprinzip

Für binäre Störmeldungssignale ist eine Drahtbruchsicherung vorzusehen. Diese lässt sich durch das sog. *Ruhestromprinzip* realisieren. Dabei wird ein ‚1'-Signal gesendet, solange kein Fehlerfall (also z.B. eine Überhitzung oder Reparatur des Motors) vorliegt. Wird also ein ‚0'-Signal gesendet, bedeutet dies, dass entweder ein Gerätefehler oder ein Drahtbruch vorliegt. In jedem Fall ist also der Motor abzuschalten.

Als Konsequenz dieser Maßnahmen sind die Eingänge `REP` und `BIMETAL` des Motorbausteins `TYP_IDF1` in Bild 4.20 *negiert* auf den Rücksetzeingang des RS-Flip-Flops zu führen, damit nur im Fehlerfall (‚0'-Signal) ein Rücksetzen erfolgt.

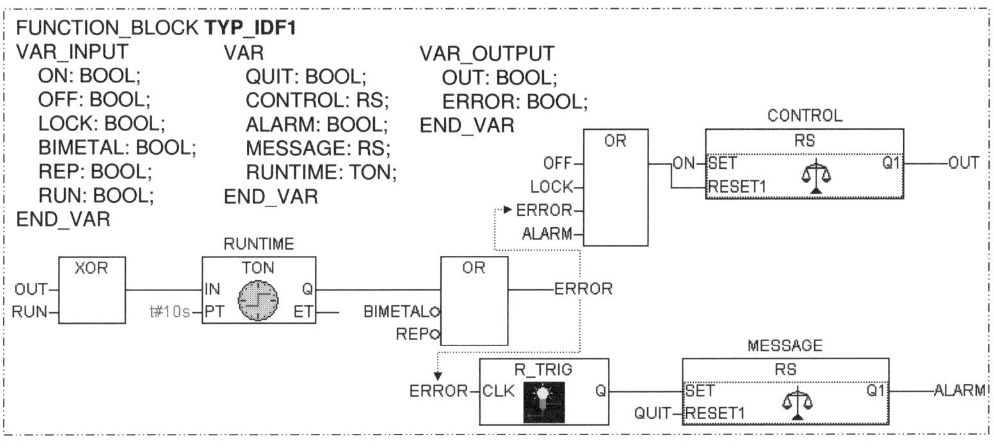

Bild 4.20: Erweiterung des Motorsteuerbausteins `TYP_IDF1` um ein Schutzkonzept, mit dem der Motor bei Reparaturschalter- oder Bimetallauslösung oder bei einem Laufzeitfehler in Störung geht und eine Alarmmeldung absetzt.

Wie die Logik in Bild 4.20 verdeutlicht, ist prinzipiell zwischen dem Stör- bzw. Fehlersignal `ERROR` und der Alarmmeldung `ALARM` zu unterscheiden. Durch die Störung wird eine Alarmmeldung (z.B. Leuchten einer Lampe oder Ertönen einer Hupe) abgesetzt. Quittiert der Bediener die Alarmmeldung durch die Taste `QUIT`, wird der Alarm zurückgesetzt. Die Störung liegt aber eventuell immer noch an.

Laufzeitüberwachung

Neben einer Temperaturüberwachung muss in vielen Fällen auch die Ansteuerung des Geräts überwacht werden. Es kann nämlich vorkommen, dass zwar von der SPS ein Stellsignal an den Aktor ausgegeben wurde, dieser aber aufgrund eines Fehlers nicht anläuft. Um solche sog. *Laufzeitfehler* zu erkennen, ist z.B. an der Motorwelle ein Sensor angebracht, der erkennt, ob sich die Welle dreht oder nicht. Dreht sich die Welle, wird ein binäres Sensorsignal, die sog. Laufmeldung, an die SPS übertragen.

Die Software kann nun solche Laufzeitfehler erkennen, indem sie überprüft, ob sich das Stellsignal und die Laufmeldung über einen gewissen Zeitraum widersprechen (s. `XOR`-Gatter in Bild 4.20). Ist dies der Fall, kommt es zu einer Störung, denn entweder erfolgte eine Laufmeldung, ohne dass der Motor angesteuert wurde, oder nach einer Ansteuerung blieb die Laufmeldung aus. In beiden Fällen handelt es sich um einen Gerätefehler und der Motor wird deaktiviert.

Bei Ventilen werden in der Regel die beiden Endlagen AUF und ZU überwacht. Hierfür werden zwei Rückmeldesignale `RM_AUF` und `RM_ZU` als binäre Eingänge in die SPS zurückgeführt. Die Software muss nun wie beim Motor in Bild 4.20 überwachen, dass bei Ansteuerung des Ventils nach einer gewissen Zeit die Rückmeldung `RM_AUF` kommt und beim Absteuern nach einer gewissen Zeit die Rückmeldung `RM_ZU` (vgl. Übung 4.8).

Arbeitsstromprinzip

Die Rückmeldungen eines Ventils bzw. die Laufmeldung eines Motors dürfen jedoch nicht wie Bimetall und Reparaturschalter im Ruhestromprinzip, sondern müssen im *Arbeitsstromprinzip* in die SPS eingelesen werden. Arbeitsstromprinzip bedeutet, es wird ein ‚1'-Signal gesendet, wenn sich der Motor dreht, und dementsprechend ein ‚0'-Signal, wenn er sich nicht dreht.

Würde man hier das Ruhestromprinzip anwenden, käme es zu einer widersprüchlichen Interpretation (denn ein ‚0'-Signal der Rück- bzw. Laufmeldung würde bedeuten, dass sich der Motor dreht oder ein Drahtbruch vorliegt).

4.3.4 Betriebsartenkonzepte

Neben der automatischen Ansteuerung von Geräten ist auch deren manuelle Bedienung in der Software vorzusehen. Um zu unterscheiden, ob ein Gerät *automatisch* oder *manuell* vor Ort oder vom Leitsystem aus angesteuert wird, sind wie in Bild 4.21 veranschaulicht folgende Betriebsarten zu unterscheiden:

- Automatik (AUT), d.h. die Einzelsteuerfunktion wird von einem anderen Programm (z.B. einer Schrittkette) automatisch aktiviert,
- vor Ort (VO), d.h. ein Bediener aktiviert über einen Taster oder Schalter in der Anlage (vor Ort) das Gerät,
- manuell (MAN), d.h. ein Bediener aktiviert über die Bildschirmgrafik des Leitsystems die Einzelsteuerfunktion.

Um die Ansteuerung über diese drei Betriebsarten voneinander unterscheiden zu können, sind die Steuerungssignale `AUT_EIN`, `MAN_EIN` und `VO_EIN` bzw. `AUT_AUS`, `MAN_AUS` und `VO_AUS` einzuführen (vgl. Bild 4.21).

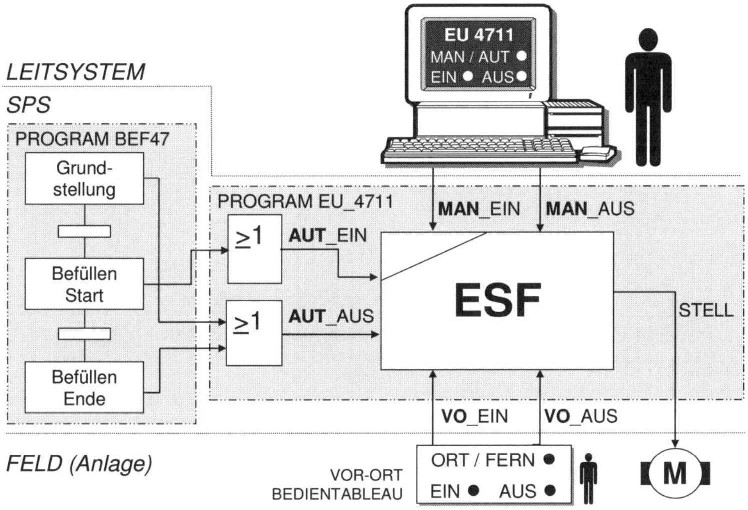

Bild 4.21: Darstellung der Ansteuerungsmöglichkeiten einer Einzelsteuerfunktion (ESF) über die drei Betriebsarten Automatik (AUT), manuell (MAN) und vor Ort (VO).

Das Zusammenspiel dieser Betriebsarten funktioniert nur, wenn für eine Einzelsteuerfunktion stets nur *eine* der drei Betriebsarten angewählt ist. Die Anwahl einer Betriebsart darf also nur dann möglich sein, wenn noch keine andere Betriebsart angewählt worden ist, denn sonst könnte beispielsweise die Automatik einen Motor einschalten und der Bediener denselben Motor sofort wieder ausschalten. Um diese gegenseitige Behinderung zu vermeiden, muss eine Regelung für die Betriebsartenumschaltung gefunden werden.

Konzepte zur Betriebsartenumschaltung

Für die Umschaltungen zwischen den Betriebsarten existieren verschiedene Konzepte, die sich je nach Anwendung und der Bedienphilosophie des Anlagenbetreibers unterscheiden. Bei der zunächst vorgeschlagenen Art der Betriebsartenumschaltung sind alle Betriebsarten *gleichberechtigt* [4.6], wie der Zustandsgraf in Bild 4.22 verdeutlicht.

Die Umschaltung zwischen den Betriebsarten erfolgt über die Anwahlsignale `SEL_AUT`, `SEL_MAN` und `SEL_LOCAL`. Neben den drei Betriebsarten AUT, MAN und LOCAL (vor Ort) wird noch ein vierter Zustand FREE eingeführt. Nur in diesem Zustand FREE darf eine Betriebsart angewählt werden. Solange diese Betriebsart dann nicht wieder freigegeben wurde, kann keine andere Betriebsart angewählt werden. Die entsprechende Logik zeigt Bild 4.22 im Funktionsbaustein MODES, der in den verschiedenen Einzelsteuerfunktionsbausteinen, wie z.B. in Bild 4.23 in TYP_IDF1, zum Einsatz kommt.

Obwohl für kleinere Anlagen manchmal auch gemeinsame Betriebsarten für alle Aktoren in der Anlage festgelegt werden, ist es im Allgemeinen sinnvoll, für jeden Motor und jedes Ventil eine eigene Betriebsart festzulegen. So ist es durchaus möglich, dass ein Aktor gerade vor Ort bedient wird, während andere automatisch von der SPS angesteuert werden. Deshalb wird der Funktionsbaustein MODES zur Betriebsartenumschaltung in den Einzelsteuerfunktionsbaustein TYP_IDF1 in Bild 4.23 integriert.

a) Zustandsgraf für Betriebsartenumschaltung

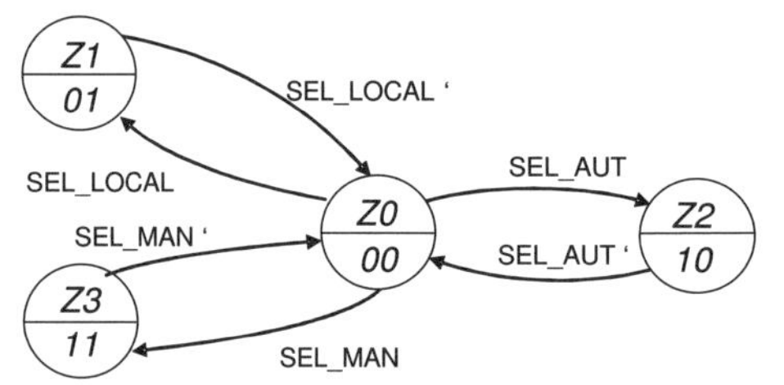

b) Zustandsübergangstabelle

		H1	H2
SEL_LOCAL	$z_0 \rightarrow z_1$	S	
SEL_LOCAL '	$z_1 \rightarrow z_0$	R	
SEL_AUT	$z_0 \rightarrow z_2$		S
SEL_AUT '	$z_2 \rightarrow z_0$		R
SEL_MAN	$z_0 \rightarrow z_3$	S	S
SEL_MAN '	$z_3 \rightarrow z_0$	R	R

c) Funktionsbaustein

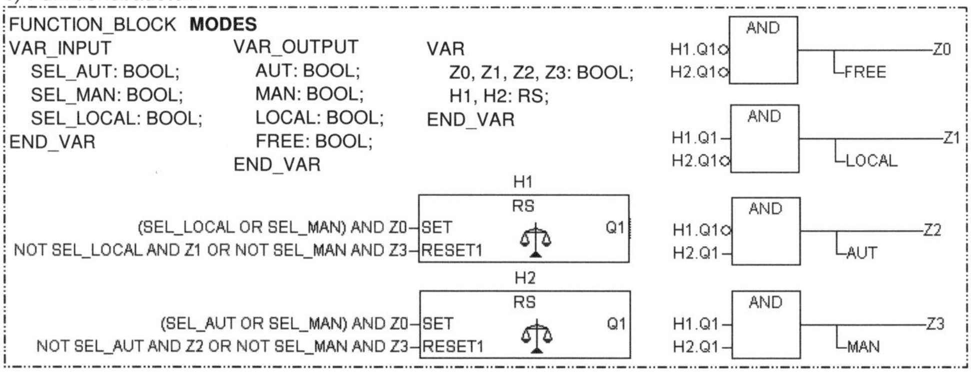

Bild 4.22: Konzept zur Umschaltung zwischen den Betriebsarten vor Ort (LOCAL), manuell (MAN) und Automatik (AUT) dargestellt durch Zustandsgraf (a), Zustandsübergangstabelle (b) und Funktionsbaustein MODES (c).

Die Aktivierung und Deaktivierung der Einzelsteuerfunktion kann nun jeweils in einer der drei Betriebsarten erfolgen. Wie in Bild 4.23 dargestellt, wird durch den Baustein SEL_MODE die gewünschte Betriebsart angewählt. Erst wenn sich die Einzelsteuerfunktion in einer der Betriebsarten AUT, MAN, LOCAL befindet, kann das entsprechende Steuersignal AUT_ON oder AUT_OFF bzw. MAN_ON oder MAN_OFF bzw. LOC_ON oder LOC_OFF wirken und das Stellsignal OUT aktivieren.

Die Eingänge AUT_ON und AUT_OFF werden als Eingangsvariablen des Funktionsbausteins nach außen geführt, weil sie im Ansteuerprogramm mit den globalen Strukturvariablen, wie z.B. `U3.AUF` bzw. `U3.ZU`, verbunden werden (vgl. Ansteuerung des Aktors in Tabelle 4.7).

Das vorgestellte Gleichberechtigungsprinzip der Betriebsarten ist aber nur eine von vielen möglichen Philosophien, wie das nachfolgende Beispiel zeigt.

Beispiel 4.9 *Betriebsartenhierarchie*

Häufig wird vom Anlagenbetreiber eine *Hierarchie der Betriebsarten* gewünscht, wie etwa:

1. Die Betriebsart vor Ort hat höchste Priorität, d.h. wenn der Wahlschalter Ort/Fern (Local/Remote) im Feld gedrückt wird, soll die Betriebsart vor Ort angewählt werden – egal welche Betriebsart aktuell angewählt ist.
2. Die zweithöchste Priorität hat die Betriebsart manuell, d.h. wenn der Wahlschalter MAN/AUT vom Leitsystem aus gedrückt wurde und der Wahlschalter Ort/Fern (Local/Remote) nicht aktiviert ist, soll die Betriebsart MAN angewählt werden, auch wenn gerade AUT aktiv ist.
3. AUT kann nur angewählt werden, solange MAN und VO nicht angewählt werden, und hat somit die niedrigste Priorität.

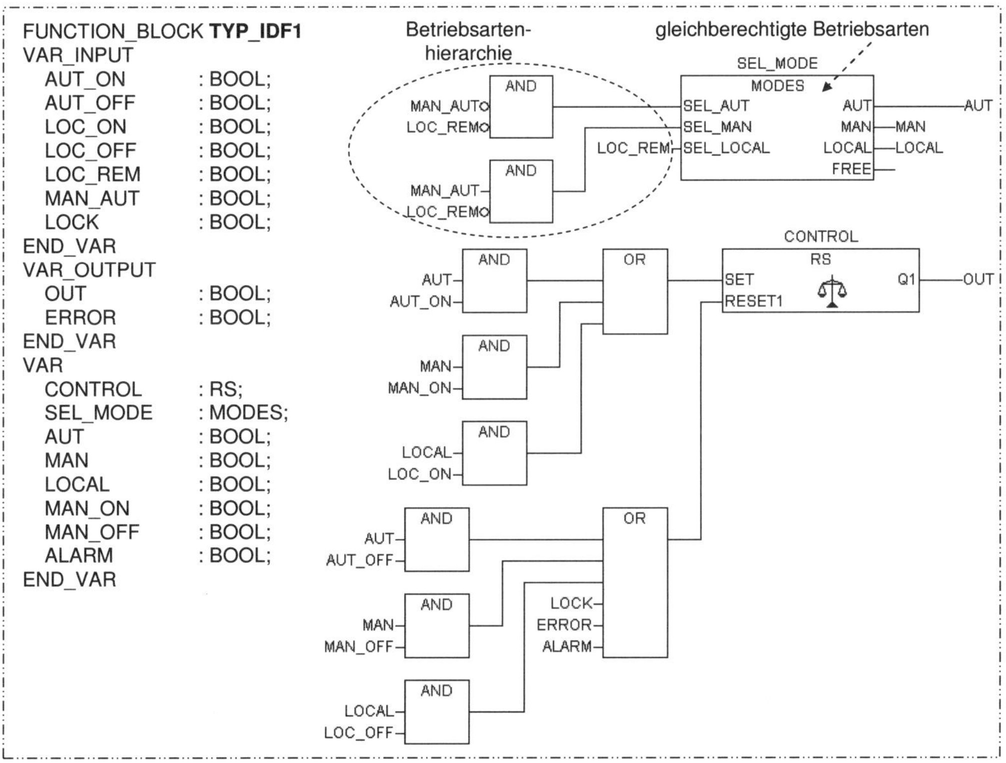

Bild 4.23: Ansteuerung des Einzelsteuerfunktionsbausteins `TYP_ESF` mit den Betriebsarten `LOCAL` (Priorität 1), `MAN` (Priorität 2) und `AUT` (Priorität 3).

Da der Funktionsbaustein `MODES` jedoch unabhängig von der Philosophie eingesetzt werden kann, sollte die Hierarchie der Betriebsarten durch eine Beschaltung von außen realisiert werden. Wie in Bild 4.23 dargestellt kann die Betriebsart `LOCAL` jederzeit durch Aktivierung des Schalters `LOC_REM` (Ort/Fern) angewählt werden, die Betriebsart `MAN` jedoch durch den Wahlschalter MAN_AUT nur dann, wenn LOC_REM *nicht* angewählt ist. Sind weder LOC_REM noch MAN_AUT angewählt, befindet sich die Einzelsteuerfunktion *automatisch* in der Betriebsart AUT. □

Manche Anlagenbetreiber vertrauen aber ihrem Bedienpersonal weniger und wählen deshalb eine Betriebsartenhierarchie, bei der AUT die höchste Priorität hat. Solche Hierarchien taugen aber nicht für alle Anwendungen, so dass die hier vorgestellte *neutrale* Betriebsartenumschaltung im Allgemeinen vorzuziehen ist.

Heutzutage wird in einigen Anlagen auf die Vor-Ort-Betriebsart verzichtet, was die Betriebsartenumschaltung natürlich erheblich vereinfacht.

Bisher wurden hauptsächlich binäre Schaltungen besprochen. Nun werden im folgenden Abschnitt die Möglichkeiten der Analogwertverarbeitung geschildert.

4.4 Analogwertverarbeitung

Häufig werden Entwurfsverfahren für binäre Verknüpfungssteuerungen eingesetzt, ohne an die Möglichkeit zu denken, Analogwerte zu verwenden. Dabei ist die menschliche Denkweise viel stärker analog orientiert als digital, denn die Digitaltechnik war und ist nur eine Hilfe für den Einsatz von Computern.

Durch die Möglichkeiten einer SPS, Analogwerte effizient z.B. im strukturierten Text mit numerischen Funktionen zu verarbeiten, sollte beim Entwurf von Verknüpfungssteuerungen bedacht werden, dass die Analogwertverarbeitung in vielen Fällen verständlicher und änderungsfreundlicher ist.

Beispiel 4.10 *Tankfarm*
Eine Tankfarm versorgt eine Anlage mit einem bestimmten Vorprodukt. Um den reibungslosen Betrieb der Anlage zu gewährleisten, müssen stets mindestens 2 von 3 Tanks ausreichend gefüllt sein. Ansonsten ist ein Alarm abzusetzen (s. Bild 4.24).

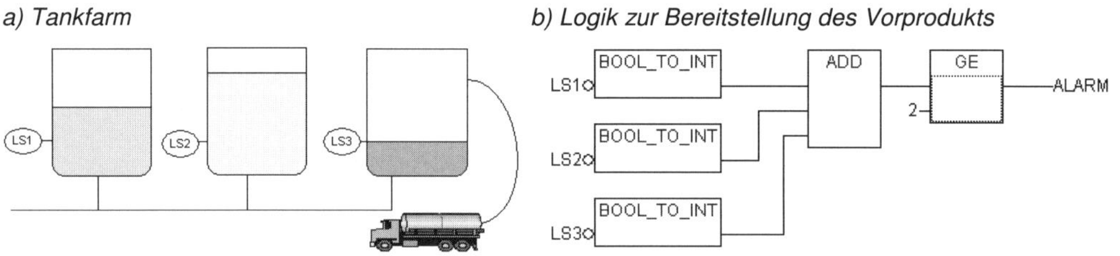

Bild 4.24: Um zu überprüfen, ob stets mindestens 2 der 3 Vorlagebehälter ausreichend gefüllt sind (a), kann man die binären Grenzwertgeber LS1, LS2 und LS3 in Integerwerte umwandeln und addieren. Ist die Summe größer als 2, wird ein Alarm abgesetzt (b).

Die Standsonden der drei Behälter LS1, LS2 und LS3 überprüfen die Tankfüllstände und ihre Binärsignale werden im *Ruhestromprinzip* eingelesen. Wenn also ein Füllstand unterschritten ist, wird ein ‚0'-Signal in der SPS verarbeitet. Sind zwei oder mehr Standsonden aktiviert, muss eine Alarmierung erfolgen, damit der Bediener die Befüllung der Vorlagebehälter veranlasst.

Mit binärer Logik würde man auf folgende Schaltfunktion kommen:

$$\text{ALARM} = \text{LS1}' \wedge \text{LS2}' \vee \text{LS1}' \wedge \text{LS3}' \vee \text{LS2}' \wedge \text{LS3}' \quad (4.47)$$

Alternativ könnte man auch die in Bild 4.24 skizzierte Schaltung mit Analogwertverarbeitung verwenden. Auf den ersten Blick stellt sich zwar die Frage, ob diese Schaltung wirklich einfacher ist. Wenn man allerdings die Erweiterbarkeit des analogen und des binären Konzeptes vergleicht, so wird deutlich, dass das analoge Konzept einfacher erweiterbar ist. Soll die Anlage nämlich umfangreicher werden, und es sind dann 4 von 5 oder 18 von 20 Vorlagen verfügbar zu halten, so muss die Logik nach Gl. 4.47 völlig neu entworfen werden. In Bild 4.24 sind einfach die zusätzlichen Signale der Standsonden hinzuzufügen und der Schwellwert ist von 2 auf 4 bzw. 18 zu ändern. □

Einlesen analoger Sensorsignale

Das Einlesen von analogen Sensorwerten wurde bereits bei der Erläuterung analoger Eingangskarten in Abschnitt 2.4.3 angesprochen (vgl. Beispiel 2.4). Dabei wurde erklärt, dass das analoge Eingangsstromsignal I_E bei der Analog-/Digital-Umsetzung in ein 16-Bit-Datenwort x_W umgewandelt wird. Gemäß Tabelle 2.1 entspricht der Strommessbereich von $I_E = 4...20$ mA einem dezimalen Wertebereich von $x_W = 0...27648$.

Für die Verwendung des digitalisierten Werts als Messwert ist in Bild 4.25 ein Baustein angegeben, der das 16-Bit-Datenwort x_W einliest und auf den physikalischen Messbereich des Sensors [PV^{MIN}; PV^{MAX}] anpasst. Der Sensorwert *PV (Process Value)* errechnet sich gemäß der Eingangskennlinie nach folgender Gleichung:

$$PV = (PV^{MAX} - PV^{MIN}) \cdot x_W / 27648 + PV^{MIN} \quad (4.48)$$

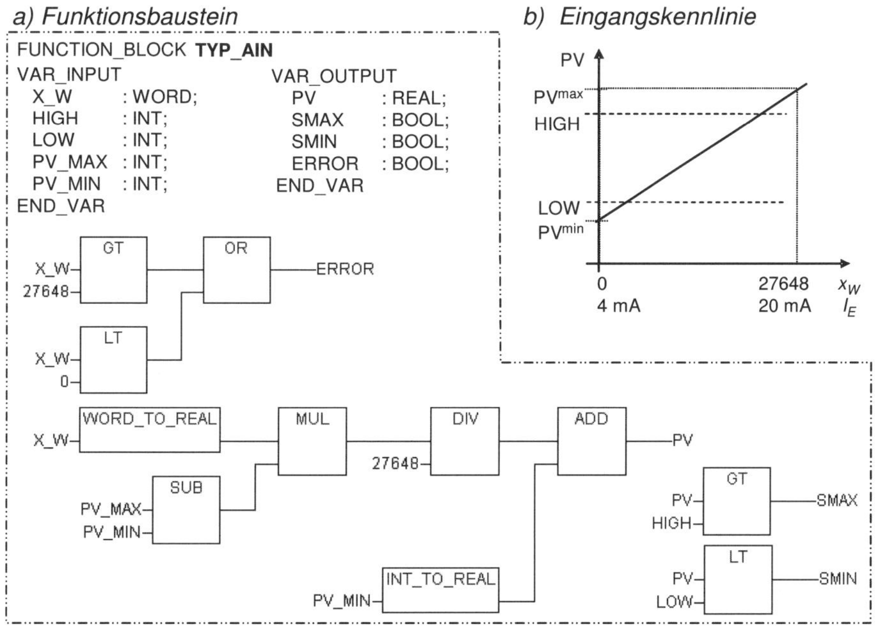

Bild 4.25: Funktionsbaustein `TYP_AIN` (a) zum Einlesen eines analogen 4...20-mA-Sensorsignals und Umwandlung in die physikalische Messgröße `PV` gemäß der Eingangskennlinie (b).

Wenn der eingelesene Messwert eine festgelegte Obergrenze `HIGH` überschreitet, meldet dies der Baustein `TYP_AIN` durch Setzen der Variablen `SMAX`. Wird dagegen der Grenzwert `LOW` unterschritten, meldet dies die Ausgangsvariable `SMIN`. Neben den physikalischen Grenzen überwacht der Baustein auch die Übertragung des Messwerts. Sollte der digitale Eingangswert kleiner null oder größer als 27648 sein, meldet der Baustein über die Variable `ERROR` eine Übertragungsstörung.

Beispiel 4.11 *Analoge Füllstandsmessung*

Der Füllstand LIS1 der Wasseraufbereitungsanlage aus Beispiel 3.8 soll als Analogwert in die SPS eingelesen werden. Hierfür wird das Programm `LIS1` in Bild 4.26 erstellt und die Adresse *%IW3* des analogen Eingangskanals der Eingangsvariablen x_w zugeordnet. Der Funktionsbaustein `TYP_AIN` passt dann das digitalisierte 16-Bit-Datenwort an den physikalischen Messbereich des Sensors an.

Bei einem Messbereich LIS1 ∈ [0, 120 Liter] wären also `PV_MAX=120` und `PV_MIN=0`, so dass der Messwert nach Gl. 4.48 berechnet werden kann. Im Programm `LIS1` in Bild 4.26 erzeugt der Baustein `TYP_AIN` folgende Kenngrößen für den Füllstand:

- den Istwert `L1.IST`,
- das Alarmsignal `L1.SMAX`, wenn der *obere* Grenzwert `HIGH=118` Liter überschritten wird,
- das Alarmsignal `L1.SMIN`, wenn der *untere* Grenzwert `LOW=5` Liter unterschritten wird,
- das Alarmsignal `L1.STOER`, wenn der digitalisierte Messwert *außerhalb* des zulässigen Strommessbereichs von 4...20 mA liegt.

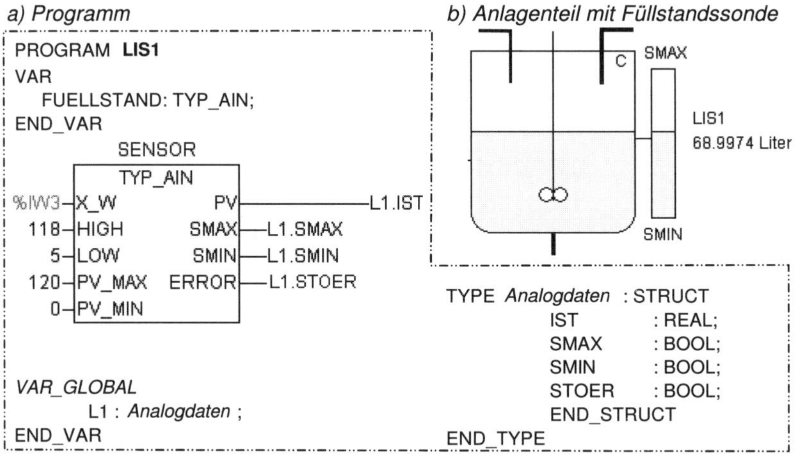

Bild 4.26: Programm zum Einlesen des analogen Füllstandswerts `LIS4` über den Eingangskanal `%IW3`.

Die globale Struktur `L1` vom Typ `Analogdaten` stellt diese Kenngrößen gesammelt für alle Programme zur Verfügung, um den aktuellen Füllstand bzw. dessen Status abfragen zu können. In Beispiel 3.8 werden die Alarmsignale `L1.SMAX` und `L1.SMIN` zur Verriegelung der Zu- und Ablaufventile des Behälters (vgl. Bild 3.20) verwendet. □

4.5 Regelungen

Eine SPS eignet sich nicht nur für Steuerungsaufgaben, sondern kann auch hervorragend als digitaler Regler eingesetzt werden. Gerade durch die in der IEC 61131 genormte Tasksteuerung und die komfortablen Programmiermöglichkeiten im strukturierten Text (ST) lassen sich Regelungen in der SPS sehr gut realisieren.

Im Abschnitt 1.1 wurden bereits die charakteristischen Eigenschaften einer Regelung im Unterschied zur Steuerung beschrieben:

1. Messwerte (*Istwerte*) $x(k)$ werden kontinuierlich in der Anlage gemessen und mit vorgegebenen *Sollwerten* verglichen.
2. Anhand der Regeldifferenzen $e(k)$ zwischen Soll- und Istwerten berechnet ein implementierter Regelalgorithmus *Stellwerte* $y(k)$ für die Aktoren der Anlage.
3. Die dadurch angesteuerten Aktoren beeinflussen den Prozess so, dass die Regeldifferenz innerhalb einiger Zyklen ausgeregelt wird.

Ein Beispiel für einen solchen Regelungsprozess stellt in Bild 4.27 die Temperaturregelung der Flüssigkeit im Behälter B dar. Liegt die gemessene Temperatur unterhalb des Sollwerts, wird die Heißdampfzufuhr geöffnet. Sobald die Ist-Temperatur den Sollwert übersteigt, schaltet der Regler die Heißdampfzufuhr ab. Die Abkühlung durch die Umgebung und der Zufluss neuer Flüssigkeit verursachen, dass der Istwert wieder unter den Sollwert fällt, so dass die Heizung dann wieder eingeschaltet werden muss.

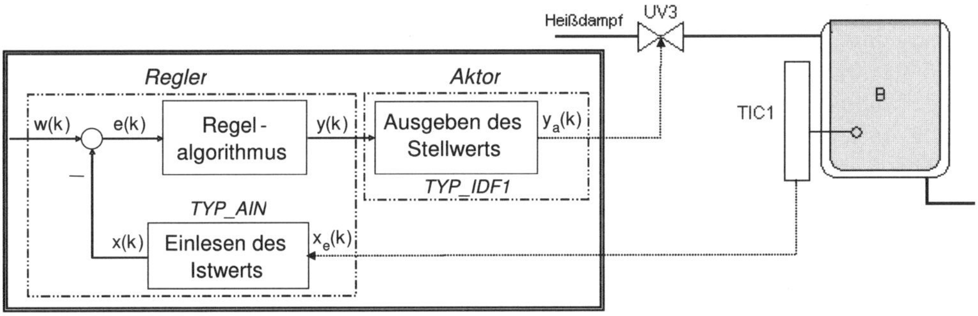

Bild 4.27: Aufbau eines Regelungsprogramms mit Zweipunktregler, der die Temperatur als Istwert $x(k)$ in die SPS einliest, diese vom vorgegebenen Sollwert $w(k)$ subtrahiert und aus der Regeldifferenz $e(k)$ den binären Stellwert $y(k)$ zur Ansteuerung des Heizrelais ausgibt.

4.5.1 Schaltende Regler

Schaltende Regler können nur wenige diskrete Schaltstufen als Stellwerte ausgeben. Bei einem *Zweipunktregler* nach Bild 4.28a sind es zwei Schaltstufen (z.B. EIN/AUS oder AUF/ZU), bei einem *Dreipunktregler* nach Bild 4.28b drei Schaltstufen.

In der Praxis haben schaltende Regler eine Schaltverzögerung oder *Hysterese*, damit z.B. der Zweipunktregler bei Erreichen des Sollwerts ($e = 0$) nicht andauernd hin- und herschaltet. Die Hysterese sorgt dafür, dass etwa bei der Temperaturregelung etwas

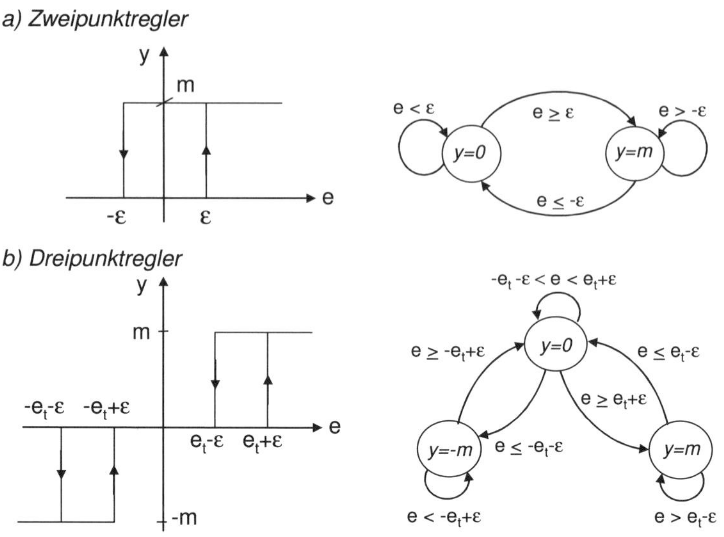

Bild 4.28: Kennlinien und Zustandsdiagramme von Zwei- (a) und Dreipunktregler (b) mit Hysterese.

über den Sollwert hinaus geheizt wird (bis $e \geq \varepsilon$) und erst etwas unterhalb des Sollwerts die Heizung ($e \leq -\varepsilon$) wieder eingeschaltet wird. Je größer die Hysterese ε, desto größer ist die Schwankung des Istwerts um den Sollwert (vgl. Bild 4.30).

Beispiel 4.12 *Temperaturregelung mit Zweipunktregler*

Die Flüssigkeit im Behälter B aus Beispiel 3.8 soll auf eine Solltemperatur w = 60 °C geregelt werden. Hierfür ist die in Bild 4.27 skizzierte Regelkreisstruktur in der SPS zu programmieren.

Das Programm `TIC1` umfasst wie in Bild 4.29 zum einen den Funktionsbaustein `TYP_AIN` zum Einlesen des Temperatur-Istwerts. Der eigentliche *Regelalgorithmus* des Zweipunktreglers wird durch die Subtraktionsstelle sowie die Abfrage der beiden Schaltstufen realisiert. Schließlich erfolgt die Ansteuerung der Schaltstufen durch die globalen Steuersignale `U3.AUF` und `U3.ZU`, die über das Ansteuerprogramm `UV3` das Dampfventil öffnen bzw. schließen.

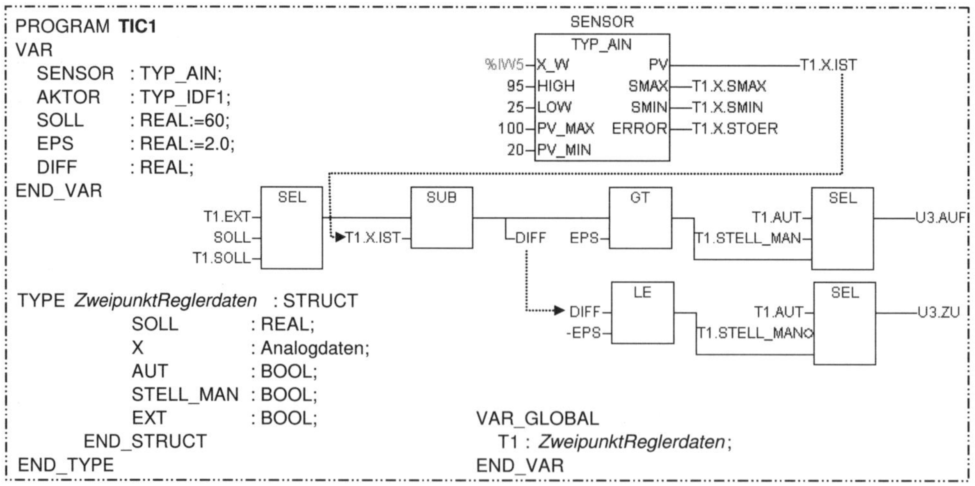

Bild 4.29: Programm `TIC1` zur Temperaturregelung durch einen Zweipunktregler mit Hysterese.

Das Aufheizen der Flüssigkeit ist ein dynamischer Prozess mit verzögertem Erreichen des Sollwerts. Durch den Zweipunktregler erreicht man demzufolge das Einschwingverhalten nach Bild 4.30. Wie man sieht, verursacht der Zweipunktregler eine *Dauerschwingung* des Istwerts um den Sollwert, denn die Heizung schaltet ab, wenn $x \geq w+\varepsilon$, wodurch eine Abkühlung durch die kältere Umgebung und ein Zufluss neuer, noch nicht erhitzter Flüssigkeit erfolgt. Sobald $x < w-\varepsilon$ ist, muss die Dampfzufuhr wieder geöffnet werden. □

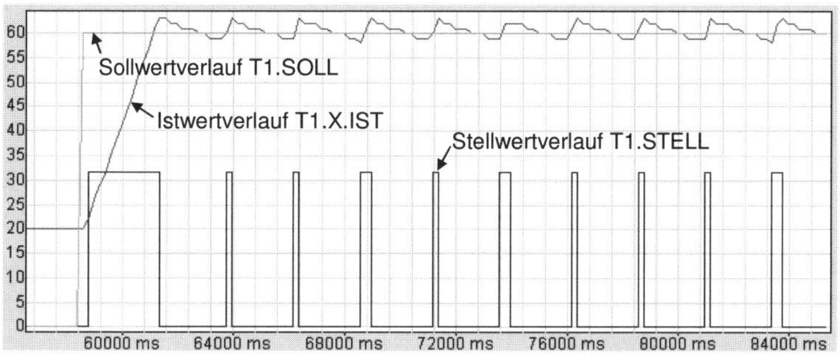

Bild 4.30: Kurvenverläufe von Soll-, Stell- und Istwert während der Temperaturregelung mit einem Zweipunktregler.

4.5.2 Reglerbetriebsarten

Das Regelungsprogramm in Bild 4.29 zeigt auch, dass der Regler durch den SELECT-Baustein in die Betriebsarten *Automatik* oder *manuell* geschaltet werden kann. Dies bewirkt, dass

- in der Betriebart MAN der Stellwert `STELL_MAN` vorgegeben wird, ohne dass der eigentliche Regelalgorithmus den Prozess beeinflusst, und
- in der Betriebart AUT der Stellwert durch den Regelalgorithmus angesteuert wird.

De facto heißt das, in MAN ist die Regelung ausgeschaltet, in AUT ist sie eingeschaltet. Um den Aktor ohne Regelung ansteuern zu können, muss der Regler also in die Betriebsart MAN geschaltet werden. Dies ist etwa beim Start eines Prozessablaufs notwendig, wenn alle Aktoren in eine definierte *Grundstellung* zu fahren sind. Deshalb sind Regler zu Beginn immer in MAN geschaltet und der manuelle Stellwert entspricht der Grundstellung.

Die Betriebsarten AUT und MAN beziehen sich also auf die *Stellwert*erzeugung. Darüber hinaus gibt es auch Betriebsarten für die *Sollwert*vorgabe:

- In der Betriebsart INTERN wird der Sollwert durch eine *lokale* Variable im Regelungsprogramm vorgegeben, die vom Bediener über das Visualisierungssystem verändert werden kann.
- Dagegen wird der Sollwert in der Betriebsart EXTERN durch eine *globale* Strukturvariable von einem anderen Programm, z.B. einer Schrittkette, vorgegeben. Dabei bleibt die Vorgabe im Visualisierungssystem unwirksam.

Die Umschaltung zwischen diesen beiden Betriebsarten erfolgt in Bild 4.29 durch Setzen und Rücksetzen der globalen Variable `T1.EXT`. Dadurch wird die externe bzw. interne Sollwertvorgabe angewählt.

Die Reglerbetriebsarten dürfen keinesfalls mit den in Abschnitt 4.3 besprochenen Betriebsarten für Einzelsteuerfunktionen verwechselt werden. Tabelle 4.7 zeigt, welche Kombinationen durch die Verschaltung von Regler und Ansteuerprogramm des Aktors möglich sind.

Tabelle 4.7: Kombinationen der Betriebsarten von Regler und Aktor am Beispiel der Temperaturregelung aus den Bildern 4.27, 29.

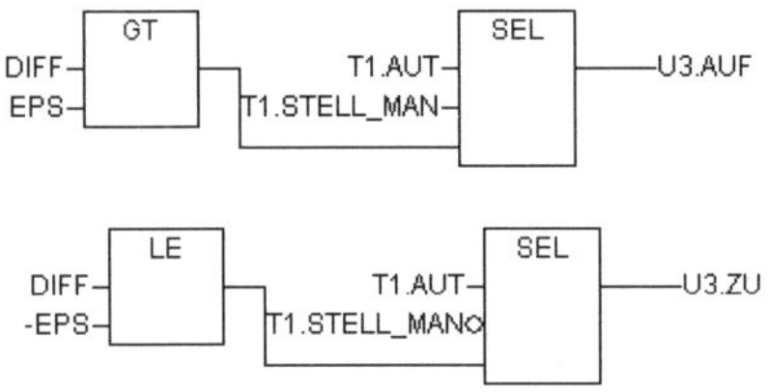

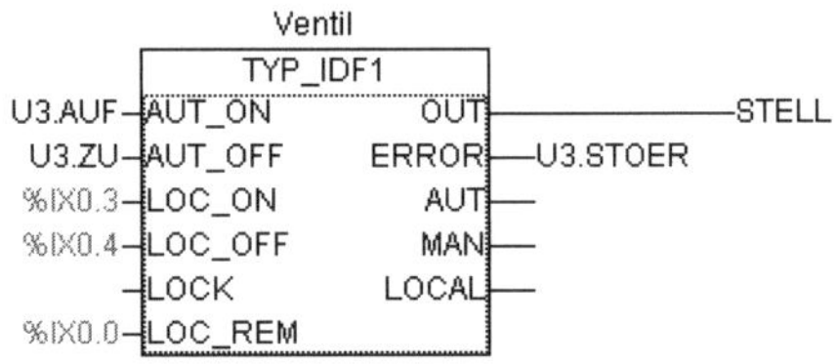

Reglerprogramm		**Ansteuerprogramm Aktor**
MAN	Keine Regelung, Aktor kann nur vom Regler aus über die Variable `Stell_MAN` angesteuert werden.	**AUT**
AUT	Automatische Regelung, Aktor wird vom Regler automatisch angesteuert.	**AUT**
MAN	Keine Regelung, Aktor kann manuell oder vor Ort angesteuert werden.	**MAN/vor Ort**

Prinzipiell unterscheidet man schaltende und kontinuierliche Regler. Während die Heizung in Bild 4.27 nur ein- und ausgeschaltet wird, kann der pH-Regler in Bild 4.31 die Öffnungsweite des Regelventils entsprechend der Regeldifferenz kontinuierlich zwischen 0 und 100 % verändern.

4.5.3 Kontinuierliche Regler

Kontinuierliche Regler erzeugen einen kontinuierlich veränderbaren Stellwert, der von einem Analogausgangskanal der SPS an den Aktor, wie z.B. an einen Umrichter oder an ein Regelventil, übertragen wird. Der Regelalgorithmus bestimmt, wie groß der Stellwert sein muss, damit sich die Regeldifferenz verkleinert.

Der *Entwurf des Regelalgorithmus* für kontinuierliche Regler erfordert Kenntnisse über den zu regelnden Prozess, also im Fall von Bild 4.31 über den dynamischen Zusammenhang zwischen der Öffnungsweite des Reinigungsmittelzulaufs und dem daraus resultierenden pH-Wert im Reaktor. Um diesen Prozess mathematisch beschreiben zu können, muss man die physikalischen Mengen- und Energiebilanzgleichungen aufstellen und das dadurch entstehende Differenzialgleichungssystem lösen. Dieses Vorgehen ist häufig sehr kompliziert und führt auch nicht immer zu einer Lösung. Deshalb wird in der Praxis oft ein sog. PID-Regler als Standard eingesetzt, mit dem sich erfahrungsgemäß viele Prozesse stabil regeln lassen.

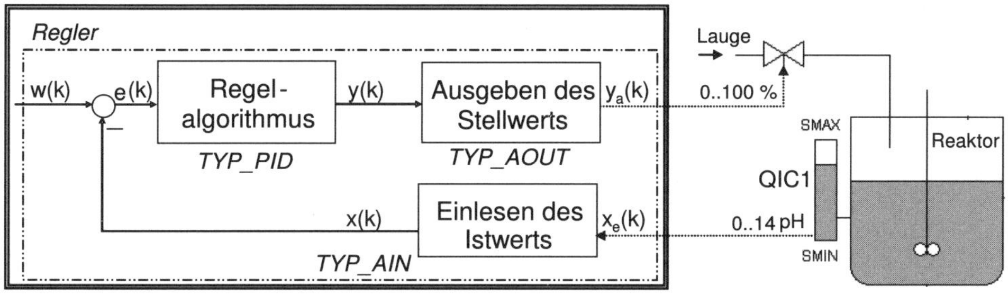

Bild 4.31: Aufbau eines Regelungsprogramms mit PID-Regler, der den pH-Wert im Reaktor als Istwert $x(k)$ in die SPS einliest, diesen vom vorgegebenen Sollwert $w(k)$ subtrahiert und aus der Regeldifferenz $e(k)$ den analogen Stellwert $y(k)$ zur Ansteuerung des Regelventils ausgibt.

In der SPS sind für den Aufbau einer solchen Regelung also drei Bausteine erforderlich:

- Das Einlesen des analogen Istwerts erfolgt durch den Funktionsbaustein `TYP_AIN` aus Bild 4.26.
- Die Berechnung des Stellwerts mit einem geeigneten Regelalgorithmus kann z.B. durch den Funktionsbaustein `TYP_PID` in Bild 4.32 ausgeführt werden.
- Zur Ausgabe des Stellwerts muss sein Wertebereich an den Wertebereich des SPS-Ausgangskanals im Funktionsbaustein `TYP_AOUT` angepasst werden.

PID-Regler

Mit dem *PID*-Regler lassen sich viele Prozesse in der Fabrik- und Prozessautomatisierung sehr gut regeln[2.7, 4.7]. Er erzeugt seinen Stellwert durch folgenden Zusammenhang:

$$y(t) = K_P [e(t) + \frac{1}{T_N} \int e(t)dt + T_V \frac{de(t)}{dt}] \tag{4.49}$$

Der Stellwert setzt sich also aus einem proportionalen, einem integralen und einem differenziellen Anteil der Regelabweichung zusammen:

- Der *proportionale Anteil* (*P*-Anteil) reagiert sofort auf Regeldifferenzen, indem er eine Stellgröße y_P erzeugt, die proportional zur aktuellen Regeldifferenz e ist:

  $$y_p(t) = K_p \cdot e(t) \tag{4.50}$$

  Der P-Anteil berücksichtigt somit die *Gegenwart* [5.1].

- Der *integrale Anteil* (*I*-Anteil) integriert die Regeldifferenz und reduziert sie dadurch für $t \to \infty$ auf null:

  $$y_I(t) = \frac{1}{T_N} \int e(t)dt \tag{4.51}$$

  Der I-Anteil berücksichtigt somit die *Vergangenheit* der Regelung, denn durch das Integral werden alle zurückliegenden Werte der Regelabweichung mit einbezogen.

- Der *differenzielle Anteil* (*D*-Anteil) reagiert durch die Ableitung der Regeldifferenz sehr schnell auf Änderungen:

$$y_D(t) = T_V \frac{de(t)}{dt} \tag{4.52}$$

  Der D-Anteil berücksichtigt somit die *Zukunft*, denn die Ableitung gibt die Tendenz des zukünftigen Verlaufs der Regelabweichung an.

Da die SPS nur zu diskreten Zeitpunkten $k = 0, 1, 2, \ldots$ Istwerte einlesen und Stellwerte ausgeben kann, müssen die Gl. 4.50…52 diskretisiert werden. Dabei macht man sich folgende Näherung für das Differenzial 1. Ordnung zu Nutze:

$$\frac{de(t)}{dt} \approx \frac{e(k) - e(k-1)}{T_0} \qquad \text{mit: } t = k\,T_0 \tag{4.53}$$

Die Zykluszeit T_0 beschreibt die Zeit, in der eine Task das Regelungsprogramm abarbeitet. T_0 ist somit der Zeitraum, der zwischen dem Einlesen zweier aufeinander folgender Istwerte vergeht. Sie wird deshalb auch als Abtastzeit bezeichnet.

Die Werte $e(k)$ und $e(k\text{–}1)$ beschreiben die Regeldifferenz zu den Zeitpunkten k und k–1. Somit lassen sich *P*- und *D*-Anteil im Zeitdiskreten leicht gemäß den Gl. 4.50…52 darstellen:

$$y_P(k) = K_P \cdot e(k) \tag{4.54}$$

$$y_D(t) \approx T_V \frac{e(k) - e(k-1)}{T_0} \tag{4.55}$$

Löst man für den *I*-Anteil Gl. 4.51 nach *e* auf, so erhält man

$$e(t) = T_N \frac{dy_I(t)}{dt} \tag{4.56}$$

Das in Gl. 4.53 zeitdiskret formulierte Differenzial lässt sich nun in Gl. 4.56 im *I*-Anteil einsetzen. Löst man nach $y_I(k)$ auf, so ergibt sich:

$$y_I(k) \approx y_I(k-1) + \frac{T_0}{T_N} e(k) \tag{4.57}$$

Die Werte $e(k\text{–}1)$ und $y_I(k\text{–}1)$ stammen aus dem vorherigen Abtastzyklus. Deshalb sind im *D*- bzw. im *I*-Anteil diese Werte als Gedächtnis zwischenzuspeichern. In Bild 4.32a sind zunächst die *drei* Funktionsbausteine für den *P*-, *I*- und *D*-Anteil gemäß Gln. 4.54, 4.55 bzw. 4.57 dargestellt. Die Parameter `TN_T0` und `TV_T0` sind dabei Vielfache der Abtastzeit T_0.

Der Regelalgorithmus nach Gl. 4.49 ist im Funktionsbaustein `TYP_PID` in Bild 4.32b dargestellt. Für den Sollwert (set point) wird in der Prozessautomatisierung häufig die Variable `SP`, für den Istwert die Variable `PV` (process value) verwendet. Über die Variable `AUT_MAN=1` wird der Regler eingeschaltet (Betriebsart AUT). In der Betriebsart

MAN (AUT_MAN=0) kann der manuelle Stellwert y_MAN vorgegeben werden, um etwa eine sprungförmige Anregung auf den Prozess zu schalten.

D- und I-Anteil des Reglers lassen sich ausschalten, indem die Parameter TV_T0 bzw. TN_T0 gleich null gesetzt werden. Damit lassen sich auch P-, PI- und PD-Regler mit dem Baustein TYP_PID realisieren.

Darüber hinaus überwacht der Baustein, ob die errechnete Stellgröße *y* eine festgelegte Ober- oder Untergrenze HIGH bzw. LOW verletzt. Ist dies der Fall, wird das durch die Variablen y_MAX und y_MIN signalisiert, und es wird nur die Ober- bzw. Untergrenze als Stellwert ausgegeben. Eine solche *Stellwertbegrenzung* ist notwendig, um das Stellglied, also z.B. den Antrieb für das Regelventil, nicht zu überlasten.

Wenn die Stellgröße in der Begrenzung ist, muss die Integration im Funktionsbaustein TYP_I angehalten werden, da sonst der I-Anteil über jedes vernünftige Maß anwachsen würde (*Anti-Reset-Windup-Maßnahme* [5.1]).

a) Funktionsbausteine für P-, D- und I-Regler

```
FUNCTION_BLOCK TYP_P
VAR_INPUT
   e    : REAL;
   K_P : REAL;
END_VAR
VAR_OUTPUT
   y_P  : REAL;
END_VAR

y_P:= K_P * e;
```

```
FUNCTION_BLOCK TYP_D
VAR_INPUT
   e          : REAL;
   TV_T0      : REAL;
END_VAR
VAR_OUTPUT
   y_D        : REAL;
END_VAR
VAR
   e_alt      : REAL;
END_VAR

y_D:= TV_T0 * (e - e_alt);
e_alt:= e;
```

```
FUNCTION_BLOCK TYP_I
VAR_INPUT
   Start     : BOOL;
   e         : REAL;
   TN_T0     : REAL;
END_VAR
VAR_OUTPUT
   y_I       : REAL;
END_VAR
VAR
   y_I_alt   : REAL;
END_VAR

IF Start AND TN_T0>0.001 THEN
   y_I:= y_I_alt+e/TN_T0;
   y_I_alt:=y_I;
ELSE
   y_I:=y_I_alt;
END_IF
```

b) Zusammenschaltung als PID-Regler

```
FUNCTION_BLOCK TYP_PID
VAR_INPUT
   SP, PV               : REAL;
   KP, TN_T0, TV_T0: REAL;
   HIGH, LOW            : INT;
   AUT_MAN              : BOOL;
   y_MAN                : REAL;
END_VAR

VAR_OUTPUT
   y                    : REAL;
   y_MIN, y_MAX         : BOOL;
END_VAR
VAR
   e                    : REAL;
   P                    : TYP_P;
   I                    : TYP_I;
   D                    : TYP_D;
END_VAR
```

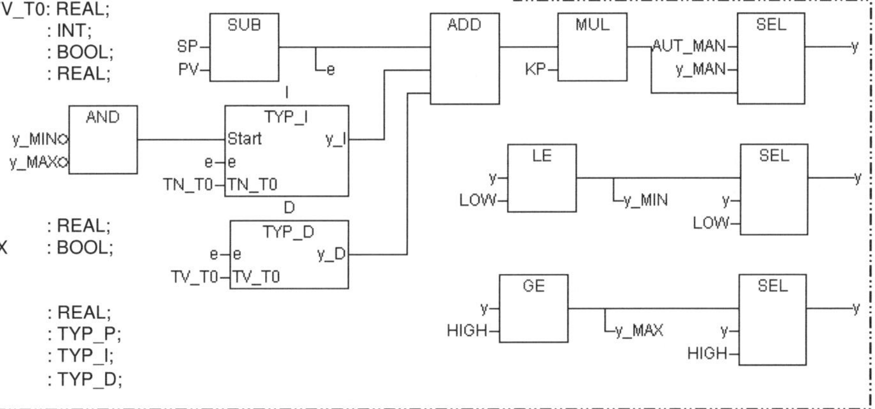

Bild 4.32: Programmierung der P-, I- und D-Glieder (a) und deren Zusammensetzung im Baustein TYP_PID (b).

Reglereinstellung

Es bleibt die Frage zu beantworten, welche Werte für die Parameter K_P, T_V und T_N eingestellt werden sollten. Im Allgemeinen kann man sagen:

- Durch Vergrößerung des *Proportionalbeiwerts* K_P wird der Sollwert zwar schneller erreicht, aber ggf. auch überschritten, was zu einem instabilen Verhalten führen kann.
- Durch eine Vergrößerung der *Vorhaltzeit* T_V wirken die abrupten und reflexartigen Reaktionen auf Sollwertänderungen länger.
- Durch eine Verkleinerung der Nachstellzeit T_N beginnt die Feinausregelung der Regelabweichung früher, was jedoch zu Schwingungen und ggf. instabilem Verhalten führen kann.

Diese Aussagen sind zwar sehr unpräzise, da die Einstellparameter nur bei bekanntem Prozessverhalten optimal eingestellt werden können. Viele Prozesse zeigen aber ein ähnliches Verhalten wie etwa das in Bild 4.33a. Nach sprungförmigem Einschalten des Stellwerts $y(t)$ reagiert der Istwert $x(t)$ überhaupt erst nennenswert nach Ablauf der *Verzugszeit* T_u und nähert sich dann mit exponentiellem Sättigungsverlauf dem Sollwert an. Hierfür ist die *Ausgleichszeit* T_g charakteristisch.

a) Wendetangentenverfahren

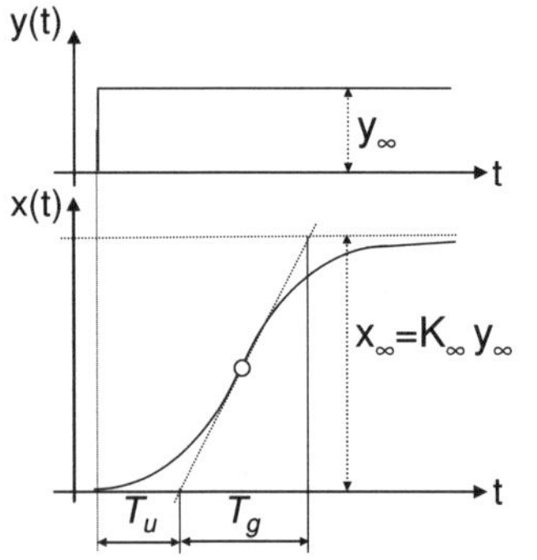

b) Einstellparameter für P-, PI-, PID-Regler

	ohne Überschwingen			mit 20 % Überschwingen		
	K_P	T_N	T_V	K_P	T_N	T_V
P	$\frac{0.3 \cdot T_g}{K_\infty \cdot T_u}$	–	–	$\frac{0.7 \cdot T_g}{K_\infty \cdot T_u}$	–	–
PI	$\frac{0.35 \cdot T_g}{K_\infty \cdot T_u}$	$1.2 \cdot T_g$	–	$\frac{0.6 \cdot T_g}{K_\infty \cdot T_u}$	T_g	–
PID	$\frac{0.6 \cdot T_g}{K_\infty \cdot T_u}$	T_g	$0.5 \cdot T_u$	$\frac{0.95 \cdot T_g}{K_\infty \cdot T_u}$	$1.35 \cdot T_g$	$0.47 \cdot T_u$

Bild 4.33: Wendetangentenverfahren (a) zur Ermittlung der Reglerparameter für einen P-, PI- und PID-Regler nach Chien, Hrones und Reswick (b).

Um das Prozessverhalten zu untersuchen, ist eine sprunghafte Veränderung der Stellgröße $y(t)$ mit dem Reglerbaustein `TYP_PID` hervorzurufen, indem der Stellwert über die Variable `y_MAN` von Hand vorgegeben und in der *Betriebsart* MAN auf den ruhenden Prozess geschaltet wird.

Die Reaktion des Prozesses, die sog. *Sprungantwort*, zeigt den zeitlichen Verlauf des Istwerts $x(t)$ etwa nach Bild 4.33a. Aus den Schnittpunkten der Wendetangente mit der t-Achse bzw. mit der Asymptote von $x_\infty = x(t \to \infty)$ ermittelt man T_u und T_g.

Mit Werten von T_u und T_g sowie der Prozessverstärkung $K_\infty = x_\infty / y_\infty$ und der Zykluszeit T_0 lassen sich die Parameter für P-, PI- und PID-Regler wie in Bild 4.33b angegeben ermitteln. Die Werte wurden für analoge Regler von *Chien, Hrones und Reswick* empirisch ermittelt, sind aber weder für Prozesse mit $T_g / T_u < 3$ noch für schwingungsfähige

Prozesse anwendbar. Weitere Verfahren zur Reglereinstellung findet man z.B. in [4.5, 4.7...10].

Wenn die *Zykluszeit* der SPS gegenüber der Verzugszeit vernachlässigbar ist ($T_0 << T_u$), können die Einstellregeln nach Chien, Hrones und Reswick auch für digitale Regler in der SPS verwendet werden. Ansonsten muss die Zykluszeit mit den empirischen Einstellregeln nach *Takahashi* berücksichtigt werden [4.7, 4.9...10].

Bei SPSen mit nur einer Task kann häufig die Zykluszeit T_0 nicht vorgegeben werden, sondern das EVA-Prinzip (Einlesen, Verarbeiten, Ausgeben) wird so schnell abgearbeitet wie möglich. Somit variiert die Abtastzeit je nach der Menge der zu verarbeitenden Daten. Wenn in einem SPS-Projekt aber keine Änderungen mehr vorgenommen werden, bleibt die Zykluszeit konstant und kann gemessen werden.

Beispiel 4.13 *pH-Wert-Regelung*

In dem Behälter aus Bild 4.31 befindet sich Schmutzwasser, dessen Verunreinigung durch einen niedrigen pH-Wert gekennzeichnet ist. Durch Zufuhr eines alkalischen Reinigungsmediums soll der pH-Wert angehoben und auf einen leicht alkalischen Sollwert von 8 pH eingestellt werden. Hierfür stehen die analoge pH-Wert-Sonde QIC1 sowie ein Regelventil zur Verfügung, dessen Öffnungsgrad *y* kontinuierlich zwischen 0 % und 100 % verstellt werden kann.

Bild 4.34 zeigt den Funktionsplan des Programms `QIC1`. Gemäß der Regelkreisstruktur wird zunächst der Istwert `Q1.X.IST` über das Eingangsdatenwort `%IW1` im Baustein `TYP_AIN` eingelesen.

Der Funktionsbaustein `REGLER` erzeugt den Stellwert `Q1.STELL`, der durch den Funktionsbaustein `TYP_AOUT` auf den analogen Ausgangskanal `%QW1` gelegt wird und somit den Öffnungsgrad *y* des Regelventils bestimmt. Da der Ausgangskanal nur 16 Bit verarbeiten kann, ist dabei eine Typumwandlung des Stellwerts von `REAL` nach `INT` erforderlich.

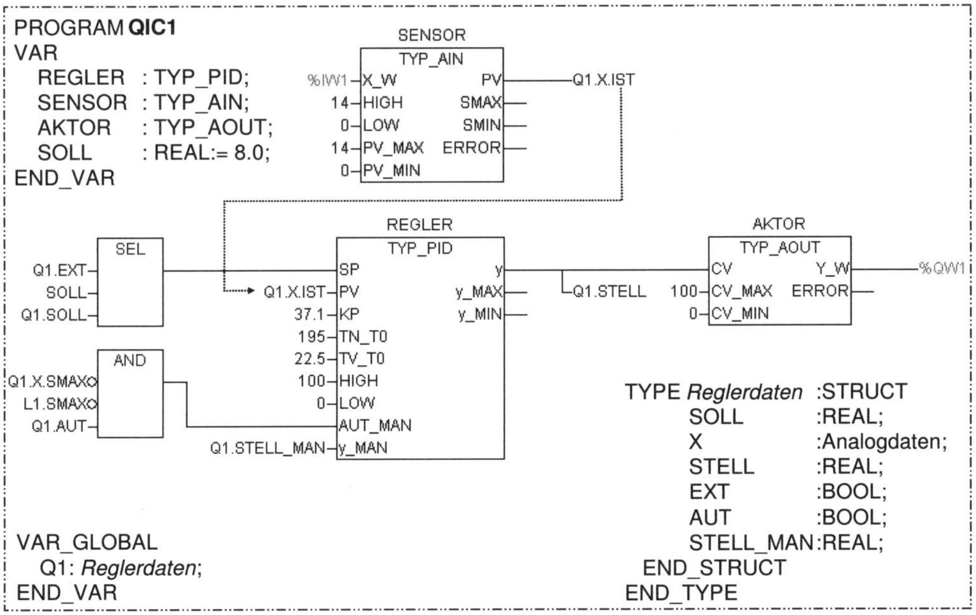

Bild 4.34: Programm `QIC1` zur pH-Wert-Regelung und Ausgabe des Stellwerts als 16-Bit-Datenwort an das Regelventil (vgl. Skizze Bild 4.31).

Die Einstellung der Reglerparameter erfolgt mit Hilfe der Sprungantwort. Hierfür wird dem Regler in der Betriebart MAN der Stellwert `Q1.STELL_MAN=100` manuell vorgegeben, d.h. das Regelventil wird schlagartig zu 100 % geöffnet und Reinigungsmedium strömt in den Reaktor. Die Veränderung des pH-Werts zeigt die Sprungantwort in Bild 4.35a.

Legt man die Wendetangente an den gemessenen Sprungantwortverlauf, so kann man die Verzugszeit mit $T_u = 9$ s und die Anstiegszeit mit $T_g = 39$ s ablesen. Unter Berücksichtigung der Streckenverstärkung von $K_\infty = 0{,}07$ und der Zykluszeit $T_0 = 0{,}2$ s erhält man aus der Tabelle nach Bild 4.33 folgende Reglerparameter:

$$K_p = 0{,}6 \frac{T_g}{K_\infty \cdot T_N} = 37{,}14 \qquad \frac{T_N}{T_0} = \frac{T_g}{T_0} = 195 \qquad \frac{T_V}{T_0} = 0{,}5 \cdot \frac{T_u}{T_0} = 22{,}5 \tag{4.58}$$

Der so eingestellte Regler neutralisiert das Schmutzwasser wie in Bild 4.35b veranschaulicht. Dabei zeigt der pH-Istwertverlauf *kein* Überschwingen. Da andauernd wieder neues Schmutzwasser zufließt, während gereinigtes Wasser abfließt, muss das Regelventil den Zustrom von Reinigungsmittel auch nach Erreichen des Sollwerts aufrechterhalten. □

Allgemein kann man sagen, dass PID-Regler für anspruchsvolle Regelungen, insbesondere von *pH-Wert, Temperatur* und *Drehzahl,* geeignet sind (vgl. Übung 4.12). Es gibt aber auch Prozesse, bei denen der D-Anteil nachteilig ist, z.B. bei *Druck-* oder

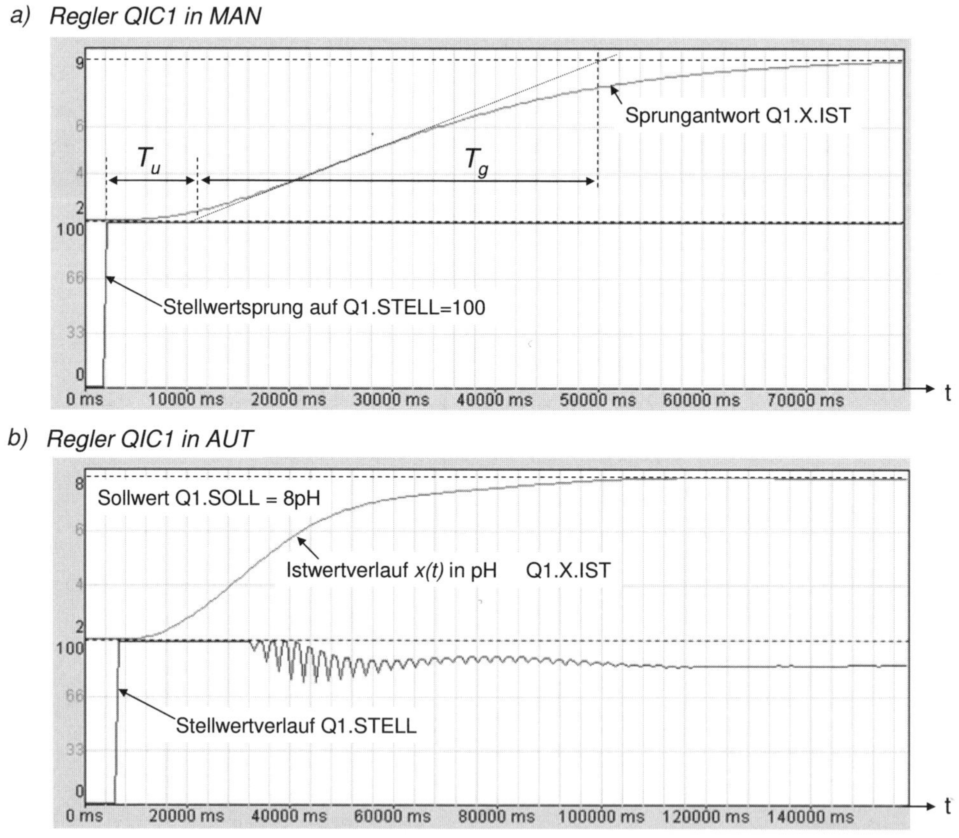

Bild 4.35: Aufnahme des pH-Istwertverlaufs, nachdem das Regelventil schlagartig vollständig geöffnet wurde (Stellwertsprung *a*). Der auf Basis der ermittelten Verzugszeit T_u und Anstiegszeit T_g nach Bild 4.33 eingestellte Regler erzeugt einen Istwertverlauf ohne Überschwingen (b).

*Durchfluss*regelungen, die sich besser mit PI-Reglern realisieren lassen [4.8]. Für Füllstandsregelungen reicht häufig auch ein einfacher P-Regler aus.

Übungsaufgaben zu Kapitel 4

Wiederholungsfragen

4.1 Welche Methoden für den Entwurf von Schaltnetzen kennen Sie?

4.2 Erläutern Sie das prinzipielle Verhalten der Bausteine RS, TP, TON, TOF, CTUD!

4.3 Erläutern Sie die Struktur des Moore-Automaten!

4.4 Wie werden Halteglieder im Moore-Automaten realisiert?

4.5 Wie erfolgt der Entwurf von Schaltwerken?

4.6 Was versteht man unter einer Einzelsteuerfunktion und welche Funktionalität bietet sie?

4.7 Welche Motor- und Ventiltypen kennen Sie? Beschreiben Sie ihre Wirkungsweise!

4.8 Welche Betriebsarten gibt es und wie werden sie programmiert?

4.9 Welche Schutzfunktionen sollten in einer Einzelsteuerfunktion realisiert werden, um

a) Prozessfehler und

b) Gerätefehler abzufangen?

4.10 Wie werden Analogwerte in die SPS eingelesen?

4.11 Wie werden schaltende Regler in der SPS realisiert?

4.12 Welche Betriebsarten für Regler gibt es?

4.13 Wie werden kontinuierliche Regler in der SPS realisiert?

4.14 Wie verändert sich das Einschwingverhalten des Regelkreises bei Vergrößerung bzw. Verkleinerung der Reglerparameter K_P, T_N und T_V?

4.15 Was ist bezüglich bleibender Regeldifferenz des Regelkreises zu beachten?

Übung 4.1 *Schaltnetze zur Behälterverriegelung*

In der chemischen Produktion sind häufig Zu- und Ablauf sowie Temperatur und Druck in Behältern wie in Bild 4.36 dargestellt zu steuern. Dabei gelten folgende Regeln:

1. Wenn der Stand die Obergrenze L_{MAX} erreicht, sind alle Zulaufventile zu schließen; erreicht der Füllstand die Untergrenze L_{MIN}, so sind alle Ablaufventile zu schließen.
2. Zu- und Ablaufventile sind gegenseitig zu verriegeln.
3. Eine Pumpe darf nie trocken laufen, aber auch nie gegen ein geschlossenes Ventil pumpen.
4. Fällt die Temperatur unter einen Grenzwert T_{MIN} oder überschreitet sie den Grenzwert T_{MAX}, so sollen Kalt- bzw. Warmwasserzulauf gestoppt werden.
5. Steigt der Druck über den Grenzwert P_{MAX}, sollen alle Ventile und Pumpen ausgeschaltet werden.

a) Füllen Sie die Verriegelungsmatrix in Tabelle 4.8 aus! Tragen Sie in den Spalten ein ‚L' (≡LOCK) für die Geräte ein, die abgesteuert und verriegelt werden sollen, wenn der in den Zeilen eingetragene Prozesszustand eingetreten ist!

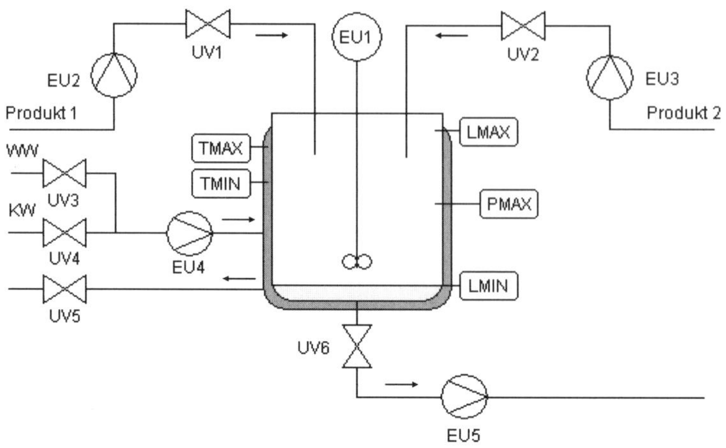

Bild 4.36: Darstellung einer Behältersteuerung mit zwei Zuläufen (UV1 und UV2) und einer Temperatursteuerung durch Zulauf von Warmwasser (WW) über UV3 und Kaltwasser (KW) über UV4 in den Behältermantel, der über das Ventil UV5 entleert werden kann.

b) Ermitteln Sie für die Ventile und Motoren die Schaltfunktionen (DNF) zur Ansteuerung des Verriegelungseingangs `LOCK`!

c) Welche Variablen müssen global deklariert werden und warum?

d) Welche Signale sollten im Ruhestromprinzip verarbeitet werden und welche nicht?

e) Schreiben Sie die Ansteuerungsprogramme für die einzelnen Geräte `EU1`,...,`EU5`, `UV1`,...,`UV6` unter Verwendung des Ventil- und Motorsteuerbausteins `TYP_IDF1` aus Beispiel 3.8 (Bild 3.17) und der global deklarierten Variablen!

f) Testen Sie Ihre Programme in *CoDeSys* gegen die Verriegelungsmatrix aus a)!

Tabelle 4.8: Verriegelungsmatrix zum Schutz der Behältersteuerung in Bild 4.36.

Wirkung / Ursache	UV1 LOCK	UV2 LOCK	UV3 LOCK	UV4 LOCK	UV5 LOCK	UV6 LOCK	EU1 LOCK	EU2 LOCK	EU3 LOCK	EU4 LOCK	EU5 LOCK
L_{MIN}											
L_{MAX}											
T_{MIN}											
T_{MAX}											
P_{MAX}											
U1.ISTAUF											
U2.ISTAUF											
U3.ISTAUF											
U4.ISTAUF											
U5.ISTAUF											
U6.ISTAUF											

Übung 4.2 *Steuerung einer Werkzeugmaschine mit Schrittmotoren*

Die in Bild 4.37 skizzierte Werkzeugmaschine soll automatisiert werden. Hierzu stehen neben dem Spindelantrieb EU1 die Vorschubantriebe EU_X, EU_Y und EU_Z zur Verfügung, die die Spindel entlang der drei Raumachsen an eine gewünschte Position fahren. Die Referenzposition wird durch die Endschalter GS_X, GS_Y und GS_Z gemeldet.

Das Steuerungsprogramm soll ausgehend von einer beliebigen Istposition zunächst eine Referenzfahrt zu den Endschaltern durchführen und danach die Spindel an die vorgegebene Sollposition fahren.

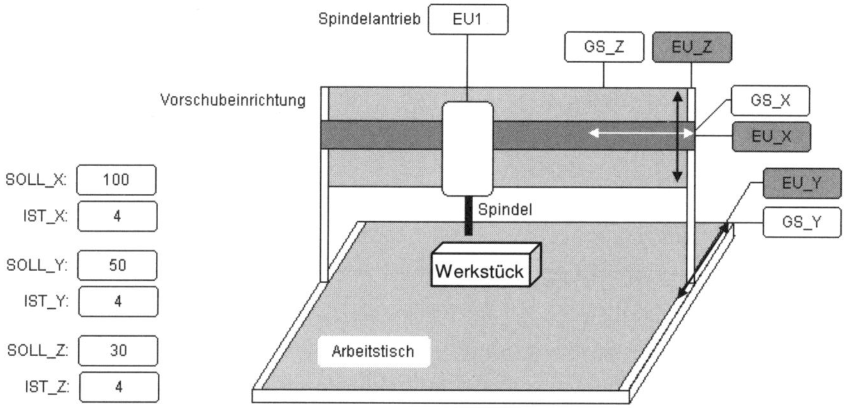

Bild 4.37: Aufbau einer Werkzeugmaschine, bei der eine Vorschubeinrichtung die Spindel in den drei Raumrichtungen *x*, *y* und *z* zum Werkstück bewegen kann.

a) Entwickeln Sie unter Verwendung des Funktionsbausteins `TYP_SMOT` die Programme `EU_X`, `EU_Y` und `EU_Z` zur Ansteuerung der Vorschubantriebe!

b) Entwickeln Sie unter Verwendung des Funktionsbausteins `TYP_IDF1` das Programm `EU1` zur Ansteuerung des Spindelantriebs!

c) Testen Sie Ihre Programme in *CoDeSys*, indem Sie für Referenzfahrt und Zielfahrt Bewegungen in allen drei Raumrichtungen simulieren!

Übung 4.3 *Automatenentwurf für eine Ampelanlage*

Die Ampeln A1, A2 und A3 einer Verkehrskreuzung (s. Bild 4.38) sollen mit einer SPS gesteuert werden. Die Ampeln A1 und A2 dürfen nur dann grün leuchten, wenn die Ampel A3 schon mindestens 15 s lang rot leuchtet und umgekehrt. Die Grünphase aller Ampeln beträgt 60 s. Das Umschalten von Grün nach Rot bzw. von Rot nach Grün erfolgt über eine Gelbphase von 5 s.

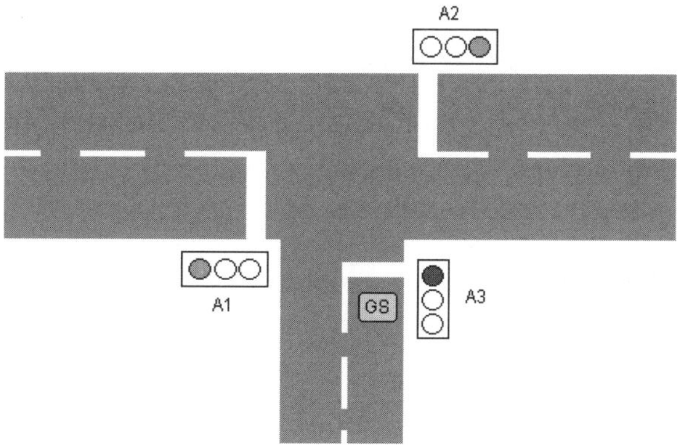

Bild 4.38: Verkehrskreuzung mit den anzusteuernden Ampeln A1, A2, A3 sowie einer Induktionsschleife GS, mit der der Verkehr aus der Nebenstraße erkannt werden kann.

Im Grundzustand sollen A1 und A2 grün, A3 dagegen soll rot leuchten. Nur wenn die Induktionsschleife GS ein Auto in der Seitenstraße detektiert, sollen A3 auf Grün und A1 sowie A2 auf Rot schalten.

a) Deklarieren Sie die Ein- und Ausgangsvariablen des Schaltwerks!

b) Zeichnen Sie ein typisches Impulsdiagramm und bestimmen Sie die Zustände!

c) Zeichnen Sie den Zustandsgraf und ermitteln Sie die Zustandsübergangstabelle!

d) Bestimmen Sie das Eingangs- und das Ausgangsschaltnetz!

e) Erstellen Sie das Programm zur Steuerung der Ampelanlage!

f) Testen Sie Ihr Programm in *CoDeSys*!

Übung 4.4 *Automatenentwurf für eine Hochregallagersteuerung*

Die *horizontale* Ansteuerung des Aufzugs im Hochregallager aus Beispiel 4.4 soll als Moore-Automat entwickelt werden.

a) Zeichnen Sie den Steuerkreis und deklarieren Sie die Ein- und Ausgangsvariablen des Schaltwerks!

b) Zeichnen Sie ein typisches Impulsdiagramm und bestimmen Sie die Zustände!

c) Zeichnen Sie den Zustandsgraf!

d) Entwickeln Sie das Programm zur Steuerung des Aufzugs in *x*-Richtung, ohne den Funktionsbaustein `TYP_IDF2` zu benutzen, sondern mit Hilfe von RS-Flip-Flops zur Realisierung des Halteglieds!

Übung 4.5 *Drehzahlveränderbarer Motor mit Pulsweitensteuerung*

Für kleinere Gleichstrommotoren wird häufig auf die Umrichterkarte verzichtet. Um trotzdem die Drehzahl variieren zu können, gibt die SPS eine Rechteckspannung $u(t)$ an den Stromsteller aus, deren Pulspausenverhältnis zum Mittelwert u_M und damit zur Soll-Drehzahl proportional ist. Es soll zunächst der Funktionsbaustein `TYP_TAKT` entwickelt werden, der das in Bild 4.39 angegebene Signal erzeugt.

a) Ermitteln Sie die Zustände aus dem Impulsdiagramm nach Bild 4.39!

b) Zeichnen Sie den Zustandsgraf!

c) Ermitteln Sie die Zustandsübergangstabelle!

d) Entwickeln Sie die Logik für den Funktionsbaustein `TYP_ TAKT`!

e) Entwickeln Sie den Funktionsbaustein `TYP_PWM` eines Motors mit Pulsweitensteuerung und zwei Drehrichtungen (s. Tabelle 4.5), indem Sie die Funktionsbausteine `TYP_IDF2` und `TYP_TAKT` zusammenführen!

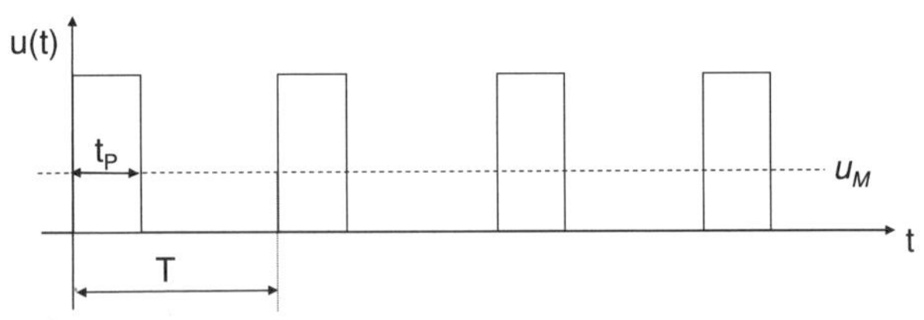

Bild 4.39: Rechteckspannung zur Versorgung des Stromstellers bei Motoren mit kleiner Leistung.

Übung 4.6 *Schaltwerkentwurf für ein Vierwege-Magnetventil*

Es soll die Ansteuerlogik für ein Vierwege-Magnetventil (vgl. Tabelle 4.6) entworfen werden, das die Ventilstellungen AD, BD, CD und ZU einnehmen kann. Der Zustandsgraf in Bild 4.40 verdeutlicht das gewünschte Verhalten.

a) Wie viele Halteglieder sind erforderlich?

b) Entwickeln Sie die Zustands- und die Ausgangstabelle für die Schaltung!

c) Erstellen Sie die Zustandsübergangstabelle!

d) Entwerfen Sie die Logik für den Funktionsbaustein `TYP_IDF3`!

e) Testen Sie eine Instanz des Bausteins in *CoDeSys*!

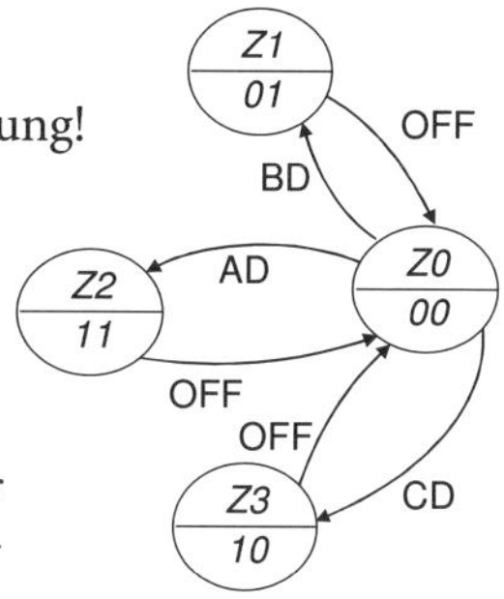

Bild 4.40: Verhalten der Steuerung für ein Vierwege-Magnetventil, dessen vier Ventilstellungen AD, BD, CD und ZU durch die Zustände Z0,…, Z3 charakterisiert werden.

Übung 4.7 *Umrichterantrieb für eine Werkzeugmaschine*

Die Spindel der Werkzeugmaschine aus Bild 4.37 soll über einen Frequenzumrichter von einem Asynchronmotor angetrieben werden. Welche Änderungen sind an der Logik des Ansteuerprogramms `EU1` vorzunehmen, um die drehzahlveränderbare Ansteuerung zu ermöglichen?

Übung 4.8 *Endlagenüberwachung für ein Zweiwege-Magnetventil*

Zur Überwachung seiner Ansteuerung besitzt ein Zweiwege-Magnetventil zwei binäre Eingänge (`RM_AUF` und `RM_ZU`), die der Steuerung zurückmelden, ob das Ventil geöffnet oder geschlossen ist. Schreiben Sie einen Ventilsteuerbaustein, der die Ansteuerung mit Hilfe der Eingänge überwacht!

Übung 4.9 *Fernsteuerung eines fahrerlosen Transportfahrzeugs*

Das in Bild 4.41 skizzierte Fahrzeug wird von zwei Gleichstrommotoren angetrieben, die durch eine Pulsweitenmodulation angesteuert werden (vgl. Übung 4.5).

a) Entwickeln Sie unter Verwendung des Funktionsbausteins `TYP_PWM` aus Übung 4.5 das Ansteuerprogramm für die Motoren EU_L und EU_R! Dabei soll das Fahrzeug
- vorwärts fahren, wenn sich beide Räder in Vorwärtsrichtung (gestrichelte Pfeilrichtung) drehen,
- rückwärts fahren, wenn sich beide Räder in Rückwärtsrichtung (durchgezogene Pfeilrichtung) drehen,
- sich auf der Stelle gegen den Uhrzeigersinn drehen, wenn sich das linke Rad in Vorwärts- und das rechte Rad in Rückwärtsrichtung dreht,
- sich auf der Stelle im Uhrzeigersinn drehen, wenn sich das linke Rad in Rückwärts- und das rechte Rad in Vorwärtsrichtung dreht.

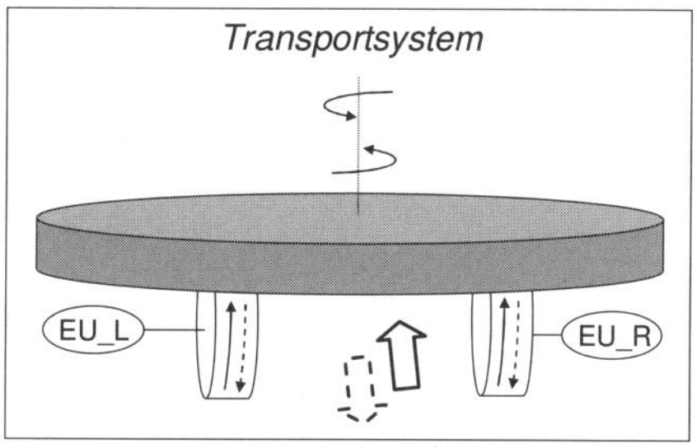

Bild 4.41: Transportsystem angesteuert von den Motoren EU_L und EU_R.

b) Testen Sie die Bedienung mit der vorgegebenen Visualisierung im Projekt `Fahrzeug.pro`!

Übung 4.10 *Einlesen binärer Überwachungssignale*

Der Füllstand des Behälters B in Bild 4.42 soll stets innerhalb gewisser Grenzen gehalten werden, um die Verfügbarkeit des Mediums sicherzustellen. Damit der Behälter nicht überläuft, ist das Ventil UV1 zu verriegeln, wenn der Grenzwert LS2 erreicht wird.

a) Programmieren Sie den Funktionsbaustein `TYP_BINAER`, der das Sensorsignal invertiert, im Ruhestromprinzip einliest und es als Strukturvariable global zur Verfügung stellt!

b) Erweitern Sie den Funktionsbaustein so, dass im Fall einer Störung ein *periodisches Blinksignal* als Alarmsignal generiert wird, das z.B. eine Alarmhupe oder ein Blinklicht ansteuern kann!

c) Instanzieren Sie die Funktionsbausteine `TYP_IDF1` und `TYP_BINAER` im Programm `UV1` und erstellen Sie die Zusatzlogik, um das Zulaufventil zu verriegeln und damit den Behälterüberlauf zu verhindern!

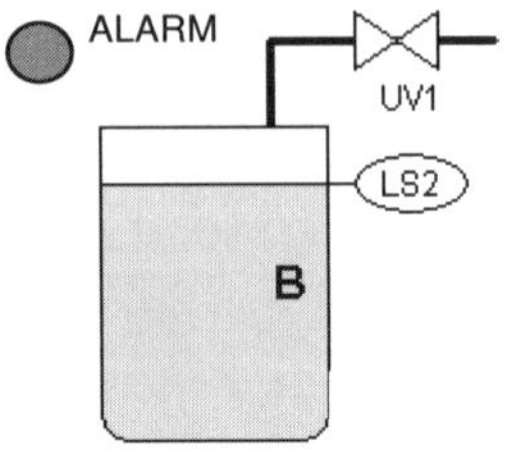

Bild 4.42: Alarmierung bei Behälterüberlauf.

Übung 4.11 *Getriebesteuerung mit Dreipunktschalter*

Ein Automatikgetriebe soll abhängig von der Motordrehzahl *n* wie in Bild 4.43 dargestellt in einen der drei Gänge `VOR`, `RUECK` oder `AUS` geschaltet werden.

a) Entwerfen Sie das Programm der Getriebesteuerung unter Verwendung der Funktionsbausteine `TYP_AIN` und `TYP_IDF2`!

b) Testen Sie die Funktionsweise anhand einer Traceaufzeichnung des simulierten Drehzahl- und Schaltverlaufs in CoDeSys!

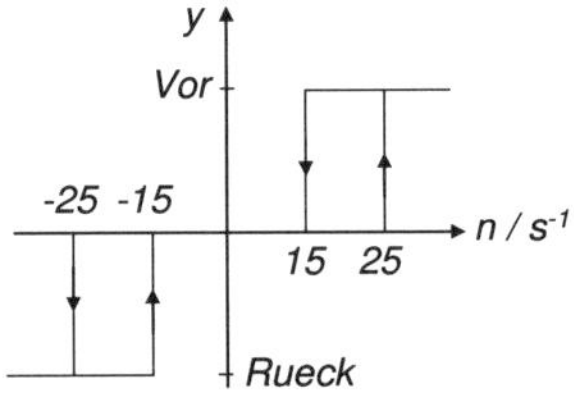

Bild 4.43: Schaltverhalten eines Getriebes in Abhängigkeit der Motordrehzahl.

Übung 4.12 *Temperaturregelung*

Die Flüssigkeit in einem Behälter soll wie in Bild 4.44 skizziert durch Durchlauf von warmem Wasser durch den Behältermantel erhitzt werden. Hierfür muss das Ablaufventil UV2 geöffnet und wenige Sekunden später die Zulaufpumpe EU1 eingeschaltet werden.

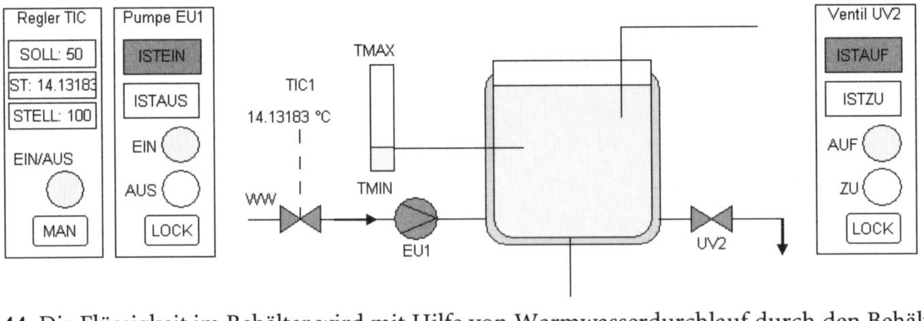

Bild 4.44: Die Flüssigkeit im Behälter wird mit Hilfe von Warmwasserdurchlauf durch den Behältermantel erhitzt.

a) Startet man den Durchlauf von warmem Wasser bei voll geöffnetem Regelventil, lässt sich der in Bild 4.45 dargestellte Kurvenverlauf für die Temperatur *T* der Flüssigkeit ermitteln.

Bestimmen Sie anhand dieser Sprungantwort die Reglerparameter eines PID-Reglers mit den empirischen Einstellregeln nach Chien, Hrones und Reswick (vgl. Bild 4.33)!

b) Programmieren Sie den Temperaturregler sowie die Ansteuerprogramme für `EU1` und `UV2`, die automatisch mit dem Regler gestartet werden sollen!

c) Testen Sie die Regelung in der Simulation zu dieser Übung auf der Internetseite, indem Sie das Führungsverhalten mit dem Programm *CoDeSys* aufzeichnen!

d) Wie sind die Reglerparameter zu verändern, um ggf. ein geringes Überschwingen zu verhindern?

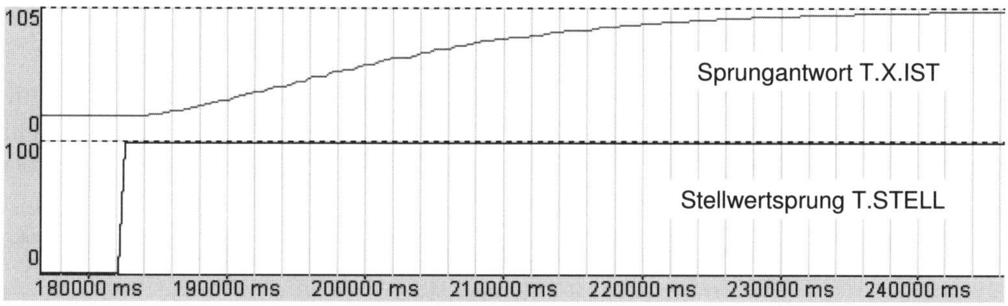

Bild 4.45: Sprungantwort beim Aufheizen des Behälters aus Bild 4.44. Die obere Kurve zeigt den Istwertverlauf beginnend mit einer Anfangstemperatur von 20 °C, die untere den Stellwertverlauf. Die Abtastzeit beträgt $T_0 = 0{,}5$ s.

5 Ablaufsteuerungen

Ablaufsteuerungen laufen *schrittweise* ab. Die Schritte sind als Kette aneinandergereiht, wobei zwei aufeinander folgende Schritte wie in Bild 5.1 dargestellt durch eine Weiterschaltbedingung voneinander getrennt sind. Nur wenn diese *Weiterschaltbedingung* erfüllt ist, aktiviert die Ablaufsteuerung den folgenden Schritt.

Im Unterschied zu Verknüpfungssteuerungen, die quasi zeitkontinuierlich ablaufen, erfolgt die Abarbeitung der Schrittkette also *ereignisdiskret*. Nur bei Eintreten eines bestimmten Ereignisses, also einer erfüllten Weiterschaltbedingung, erfolgt der Übergang (Transition) in den nächsten Schritt.

Der Nutzen solcher Ablaufsteuerungen liegt darin, dass sich Prozessabläufe damit sehr gut modellieren lassen. In Bild 5.1 ist eine Ablaufkette skizziert, die das Befüllen eines Behälters modelliert. Hierzu wird zunächst ein Zulaufventil geöffnet und dann eine Pumpe zur Förderung von Flüssigkeit in den Behälter aktiviert. Hat der Füllstand im Behälter den gewünschten Sollwert erreicht, werden Pumpe und Zulaufventil wieder ausgeschaltet.

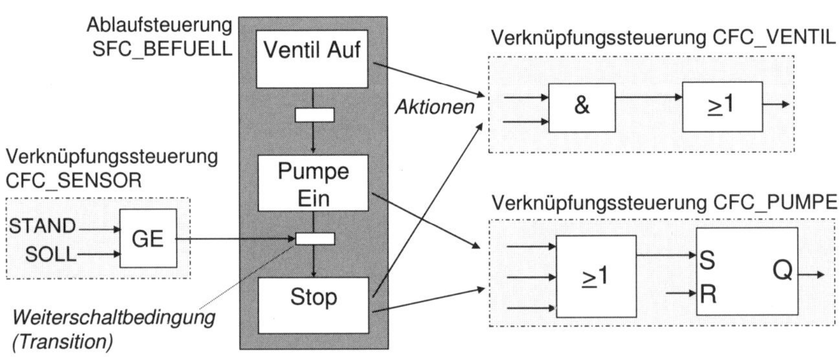

Bild 5.1: Wirkungsweise der Ablaufsteuerung `SFC_BEFUELL`, die Informationen der Verknüpfungssteuerung `CFC_SENSOR` als Weiterschaltbedingung verwendet und im jeweils aktiven Schritt die Ansteuerprogramme `CFC_VENTIL` bzw. `CFC_PUMPE` aktiviert.

Die Ablaufkette, auch als *Sequential Function Chart* (SFC) bezeichnet, wird mit den Funktionsplänen der Verknüpfungssteuerungen, sog. *Continuous Function Charts* (CFCs), verknüpft. Somit stellt eine Ablaufkette ein Schaltgerüst dar, das die verschiedenen Aktoren einer Anlage je nach Prozessanforderung aktiviert oder deaktiviert.

5.1 Aufbau von Ablaufketten

Für die Programmierung von Ablaufsteuerungen sieht die IEC 61131 eine eigene Programmiersprache, die sog. *Ablaufsprache* (*AS*), vor [1.7, 2.2, 3.4].

In der Ablaufsprache werden mehrere *Schritte* aneinandergereiht, wie in Bild 5.2 die Schritte `Rotphase`, `Gelbphase` etc. Die Schritte aktivieren durch die *Aktionen* Boole'sche Signale wie z.B. `ROT`, `GRUEN`, `GELB`, die in Bild 5.2 über SPS-Ausgangskanäle die Lampen einer Verkehrsampel ansteuern.

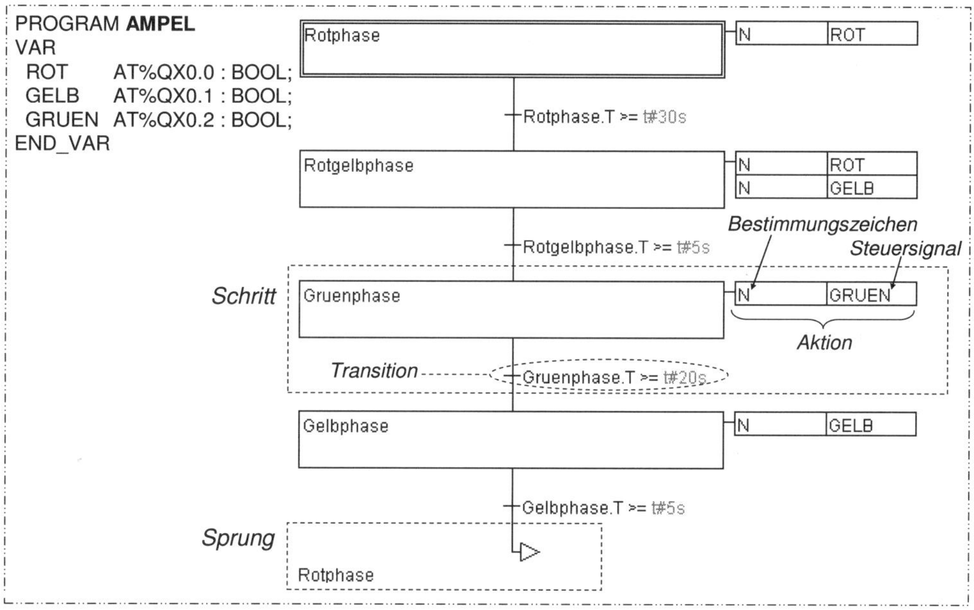

Bild 5.2: Aufbau einer Ablaufkette bestehend aus Aktionen, Transitionen und Sprüngen, wodurch in diesem Beispiel eine Verkehrsampel angesteuert wird.

Nachdem der letzte Schritt beendet ist, *springt* die Ablaufkette wieder in den ersten Schritt zurück, was im Fall einer Verkehrsampel auch angebracht ist. Eine solche Endlosschleife kann ggf. für andere Anwendungen durch einen sog. *Initialisierungsschritt* vermieden werden. Nach Beendigung des eigentlichen Ablaufs würde die Kette dann in einen Initialisierungsschritt springen, der keine Aktion ausführt, sondern lediglich wartet, bis ein Startsignal in der folgenden Transition den Übergang zum nächsten Schritt ermöglicht (s. z.B. Bild 5.12).

5.1.1 Aktionen und Transitionen

Ein Schritt besteht jeweils aus

- den ihm zugeordneten *Aktionen*, die aktiviert werden, solange der Schritt aktiv ist, sowie

- einer nachfolgenden *Transition*, die einen Boole'schen Ausdruck als Weiterschaltbedingung in den nächsten Schritt darstellt.

Während Aktionen Aktoren ansteuern, resultieren Transitionen aus einer Verknüpfung von Sensorinformationen. Diese Verknüpfung ergibt einen Boole'schen Ausdruck, der, wenn er TRUE ist, den Übergang zum nächsten Schritt durchführt.

Ob ein Schritt aktiv oder inaktiv ist, kann durch eine *implizite Variable* der Schrittkette, den sog. *Schrittmerker* (`SCHRITTNAME.X`), abgefragt werden. Beispielsweise kann in Bild 5.2 der Schrittmerker `Gruenphase.X` abgefragt werden. Ist er TRUE, bedeutet dies, dass sich die Schrittkette im Schritt `Gruenphase` befindet.

Auch die Zeit, die ein Schritt schon aktiviert ist, kann abgefragt werden. Durch die interne Schrittkettenvariable `SCHRITTNAME.T` wird angegeben, wie lange sich die Kette schon im Schritt `SCHRITTNAME` befindet. In Bild 5.2 werden diese Variablen in den Transitionen verwendet, um z.B. die Rotphase auf 30 Sekunden zu begrenzen.

Bestimmungszeichen (Qualifier)

Die Aktionen enthalten, wie in Bild 5.2 zu sehen, ein `N` als Bestimmungszeichen vor dem zu aktivierenden Steuersignal. Dieses `N` bedeutet, dass das Signal *nicht speichernd* gesetzt wird, d.h. sobald der Schritt nicht mehr aktiv ist, wird auch das Signal nicht mehr aktiviert. Deshalb werden die Signale `ROT`, `GELB` und `GRUEN` in den jeweiligen Schritten aktiviert, sie müssen aber nirgends deaktiviert werden.

Bestimmungszeichen stellen also eine Kennzeichnung dar, wie das Steuersignal verarbeitet werden soll. In Bild 5.3 ist die Wirkungsweise der verschiedenen Bestimmungszeichen anhand von Impulsdiagrammen veranschaulicht.

Neben dem Bestimmungszeichen `N` für *nicht speichernd* gibt es im Wesentlichen die Bestimmungszeichen `S`, `R`, `L`, `D` und `P`. Werden die Ansteuersignale mit dem Bestimmungszeichen `S` versehen, bleiben sie so lange gesetzt, bis sie in einem der folgenden Schritte durch das Bestimmungszeichen `R` zurückgesetzt werden. Diese Bestimmungszeichen ersetzen quasi RS-Flip-Flops in der Ansteuerlogik. Darüber hinaus gibt es die Möglichkeit, Ansteuersignale zeitlich limitiert (`L`) oder verzögert (`D`) zu setzen. Sie ersetzen somit Timer in der Ansteuerlogik. Schließlich verursacht ein Puls (`P`), dass das Steuersignal nur kurzzeitig über einen Zyklus aktiviert wird (vgl. Bild 5.3).

Die Bestimmungszeichen sind für den Entwurf von Ablaufsteuerungen sehr nützlich, wenn die Aktionen wie bei der Ampelsteuerung direkt die Stellsignale der Aktoren ansprechen. Im Allgemeinen sind Ablaufketten (SFCs) aber wie in Bild 5.1 angedeutet mit den Ansteuerprogrammen (CFCs) der Aktoren verknüpft.

Aus Übersichtlichkeitsgründen sollte die Aufteilung der Funktionalität so sein, dass in Ablaufketten alle prozessspezifischen und in den CFCs alle gerätespezifischen Funktionen (Zähler, Timer, Speicher, Verriegelungen,...) realisiert werden. Die Ansteuersignale in den SFCs werden dann stets *nicht speichernd* (`N`) verarbeitet und wirken auf die CFCs, solange der Schritt aktiv ist.

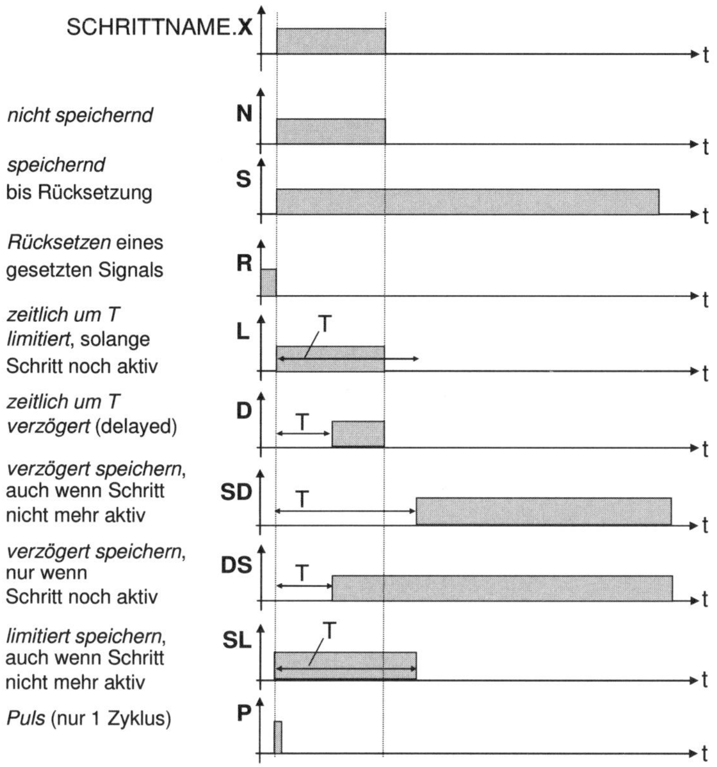

Bild 5.3: Bestimmungszeichen in den Aktionen einer Schrittkette geben an, wie die Steuersignale verarbeitet werden sollen.

5.1.2 Strukturen von Ablaufketten

Die Struktur einer Ablaufkette ist durch eine Aneinanderreihung von Aktionen und Transitionen gekennzeichnet. Neben Sprüngen gibt es auch die Möglichkeit, mehrere Zweige einer Ablaufkette *parallel* oder *alternativ* abzuarbeiten.

Alternativ- und Parallelverzweigung

Bei einer *Alternativverzweigung* wird stets *nur einer* der parallelen Zweige abgearbeitet, und zwar der, dessen erste Transition nach der Verzweigung TRUE ist. In Bild 5.4a wird also entweder der linke Alternativzweig mit `s2` abgearbeitet, wenn die Variable `t1=TRUE` ist, oder es wird der rechte Alternativzweig mit `s3` abgearbeitet, wenn `t2=TRUE` ist.

Prinzipiell sollten die Transitionen an Alternativverzweigungen komplementär zueinander sein. Wenn jedoch der Fall eintritt, dass mehrere Transitionen erfüllt sind (z.B. `t1` und `t2`), dann werden die Transitionen von links nach rechts ausgewertet und der Alternativzweig aktiviert, dessen Transition als erste von links den Wert TRUE hat. In Bild 5.4a würde also nur der Zweig mit `t1` ausgeführt, wenn beide Transitionen TRUE sind.

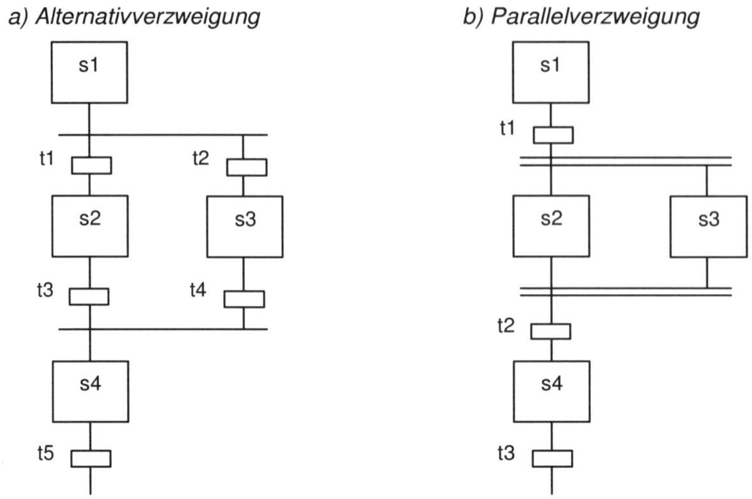

Bild 5.4: Prinzip von Alternativ- und Parallelverzweigung von Ablaufketten.

Im Unterschied dazu werden bei einer *Parallelverzweigung* (Bild 5.4b) stets *alle* parallelen Zweige der Kette abgearbeitet. Die Zusammenführung der Parallelzweige kann erst erfolgen, wenn die Schritte in allen Zweigen vollständig abgearbeitet wurden.

Der formale Unterschied zwischen Parallel- und Alternativverzweigung lässt sich anhand der Einfach- und Doppelstriche erkennen. Des Weiteren beginnen und enden die Alternativverzweigungen mit Transitionen, während die Parallelverzweigungen jeweils mit Aktionen in den Parallelzweigen beginnen und enden.

Unerlaubte Strukturen

Sprünge und Verzweigungen können nun aber zu Strukturen führen, die nicht erlaubt sind. Deshalb ist beim Entwurf von Schrittketten zu beachten, dass innerhalb einer Parallelverzweigung keine neue Alternativ- oder Parallelverzweigung eingebaut werden darf, die erst nach der Zusammenführung der ersten Parallelverzweigung selbst wieder zusammengeführt wird (vgl. Bild 5.5). Solche Strukturen nennt man unsichere bzw. unerreichbare Ketten.

Im Fall der unsicheren Kette in Bild 5.5a würde zwar kein Problem entstehen, wenn die Transition `t2` nach der Alternativverzweigung erfüllt ist. Wenn aber `t3` erfüllt ist, wird die Parallelzusammenführung nie stattfinden und Schritt `s6` würde nie ausgeführt. Da man vorab nicht weiß, welcher der beiden Alternativzweige ausgeführt wird, ist die Erreichbarkeit von Schritt `s6` *unsicher*.

Eine *unerreichbare* Kette ist in Bild 5.5b zu sehen, weil sie ihr Ende nicht erreicht. Der Rücksprung nach `s4` verursacht nämlich eine Verklemmung, denn die Parallelzusammenführung wartet auf Beendigung des Schritts `s2`, der gar nicht mehr ausgeführt wurde. Die Kette bleibt somit in `s4` stehen und kann nicht mehr weiterlaufen.

Solche Fehler infolge von unsicheren oder unerreichbaren Ketten müssen durch einen sorgfältigen Entwurf der Ablaufkette verhindert werden.

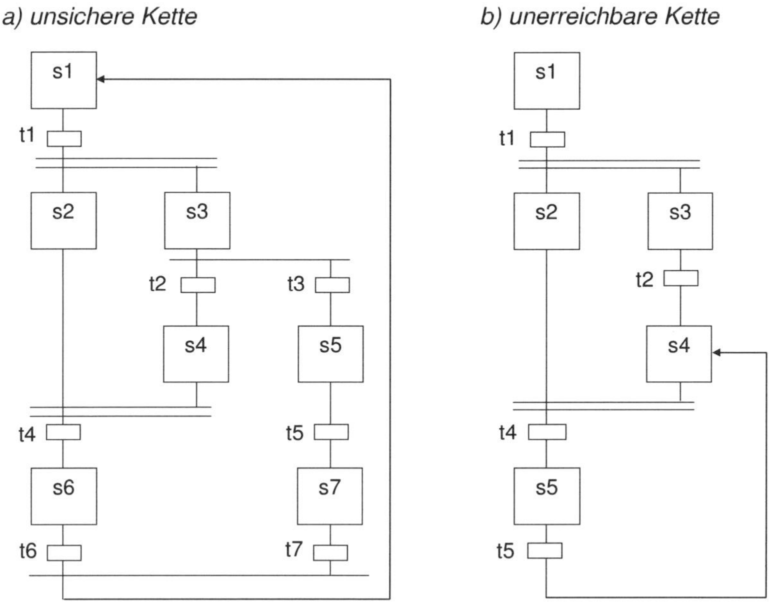

Bild 5.5: Unsichere Kette, da die Erreichbarkeit von s6 unsicher ist (a), und unerreichbare Kette, da die Zusammenführung von s2 und s4 nach dem Rücksprung aus s5 nicht mehr möglich ist (b).

5.2 Entwurf und Analyse von Ablaufketten

Ablaufsteuerungen können sehr gut mit Hilfe von Zustandsgrafen entworfen werden, die bereits beim Entwurf von Schaltwerken in Abschnitt 4.2.4 eingesetzt wurden. Jedes Schaltwerk kann als *Verknüpfungssteuerung* (CFC) oder auch als *Ablaufsteuerung* (SFC) realisiert werden.

Betrachtet man hierzu wieder die Gepäckanlage aus Beispiel 4.6, so lässt sich der *Zustandsgraf* in Bild 5.6 leicht in eine Ablaufkette überführen. In der Ablaufkette werden die Zustände in Form von *Schritten* aneinandergereiht. Dabei ist zu beachten, dass zwei von einem Zustand wegführende Transitionen eine Alternativverzweigung darstellen, d.h. es wird nur der Folgezustand eingenommen, dessen Transitionsbedingung erfüllt ist.

Die Darstellung von Ablaufketten ist an *Petri-Netze* angelehnt [5.1, 5.2]. Petri-Netze stellen eine Erweiterung von Zustandsgrafen dar. Während bei Zustandsgrafen stets nur ein Zustand aktiv sein darf, können bei Petri-Netzen z.B. durch Parallelverzweigungen mehrere Zustände aktiv sein. Die Zustände werden in Petri-Netzen als Stellen bezeichnet, die den Schritten einer Ablaufkette entsprechen. Die jeweils aktiven Schritte einer Ablaufkette bzw. Stellen eines Petri-Netzes erhalten eine Markierung (s. Bild 5.6). Die Markierung springt zur nächsten Stelle, wenn die dazwischenliegende Transition erfüllt ist.

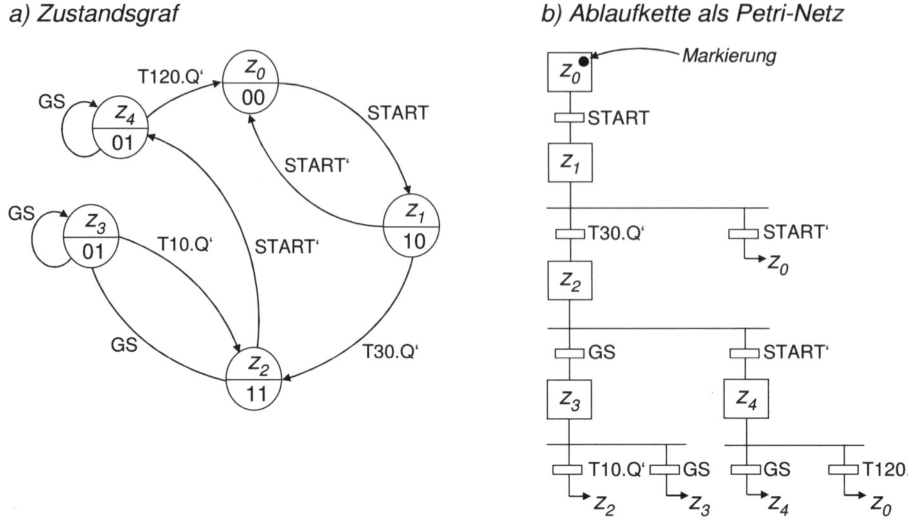

Bild 5.6: Überführung des Zustandsgrafen (a) der Gepäckanlage aus Beispiel 4.6 in eine äquivalente Ablaufkette (b).

Um nun zu prüfen, ob eine Ablaufkette wie im vorigen Abschnitt dargestellt unsicher oder unerreichbar ist, überführt man die Ablaufkette in den sog. Erreichbarkeitsgrafen des Petri-Netzes. Dieser *Erreichbarkeitsgraf* ist ein Zustandsgraf, in dessen Zustände die gleichzeitig aktiven Schritte der Ablaufkette, d.h. alle markierten Stellen, eingezeichnet werden.

Im Fall der Gepäckanlage ist der Erreichbarkeitsgraf gleich dem Zustandsgraf, da stets nur ein Schritt aktiv ist. Für das Beispiel der unsicheren Kette aus Bild 5.5a ergibt sich der Erreichbarkeitsgraf nach Bild 5.7a. Man erkennt, dass durch die Parallelverzweigung der Schritt `s2` auch während `s5` und `s7` noch aktiv ist. Ein Alternativzweig endet

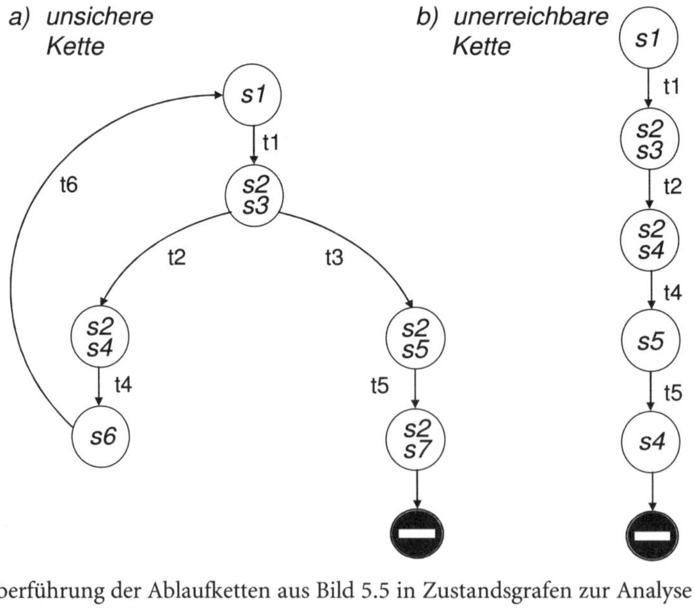

Bild 5.7: Überführung der Ablaufketten aus Bild 5.5 in Zustandsgrafen zur Analyse von Unsicherheit und Erreichbarkeit der Abläufe.

im Zustand s2s7, weil die Zusammenführung mit s2 nicht erreicht wird. Diese *Verklemmung* (Deadlock) ist der Grund für die Unsicherheit der Kette. Entsprechend ergibt sich für die unerreichbare Kette aus Bild 5.5b ein unausweichlicher Deadlock (s. Bild 5.7b).

Für den Entwurf bedeutet dies, die Ablaufkette so umzugestalten, dass Deadlocks vermieden werden [5.3]. Im Fall der unsicheren Kette nach Bild 5.5a kann Schritt s6 beispielsweise in die Parallelschaltung verschoben werden, damit der Alternativzweig innerhalb der Parallelschaltung zusammengeführt werden kann.

Im Unterschied zu Petri-Netzen können Ablaufketten untergeordnete Programme ansteuern [5.1]. Im Steuerungsprogramm der SPS werden demnach den Schritten Aktionen zugeordnet, um die Verknüpfungssteuerungen der Aktoren anzusteuern.

5.3 Kommunikation zwischen Ablauf- und Verknüpfungssteuerungen

Hierarchisch sind Ablaufsteuerungen den Verknüpfungssteuerungen übergeordnet, denn die Schritte einer Ablaufkette (≡SFC) aktivieren durch ihre Aktionen Geräteansteuerprogramme (≡CFCs).

Für die Kommunikation zwischen SFCs und CFCs wird das Signalmodell aus Bild 3.12 um die Ablaufketten erweitert. Wie Bild 5.8 veranschaulicht, aktiviert ein Schritt die ihm anhängenden *Steuersignale* $\boldsymbol{u}_i$. Diese bewirken in den CFCs die Ansteuerung der Aktoren.

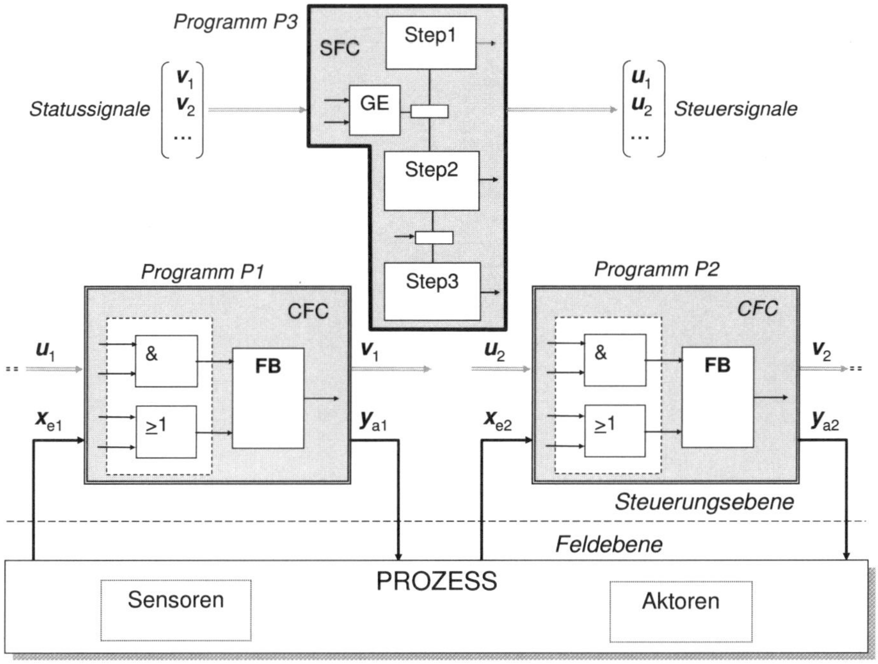

Bild 5.8: Datenaustausch zwischen Verknüpfungssteuerungen (CFCs) und Ablaufsteuerungen (SFCs) als Erweiterung des SPS-Signalmodells aus Bild 3.12.

Die Transitionen einer Ablaufkette setzen sich aus einer *Verknüpfung der Statussignale* v_i zusammen, die aus den CFCs entstanden sind. Die Verknüpfungen können im Strukturierten Text an die Transitionen geschrieben werden, wie z.B. im Schritt `Vorlegen` in Bild 5.9, wo der analoge Istwert eines Füllstandsensors mit einem vorgegebenen Sollwert verglichen wird. Das binäre Vergleichsergebnis stellt dann die Übergangsbedingung für den nächsten Schritt dar, in dem der Zulauf geschlossen wird.

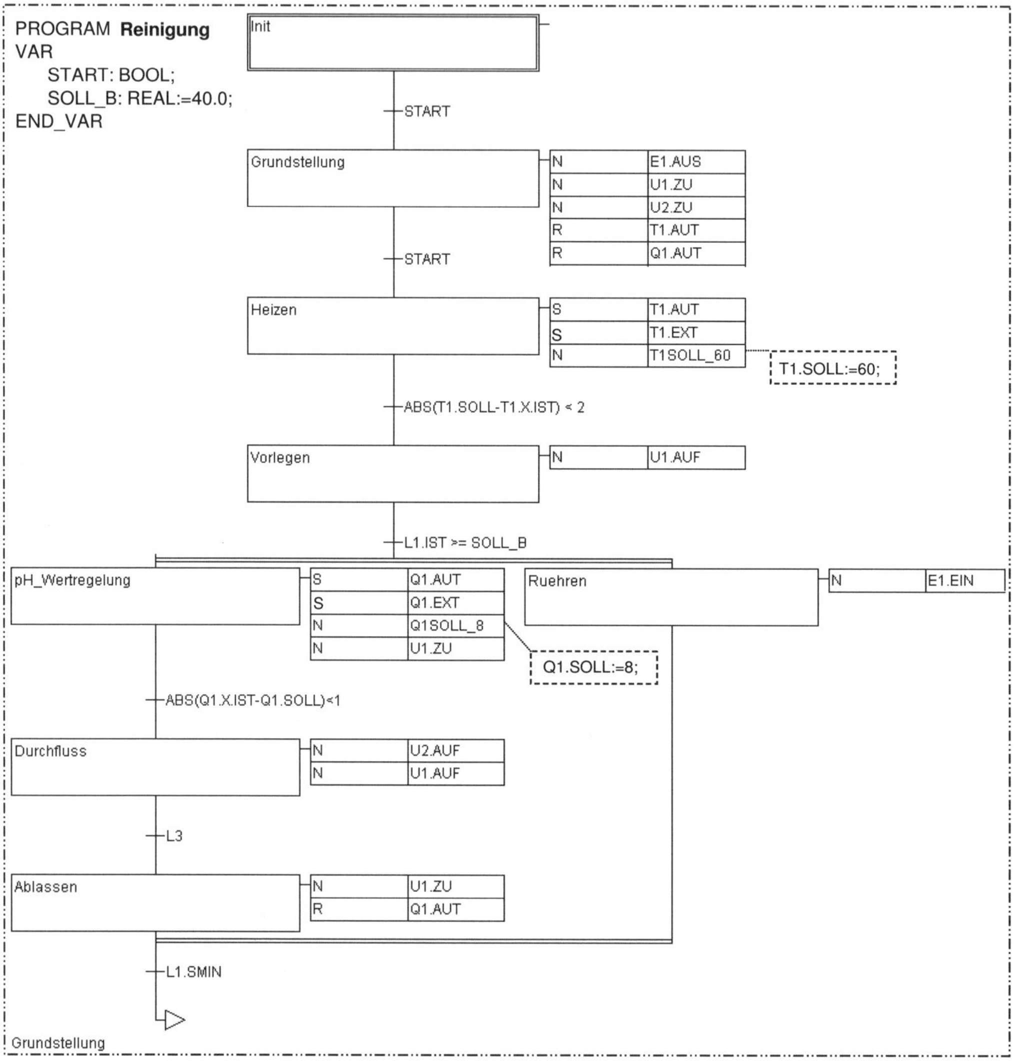

Bild 5.9: Ablaufkette zur Wasseraufbereitung in der Anlage nach Bild 5.10. Die Steuer- und Statusvariablen `L1`, `T1`, `Q1`, `E1`, `U1` und `U2` sind globale Strukturvariablen.

Die Ablaufsprache in CoDeSys erlaubt es, standardmäßig in den Aktionen nur binäre Steuersignale auszugeben. Um z.B. Funktionsbausteine und analoge Werte in einer Aktion zu verarbeiten, kann einer Aktion eine Logik hinterlegt werden. Diese *Aktionslogik* wird nur so lange abgearbeitet, wie der Schritt aktiv ist, an dem die Aktion hängt. Im Schritt `Heizen` in Bild 5.9 wird beispielsweise durch die Aktionslogik

T1SOLL_60 dem Temperaturregler TIC1 ein analoger Sollwert von 60 °C aufgeschaltet.

Die von den Schrittketten verarbeiteten Steuer- und Statussignale müssen demnach global deklariert werden, damit sie in den Programmen der SFCs und CFCs gleichermaßen bekannt sind.

Beispiel 5.1 *Wasseraufbereitung*

Zur Aufbereitung von Schmutzwasser soll dieses zunächst im Behälter B (s. Bild 5.10) erhitzt und anschließend in den Reaktor C gefüllt werden. Danach soll alkalisches Reinigungsmittel aus Behälter A bis zu einem pH-Wert von 8 hinzudosiert werden. Das aufbereitete Schmutzwasser kann nun abgelassen werden. Gleichzeitig kann neues Schmutzwasser zufließen, bis das Reinigungsmittel aufgebraucht ist. Dann ist die Schmutzwasserzufuhr zu stoppen, der Reaktor zu leeren und die Anlage wieder in die Grundstellung zu fahren.

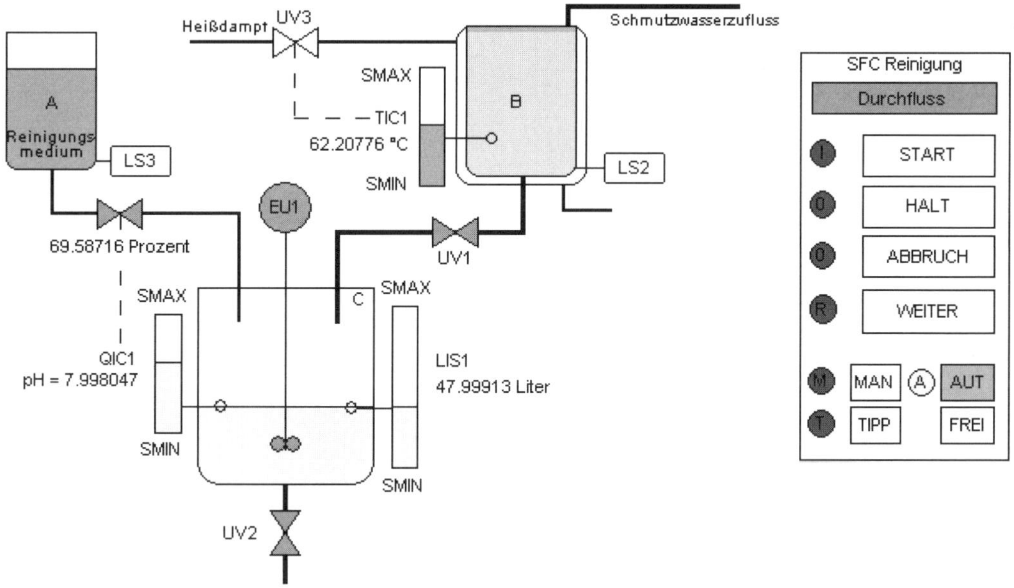

Bild 5.10: Anzeige- und Bedienoberfläche zur *vollautomatischen* Steuerung der Wasseraufbereitungsanlage über eine Ablaufkette.

Die für diesen Prozessablauf entwickelte Ablaufkette ist in Bild 5.9 dargestellt. Zunächst werden nach dem Initialisierungsschritt alle Aktoren in die Grundstellung gefahren. Bei Erteilung des START-Befehls startet die Kette den Temperaturregler TIC1, indem sie ihn in Automatik schaltet. Außerdem wird die Betriebsart extern angewählt und der Sollwert von 60 °C in der Aktionslogik T1SOLL_60 vorgegeben. Anschließend öffnet die Ablaufkette das Ventil UV1, damit das Schmutzwasser bis zu einem Füllstandswert von 40 L zufließt. Durch Start des pH-Reglers QIC1 und des Rührers EU1 wird Reinigungsmittel in das Schmutzwasser gemischt, bis sich der pH-Wert auf den Sollwert von 8 pH einstellt.

Dann werden Zu- und Abfluss geöffnet, so dass Schmutzwasser kontinuierlich durch den Reaktor fließt und gereinigt wird, bis das Reinigungsmittel aufgebraucht ist. Danach wird der Zufluss geschlossen und die Kette springt wieder in die Grundstellung.

Die Ansteuerung bzw. Auswertung der CFCs erfolgt über die *globalen Strukturvariablen* `E1`, `U1`, `U2`, `L1`, `T1` und `Q1`, die schon in den vorangegangenen Beispielen zur Wasseraufbereitung deklariert wurden (s. Bilder 3.21, 4.29 und 4.34).

Bild 5.11 veranschaulicht den Datenaustausch anhand eines Schritts. Dabei wird das Ventil UV1 aufgefahren, indem die globale Variable `U1.AUF` als Steuersignal auf TRUE gesetzt wird, solange der Schritt `Vorlegen` aktiv ist. Das Signal `U1.AUF` ist Bestandteil der globalen Strukturvariablen `U1` vom Typ `Ventildaten` und bewirkt im Ansteuerprogramm `UV1` die Aktivierung des Stellsignals über ein RS-Flip-Flop.

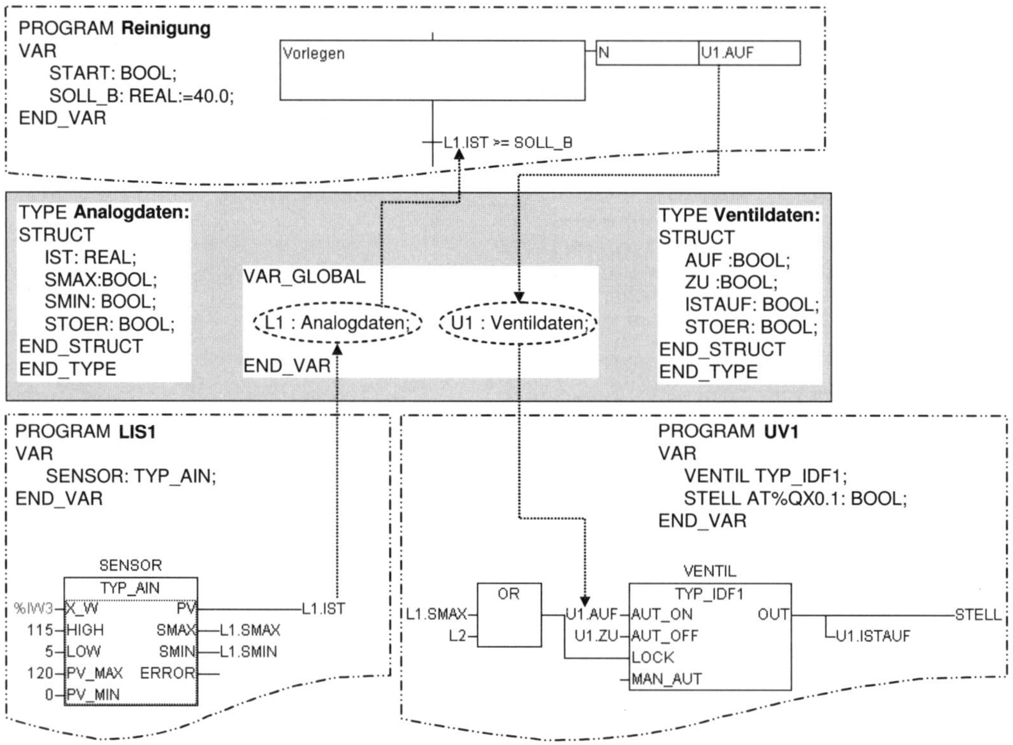

Bild 5.11: Datenaustausch zwischen dem Ablaufsteuerungsprogramm `Reinigung`, dem Sensorauswerteprogramm `LIS1` und dem Ventilansteuerungsprogramm `UV1` über global definierte Datenstrukturen.

Der Istwert `L1.IST` wird im Programm `LIS1` zyklisch erfasst und in der Transition der Schrittkette kontinuierlich überwacht. Wenn der Istwert dann größer oder gleich dem vorgegebenen Sollwert `SOLL_B` ist, springt die Ablaufkette in den nächsten Schritt, in dem das Ventil wieder geschlossen wird. Der im Programm `LIS1` eingelesene Sensorwert `L1.IST` ist ebenso wie `U1.AUF` als globale Variable auch für alle Programme verfügbar. □

Durch Verwendung globaler Strukturvariablen wird die Liste der globalen Variablen klein gehalten. Die Tatsache, dass für jeden Feldgerätetyp eine Datenstruktur und für jedes Feldgerät eine globale Variable angelegt wird, steht im Einklang mit der strukturierten Programmierung, wie sie in Abschnitt 3.4 vorgeschlagen wurde.

Speichernde oder nicht speichernde Ansteuerung?

In den bislang besprochenen Beispielen wurde stets das Bestimmungszeichen `N` in den Aktionen verwendet. Die von einer Ablaufkette aktivierten Steuersignale sind bei Verwendung des Bestimmungszeichens `N` nur so lange aktiv, wie der jeweilige Schritt aktiv ist, dem sie anhängen.

Dabei handelt es sich um eine nicht speichernde Aktivierung, wenn die Steuersignale $\boldsymbol{v}$ im CFC *direkt* auf die Stellsignale $\boldsymbol{y}_a$ geschaltet werden. Diese *direkte Stellsignalansteuerung* erfolgt in Bild 5.2 aus der Schrittkette heraus zur Ansteuerung der Lampen einer Verkehrsampel. Der Vorteil ist dabei, dass ein Gerät wirklich nur so lange aktiviert bleibt, wie der zugeordnete Schritt aktiv ist.

Somit muss man sich insbesondere bei langen Ablaufketten keine Gedanken machen, wann ein aktiviertes Gerät wieder auszuschalten ist, sondern dies erfolgt automatisch, wenn die Ablaufkette in den nächsten Schritt übergeht. Wenn dagegen ein Feldgerät über mehrere Schritte angesteuert bleiben soll, muss das Ansteuerungssignal in jedem Schritt erneut aktiviert werden, was zu einer hohen Zahl von Steuersignalen in der Ablaufkette führen kann.

Eine Alternative bietet die *indirekte Ansteuerung* nach Bild 5.9 bzw. 5.11. Die Steuersignale der Ablaufkette werden hierbei zwar nicht speichernd aktiviert, im CFC steuern sie das Stellsignal jedoch über ein Flip-Flop und damit *speichernd* an. Das bedeutet in der Ablaufkette aus Bild 5.9, dass das Ventil UV1 im Schritt `Vorlegen` aufgefahren und im Schritt `pH_Wertregelung` wieder zugefahren werden muss.

Direkte oder indirekte Ansteuerung?

Für *Verknüpfungssteuerungen* ist fast immer eine speichernde Ansteuerung erforderlich. Wenn beispielsweise ein Behälter über ein Zulaufventil bis zu einer gewissen Obergrenze befüllt wird, ist zu beobachten, dass die Flüssigkeitsoberfläche während des Einfüllens leicht auf- und abschwappt. Demzufolge schwankt der Füllstand um die Obergrenze. Bei nicht speichernder Ansteuerung würde das Zulaufventil immer abwechselnd kurzzeitig zu- und wieder auffahren. Um dieses ständige Auf- und Zufahren zu vermeiden, sorgt eine *speichernde Ansteuerung* für das Zufahren, sobald die Obergrenze zum ersten Mal erreicht wurde.

Da *Transparenz* und *Übersichtlichkeit* der SPS-Software im Vordergrund stehen, wird hier eine einheitliche Ansteuerung nach Bild 5.11 vorgeschlagen, auch wenn dies dazu führt, dass Feldgeräte eigentlich speichernd angesteuert werden.

Der Vorteil der nicht speichernden Ansteuerung wirkt sich ohnehin nur bei langen, komplexen Ablaufketten aus. Auch hiervon ist soweit vermeidbar abzuraten. Denn lange und verzweigte Ablaufketten tragen nicht gerade zur Übersichtlichkeit bei. Anstatt einer langen Kette mit 100 Schritten sollten besser 10 Ketten mit jeweils 10 Schritten implementiert werden, die sich nacheinander aufrufen. Hierfür wird im Abschnitt 8.3 eine Modularisierung des Prozessablaufs durch mehrere hierarchisch organisierte Ablaufketten vorgeschlagen.

Zuvor soll aber erläutert werden, wie sich Schutzfunktionen und Betriebsarten für Ablaufsteuerungen in der Ablaufsprache (*AS*) realisieren lassen.

5.4 Schutzfunktionen und Betriebsarten

Wie Einzelsteuerfunktionen müssen auch Ablaufsteuerungen manuell *bedienbar* sein, um im Notfall oder während der Inbetriebnahme die Schritte von Hand verlassen zu können, ohne dass die Transition erfüllt sein muss. Noch wichtiger ist der Einbau von Schutzfunktionen, die bei Ausfall einzelner Geräte die Ablaufkette automatisch in einen *sicheren Zustand* überführen.

5.4.1 HALT und ABBRUCH einer Ablaufkette

In einer Ablaufsteuerung muss die Möglichkeit vorgesehen werden, die Kette im Fall einer *Störung* anzuhalten oder gar abzubrechen. Dies sollte der Bediener durch Anwahl der Tasten HALT oder ABBRUCH auf der Anzeige- und Bedienoberfläche veranlassen können (vgl. Bild 5.10). In beiden Fällen sind alle von der Ablaufkette angesteuerten Geräte in ihre *Grundstellung* zu fahren, wodurch die Anlage in einen sicheren Zustand überführt wird.

Hierfür wird im Funktionsplan der Ablaufkette nach jedem Schritt ein *Alternativzweig* eingeführt, über den die Kette bei Aktivierung der Befehle ABBRUCH oder HALT in den Schritt Grundstellung zurückspringt (s. Bild 5.12). Nach einem ABBRUCH springt die Kette danach in den Initialschritt und muss durch den Befehl START wieder von vorne beginnen.

Sollte die Kette aber nur angehalten werden, wird der Ablauf durch den Befehl *WEITER* in einem definierten Schritt fortgesetzt. Hierfür wird gespeichert, welcher Schritt gerade aktiv war, als der HALT-Befehl erfolgte (vgl. Bild 5.12). Durch die Alternativverzweigung nach der Grundstellung wird entschieden, in welchem Schritt die Kette fortzusetzen ist.

Beispiel 5.2 *HALT-Konzept für die Wasseraufbereitungsanlage*
Für die Wasseraufbereitungsanlage aus Bild 5.10 soll die Ablaufsteuerung so modifiziert werden, dass der Bediener über die Tasten ABBRUCH oder HALT die Möglichkeit hat, die Ablaufkette zu beeinflussen.

Hierfür wird in jedem Schritt die Aktionslogik `Steuerung` (s. Bild 5.12) ausgeführt, die den Namen des aktuellen Schritts `SFCCurrentStep` speichert. Somit ist im Fall eines `HALT`-Befehls nachvollziehbar, welcher Schritt gerade aktiv war.

Außerdem wird in jedem Schritt der Ablaufkette eine Alternativverzweigung hinzugefügt, die bei `HALT` in den Schritt `Grundstellung` zurückspringt, in dem alle Aktoren ausgeschaltet werden. Danach kann durch den Befehl `WEITER` in einen beliebigen Schritt zurückgesprungen werden, z.B. in den, der bei Aktivierung des `HALT`-Befehls gerade aktiv war.

Häufig muss jedoch sogar der vorangegangene Schritt noch einmal ausgeführt werden, um den gleichen Prozesszustand wie beim Anhalten wieder zu erreichen. Wird die Kette beispielsweise im Schritt `Vorlegen` angehalten, so ist in den Schritt `Heizen` zurückzuspringen, weil das Wasser sich zwischenzeitlich abgekühlt hat und deshalb erneut aufgeheizt werden muss. □

Auf den ersten Blick erscheint dieses Konzept für ein simples Anhalten der Ablaufkette etwas kompliziert. Eine einfachere *Alternative* wäre, die Ablaufkette bei einem `HALT`-Befehl einfach im aktuellen Schritt zu belassen und alle beteiligten Aktoren zu verriegeln.

Hierbei entsteht jedoch der *Nachteil*, dass beim Weiterfahren für alle Aktoren *gleichzeitig* die Verriegelung wieder aufgehoben wird, d.h. alle Aktoren fahren auf einen Schlag wieder an. Genau dies soll aber durch den schrittweisen Ablauf der Kette nacheinander und nicht gleichzeitig erfolgen. Wenn beispielsweise eine Pumpe gleichzeitig mit einem vorgelagerten Ventil angesteuert wird, pumpt diese eine Zeit lang gegen das geschlossene Ventil, weil das Auffahren des Ventils in der Regel viel länger dauert als das Loslaufen der Pumpe.

Dieser Nachteil kann mit dem in Bild 5.12 vorgeschlagenen HALT-Konzept vermieden werden. Hier wird nach der Grundstellung *individuell* entschieden, in welchem Schritt der Ablauf fortgesetzt werden soll. Dadurch wird erreicht, dass die Aktoren in der durch die Ablaufkette vorgesehenen Reihenfolge wieder anlaufen.

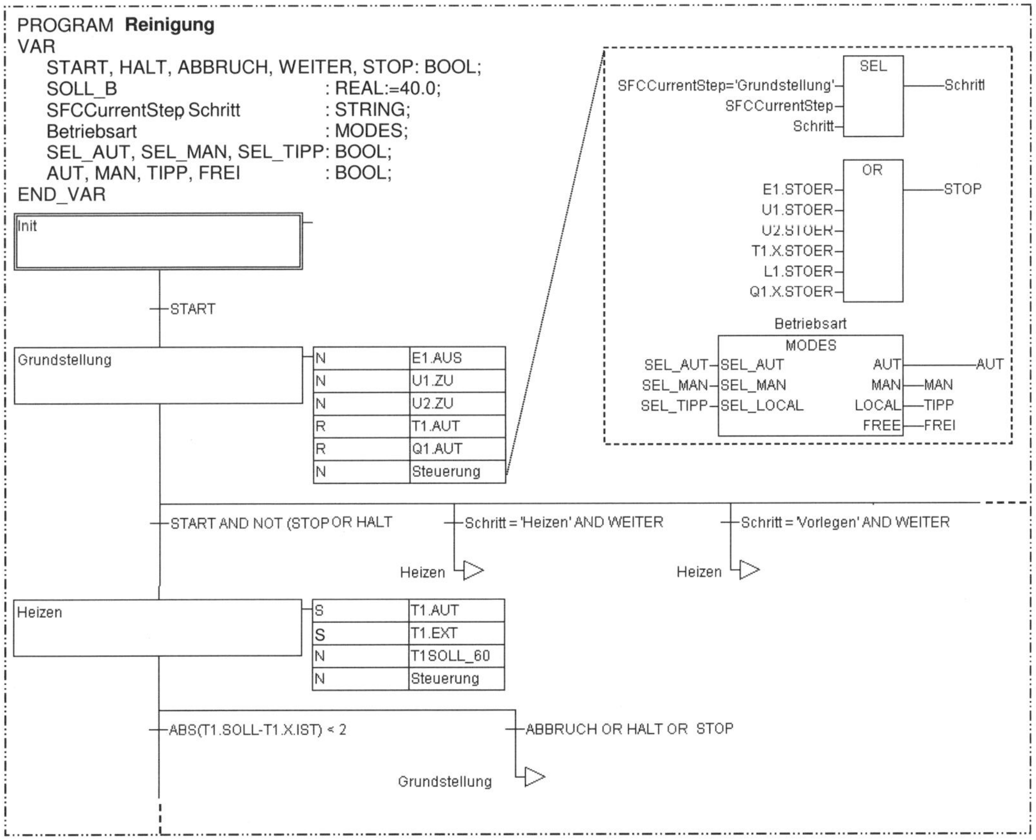

Bild 5.12: Ergänzung des Programms Reinigung um die Schutzfunktionen `HALT`, `ABBRUCH` und `STOP`, die durch die Programmlogik `Steuerung` verwaltet werden.

Automatisches STOP im Fall einer Störung

Prinzipiell können die Befehle für `HALT` und `ABBRUCH` wie in Bild 5.10 über das Bedienfeld der Schrittkette vom Bediener ausgelöst werden. Um die Sicherheit jedoch nicht von der Aufmerksamkeit des Bedieners abhängig zu machen, sollte die Ablaufkette immer dann automatisch angehalten werden, wenn eines der von ihr angesteuerten Feldgeräte in Störung geht. Hierfür ist eine *kontinuierliche Störüberwachung* erforderlich, die im Fall eines gestörten Feldgeräts die Ablaufkette sofort anhält. Um dieses automatische Anhalten vom manuellen `HALT`-Befehl zu unterscheiden, wird es durch das Signal `STOP` in der Aktionslogik `Steuerung` aktiviert (s. Bild 5.12).

Damit die kontinuierliche Störüberwachung parallel zur Ablaufkette abläuft, wird die Aktionslogik `Steuerung` in jedem Schritt der Ablaufkette ausgeführt. Die Logik nach Bild 5.12 überwacht die Störmeldungen der in der Ablaufkette verwendeten Aktoren und Sensoren. Im Fall einer Störung wird ein `STOP`-Signal aktiviert, woraufhin die Ablaufsteuerung automatisch in den Schritt `Grundstellung` springt.

Außerdem ist es mit dieser Aktionslogik auch möglich, die Betriebsart der Ablaufkette zu wechseln, wie im folgenden Abschnitt beschrieben wird.

5.4.2 Betriebsarten

Neben dem automatischen Betrieb sollten für *Test und Inbetriebnahme* auch manuelle Bedienmöglichkeiten für die Ablaufketten vorgesehen werden. Deshalb unterscheidet man bei Ablaufsteuerungen folgende Betriebsarten:

- *Automatik* (AUT): Die Aktionen der Ablaufkette werden automatisch ausgeführt, wenn die Transitionen (Weiterschaltbedingungen) erfüllt sind.
- *Manuell* (MAN): Die Aktionen der Ablaufkette werden aktiviert, wenn der Bediener die START-Taste drückt, auch wenn die Transitionen nicht erfüllt sind.
- *Tippen* (TIPP): Die Aktionen der Ablaufkette werden aktiviert, wenn die Transitionen erfüllt sind und der Bediener die START-Taste drückt.

Die Betriebsart *Manuell* birgt die Gefahr, dass die Aktionen der Ablaufketten nicht nur bei der Inbetriebnahme, sondern auch im produktiven Betrieb der Anlage aktiviert werden, ohne dass die Transitionen erfüllt sind. Um solche irregulären Bedienvorgänge der Steuerung zu vermeiden, sind die Betriebsarten TIPP und MAN über Zugriffsrechte für den Anlagenfahrer unzugänglich zu machen.

Die *Umschaltung* zwischen diesen Betriebsarten erfolgt wie bei Einzelsteuerfunktionen durch den Funktionsbaustein MODES aus Abschnitt 4.3. Dieser wird in der Ablaufkette in Bild 5.12 in der Aktionslogik `Steuerung` eingesetzt, um durch Anwahl der Variablen `SEL_AUT`, `SEL_MAN` und `SEL_TIPP` die entsprechende Betriebsart zu wählen.

In der Ablaufkette selbst ist nun in jeder *Transition* abzufragen, in welcher Betriebsart die Ablaufsteuerung gerade läuft (s. Bild 5.13). Die prozessbedingte Weiterschaltbedingung ist hierfür so zu erweitern, dass sie nur greift, wenn die Betriebsart AUT angewählt ist oder der Bediener in der Betriebsart TIPP die START-Taste drückt. Ist die Betriebsart MAN angewählt, so ist die Transition unabhängig von der prozessbedingten Weiterschaltbedingung erfüllt, sobald der Bediener die START-Taste drückt.

Die Gleichung für die Transitionsbedingung lässt sich demnach folgendermaßen for-

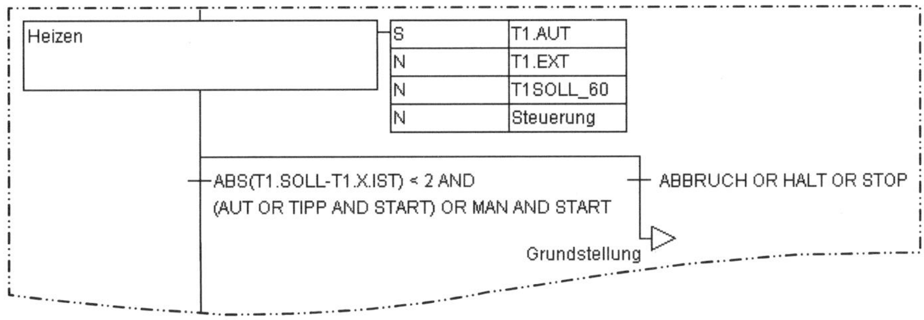

Bild 5.13: Erweiterung der Transitionen (Weiterschaltbedingungen) um die Abfrage, in welcher Betriebsart die Ablaufsteuerung gerade läuft.

mulieren:

$$\mathit{Transition} = \mathit{Prozessbedingung} \wedge (\texttt{AUT} \vee \texttt{TIPP} \wedge \texttt{START}) \vee \texttt{MAN} \wedge \texttt{START} \qquad (5.1)$$

Wie in Bild 5.13 angedeutet ist diese Gleichung für alle prozessbedingten Transitionen der Ablaufkette umzusetzen.

5.5 Steuerungsentwurf für parallele Prozessabläufe

Bisher wurden im Wesentlichen Steuerungen mit nur einer Ablaufkette betrachtet. Deren Entwurf ergibt sich meist direkt aus dem Prozessablauf oder lässt sich durch den Automatenentwurf systematisch herleiten.

Schwieriger gestaltet sich der Entwurf von parallelen Ablaufketten, die einzelne Anlagenteile wie z.B. Behälter, Motoren, Roboter, Förderbänder etc. gemeinsam nutzen. Dann besteht die Gefahr, dass beide Abläufe gleichzeitig denselben Anlagenteil nutzen wollen.

Ein Beispiel zeigt die Anlage in Bild 5.14. Hierbei sollen fertig bearbeitete Werkstücke von einem Roboter gegriffen und in einem Hochregallager eingelagert werden. Parallel dazu sollen Rohlinge aus einem Lager ausgelagert und zur Bearbeitung auf dem Förderband abgelegt werden. Vor dem Greifen und vor dem Ablegen werden Objekte bzw. freie Plätze auf dem Förderband von einer Kamera inspiziert, was eine gewisse Wartezeit in Anspruch nimmt.

Der Prozess des Greifens und Einlagerns wird in Bild 5.15 durch die Schrittkette `Prozess_A`, der des Auslagerns und Ablegens durch die Schrittkette `Prozess_B` gesteuert. Laufen die beiden Schrittketten nun gleichzeitig ab, so beobachtet man, dass der Roboter manchmal gleichzeitig von den Schritten s2 und s6 beansprucht wird, ebenso wie das Lager von den Schritten s3 und s4.

Wie lässt sich also verhindern, dass parallele Prozessabläufe gleichzeitig die gemeinsam genutzten Anlagenteile (wie z.B. Roboter, Hochregallager in Bild 5.14) in Anspruch nehmen?

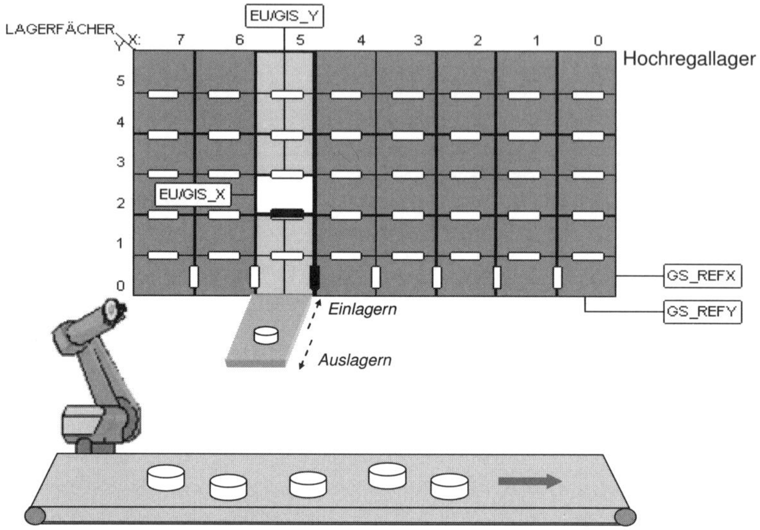

Bild 5.14: Parallele Werkstückhandhabung durch einen Roboterarm, der einerseits Teile vom Band greift und einlagert und andererseits ausgelagerte Teile zur weiteren Bearbeitung auf das Band legt.

5.5.1 Modellierung paralleler Prozessabläufe durch Petri-Netze

Ablaufketten stellen eine steuerungstechnische Interpretation von *Petri-Netzen* dar [5.1]. Gerade für parallele Prozessabläufe bieten Petri-Netze die Möglichkeit einer geschlossenen Beschreibung, denn im Unterschied zu Zustandsgrafen können in Petri-Netzen mehrere Zustände gleichzeitig aktiv sein. Man bezeichnet sie deshalb auch als Teilzustände [5.3]. In der Ablaufkette bedeutet dies, dass zwei Schritte gleichzeitig markiert sind.

Das dynamische Verhalten des Petri-Netzes lässt sich auch algebraisch beschreiben. Hierfür wird die Markierung der aktiven Schritte im Petri-Netz durch den *Markierungs-* oder auch *Schrittvektor*

$$\boldsymbol{s} = (s_1, s_2, \ldots, s_n)^T \qquad \text{mit: } s_i \in \{0,1\} \tag{5.1}$$

dargestellt. Dabei bekommen die aktiven Schritte den Wert 1 und die inaktiven den Wert 0 zugewiesen.

Ebenso werden die aktiven Transitionen durch den *Schalt-* oder *Transitionsvektor*

$$\boldsymbol{t} = (t_1, t_2, \ldots, t_n)^T \qquad \text{mit: } t_i \in \{0,1\} \tag{5.2}$$

zusammengefasst.

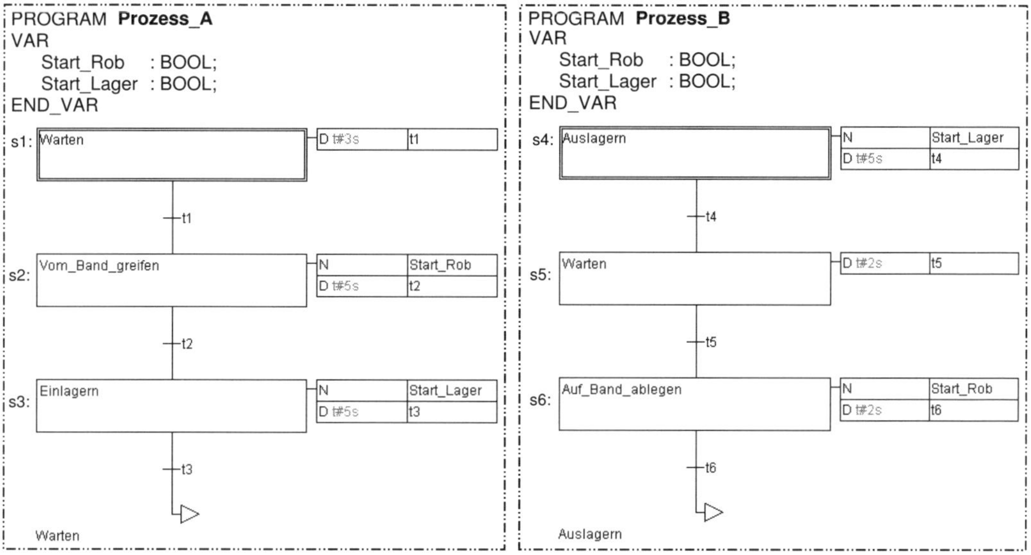

Bild 5.15: Die Prozesse A und B werden parallel abgearbeitet. Dabei darf nicht gleichzeitig auf Roboter und Hochregallager zugegriffen werden, d.h. die Schritte s2 und s6 dürfen ebenso wenig gleichzeitig aktiv sein wie s3 und s4.

In Anlehnung an die *Zustandsgleichungen* des Automaten in Abschnitt 4.2.4 stellt sich das dynamische Verhalten des Petri-Netzes folgendermaßen dar:

$$\boldsymbol{s}(k+1) = \boldsymbol{s}(k) + \Delta\boldsymbol{s}(k) = \boldsymbol{s}(k) + \boldsymbol{N} \cdot \boldsymbol{t}(k) \qquad \text{mit} : s_i, t_i, n_{ij} \in \{0,1\} \tag{5.3}$$

Die Matrix $\boldsymbol{N}$ heißt *Netzmatrix*, denn sie beschreibt, wie die Markierungen im Petri-Netz durch das Schalten der Transitionen verändert werden. Dies veranschaulicht das folgende Beispiel.

Beispiel 5.3 *Parallele Werkstückhandhabung modelliert als Petri-Netz*

Die beiden parallelen Ablaufketten in Bild 5.15 können algebraisch als Petri-Netz beschrieben werden. Zu Anfang wartet der Prozess A, während das Transportband im Schritt s_1 von einer Kamera inspiziert wird. Gleichzeitig werden vom Prozess B Rohlinge ausgelagert (s_4). Da also die Schritte s_1 und s_4 aktiv sind, lautet die Anfangsmarkierung:

$$\boldsymbol{s}(k=0) = (1,0,0,1,0,0)^T \tag{5.4}$$

Wenn nun zunächst auf dem Förderband ein Objekt erscheint, schaltet die Transition t_1, der Schritt s_1 wird deaktiviert und der Schritt s_2 wird aktiviert, d.h. durch

$$\boldsymbol{t}(k=0) = (1,0,0,0,0,0)^T \tag{5.5}$$

wird

$$\boldsymbol{s}(k=1) = (0,1,0,1,0,0)^T \tag{5.6}$$

Die Änderung des Schaltvektors für die Transition t_1 ist also:

$$\Delta\boldsymbol{s}(k=0) = \boldsymbol{s}(k=1) - \boldsymbol{s}(k=0) = (-1,1,0,0,0,0)^T \tag{5.7}$$

Die Netzmatrix, die die Änderung des Markierungsvektors $\Delta \boldsymbol{s}$ für alle Transitionen beschreibt, enthält also in der Spalte der schaltenden Transition und in der Zeile des neu markierten Schritts eine 1, dagegen in der Zeile des zuvor markierten Schritts eine –1:

$$\begin{array}{c} \quad t_1 \quad t_2 \quad t_3 \quad t_4 \quad t_5 \quad t_6 \\ \boldsymbol{N} = \begin{pmatrix} -1 & 0 & 1 & 0 & 0 & 0 \\ 1 & -1 & 0 & 0 & 0 & 0 \\ 0 & 1 & -1 & 0 & 0 & 0 \\ 0 & 0 & 0 & -1 & 0 & 1 \\ 0 & 0 & 0 & 1 & -1 & 0 \\ 0 & 0 & 0 & 0 & 1 & -1 \end{pmatrix} \begin{matrix} s_1 \\ s_2 \\ s_3 \\ s_4 \\ s_5 \\ s_6 \end{matrix} \end{array} \tag{5.8}$$

Mit der Zustandsgleichung 5.3 erhält man so für den nächsten Zeitpunkt den Markierungsvektor:

$$\boldsymbol{s}(k=1) = \begin{pmatrix} 1 \\ 0 \\ 0 \\ 1 \\ 0 \\ 0 \end{pmatrix} + \begin{pmatrix} -1 & 0 & 1 & 0 & 0 & 0 \\ 1 & -1 & 0 & 0 & 0 & 0 \\ 0 & 1 & -1 & 0 & 0 & 0 \\ 0 & 0 & 0 & -1 & 0 & 1 \\ 0 & 0 & 0 & 1 & -1 & 0 \\ 0 & 0 & 0 & 0 & 1 & -1 \end{pmatrix} \cdot \begin{pmatrix} 1 \\ 0 \\ 0 \\ 0 \\ 0 \\ 0 \end{pmatrix} = \begin{pmatrix} 0 \\ 1 \\ 0 \\ 1 \\ 0 \\ 0 \end{pmatrix} \tag{5.9a}$$

Führt man diese Untersuchungen weiter, so ergeben sich

mit $\boldsymbol{t}(k=1) = (0,0,0,1,0,0)^T \quad \Rightarrow \quad \boldsymbol{s}(k=2) = (0,1,0,0,1,0)^T$ (5.9b)

$\boldsymbol{t}(k=2) = (0,0,0,0,1,0)^T \quad \Rightarrow \quad \boldsymbol{s}(k=3) = (0,1,0,0,0,1)^T$ (5.9c)

$\boldsymbol{t}(k=3) = (0,1,0,0,0,0)^T \quad \Rightarrow \quad \boldsymbol{s}(k=4) = (0,0,1,0,0,1)^T$ (5.9d)

$\boldsymbol{t}(k=4) = (0,0,0,0,0,1)^T \quad \Rightarrow \quad \boldsymbol{s}(k=5) = (0,0,1,1,0,0)^T$ (5.9e)

Der Vektor $\boldsymbol{s}(k=3)$ zeigt also an, dass die Schritte s_2 (Ablegen) und s_6 (Greifen) gleichzeitig aktiv sind. Beide Schritte erfordern denselben Roboter und dürfen deshalb *nicht* gleichzeitig ausgeführt werden. Da auch nur ein Hochregallager vorhanden ist, dürfen auch die Schritte s_3 und s_4 nicht gleichzeitig ausgeführt werden wie in $\boldsymbol{s}(k=5)$.

Um diese Konflikte zu vermeiden, muss das Petri-Netz um folgende Randbedingungen ergänzt werden:

$$s_2(k) + s_6(k) \leq 1 \qquad \text{und} \qquad s_3(k) + s_4(k) \leq 1 \tag{5.10a}$$

oder mit Hilfe von Randbedingungsmatrix $\boldsymbol{L}$ und –vektor $\boldsymbol{b}$ ausgedrückt:

$$\underbrace{\begin{pmatrix} 0 & 1 & 0 & 0 & 0 & 1 \\ 0 & 0 & 1 & 1 & 0 & 0 \end{pmatrix}}_{\boldsymbol{L}} \cdot \boldsymbol{s} \leq \underbrace{\begin{pmatrix} 1 \\ 1 \end{pmatrix}}_{\boldsymbol{b}} \qquad \boldsymbol{L} \cdot \boldsymbol{s} \leq \boldsymbol{b} \tag{5.10b}$$

Dieses einfache Beispiel zeigt, dass Petri-Netze in der Lage sind, die Markierungswechsel einer Ablaufkette vorauszuberechnen und so zu analysieren, ob die Ablaufketten ausführbar sind oder wie in diesem Fall zu Kollisionen führen. □

5.5.2 Algebraischer Entwurf zur Koordination paralleler Prozesse

Parallel ablaufende Prozesse erfordern eine Koordination, wenn sie auf gemeinsame Anlagenteile wie den Roboter oder das Hochregallager in Bild 5.14 zugreifen. Um *Kollisionen* zu vermeiden, dürfen also Schritte der Ablaufketten, die dieselben Anlagenteile benutzen, nicht gleichzeitig ausgeführt werden. Diese Randbedingungen werden durch die Ungleichung 5.10 formuliert [5.2].

Zur Erfüllung der Randbedingungen werden *zusätzliche Zustände* eingeführt, die angeben, ob die gemeinsam benutzten Anlagenteile zum Zeitpunkt k frei oder belegt sind. Im Beispiel wären dies der Zustand `Roboter_frei` (s_7) und der Zustand `Lager_frei` (s_8). Diese werden als zusätzliche Stellen $\boldsymbol{s}_z$ im Petri-Netz eingeführt und bewirken, dass aus der Ungleichung 5.10 eine Gleichung wird:

$$\boldsymbol{L} \cdot \boldsymbol{s}(k) + \boldsymbol{s}_z(k) = \boldsymbol{b} \tag{5.11}$$

In der Ungleichung 5.10 war es möglich, dass z.B. s_2 oder s_6 oder keiner von beiden Schritten aktiv war. Die Summe s_2+s_6 war deshalb entweder 1 oder 0. Durch den Zusatzzustand s_7 wird nun für den Fall, dass einer der beiden Schritte den Roboter belegt, eine 0 hinzuaddiert. Somit ist die Summe stets $s_2+s_6+s_7 = 1$.

Wenn aber keiner der beiden Schritte den Roboter beansprucht, wird durch den Zusatzzustand s_7 eine 1 hinzuaddiert (`Roboter_frei`). Auch dann ist die Summe $s_2+s_6+s_7=1$.

Da Gleichung 5.11 für den Zeitpunkt k ebenso gilt wie für den Zeitpunkt $k+1$, lässt sich schreiben:

$$\boldsymbol{L} \cdot \boldsymbol{s}(k) + \boldsymbol{s}_z(k) = \boldsymbol{b} = \boldsymbol{L} \cdot \boldsymbol{s}(k+1) + \boldsymbol{s}_z(k+1) \tag{5.12}$$

Durch Umstellen der Terme erhält man:

$$-\boldsymbol{L} \cdot [\boldsymbol{s}(k+1) - \boldsymbol{s}(k)] = \boldsymbol{s}_z(k+1) - \boldsymbol{s}_z(k) \tag{5.13}$$

Nun lässt sich für $\boldsymbol{s}(k+1)-\boldsymbol{s}(k)$ und für $\boldsymbol{s}_z(k+1)-\boldsymbol{s}_z(k)$ der Zusammenhang aus Gl. 5.3 einsetzen, und es ergibt sich ein Entwurfsgesetz für die *Zusatz-Netzmatrix* $\boldsymbol{N}_z$:

$$-\boldsymbol{L} \cdot \boldsymbol{N} = \boldsymbol{N}_z \tag{5.14}$$

Damit lässt sich die Gleichung für die Zusatzzustände aufstellen:

$$\boldsymbol{s}_z(k+1) = \boldsymbol{s}_z(k) + \boldsymbol{N}_z \cdot \boldsymbol{t}(k) \tag{5.15}$$

Diese Gleichung gibt an, welche Transitionen des Petri-Netzes die Zusatzzustände aktivieren und auf welche Transitionen die Zusatzzustände wirken. Mit dieser Kenntnis lässt sich das Petri-Netz in Bild 5.16 um die Zusatzzustände s_7 und s_8 erweitern [5.4].

Beispiel 5.4 *Koordination der parallelen Werkstückhandhabung*
Zur Koordination der beiden parallelen Ablaufketten in Bild 5.15 werden die beiden Zusatzzustände s_7 (`Roboter_frei`) und s_8 (`Lager_frei`) eingeführt, für die sich nach Gl. 5.16 folgende Zusatz-Netzmatrix $\boldsymbol{N}_z$ ergibt:

$$N_Z = -L \cdot N = \begin{pmatrix} -1 & 1 & 0 & 0 & -1 & 1 \\ 0 & -1 & 1 & 1 & 0 & -1 \end{pmatrix} \tag{5.16}$$

Die Zustandsgleichungen für die Zusatzzustände ergeben sich somit nach Gl. 5.15:

$$s_7(k+1) = s_7(k) - t_1(k) + t_2(k) - t_5(k) + t_6(k) \tag{5.17}$$

$$s_8(k+1) = s_8(k) - t_2(k) + t_3(k) + t_4(k) - t_6(k) \tag{5.18}$$

Hieraus lässt sich ablesen, dass der Zustand s_7 bei Erfüllung der Transitionen t_1 oder t_5 seine Markierung verliert (Pfeile in Bild 5.16 von s_7 weg), während er sie bei Erfüllung der Transitionen t_2 oder t_6 gewinnt (gestrichene Pfeile in Bild 5.16 zu s_7 hin).

Der Zustand s_8 wird durch die Transitionen t_3 oder t_4 aktiviert und durch die Transitionen t_2 oder t_6 deaktiviert. Damit lässt sich das Petri-Netz aus Bild 5.15 um die Zusatzzustände s_7 und s_8 erweitern (vgl. Bild 5.16). □

Es bleibt die Frage, wie das Petri-Netz aus Bild 5.16 in ein SPS-Programm umgesetzt werden kann.

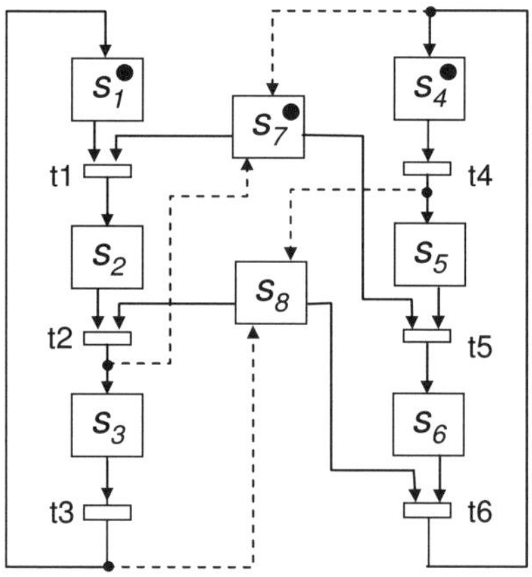

Bild 5.16: Petri-Netz für die Anlage aus Bild 5.14 mit den beiden Zusatzzuständen s_7 (`Roboter_frei`) und s_8 (`Lager_frei`).

5.5.3 Programmentwurf aus Petri-Netzen

Prinzipiell bestehen zwei Möglichkeiten, die Lösung aus Bild 5.16 in einem SPS-Programm umzusetzen, und zwar als kompakte oder als modulare Lösung.

Kompakte Lösung

Zur Ermittlung der kompakten Lösung ist zunächst der *Erreichbarkeitsgraf* des Petri-Netzes zu zeichnen. Dazu werden die gleichzeitig markierten Teilzustände des Petri-Netzes als Gesamtzustand in einem Zustandsgraf eingetragen. Bild 5.17a zeigt den Erreichbarkeitsgraf für das Petri-Netz nach Bild 5.16, das die parallelen Prozesse zur Werkstückhandhabung modelliert.

Dieser weist *keine Verklemmungen* auf und ermöglicht es, aus jedem Zustand heraus in den Anfangszustand zurückzukehren. Eine Steuerung für diesen Prozess ist also sicher erreichbar und kann deshalb realisiert werden.

Wie in Abschnitt 5.2 gezeigt, kann jeder Zustandsgraf in eine *Ablaufkette* überführt werden. Bild 5.17 zeigt die aus dem Erreichbarkeitsgrafen ermittelte Ablaufkette. Diese Lösung ist zwar kompakt, denn sie umfasst nur ein Programm in Form einer Ablaufkette. Die Ablaufkette ist jedoch häufig stark verzweigt und teilweise etwas unübersichtlich. Eine Alternative bietet die modulare Lösung.

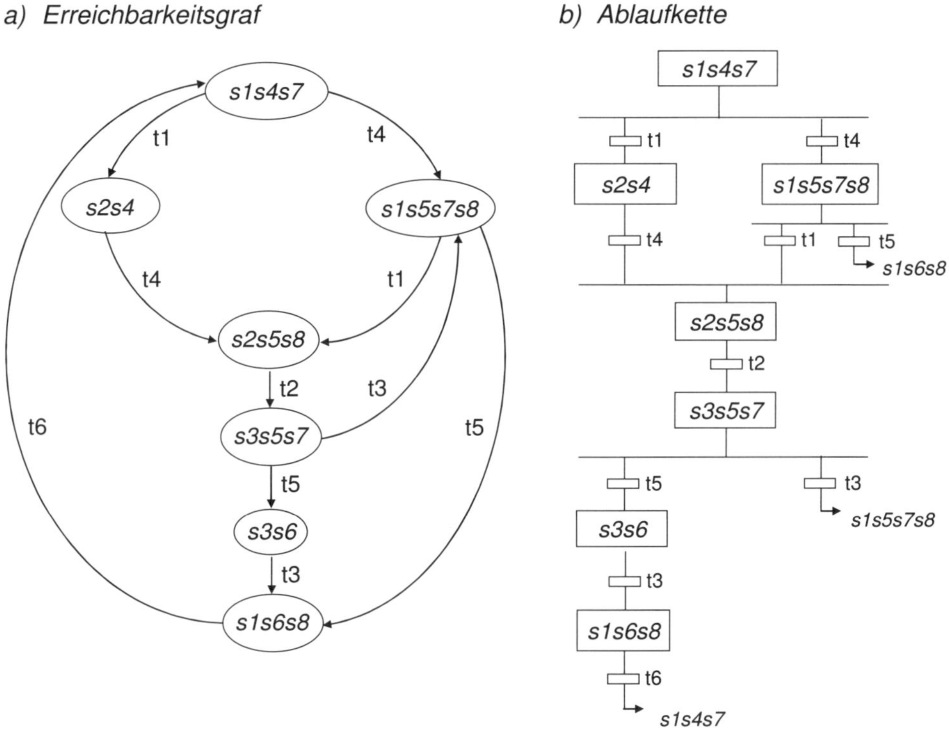

Bild 5.17: Erreichbarkeitsgraf für das Petri-Netz nach Bild 5.16 (a) und die sich daraus ergebende Ablaufkette (b).

Modulare Lösung

Die modulare Lösung besteht aus drei Programmen, den beiden Programmen für die Ablaufketten (z.B. Bild 5.15) und einem *Koordinationsprogramm* (z.B. Bild 5.18). Während die Ablaufketten in der Programmiersprache AS erstellt werden, realisiert das Koordinationsprogramm die Zusatzzustände durch RS-Flip-Flops in der Funktionsbausteinsprache.

Für das in Bild 5.16 dargestellte Petri-Netz bedeutet dies, dass die Zusatzzustände s_7 und s_8 durch RS-Flip-Flops im Programm `Koordination` realisiert sind. Sie werden von den Transitionssignalen der Ablaufketten gesetzt und zurückgesetzt (s. Bild 5.18).

Beispiel 5.5 *Modulare Lösung zur Koordination paralleler Prozesse*

Bild 5.18 zeigt das Koordinationsprogramm für das Beispiel der parallelen Werkstückhandhabung auf der Anlage nach Bild 5.15.

Die Zustände s_7 und s_8 werden durch jeweils ein RS-Flip-Flop gespeichert. Aus Gl. 5.17 erkennt man, dass die Transitionen t_1 oder t_5 das Flip-Flop für den Zustand s_7 zurücksetzen, während es durch die Transitionen t_2 oder t_6 gesetzt wird. Entsprechend wird der Zustand s_8 durch die Transitionen t_3 oder t_4 gesetzt und durch die Transitionen t_2 oder t_6 zurückgesetzt (vgl. Gl. 5.18).

Da die Zustände beim Verlassen der Transitionen erreicht werden, die eventuell aber noch länger erfüllt sind, darf der Zustandswechsel nur bei einem Schrittübergang, also bei einer negativen Flanke des Transitionssignals erfolgen. Hierfür müssen jedoch die Transitionssignale global deklariert werden.

Die so ermittelten Zusatzzustandssignale `Roboter_frei` und `Lager_frei` sind nun in den Schrittketten `Prozess_A` und `Prozess_B` gemäß Bild 5.16 zu ergänzen. □

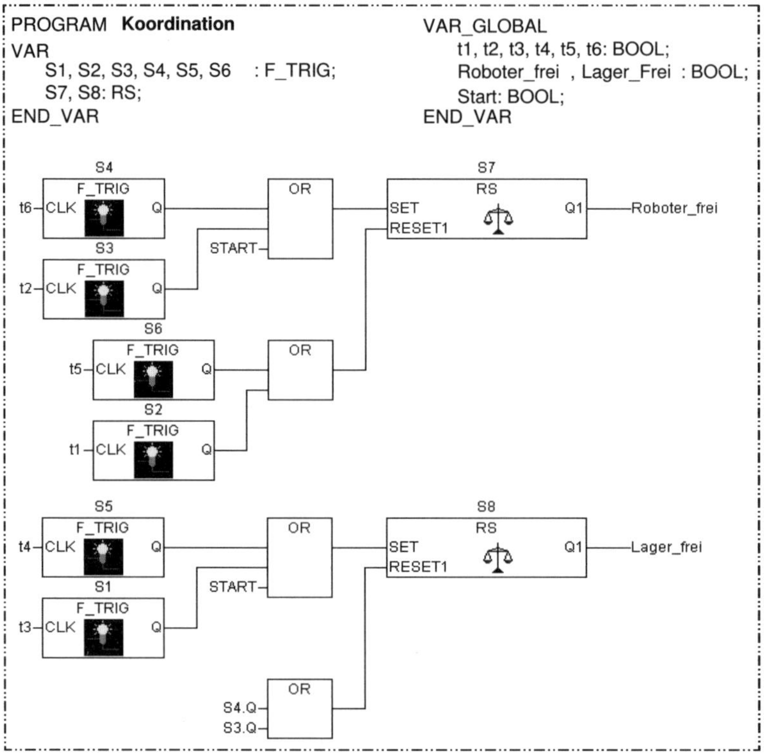

Bild 5.18: Koordinationsprogramm für die parallelen Prozesse A und B nach Bild 5.15.

In verfahrenstechnischen Anlagen treten häufig komplexe Prozessabläufe mit zahlreichen Schrittketten auf. Dabei spielt die oben beschriebene Koordination von Schrittketten eine wichtige Rolle.

Darüber hinaus ist es für solche komplexen Anlagen besonders wichtig, eine transparente Software zu entwickeln. Hierfür wird in Abschnitt 8.2 ein Strukturierungsansatz auf Basis von Typicals für Schrittketten vorgestellt, der die vertikale Integration betrieblicher Abläufe ermöglicht.

Übungsaufgaben zu Kapitel 5

Wiederholungsfragen

5.1 Wie sind Ablaufsteuerungen nach IEC 61131 aufgebaut?

5.2 Welche Bestimmungszeichen gibt es für Aktionsblöcke?

5.3 Wie lassen sich die Aktivität eines Ablaufschritts und die verstrichene Zeit, in der sich die Steuerung in diesem Schritt befindet, auslesen?

5.4 Wie ist der Aufbau einer
  a) Parallelverzweigung und einer
  b) Alternativverzweigung?

5.5 Wie lässt sich die Erreichbarkeit eines Ablaufs nachweisen?

5.6 Wie kann man eine Ablaufkette systematisch entwerfen?

5.7 Wie erfolgt der Datenaustausch zwischen SFCs und CFCs?

5.8 Was sind die Unterschiede zwischen
  a) speichernder und
  b) nicht speichernder Ansteuerung?

5.9 Welche Schutzfunktionen sind für Schrittketten vorzusehen und wie werden sie realisiert?

5.10 Welche Betriebsarten gibt es für Schrittketten und wie werden sie realisiert?

5.11 Wofür werden Petri-Netze eingesetzt?

5.12 Wie kann man Abläufe mit Petri-Netzen modellieren?

5.13 Wie lässt sich eine Koordination für parallele Abläufe entwerfen?

5.14 Wie erfolgt die Realisierung koordinierter Abläufe in der SPS?

Übung 5.1 *Aufzugsteuerung*

Ein Transportaufzug eines automatischen Lagers nach Bild 5.19 wird durch einen Zwei-Richtungsmotor EU_Y angetrieben. Bei Linkslauf bewegt sich der Aufzug nach oben, bei Rechtslauf nach unten.

Die Abwärtsbewegung wird durch einen unteren Endschalter GS_REFY begrenzt. Auf den Etagen befinden sich Magnete. Fährt der Aufzug an einem Magnet vorbei, detektiert der Sensor GIS_Y einen Impuls.

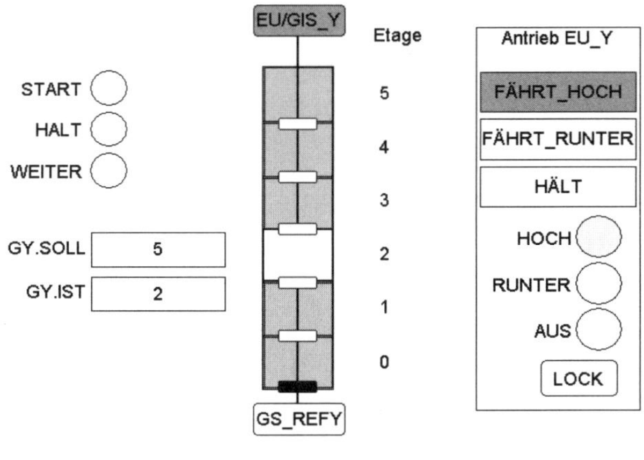

Bild 5.19: Anzeige- und Bedienoberfläche einer Aufzugsteuerung.

Die anzufahrende Etage wird vom Bediener vorgegeben. Nach Betätigung der Start-Taste soll der Aufzug die Etage anfahren.

a) Erstellen Sie das Programm zur Sensorauswertung und Ansteuerung des 2-Richtungsmotors in FBS!

b) Erstellen Sie das Programm für das Hoch- und Runterfahren des Aufzugs in AS!

c) Erweitern Sie die Ablaufkette um die Möglichkeit, sie anzuhalten und später wieder fortzusetzen!

Übung 5.2 *Ampelsteuerung durch Ablaufkette*

Die Ampelanlage aus Übung 4.3 (vgl. Bild 4.38) soll nun durch eine Ablaufsteuerung automatisiert werden.

Entwerfen Sie das Programm in AS und vergleichen Sie die Lösung mit dem Zustandsgraf-Entwurf für Übung 4.3!

Übung 5.3 *Ablaufkette zur Steuerung einer 3-Tankanlage*

Die in Bild 5.20 skizzierte verfahrenstechnische Anlage soll automatisiert werden. Hierzu muss zunächst die Flüssigkeit B bis zum Niveauschalter LS3 in den Behälter C vorgelegt und anschließend müssen unter ständigem Rühren 50 Liter der Flüssigkeit A hinzudosiert werden, bevor die Mixtur abgefüllt wird.

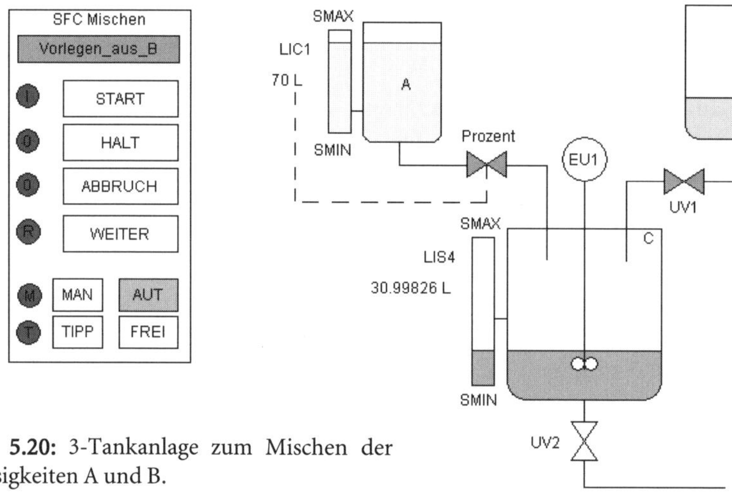

Bild 5.20: 3-Tankanlage zum Mischen der Flüssigkeiten A und B.

a) Erstellen Sie die CFCs! Welche der bereits in den Beispielen 3.8, 4.11 und 4.13 verwendeten Typicals können Sie nutzen?

b) Erstellen Sie die Ablaufkette in AS!

c) Ergänzen Sie ein Konzept für HALT, STOP und ABBRUCH!

d) Erweitern Sie die Ablaufkette um Betriebsarten!

Übung 5.4 *Programmierung einer Ablaufkette in FBS*

Mit dem in Bild 5.21 dargestellten Schrittkettenbaustein lassen sich Ablaufketten in der Funktionsbausteinsprache entwickeln, was den praktischen Anforderungen für Schutzfunktionen und Betriebsarten manchmal besser entgegenkommt als die Programmiersprache AS.

Der Schrittbaustein besitzt dieselbe Funktionalität wie eine Aktion/Transition in AS. Der *Schrittmerker* `ACTIVE` wird gesetzt, wenn die vorangehende Transition (`TRANS`) erfüllt ist und die vorherige Aktion (`PREV`) noch aktiv ist. Damit wird verhindert, dass Schritte aktiviert werden, deren vorherige Transition zwar erfüllt ist, die aber nach der Ablaufreihenfolge noch gar nicht an der Reihe sind. Der Schrittmerker `ACTIVE` wird ebenso wie die Variable `PREV` zurückgesetzt, wenn der nächste Schritt (`NEXT`) aktiviert ist.

Der Schrittbaustein meldet einen *Fehler* (`ERR`), wenn der Schritt länger als eine einstellbare Maximalzeit (`MAX_TIME`) aktiv ist. Weiterhin überschreibt der Baustein die Nummer des gerade aktiven Schritts (`STEP_NO`) mit seiner eigenen *Schrittnummer* (`NO`), sobald er aktiviert wurde. Somit ist mit der Variablen `STEP_NO` stets der gerade aktive Schritt in der Ablaufkette abrufbar.

```
FUNCTION_BLOCK STEP
VAR_INPUT
        PREV: BOOL;
        NEXT: BOOL;
        TRANS: BOOL;
        NO: INT;
END_VAR
VAR_IN_OUT
        STEP_NO:INT;
END_VAR
VAR_OUTPUT
        ACTIVE: BOOL;
        ERR: BOOL;
        STEP_TIME: TIME;
END_VAR
VAR
        MAX_TIME: TIME:=t#30m;
        ACTION: RS;
        CLOCK: TON;
        STEP_ACTION: R_TRIG;
END_VAR
```

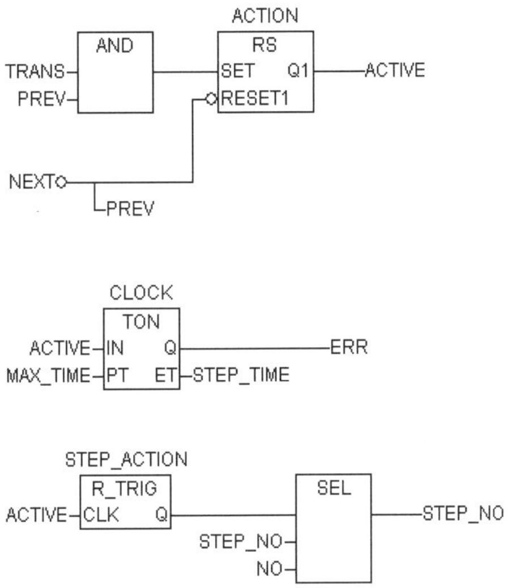

Bild 5.21: Aufbau eines Schrittbausteins zur Realisierung von Ablaufketten in FBS.

a) Programmieren Sie die Ablaufkette zum Mischen der Flüssigkeiten A und B aus Übung 5.3 (Bild 5.20) in der Funktionsbausteinsprache unter Verwendung des vorgegebenen Schrittbausteins!

b) Erweitern Sie den Schrittbaustein um ein Konzept für HALT und ABBRUCH!

c) Erweitern Sie die Ablaufkette so, dass sie anhält, wenn eines der von ihr angesteuerten Feldgeräte in Störung ist!

d) Erweitern Sie den Schrittbaustein um die Betriebsarten MAN und TIPP!

Übung 5.5 *Modellierung der Verkehrsampel als Petri-Netz*

Zur Steuerung der Verkehrsampel in Bild 5.2 soll die Netzmatrix ermittelt werden. Zeigen Sie mit Hilfe der Zustandsgleichungen, dass die Ablaufkette nacheinander die Schritte Rot, Rotgelb, Grün, Gelb aktiviert!

Übung 5.6 *Entwurf der Ablaufkette aus dem Erreichbarkeitsgraf*

Die Reihenfolge der Handhabungsschritte in der Anlage aus Bild 5.14 soll geändert werden. Der Schritt S6 (`Einlagern`) soll vor Schritt S5 (`Vom_Band_greifen`) ausgeführt werden. Zeichnen Sie den Erreichbarkeitsgraf! Was ändert sich am Entwurf?

Übung 5.7 *Koordinationsentwurf für eine verfahrenstechnische Anlage*
In folgender Anlage (Bild 5.22) sollen zwei Produkte A und B durch wiederholtes Schleudern in einer Zentrifuge, die vom Motor EU1 angetrieben wird, gereinigt werden.

Bei Reinigung des Produkts A wird die Flüssigkeit aus dem Behälter A in die laufende Zentrifuge gefüllt, bis LS1 erreicht ist. Danach wird die Flüssigkeit durch die Pumpe EU2 zurück in den Behälter A gepumpt, bis LS2 erreicht ist. Dieser Vorgang kann mehrmals wiederholt werden.

Gleiches kann mit Produkt B bzw. Behälter B ablaufen. Es darf jedoch stets nur ein Produkt in der Zentrifuge sein, d.h. Zentrifuge (EU1) und Pumpe (EU2) sind von beiden Reinigungsprozessen gemeinsam genutzte Anlagenteile.

a) Entwerfen Sie jeweils ein Petri-Netz für die Reinigungsprozesse A und B!

b) Geben Sie die Netzmatrix ***N*** an und formulieren Sie die Randbedingungen!

c) Berechnen Sie die Systemgleichung für die zusätzlich eingeführten Zustände und ergänzen Sie das Petri-Netz aus a) um die zusätzlichen Zustände!

d) Zeichnen Sie den Erreichbarkeitsgraf und entwickeln Sie daraus die Schrittkette!

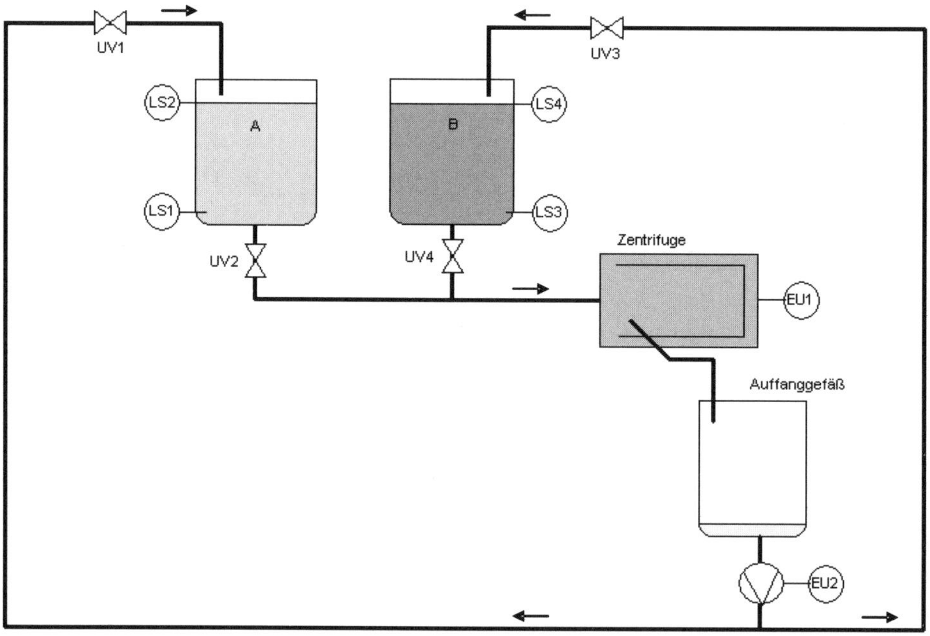

Bild 5.22: Verfahrenstechnische Anlage zur Reinigung der Flüssigkeiten A und B durch Schleudern in einer Zentrifuge.

6 Bewegungssteuerungen

Neben den klassischen Funktionen einer SPS, wie Verknüpfungs- und Ablaufsteuerungen, bieten immer mehr Steuerungen heutzutage auch *Safety*- und *Motion*-Funktionen sowie die Visualisierung in einem einheitlichen Programmiersystem an [6.1]. Die PLCopen treibt diese Entwicklung wie in Bild 6.1 veranschaulicht durch Ergänzung der IEC 61131 voran, indem sie Bibliotheken mit standardisierten Funktionsbausteinen für Bewegungssteuerungen (Motion Control) und Sicherheitsanwendungen (Safety) entwickelt. Somit muss sich der Anwender nicht mehr mühsam in verschiedene Softwarepakete einarbeiten, sondern kann die vom Hersteller mitgelieferten Funktionsbausteine für Motion- und Safety-Anwendungen einfach in die SPS-Software einbinden.

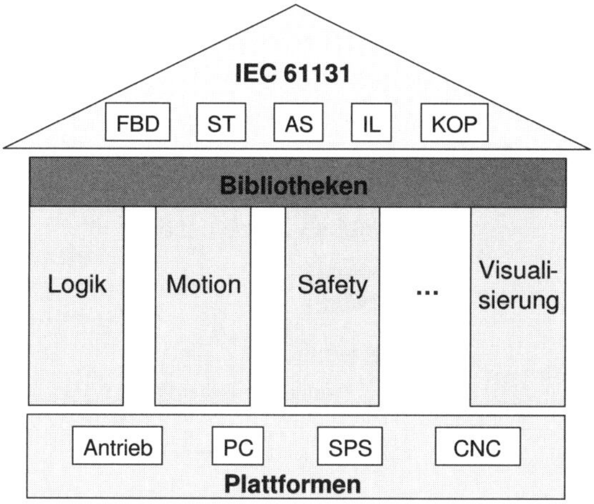

Bild 6.1: Klassische Logikschaltungen wachsen mit Motion- und Safety-Funktionen unter dem Dach der IEC 61131 zusammen. Die hardwareunabhängigen Programmiersprachen ermöglichen die Implementierung auf unterschiedlichen Plattformen [1.10].

In diesem Kapitel wird zunächst gezeigt, wie mit solchen *Systemen* Bewegungssteuerungen realisiert werden können, bevor im Kapitel 7 die Sicherheitsanwendungen erläutert werden.

Bewegungssteuerungen spielen eine wichtige Rolle in der *fertigungstechnischen Industrie*, deren Prozesse mit Hilfe von Werkzeugmaschinen, Robotern und Transportsystemen automatisiert werden. Die Zielsetzung dabei ist es, ein Werkzeug, einen Greifer oder ein Werkstück entlang einer vorgegebenen Bahn zu einer vorgegebenen Position zu fahren.

6.1 Motion-Control-Systeme

Bislang wurden die Bewegungen von Werkzeugmaschinen und Robotern durch spezielle Steuerungen wie *CNC* (Computerized Numerical Control) oder *RC* (Robot Control) ausgeführt. Die Besonderheit dieser Steuerungen war im Unterschied zur SPS, dass sie numerische Funktionen sehr schnell, d.h. mit Zykluszeiten unter 1 ms, durchführen können.

Die heutige leistungsfähigere Hardware ermöglicht es, Motion- und Logik-Funktionen in einem einzigen sog. Motion-Control-System anzubieten. *Motion-Control-Systeme* (MC-Systeme) steuern meist mehrere Motoren an, die in Verbindung mit Getrieben die Achsen einer Werkzeugmaschine oder eines Roboters bewegen [6.2]. Kernstück eines Motion-Control-Systems ist die Software, die Funktionen zur Programmierung von Bewegungsbahnen eines Werkzeugs oder Greifers zur Verfügung stellt.

Die Software des Motion-Control-Systems ist plattformunabhängig. Bild 6.2 zeigt drei mögliche *Strukturen* von Motion-Control-Systemen: Neben der hardwarebasierten Variante kann die Software in Verbindung mit einer Feldbusschnittstelle wie eine Soft-SPS auch auf einem PC laufen oder sie ist antriebsnah im Mikrocontroller des Umrichters implementiert. Diese dezentrale, antriebsnahe Variante ist besonders für zeitkritische Regelungen von vielen Motoren interessant, weil die Busübertragungszeiten zwischen Motion-Control-System und Umrichter entfallen.

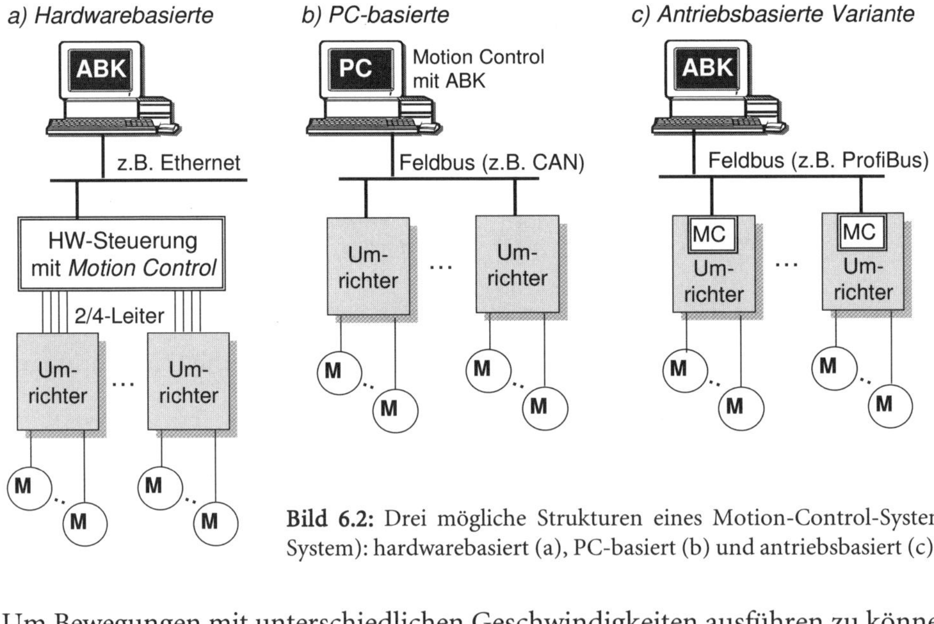

Bild 6.2: Drei mögliche Strukturen eines Motion-Control-Systems (MC-System): hardwarebasiert (a), PC-basiert (b) und antriebsbasiert (c).

Um Bewegungen mit unterschiedlichen Geschwindigkeiten ausführen zu können, werden drehzahlveränderbare Motoren mit Umrichtern eingesetzt. Ein *Umrichter* ist eine Elektronikeinheit außerhalb der Steuerung, die aus der statischen Versorgungsspannung eine variable Ausgangsspannung am Motor erzeugt. Durch Veränderung dieser Ausgangsspannung lässt sich die Drehzahl des Motors einstellen.

6.1.1 Aufbau von Motion-Control-Systemen

Zur Realisierung einer Bewegungssteuerung sind gemäß Bild 6.3 vier Komponenten notwendig. Diese werden zum besseren Verständnis nachfolgend am Beispiel eines Roboterarms mit Greifer vorgestellt:

- *Bahnplanung*: Der Bediener gibt durch Vorgabe von Zielpunkten abschnittsweise die vom Werkzeug oder Greifer abzufahrende Bahn in einer Bedienoberfläche vor. Ein einfaches Beispiel stellt ein linearer Bahnabschnitt dar, den der Greifer abfahren soll, um ein Objekt zu greifen.
- *Interpolation*: Innerhalb eines Bahnabschnitts erzeugt der Interpolator Sollwerte für den vom Greifer zurückzulegenden Weg $s(t)$. Die Sollwerte werden dabei so berechnet, dass der Greifer auf seinem Weg zum Objekt zunächst beschleunigt, dann mit konstanter Geschwindigkeit fährt und schließlich rechtzeitig vor dem Ziel wieder abbremst.
- *Koordinatentransformation:* Die Bahnvorgaben des Interpolators sind nun zunächst in kartesische Positionsvorgaben $\boldsymbol{p}(t)$ bezüglich der x-, y- und z-Achsen eines festen Weltkoordinatensystems umzurechnen. Da der Roboterarm meist aber aus rotatorischen Achsen besteht, müssen diese Positionssollwerte dann in Winkelsollwerte $\boldsymbol{q}(t)$ für die Roboterachsen transformiert werden.

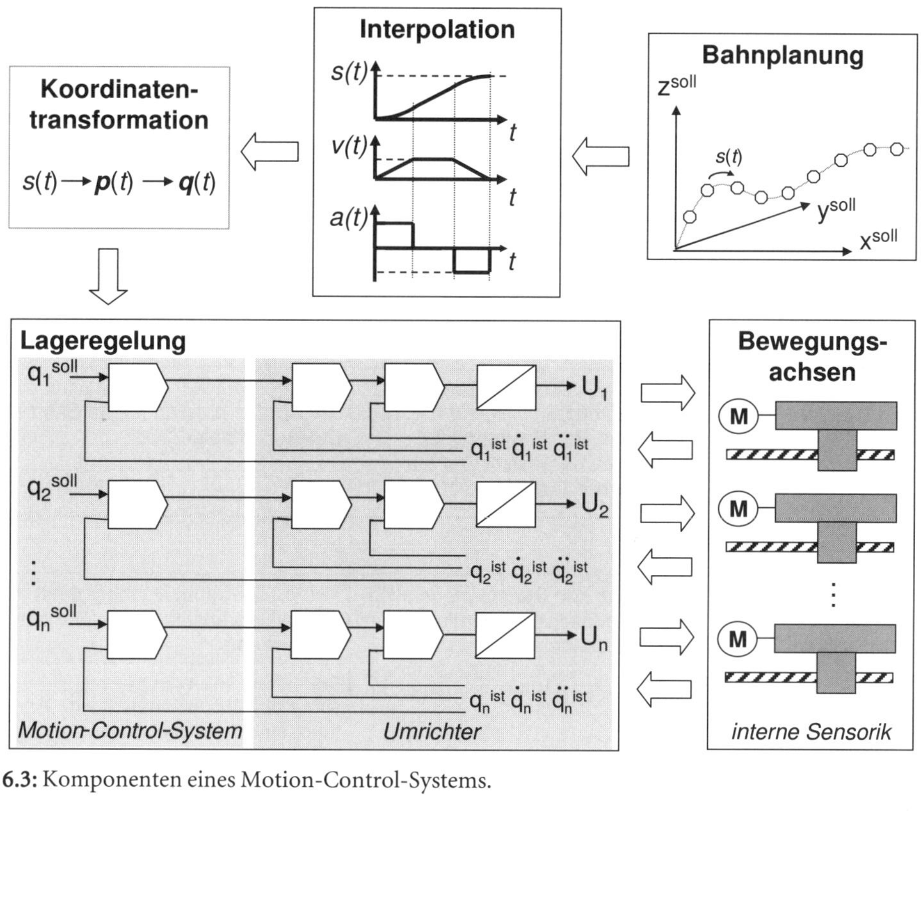

Bild 6.3: Komponenten eines Motion-Control-Systems.

- *Lageregelung:* Um die Winkelsollwerte der Roboterachsen ausreichend genau anzufahren und auftretende Störungen zu kompensieren, werden die Antriebe durch Kaskadenregelkreise geregelt. Der Lageregler bildet die äußerste Kaskade und wird als Software im Motion-Control-System implementiert. Die Geschwindigkeits- und Beschleunigungsregler sind als mittlere bzw. innere Kaskade in der Hardware des Umrichters realisiert.

Für diese vier Komponenten stellt ein Motion-Control-System Funktionsbausteine (s. Tabelle 6.1) zur Verfügung, durch die eine doch meist sehr komplizierte Bewegungssteuerung in der *Funktionsbausteinsprache* relativ einfach programmiert werden kann.

Tabelle 6.1: Überblick der wichtigsten Bibliotheken und Funktionsbausteine im SoftMotion-Paket von CoDeSys [6.3].

Bibliothek	Beschreibung	Wichtige Strukturobjekte und Funktionsbausteine (Auswahl)
Antriebsbibliothek (z.B. in CoDeSys: `SM_DriveBasic.lib`)	Diese Bibliothek bildet die Schnittstelle zwischen dem Anwenderprogramm und dem Antrieb. Sie ermöglicht es, Antriebe in der *Steuerungskonfiguration* festzulegen.	Für jeden in der Steuerungskonfiguration angelegten Antrieb wird von CoDeSys eine Variable der Struktur `AXIS_REF` angelegt. Diese umfasst alle relevanten Antriebsdaten, auf die die Funktionsbausteine zugreifen müssen.
PLCopen-Bibliothek (z.B. in CoDeSys: `SM_PLCopen.lib`)	Bausteine, mit denen die Steuerung einzelner *Achsen*, aber auch die synchronisierte Bewegung zweier Achsen leicht programmiert und realisiert werden kann.	`MC_Power` kontrolliert Leistungszuschaltung, Lageregelung und Bremsenzustand des Antriebs.
		`MC_MoveAbsolute` bewegt eine Achse an eine absolute Position entsprechend den vorgegebenen Werten für Geschwindigkeit, Bremsen und Beschleunigung.
		`MC_CamIn` setzt eine in `MC_CamTableSelect` gewählte Kurvenscheibe um, die im CAM-Editor vorgegeben wird, um die Bewegungen zweier Achsen zu koordinieren.
CNC-Bibliotheken (z.B. in CoDeSys: `SM_CNC.lib`, `SM_CNCDiagnostic.lib`)	Bausteine, mit denen die im CNC-Editor erzeugten bzw. zur Laufzeit geplanten *Bahnbewegungen* bearbeitet, dargestellt und ausgeführt werden können,	`SMC_NCDecoder` entschlüsselt die im CNC-Editor programmierte Bahn zu Strukturvariablen.
		`SMC_Interpolator` wandelt die entschlüsselten Bahnobjekte in diskrete Punkte.
Transformationsbibliotheken (z.B. in CoDeSys: `SM_Trafo.lib`)	Bausteine zur *Transformation* von Welt- in Maschinenkoordinaten, inkl. der mathematischen Vorwärts- und Rückwärtstransformation für einige gängige Kinematiken.	`SMC_TRAFO_Gantry` berechnet die Rückwärtstransformation für Portalkransysteme.
		`SMC_ControlAxisByPos` schreibt Sollpositionen in eine Antriebsstruktur und überwacht selbige auf Sprünge.
		`SMC_TRAFO_Scara2` berechnet die Rückwärtstransformation für zweigelenkige Roboterarme vom Typ SCARA.

6.1.2 Standard-Funktionsbausteine in Motion-Control-Systemen

Industrielle Motion-Control-Systeme, wie beispielsweise das SoftMotion-Paket von CoDeSys, bieten *standardisierte Funktionsbausteine* zur Bewegungssteuerung, die nach IEC 61131 einsetzbar und größtenteils von der PLCopen genormt sind [3.5]. Tabelle 6.1 gibt einen Überblick der wichtigsten Bibliotheken und Funktionsbausteine.

Basis eines jeden Motion-Control-Systems ist die *Schnittstelle zum Antrieb*. Diese ist in der Steuerungskonfiguration für das jeweilige Bussystem (z.B. CAN oder SERCOS) anzulegen. Daraufhin erzeugt das Motion-Control-System automatisch die notwendigen Strukturvariablen für den Antrieb, auf die alle Programme zur Bewegungssteuerung zugreifen können.

Die Funktionsbausteine für die wichtigsten Bewegungsarten sind von der PLCopen standardisiert und werden von den Systemen in einer Bibliothek angeboten (s. Tabelle 6.1). Zur Steuerung einer Achse muss stets der Funktionsbaustein `MC_Power` aktiviert werden, über den der Motor eingeschaltet und die Lageregelung freigegeben wird (s. Bild 6.4). Für eine lagegeregelte Bewegung und Interpolation *einer Achse* stehen verschiedene Bausteine wie z.B. `MC_MoveAbsolute` zur Verfügung.

Oftmals besteht die Steuerungsaufgabe aber darin, *mehrere Achsen* einer Werkzeugmaschine oder eines Roboters zu koordinieren. Hierfür bieten die Systeme Editoren zur Bahnvorgabe und Funktionsbausteine zur Interpolation der vorgegebenen Bahn. Außerdem gibt es für gängige Kinematiken bereits fertige Bausteine zur Koordinatentransformation.

Bevor in den Abschnitten 6.3 und 6.4 auf die Koordination mehrerer Achsen zur Steuerung von Werkzeugmaschinen und Robotern eingegangen wird, soll nachfolgend zunächst nur *eine* Achse betrachtet werden.

6.2 Steuerung einer Bewegungsachse

Eine Bewegungsachse besteht wie in Bild 6.4 gezeigt aus einem Motor, dessen Antriebswelle hier ein Lineargetriebe bewegt und an dem z.B. der Arbeitstisch einer Werkzeugmaschine befestigt ist. Das Lineargetriebe setzt die *rotatorische* Bewegung der Antriebswelle mit der Motordrehzahl $n(t)$ in eine *lineare* Bewegung des Arbeitstisches entlang einer Achse, hier der x-Achse, um.

Das folgende Beispiel zeigt, wie eine solche Linearachse durch ein Motion-Control-System gesteuert werden kann.

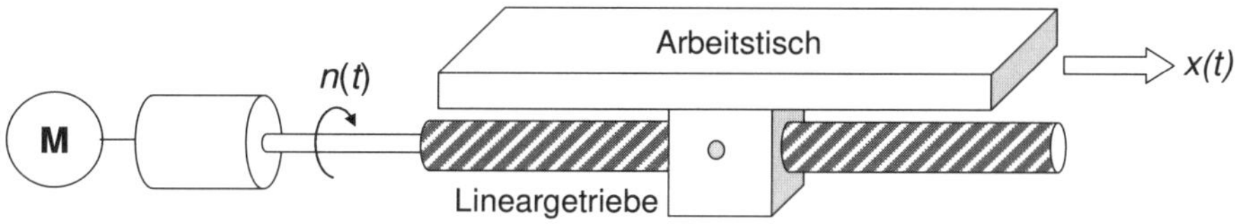

Bild 6.4: Aufbau einer Linearachse

Beispiel 6.1 *Ansteuerung einer Linearachse*

In *CoDeSys* ist zunächst unter `Zielsystemeinstellungen` für die eingestellte Soft-SPS unter der Lasche `Allgemein` ein Haken bei `SoftMotion` anzuwählen. Damit werden die erforderlichen Bibliotheken und Editoren automatisch eingerichtet.

Danach kann der Antrieb `Drive` in der `Steuerungskonfiguration` deklariert und eingestellt werden. Hierzu ist wie in Bild 6.5a die Achsgruppe eines Bussegments mit ihren Antrieben aufzuführen. Wichtig ist hierbei, dass die Task, der die Programme zur Bewegungssteuerung des Antriebs zugeordnet sind, auch in der `Steuerungskonfiguration` unter `sTask` angegeben wird.

Nun kann nach Bild 6.5b das Programm `EU_1` für den Antrieb erstellt werden. Zur *Leistungszuschaltung* muss der Funktionsbaustein `MC_Power` aktiviert werden. Damit sich die Achse bewegt, ist z.B. der Funktionsbaustein `MC_MoveAbsolute` einzubinden, der die *Interpolation* und *Lageregelung* zusammen mit dem Umrichter ausführt.

Außerdem enthält das Ansteuerprogramm den bereits in Kapitel 3 eingeführten Funktionsbaustein `TYP_IDF1`, der hier lediglich zur *Verriegelung* und *Freigabe* des Antriebs in verschiedenen Betriebsarten dient. □

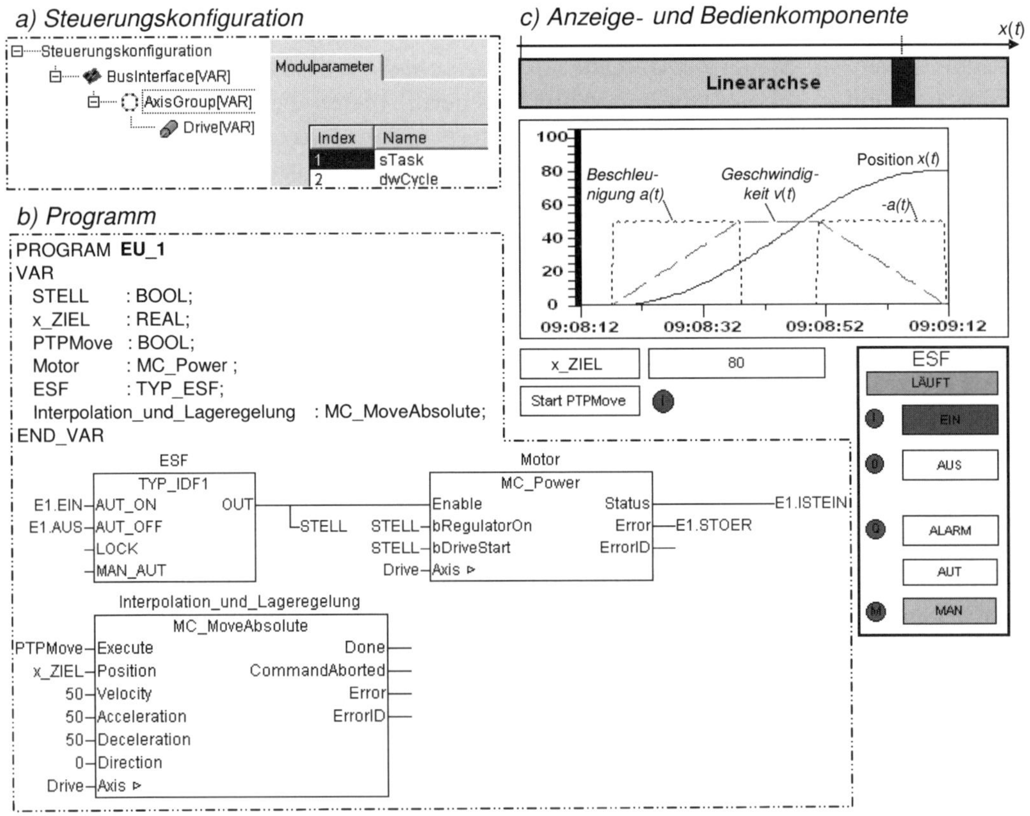

Bild 6.5: Steuerungssoftware für einen Linearantrieb bestehend aus der Steuerungskonfiguration (a), dem Ansteuerprogramm mit Funktionsbausteinen aus der PLCopen-Bibliothek (b) und der Anzeige- und Bedienkomponente (c).

In Bild 6.5c sind die zeitlichen *Verläufe* des zurückgelegten Wegs $x(t)$, der Geschwindigkeit $v(t)$ und der Beschleunigung $a(t)$ aufgezeichnet, die durch das Programm

EU_1 realisiert werden. Man erkennt einen trapezförmigen Geschwindigkeitsverlauf $v(t)$ (gestrichen) und einen s-förmigen Wegverlauf $s(t)$ (durchgezogen), der typisch für eine Linearinterpolation ist, wie sie im Folgenden beschrieben wird.

6.2.1 Interpolation

Wenn die Achse aus Bild 6.4 von einer Startposition x_{START} zu einer Zielposition x_{ZIEL} bewegt werden soll, muss der Antrieb die Achse zunächst bis zu einer gewünschten Geschwindigkeit beschleunigen. Dann fährt die Achse mit dieser konstanten Geschwindigkeit, bis die Steuerung sie rechtzeitig vor dem Ziel wieder abbremst. Im einfachsten Fall entspricht dies dem *trapezförmigen Geschwindigkeitsverlauf* nach Bild 6.6a mit abschnittsweise konstanter Beschleunigung.

Für die Berechnung eines solchen Bewegungsprofils betrachtet man die Positionen in Bild 6.6b. Ausgehend von der Startposition x_{START} soll die Achse zum Zeitpunkt t die Position

$$x(t) = x_{START} + \begin{cases} s_p(t) & \forall\, x_{START} \le x_{ZIEL} \quad (Vorwärtsfahrt) \\ -s_p(t) & \forall\, x_{START} > x_{ZIEL} \quad (Rückwärtsfahrt) \end{cases} \tag{6.1}$$

erreichen. Dabei ist $s_p(t)$ der auf diesem Bahnabschnitt zum Zeitpunkt t zurückzulegende Weg.

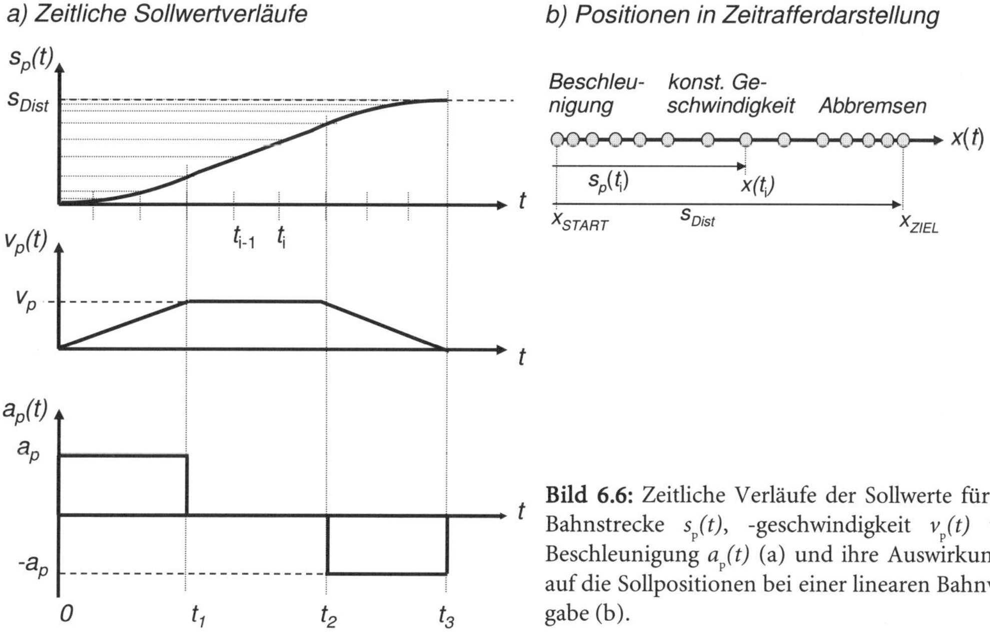

Bild 6.6: Zeitliche Verläufe der Sollwerte für die Bahnstrecke $s_p(t)$, -geschwindigkeit $v_p(t)$ und Beschleunigung $a_p(t)$ (a) und ihre Auswirkungen auf die Sollpositionen bei einer linearen Bahnvorgabe (b).

Durch Integration des gewünschten trapezförmigen Geschwindigkeitsverlaufs erhält man folgenden Verlauf für den zurückzulegenden Weg:

$$s_p(t)=\begin{cases} \frac{1}{2}a_p t^2 & \forall\ 0<t\le t_1 \\ v_p(t-t_1)+\frac{1}{2}a_p t_1^2 & \forall\ t_1<t\le t_2 \\ v_p(t-t_2)-\frac{1}{2}a_p(t-t_2)^2+v_p(t_2-t_1)+\frac{1}{2}a_p t_1^2 & \forall\ t_2<t\le t_3 \end{cases} \tag{6.2}$$

Damit sich dieses Geschwindigkeitsprofil während der Fahrt einstellt, muss die Steuerung in jedem Zyklus die zurückzulegende Strecke $s_p(t)$ als *Soll-Position* an die Lageregelkreise vorgeben.

Wie aus Bild 6.6 ersichtlich bedeutet eine Sollwertvorgabe in *äquidistanten* Zeitabständen, dass sich die Streckenlänge Δs_p zwischen zwei Sollwerten $s_p(t_i)$ und $s_p(t_{i-1})$ während der Beschleunigungsphase vergrößert, bei konstanter Geschwindigkeit gleich bleibt und beim Abbremsen wieder verringert. Allein durch diese Streckenvorgabe, d.h. ohne explizite Vorgabe des Geschwindigkeits- und Beschleunigungsverlaufs, wird die Bahndynamik erreicht.

Für den Ablauf der Interpolation ist es jedoch wichtig, zu welchen Zeitpunkten t_1, t_2 und t_3 die *Umschaltung* zwischen Beschleunigungs-, maximaler Geschwindigkeits- und Abbremsphase erfolgen muss. Dabei geht man nach folgenden Schritten vor:

1. Berechnung der gesamten Bahnlänge:

$$s_{Dist}=x_{ZIEL}-x_{START} \tag{6.3}$$

2. Berechnung der Beschleunigungszeit:

$$t_1=\frac{v_p}{a_p} \tag{6.4}$$

3. Berechnung der Fahrtzeit bis zum Einsetzen des Bremsvorgangs:

$$s_{Dist}=\int_0^{t_3} v_p(t)dt=v_p\cdot t_2 \Rightarrow t_2=\frac{s_{Dist}}{v_p} \tag{6.5}$$

Dabei wird ein symmetrisches Geschwindigkeitsprofil, d.h. $t_1 = t_3 - t_2$, vorgesehen.

4. Berechnung der Gesamtfahrtzeit:

$$t_3=t_1+t_2 \tag{6.6}$$

Im Allgemeinen werden also die gewünschte Maximalgeschwindigkeit v_p und die Beschleunigung a_p vorgegeben [6.4] und daraus die Umschaltzeitpunkte bestimmt.

Wenn aber die zurückzulegende Distanz so kurz ist, dass bei limitierter Beschleunigung die vorgegebene Geschwindigkeit nicht erreicht werden kann, schließt sich an die Beschleunigungsphase direkt die Bremsphase an, d.h.

$$t_2=\frac{s_{Dist}}{v_p}\overset{!}{=}t_1=\frac{v_p}{a_p} \tag{6.7}$$

Für eine solche *zeitoptimale Bahn* ist die maximal erreichbare Geschwindigkeit nach Gl. 6.7

$$v_p=\sqrt{s_{Dist}\cdot a_p} \tag{6.8}$$

Beispiel 6.2 *Programmierung einer Linearinterpolation*

Der Algorithmus für eine solche lineare Bahnfahrt, der sich aus den Gln. 6.2...6.8 ergibt, ist im Funktionsbaustein `INTERPOLATION` in Bild 6.7 dargestellt.

```
FUNCTION_BLOCK INTERPOLATION
VAR_INPUT
   Start: BOOL;
   Dist: REAL;
   v,a:REAL;
   IPO_Task:TIME;
END_VAR
VAR_OUTPUT
   sp: REAL;
END_VAR
VAR
   t, t1, t2, t3,T0: REAL;
   uhr: TON;
END_VAR

v:=LIMIT(0, v, SQRT(Dist*a));          (* max. erreichbare Geschwindigkeit *)
t2:= Dist/v;                           (* Umschaltzeiten *)
t1:= v/a;
t_IPO:=TIME_TO_REAL(IPO_Task);         (* Runden *)
IF t_IPO>0 THEN
   t1:=REAL_TO_INT(t1/t_IPO)*t_IPO;
   t2:=REAL_TO_INT(t2/t_IPO)*t_IPO;
END_IF
t3:= t1+t2;                            (* Gesamtfahrtzeit *)
v:=Dist/t2;                            (* Neuberechnung von a und v *)
a:=v/t1;
uhr(IN:=Start,pt:=REAL_TO_TIME(t3));   (* Timer *)
t:=TIME_TO_REAL(uhr.ET);
IF t < t1 THEN                         (* Beschleunigen *)
   sp:= 0.5*a*t*t;
ELSIF t >= t1 AND t<t2 THEN            (* konst. max. Geschwindigkeit *)
   sp:= 0.5*a*t1*t1+ v*(t-t1);
ELSIF t >= t2 AND t<t3 THEN            (* Bremsen *)
   sp:= 0.5*a*t1*t1+ v*(t-t1)- 0.5*a*(t-t2)*(t-t2);
ELSE                                   (* Ende der Bewegung *)
   sp:= Dist;
END_IF
```

Bild 6.7: Funktionsbaustein `INTERPOLATION` zur Realisierung einer linearen Bahnfahrt.

Zu Beginn der Interpolation wird die Geschwindigkeit ggf. auf die Maximalgeschwindigkeit gemäß Gl. 6.7 begrenzt. Dann werden die Umschaltzeitpunkte nach den Gln. 6.4 und 6.5 berechnet. Da die Umschaltzeiten nicht immer ganzzahlige Vielfache der Zykluszeit t_{IPO} der Interpolationstask sind, führt dies bei kleinen Bahnsegmenten zu relativ großen Abweichungen vom Zielpunkt [6.4]. Um das zu vermeiden, sind die Umschaltzeiten durch die Typumwandlung `REAL_TO_INT` zu runden, damit sie ganzzahlige Vielfache von t_{IPO} sind. Mit Hilfe der neuen Umschaltzeitpunkte ergeben sich auch korrigierte Werte für die Geschwindigkeit v, die Beschleunigung a und die Gesamtfahrtzeit t_3.

Für die eigentliche Interpolation wird nun der Timer `uhr` gestartet, mit dessen Hilfe zu den berechneten Umschaltzeitpunkten in die jeweilige Bewegungsphase geschaltet und die entsprechende Wegvorgabe $s_p(t)$ berechnet wird. □

Der Ausgang des Interpolators $s_p(t)$ bestimmt nach Gl. 6.1 den Positionssollwert $x^{soll}(t)$ für die sich anschließende Lageregelung. Damit die Regelung schneller konvergiert als der Interpolator neue Sollwerte vorgibt, muss die *Interpolationszeit* t_{IPO} größer als die Zykluszeit T_0 der Regelung eingestellt werden.

6.2.2 Lageregelung

Aufgabe der Lageregelung ist es, die Antriebe so anzusteuern, dass die vom Interpolator vorgegebene Strecke ausreichend genau abgefahren wird und auftretende Störungen ausgeregelt werden. Hierfür wird der in Bild 6.8 skizzierte *Lageregelkreis* aufgebaut, der aus drei Kaskaden besteht.

Die äußere Kaskade regelt die *Position* auf den vorgegebenen Lagesollwert x^{soll}. An der Achse befindet sich hierfür eine Positionssensorik, die die tatsächlich zurückgelegte

Strecke x^{ist} misst. Dabei kommen meistens optische *Inkrementalweggeber* zum Einsatz [6.5, 6.6].

Der Ausgang des Lagereglers bildet den Sollwert für die mittlere Kaskade, die die Motordrehzahl $n(t)$ regelt. Diese ist proportional zur Geschwindigkeit der Achse, weshalb diese Kaskade auch als *Geschwindigkeitsregelung* bezeichnet wird. Die Motordrehzahl n^{ist} kann z.B. mit einem Tachogenerator gemessen werden [6.6].

Die innere Kaskade regelt den Motorstrom *I*, der proportional zum Drehmoment des Motors und somit zur *Beschleunigung* der Achse ist. Der Sollwert des Stromregelkreises wird vom Ausgang des Drehzahlreglers bestimmt. Der Ausgang des Stromreglers ist schließlich der Wert für die Spannung *U*, die vom Umrichter an den Motor gelegt wird.

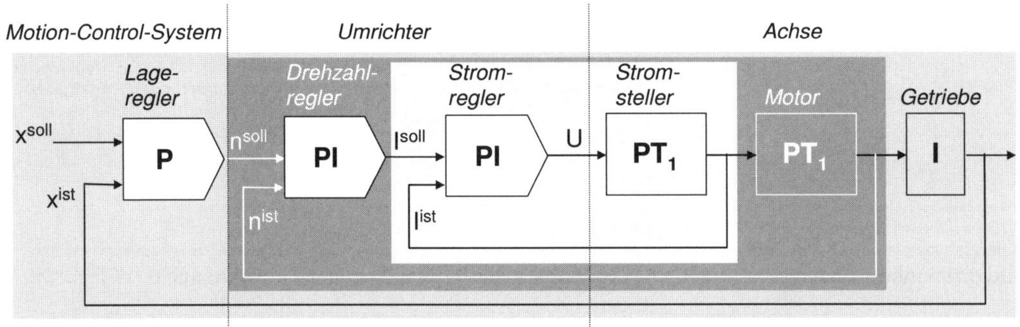

Bild 6.8: Lageregelkreis zur Regelung des Motorstroms $I(t)$, der Drehzahl $n(t)$ und der Position $x(t)$ der Achse.

Im Allgemeinen werden Strom- und Drehzahlregler in der Umrichter-Elektronik realisiert. Diese Elektronikeinheit ist wie in Bild 6.2 dargestellt über einen Feldbus an das Motion-Control-System angekoppelt. Vom Motion-Control-System werden dann Drehzahlsollwert und Reglerparameter an den Umrichter übertragen.

Beispiel 6.3 *Inbetriebnahme eines Lageregelkreises*

Obwohl in den meisten Systemen nur der Lageregler im Motion-Control-System realisiert ist und Drehzahl und Stromregelkreis als Hardware im Umrichter integriert sind, soll hier in einer Simulation das Verhalten des Lageregelkreises veranschaulicht werden. Dies ist deshalb wichtig, weil die Parametrierung des Drehzahl- und Stromregelkreises mitunter vom Motion-Control-System aus vorgenommen werden muss.

Für den Lage-, Drehzahl- und Stromregler wird der Funktionsbaustein `TYP_PID` aus Bild 4.32 eingesetzt, auch wenn nur PI- und P-Verhalten erforderlich sind. Der Reglerbaustein bietet nämlich zum einen eine Stellwertbegrenzung und zum anderen durch die Betriebsarten die Möglichkeit, die einzelnen Kaskaden getrennt zu starten.

Zur Inbetriebnahme wird zuerst der Stromregelkreis durch Aktivierung der Variablen `START_I` gestartet, während die beiden anderen Regler in der Betriebsart manuell bleiben (s. Bild 6.9a). Der Sollwert wird durch den manuellen Stellwert des vorgeschalteten Drehzahlreglers `N_MAN` vorgegeben.

Da die Regelung des Stromstellers mit PT_1-Verhalten durch den Stromregler mit PI-Verhalten strukturstabil ist, sollte die Reglerverstärkung K_P unter Berücksichtigung der Stellgliedbegrenzung möglichst groß gewählt werden, die Integrierzeit T_N aber kleiner als die Verzögerungszeit

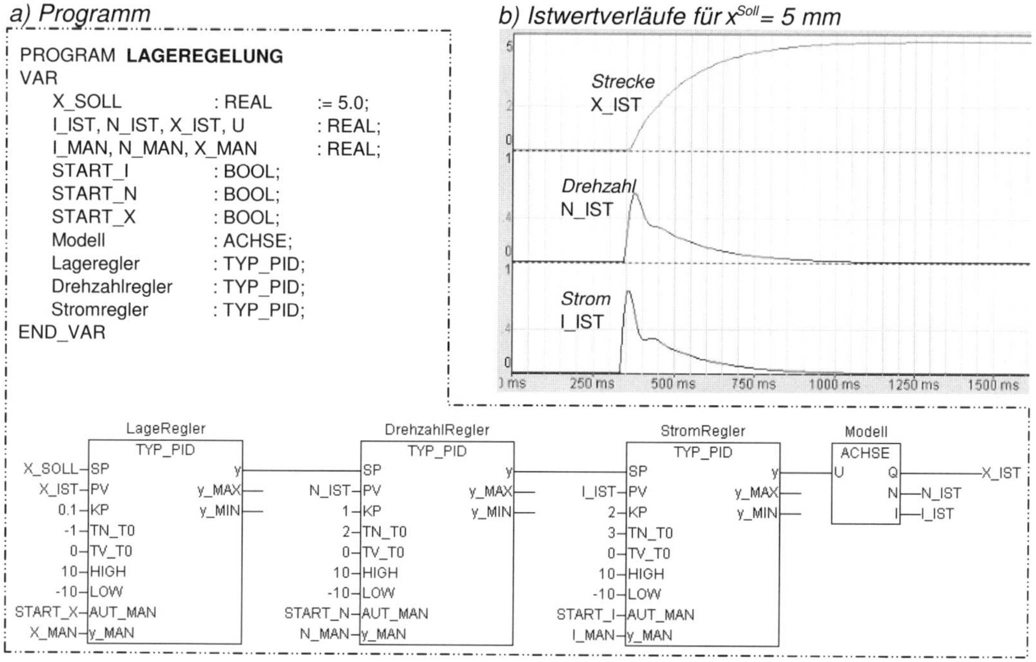

Bild 6.9: Programm zur Simulation eines Lageregelkreises (a) und Istwertverläufe für Lage, Drehzahl und Strom nach Inbetriebnahme der einzelnen Kaskaden (b).

des Stromstellers. Dadurch erreicht man ein schnelles Einschwingen mit einem geringen Überschwingen (s. Bild 6.9b).

Als Nächstes wird der Drehzahlregler hinzugeschaltet, der z.B. nach dem Verfahren des Betragsoptimums eingestellt werden kann. Dabei ist es zweckmäßig, die relativ langsame Polstelle des Motorglieds durch die Nullstelle des PI-Reglers zu kompensieren [6.7].

Beim Lageregelkreis darf die Verstärkung des P-Reglers nicht zu groß eingestellt werden, damit die Regelung nicht überschwingt. Es ist ein Kompromiss zwischen Schnelligkeit und Dämpfung zu finden (s. Übung 6.1). Das so erreichte Regelungsverhalten zeigt Bild 6.9b. □

Die Bewegungssteuerung *einer* Achse umfasst also nur Interpolation und Lageregelung. Um mit einem Werkzeug kartesische Bahnen in der Ebene oder im Raum abzufahren, bedarf es der Koordination mehrerer Achsen, z.B. in einer Werkzeugmaschine.

6.3 Steuerung von Werkzeugmaschinen

Eine Werkzeugmaschine ist eine Maschine zur *Bearbeitung von Werkstücken.* Dabei werden Spezialwerkzeuge wie z.B. Fräser, Meißel oder Bohrer eingesetzt, um Bearbeitungsverfahren wie Fräsen, Drehen, Bohren oder auch Schleifen und Stanzen auszuführen. Zwei wichtige Typen von Werkzeugmaschinen sind in Bild 6.10 skizziert.

Während bei Drehmaschinen das Werkstück rotiert, ist es bei Fräsmaschinen das Werkzeug, das vom *Hauptantrieb* in eine schnelle Rotation versetzt wird und dadurch die Schnittkraft aufbringt, um das Werkstück zu bearbeiten. Die für die Bewegungs-

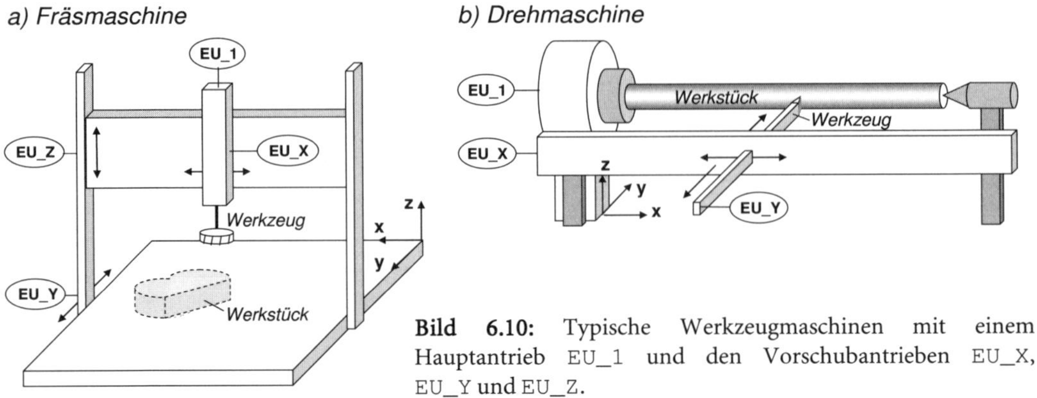

Bild 6.10: Typische Werkzeugmaschinen mit einem Hauptantrieb `EU_1` und den Vorschubantrieben `EU_X`, `EU_Y` und `EU_Z`.

steuerung jedoch wichtigeren Komponenten sind die *Vorschubantriebe*. Sie bewirken die Bewegung des Werkzeugs in *x*-, *y*- und *z*-Richtung, um z.B. durch Abfahren der Objektkontur den Grat eines Werkstücks abzufräsen.

6.3.1 Bahnplanung durch CNC-Programmierung

Bisher wurden Werkzeugmaschinen durch klassische CNCs gesteuert. Darin konnte die Bahn des Werkzeugs mit *CNC-Befehlen* nach DIN 66025 vom Bediener vorgegeben werden [6.8]. Eine Auswahl der wichtigsten Befehle ist in Tabelle 6.2 zusammengestellt.

Die vom Werkzeug oder Greifer abzufahrende Bahn kann durch Geraden-, Kreisbogenabschnitte oder Splines approximiert werden. In Bild 6.11a gibt der Bediener die Stützpunkte für die Bahn und die dazwischen abzufahrende Bahnform als *Linear-* oder *Zirkularbewegung* vor (durch die Wegfunktionen `G01` bzw. `G02` oder `G03`).

Motion-Control-Systeme wie das SoftMotion-Paket in CoDeSys bieten einen sog. *CNC-Editor*, der alternativ zur DIN-Programmierung eine grafische Bahnvorgabe wie in Bild 6.11b ermöglicht. Es empfiehlt sich, die abzufahrende Bahn zunächst grob zu zeichnen. Parallel dazu erstellt das System automatisch das CNC-Programm auf Basis der Zeichnung. Der Bediener kann dann die exakten Anfahrpositionen und Geschwindigkeiten im zugehörigen CNC-Programm ergänzen bzw. korrigieren.

Tabelle 6.2: CNC-Befehle nach DIN 66025 (Auswahl) [6.8]

Wegfunktionen	Geometriedaten	Technologiedaten	Maschinendaten
G00 Fahre zu Punkt im Eilgang	**X20 Y30** Punktkoordinaten	**S1000** Spindeldrehzahl	**M00** HALT
G01 Fahre Gerade	**I10 J-10** Kreismittelpunkt	**F100** Vorschubgeschwindigkeit	**M03** Spindel im Uhrzeigersinn
G02 Fahre Kreisbogen im Uhrzeigersinn	**R30** Radius einer Kreisbahn	**E50** Vorschubbeschleunigung	**M04** Spindel im Gegenuhrzeigersinn
G03 Fahre Kreisbogen im Gegenuhrzeigersinn			**M30** Programmende mit Rücksetzen

a) CNC-Programm **Bahn_1**

```
N00 G00 X0 Y0 E100 F100 E-100              (* Anfahren der Startposition *)
N10 G01 X100 Y50                           (* Anfahren der XY-Position auf einer Geraden *)
N20 G03 X0 Y50 E30 R50 F50 E-30            (* Anfahren der XY-Position auf einer Kreisbahn gegen
                                              den Uhrzeigersinn (G03) mit dem Radius R *)
N30 G03 X 0.4 Y-49.6 R50                   (* Anfahren der XY-Position auf einer Kreisbahn gegen
                                              den Uhrzeigersinn (G03) mit dem Radius R *)
N40 G01 X$g_X$ Y$g_Y$ E100 F100 E-100      (* Anfahren einer XY-Position auf einer Geraden
                                              (G01) mit den durch die Variablen g_X und g_Y vor
                                              gegebenen Werten.*)
N50 G00 X0 Y0                              (* Zurückfahren zur Startposition *)
```

b) Grafische Bahnvorgabe c) Visualisierung

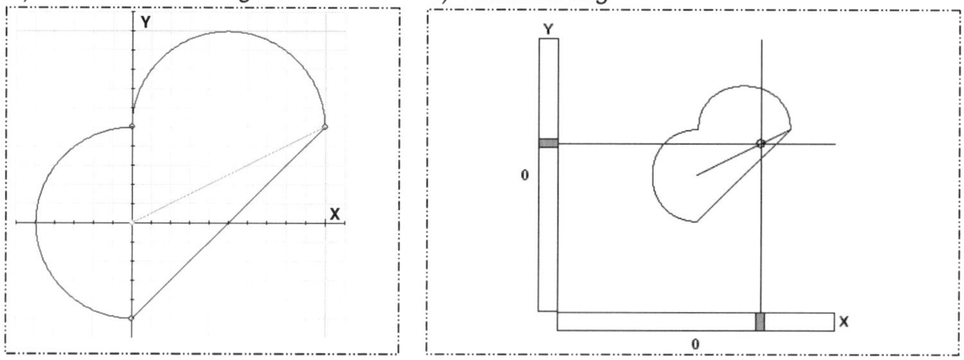

Bild 6.11: Bahnvorgabe mit CNC-Befehlen (a) bzw. grafische Vorgabe (b) sowie die zugehörige Visualisierung während der Bewegung (c).

Das so erzeugte CNC-Programm wird von CoDeSys automatisch als Liste in eine Datenstruktur geschrieben und dient so direkt als Eingangsvariable für den Funktionsbaustein zur Interpolation.

Beispiel 6.4 *Steuerung durch ein CNC-Programm*

Ein Portalfräsmaschine bestehe wie in Bild 6.10a skizziert aus 3 kartesischen Achsen in x-, y- und z-Richtung. Es soll jedoch nur eine Kontur in der xy-Ebene abgefahren werden, um z.B. den Grat eines Werkstücks mit bekannter Geometrie abzufräsen. Hierfür wird im CNC-Editor die in Bild 6.11 dargestellte *Kontur* gezeichnet, die dem angegebenen CNC-Programm `Bahn_1` entspricht.

Die Adresse der daraufhin von CoDeSys automatisch erzeugten Datenstruktur `Bahn_1` wird in Bild 6.12 dem Funktionsbaustein `INTERPOLATION` zugeführt. Dieser erzeugt wie in Beispiel 6.3 erläutert durch Aneinanderreihung kleiner Strecken die Soll-Positionen entlang der Bahn, die hier durch die Datenstruktur `SollPos_Vektor` an den Funktionsbaustein `TRANSFORMATION` weitergeleitet werden. Darin werden die Bahnsollwerte in Sollwerte für die Achsen der Werkzeugmaschine umgerechnet.

Die *Lageregelung* findet ebenso wie die Motoransteuerung in den Programmen `EU_X` und `EU_Y` statt. Die Variabeln `EX.Q_SOLL` und `EY.Q_SOLL` werden als Positionsvorgaben für die Lageregelung dorthin übertragen (vgl. Bild 6.17). □

Das Beispiel zeigt jedoch nur den einfachen Fall der Koordination *zweier* Achsen, die eine ebene Bahn mit einem Werkzeug abfahren. Es gibt auch Werkzeugmaschinen, die bis zu *sechs Achsen* haben, um dreidimensionale Konturen abzufahren und gekrümmte Oberflächen zu bearbeiten. Dazu besitzen sie drei Linearachsen zur Bewegung des

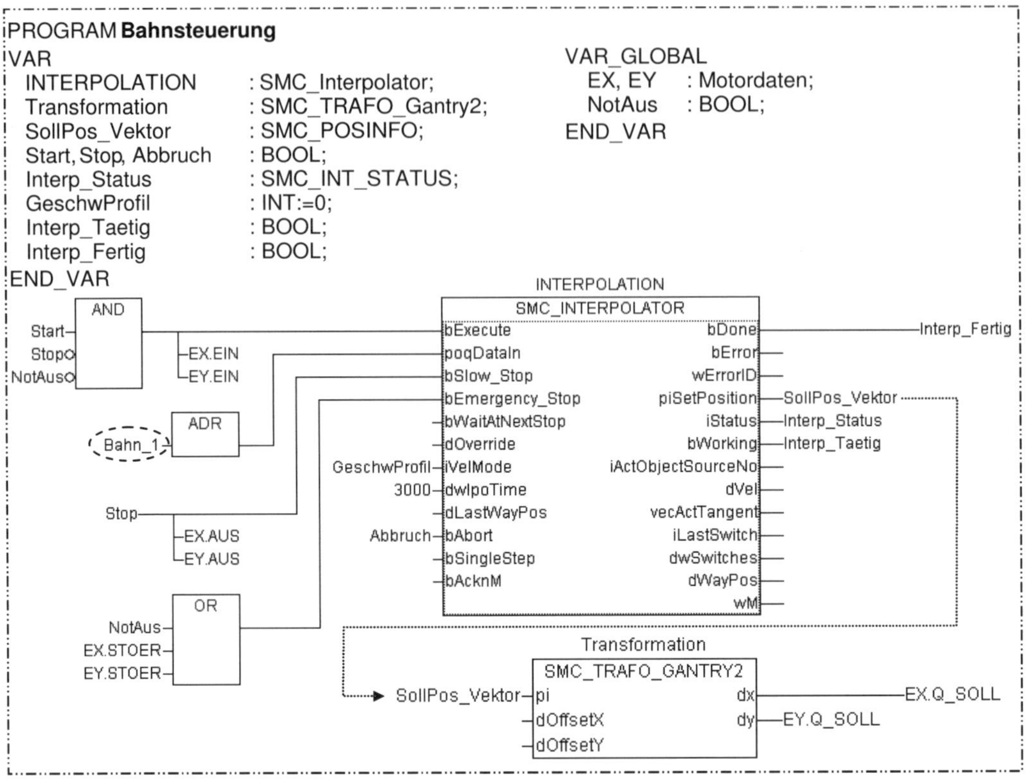

Bild 6.12: Programm zur Interpolation des vorgegebenen CNC-Programms `Bahn_1` (vgl. Bild 6.11) und zur Transformation in Sollwerte für die Werkzeugmaschinenachsen mit den Standard-Motion-Control-Bausteinen `SMC_INTERPOLATOR` bzw. `SMC_TRAFO_GANTRY2`.

Werkzeugs entlang der drei Raumachsen *x*, *y* und *z* sowie drei Drehachsen zur Anpassung der Orientierung des Werkzeugs an die Werkstückoberfläche.

Eine alternative Möglichkeit zur Bahnvorgabe für das Werkzeug stellen Kurvenscheiben dar, mit denen koordinierte Achsbewegungen beschrieben werden können.

6.3.2 Bewegungsvorgaben durch Kurvenscheiben

Für viele Anwendungen ist es erforderlich, dass eine Achse den Bewegungen einer anderen Achse folgt. Dabei werden die beiden Achsen so synchronisiert, dass eine Achse als *Master* oder *Königswelle* dient und unter einer gewissen Vorschrift eine zweite, sog. *Slave*-Achse, steuert.

Diese Koordination kann rein mechanisch durch eine Kurvenscheibe wie in Bild 6.13 realisiert werden. Eine *mechanische Kurvenscheibe* ist eine rotierende Scheibe, auf deren Rand das Werkzeug über eine Führungsrolle eine nichtlineare Bewegung ausführt. Die Form der Kurvenscheibe repräsentiert somit die Bahn, die vom Werkzeug abgefahren wird.

Heutzutage wird der Zusammenhang zwischen Master-Position $\alpha(t)$ und der korrespondierenden Slave-Position $y(t)$ *elektronisch* durch Vorgabe einer nichtlinearen

Kennlinie $y = f(\alpha)$ realisiert. Hierfür werden in einem sog. CAM-Editor (Computer Aided Manufacturing) einzelne Stützstellen grafisch eingefügt (s. Bild 6.13), oder ihre Position wird numerisch in eine Tabelle eingetragen. Zwischen den Stützstellen wird der Kennlinienverlauf beispielsweise linear oder durch Polynome höherer Ordnung (Splines) interpoliert.

Auf Basis dieser Vorgaben und der bekannten Bewegung des Masters berechnet das System automatisch auch die Geschwindigkeits- und Beschleunigungsverläufe für die Slave-Achse.

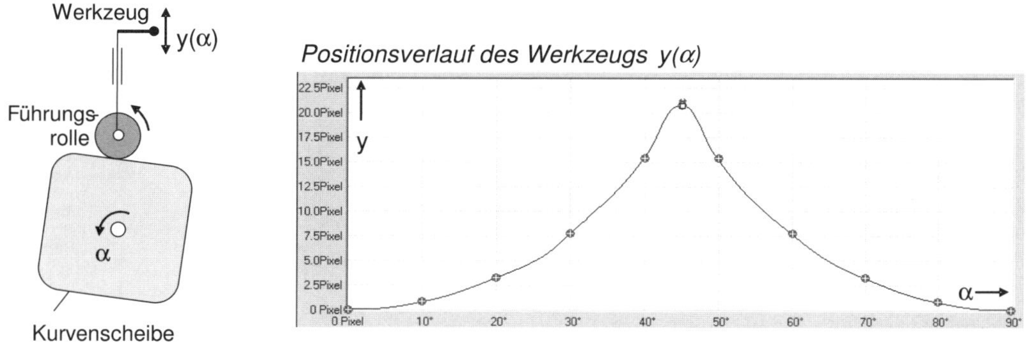

Bild 6.13: Aufbau einer mechanischen Kurvenscheibe und die resultierende Bewegung $y(\alpha)$ des Werkzeugs.

Beispiel 6.5 *Koordination einer rotatorischen und einer linearen Achse*

Die in Bild 6.13 skizzierte, mechanische Kurvenscheibe habe eine quadratische Fläche und die Kantenlänge *a*. Betrachtet man die geometrischen Verhältnisse, so ergibt sich die Kurvenscheibe als Funktion

$$y = f(\alpha) = \begin{cases} \frac{a}{2}\left[\frac{1}{\cos\alpha} - 1\right] & \forall\ 0 \le \alpha \le 45° \\ \frac{a}{2}\left[\frac{1}{\cos(90° - \alpha)} - 1\right] & \forall\ 45° < \alpha \le 90° \end{cases} \tag{6.9}$$

Dies entspricht einer elektronischen Kurvenscheibe in Form der in Bild 6.13 dargestellten Funktion, die der Anwender durch Stützpunkte vorgegeben hat. Die Periodenlänge des Positionsverlaufs, in diesem Beispiel 90 °, kann im CAM-Editor eingestellt werden. □

Zusätzlich hat der Anwender die Möglichkeit, sog. *Nocken* (*Tappets*) als binäre Positionsschalter auf der Kurvenscheibe zu platzieren. Überfährt das Werkzeug auf der Kurvenscheibe die Nocke, wird eine vorgegebene Boole'sche Variable auf TRUE gesetzt und damit ein Ereignis aktiviert. Dies kann in der Praxis beispielsweise die Zugabe von Kühlmittel, die Erhöhung der Drehgeschwindigkeit oder eine Drehrichtungsumkehr bedeuten.

Kurvenscheiben werden häufig auch zur Kopplung rotatorischer Achsen, quasi als *elektronisches Getriebe* mit unterschiedlicher Übersetzung, eingesetzt. Aber auch die Kopplung rotatorischer und linearer Achsen oder mehrerer linearer Achsen untereinander kann relativ leicht durch elektronische Kurvenscheiben spezifiziert werden wie im folgenden Beispiel einer Drehmaschine.

Beispiel 6.6 *Koordination der linearen Vorschubachsen einer Drehmaschine*

Zur Bewegungssteuerung des Schneidwerkzeugs einer Drehmaschine wird im CAM-Editor die Kurvenscheibe `Example2` angelegt (s. Bild 6.14b). Da die Bewegung des Schneidwerkszeugs als Slave in y-Richtung erfolgt und die der Masterachse in x-Richtung, stellt die vorgegebene Bahn das Profil dar, das aus dem Werkstück herausgeschnitten wird.

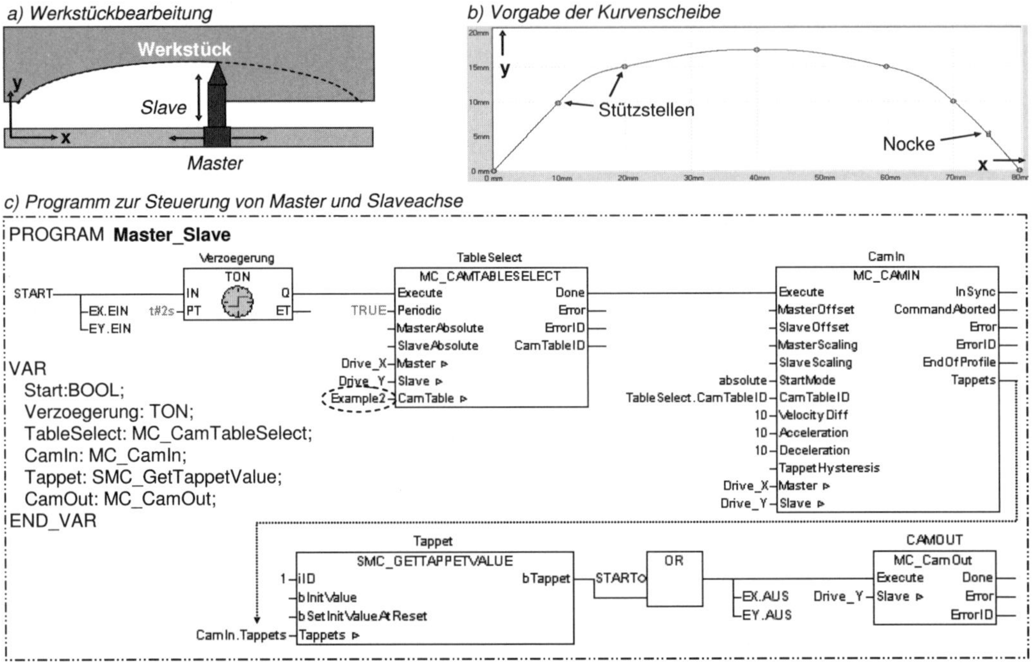

Bild 6.14: Werkstückbearbeitung (a) und dazugehörige Bewegungsvorgabe durch eine Kurvenscheibe (b) für das Schneidwerkzeug einer Drehmaschine (Slave) in Abhängigkeit der Masterachse mit dem zugehörigen Steuerungsprogramm (c).

In der Software ist hierfür zunächst im Programm `EU_X` eine Bewegung der Masterachse mit konstanter Geschwindigkeit durch den Funktionsbaustein `MC_MoveVelocity` zu erzeugen. Somit kann die x-Achse der Kurvenscheibe auch als *Zeitachse* verstanden werden. Die Bewegung der y-Achse wird wie in Bild 6.14c dargestellt durch den Funktionsbaustein `MC_CamIn` erzeugt. Hierfür ist jedoch zuvor die Kurvenscheibe mit dem Namen `Example2` durch den Funktionsbaustein `MC_CamTableSelect` einzulesen.

Die in der Kurvenscheibe angegebenen Nocken werden vom Funktionsbaustein `MC_CamIn` während der Fahrt erkannt. Dabei setzt `SMC_GetTappetValue` eine Boole'sche Variable, die in diesem Beispiel die Bewegung beendet, aber auch für andere Zwecke, wie z.B. das Ein- und Ausschalten des Kühlmittelzuflusses, verwendet werden kann. □

Wie das Beispiel zeigt, läuft die Masterachse häufig mit konstanter Geschwindigkeit, d.h. die Position der Masterachse ist proportional zur abgelaufenen Zeit. Die vorgegebene Kurvenscheibe $y(x)$ stellt dann gleichzeitig auch den *Zeitverlauf* der y-Achse $y(t)$ dar. In vielen Anwendungen existiert die Masterachse in Realität nicht. Die Masterachse wird dann durch den Funktionsbaustein `SMC_TimeAxisFB` nachgebildet.

Der wesentliche Unterschied zwischen Kurvenscheiben und Bahnkurven zur Sollwertgenerierung liegt darin, dass bei Kurvenscheiben die Bewegungen jeder *Einzelachse* explizit vorgegeben werden, während durch die CNC-Programmierung der Interpolator zunächst die Sollwerte für das Werkzeug entlang der *Bahn* erzeugt. Diese Bahnvorgaben werden anschließend durch eine Koordinatentransformation in Sollwerte für die Einzelachsen umgerechnet [6.7].

6.4 Robotersteuerungen

Industrieroboter werden als *spezielle Werkzeugmaschinen* oder *Handhabungsautomaten* mit mehreren Achsen angesehen, die frei programmierbar und statt mit einem Werkzeug häufig mit einem Greifer ausgestattet sind. Das Ziel ist es dabei, durch koordinierte Ansteuerung der Roboterachsen eine gewünschte Bewegung des Werkzeugs bzw. Greifers zu erzielen.

Die Achsen werden in der Regel durch bürstenlose *Gleichstrommotoren* angetrieben. In den Achsen befinden sich meist *Resolver* oder *optische Encoder*, die die aktuelle Winkelstellung des Gelenks messen.

In industriellen Anwendungen werden Roboterarme mit verschiedenen Geometrien oder *Kinematiken* eingesetzt. Die häufigsten sind:

- Vertikal-Knickarm-Roboter vom Typ PUMA (**P**rogrammable **U**niversal **M**achine for **A**ssembly) mit drei rotatorischen Achsen in Rumpf, Schulter, Ellbogen sowie drei Achsen im Handgelenk (vgl. Bild 6.15a).
- SCARA (**S**elective **C**ompliance **A**ssembly **R**obot **A**rm) mit einer translatorischen Schubachse und drei parallel angeordneten rotatorischen Achsen (vgl. Bild 6.15b).

Während der Vertikal-Knickarm-Roboter *universell* einsetzbar ist, weil er mit seinem Greifer jede Position und Orientierung im Arbeitsraum einnehmen kann, dient der SCARA-Roboter hauptsächlich für Handhabungsaufgaben, bei denen der Greifer Objekte von oben greift und an einer anderen Stelle ablegt (*Pick-and-Place*).

Robotersteuerungen bestehen wie in Bild 6.3 dargestellt aus den vier Komponenten Bahnplanung, Interpolation, Koordinatentransformation und Lageregelung der Achsen. Gerade bei Robotern mit rotatorischen Achsen ist jedoch die Transformation zwischen den kartesischen *Weltkoordinaten* und den *Gelenkkoordinaten* der Roboterachsen nicht trivial.

6.4.1 Koordinatentransformation

Durch eine Koordinatentransformation wird berechnet, zu welchen Soll-Stellungen q_i^{soll} sich die Antriebsachsen bewegen müssen, damit das Werkzeug oder der Greifer eine vom Anwender festgelegte Zielstellung erreicht. Diese Zielstellung wird durch die Position x^{soll}, y^{soll}, z^{soll} und die Orientierung φ_x^{soll}, φ_y^{soll} und φ_z^{soll} des Werkzeugs oder des Greifers bezüglich eines festen Basiskoordinatensystems, z.B. im Roboterfuß, festgelegt.

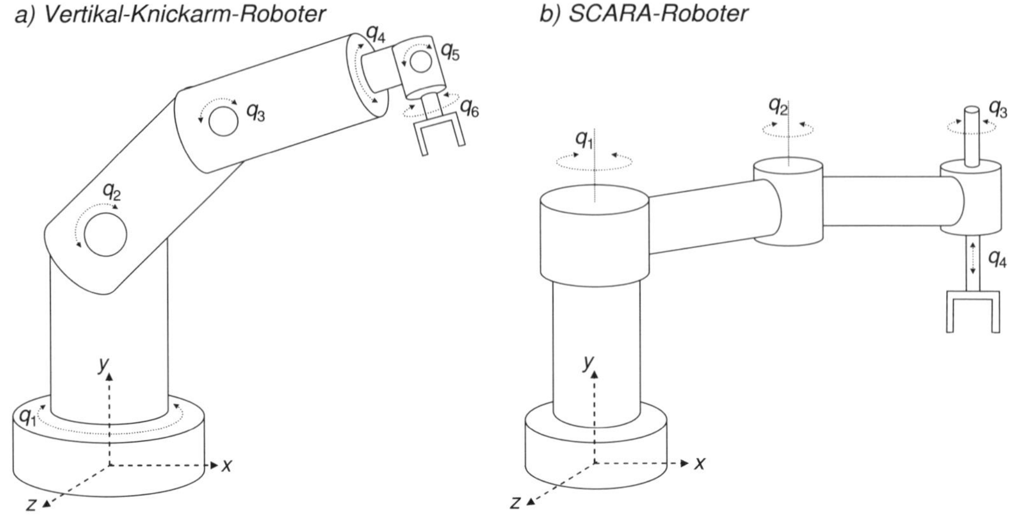

Bild 6.15: Vertikal-Knickarm-Roboter mit 6 Drehgelenken, universell einsetzbar für Handhabungs- und Bearbeitungsverfahren (a), und SCARA-Roboter mit drei Drehgelenken und einem Schubgelenk für Pick-and-Place-Aufgaben (b).

Der Zusammenhang zwischen Weltkoordinaten der Zielstellung $\boldsymbol{p} = (x, y, z, \varphi_x, \varphi_y, \varphi_z)^T$ und den Achsstellungen $\boldsymbol{q} = (q_1, q_2, \dots, q_n)^T$

$$\boldsymbol{p} = \boldsymbol{f}(\boldsymbol{q}) \tag{6.10}$$

wird als *Vorwärtstransformation* bezeichnet. Dabei beschreibt die im Allgemeinen nichtlineare Vektorfunktion $\boldsymbol{f}$ die *Kinematik* des Roboters. Für die Ansteuerung des Roboters sind jedoch die Achsstellungen $\boldsymbol{q}$ aus der Umkehrfunktion $\boldsymbol{f}^{-1}$ zu ermitteln:

$$\boldsymbol{q} = \boldsymbol{f}^{-1}(\boldsymbol{p}) \tag{6.11}$$

Dieser Zusammenhang wird auch als *Rückwärtstransformation* oder inverse Kinematik bezeichnet. Am besten veranschaulicht man sich die Zusammenhänge der Koordinatentransformation am Beispiel eines zweiachsigen Roboters.

Beispiel 6.7 *Steuerung eines zweiachsigen Roboterarms*

Ein zweiachsiger Roboter nach Bild 6.16 soll angesteuert werden, indem die vom Greifer anzufahrende Zielposition $\boldsymbol{p}$ in die dazu passenden Winkelstellungen $\boldsymbol{q}$ umgerechnet wird. Ausgehend von der Geometrie des Roboters im linken Teil von Bild 6.16 ergibt sich die Vorwärtstransformation für die Position $\boldsymbol{p} = (x, y)^T$

$$x = l_1 \cos q_1 + l_2 \cos(q_1 + q_2) \tag{6.12}$$

$$y = l_0 + l_1 \sin q_1 + l_2 \sin(q_1 + q_2) \tag{6.13}$$

Da die Gelenkwinkel als Sollwerte für die Lageregelung gebraucht werden, sind die Gleichungen nach q_1 und q_2 aufzulösen. Hierfür betrachtet man den rechten Teil von Bild 6.16 und berechnet zunächst den Winkel α:

$$\alpha = \arctan \frac{y - l_0}{x} \qquad \forall \quad \alpha \in [-90°, 90°] \tag{6.14}$$

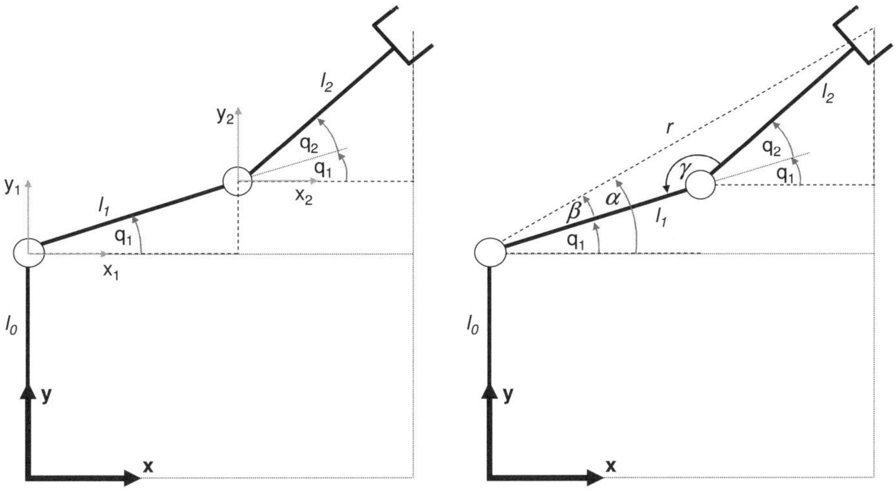

Bild 6.16: Kinematik eines Roboterarms mit zwei Drehgelenken, die die Winkelstellungen q_1 bzw. q_2 einnehmen. Links die geometrischen Verhältnisse für die Vorwärtstransformation, rechts für die Rückwärtstransformation.

Die Winkel β und γ ergeben sich durch Anwendung des Kosinussatzes im Dreieck mit den Seiten l_1, l_2 und r, wobei $r = \sqrt{x^2 + (y - l_0)^2}$ ist:

$$\beta = \pm \arccos \frac{l_1^2 + r^2 - l_2^2}{2 \cdot l_1 \cdot r} \quad \forall \quad \beta \in [-90°, 90°] \tag{6.15}$$

$$\gamma = \pm \arccos \frac{l_1^2 + l_2^2 - r^2}{2 \cdot l_1 \cdot l_2} \quad \forall \quad \gamma \in [-90°, 90°] \tag{6.16}$$

Gemäß der Skizze aus Bild 6.16 erhält man so die Gelenkwinkelstellungen:

$$q_1 = \alpha - \beta \tag{6.17}$$

$$q_2 = 180° - \gamma \tag{6.18}$$

Bei der Umsetzung im Funktionsbaustein ist zu beachten, dass numerische Instabilitäten in Folge des Dividierens durch sehr kleine Zahlen vermieden werden. □

6.4.2 Programmierung von Bewegungsabläufen

In der Praxis können Roboterbewegungen nicht nur offline über ein Programmiersystem vom Rechner aus programmiert werden, sondern es besteht auch die Möglichkeit zur *Online*-Programmierung:

- Die *Teach-in-Programmierung* ermöglicht es, den Roboter mit Hilfe eines Handbediengeräts zu den gewünschten Positionen zu fahren, deren Gelenkstellungen für das spätere Anfahren gespeichert werden.
- Bei der *Playback Programmierung* wird die Roboterhand durch den Bediener manuell entlang einer vorgegebenen Bahn geführt. Dabei speichert die Steuerung in festen Zeitabständen (z.B. alle 20 ms) die Gelenk-Istwerte als Sollwerte für das spätere Nachfahren (Playback) ab.

Zur *Offline-Programmierung* bieten die Hersteller unterschiedliche, proprietäre Roboterprogrammiersprachen an [6.5]. Ähnlich wie bei der CNC-Programmierung für Werkzeugmaschinen gibt es in Roboterprogrammiersystemen eigene Befehle zur Punkt-zu-Punkt-, Linear- und Zirkularbewegung.

Punkt-zu-Punkt-Steuerung

In Motion-Control-Systemen, die zunehmend auch für Robotersteuerungen eingesetzt werden [6.1], [6.2], wird eine *Punkt-zu-Punkt*-Bewegung (Point-to-Point, PTP) durch den Funktionsbaustein `MC_MoveAbsolute` realisiert. Dieser führt wie in Bild 6.17 gezeigt für jede einzelne Achse eine Interpolation und Lageregelung der Winkelstellung q_i durch.

Um den Greifer durch eine Punkt-zu-Punkt-Bewegung an eine gewünschte Position $\boldsymbol{p}^{Ziel}$ zu fahren, sind jedoch zuerst die einzelnen Gelenkwinkel q_i^{Ziel} durch eine *Rückwärtstransformation* im Programm `PTP_Steuerung` in Bild 6.18a zu berechnen. Danach erfolgt für jede Achse getrennt eine eigene Interpolation der Gelenkwinkel. Somit erreicht man zwar schnelle Verfahrgeschwindigkeiten, die Bewegungsbahn zwischen Start- und Zielpunkt darf jedoch keine Rolle spielen, da sich die Gelenke unabhängig voneinander bewegen. Die resultierende Bahn des Greifers ist so für den Anwender schwer vorherzusehen.

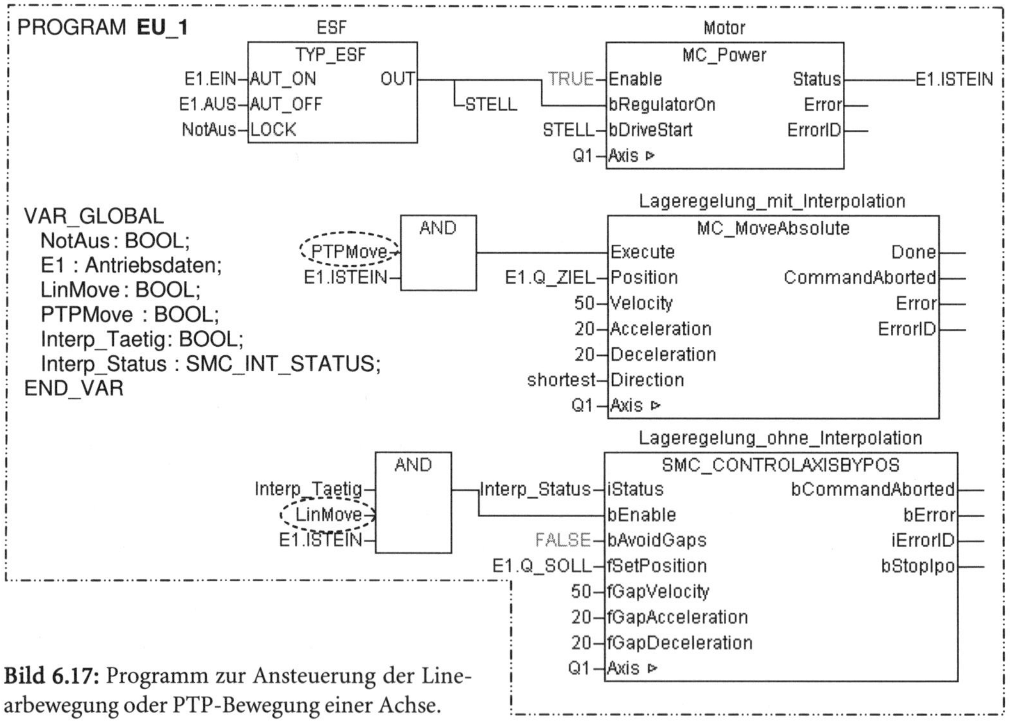

Bild 6.17: Programm zur Ansteuerung der Linearbewegung oder PTP-Bewegung einer Achse.

Bahnsteuerung

Wenn die Bahn zur Werkstückbearbeitung jedoch durch Geraden- oder Kreisabschnitte vorgegeben werden muss, erfolgt eine *kartesische* Interpolation für die Bahn des Greifers wie in Abschnitt 6.2.1 gezeigt. Der Funktionsbaustein `SMC_Interpolator` realisiert die kartesische Interpolation für eine im CNC-Editor vorgegebene Bahn (s. Bild 6.18b).

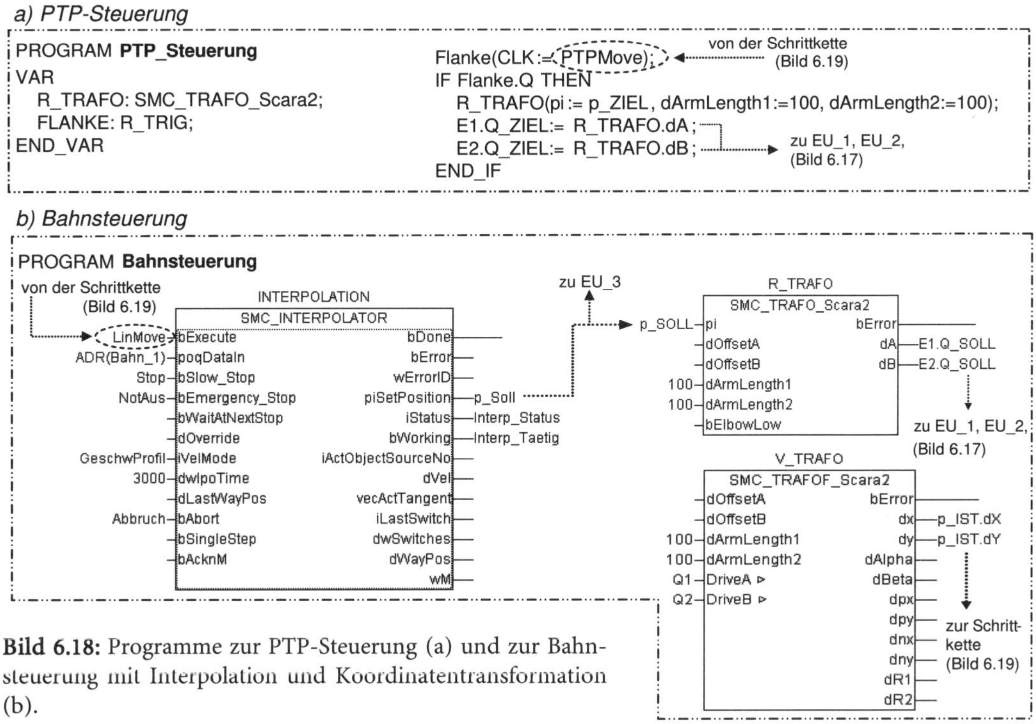

Bild 6.18: Programme zur PTP-Steuerung (a) und zur Bahnsteuerung mit Interpolation und Koordinatentransformation (b).

Die Ablaufprogrammierung der Roboterbewegungen kann wie im folgenden Beispiel mit der Ablaufsprache *AS* erstellt werden.

Beispiel 6.8 *Steuerung eines Fertigungsablaufs*

Ein SCARA-Roboter soll zur Montage an einem Fließband eingesetzt werden. Hierbei soll der Roboter zunächst eine Schraube aus einer Kiste greifen und sie dann in ein Werkstück schrauben, während es vom Fließband transportiert wird.

Dieser Ablauf wird durch die Schrittkette in Bild 6.19 gesteuert. Dabei wird zunächst durch die globale Variable `PTPMove` eine PTP-Bewegung des Roboters an die Position `p_Ziel`, d.h. zur Kiste mit den Schrauben, angestoßen. Dort wird der Greifer geschlossen, um eine Schraube zu greifen. Anschließend fährt der Roboter erneut durch `PTPMove` mit geschlossenem Greifer zum Werkstück, das vom Förderband transportiert wird. Hierfür gibt die Schrittkette im Schritt `Zu_Foerderband_fahren` eine neue Zielposition `p_Ziel` vor. Im Schritt `Schraube_einfuegen` wird das Förderband `EU3` eingeschaltet. Die Variable `LinMove` aktiviert die Interpolation der synchronen Bewegung von Förderband *und* Roboter. Die vom Interpolator in Bild 6.18b erzeugten Sollwerte `p_Soll` verursachen die Linearbewegung, bei der der Roboter während der Fahrt die Schraube in das Werkstück einfügen kann.

Im Programm Bahnsteuerung nach Bild 6.18b wird neben der Interpolation auch die Rückwärtstransformation für die Position `p_Soll` ausgeführt. Da die Rückwärtstransformation bei einer PTP-Steuerung nur einmal zu Beginn der Bewegung erfolgen muss, wird sie in einem eigenen Programm nach Bild 6.18a ausgeführt. □

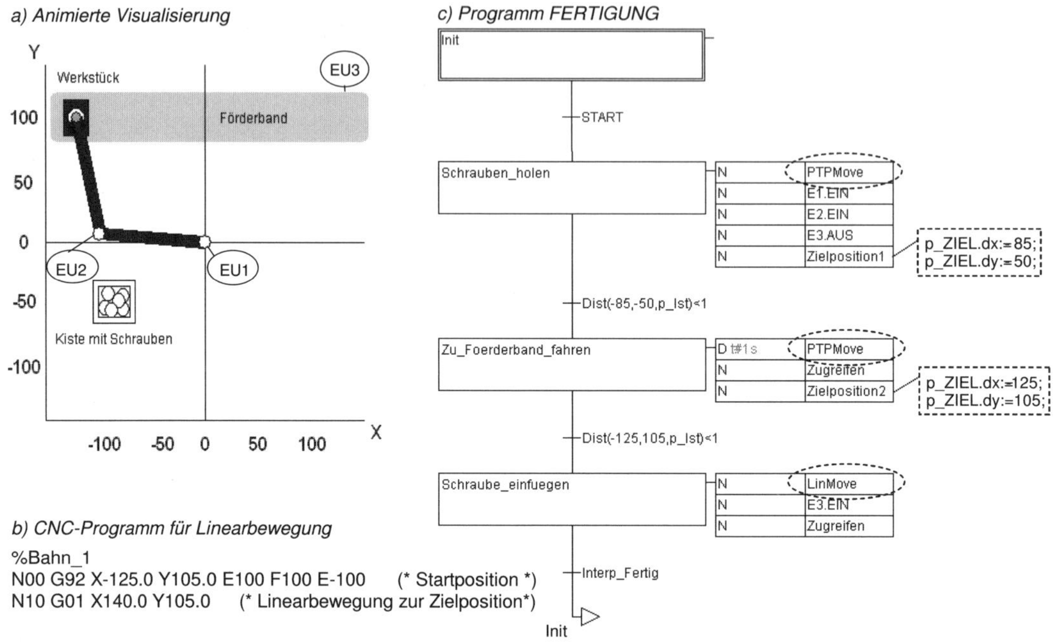

Bild 6.19: Visualisierung der Fertigungszelle animiert in CoDeSys (a) sowie CNC-Programm zur Linearbewegung parallel zum Förderband (b). Die Schrittkette (c) steuert die Bewegung.

Wenn nun die Position der Objekte nicht wie im vorigen Beispiel bekannt ist, könnte eine *Kamera* ein Bild der Szene aufnehmen und die Position der Schrauben oder des Werkstücks zur Bewegungssteuerung des Roboterarms vermessen.

6.4.3 Bildverarbeitung zur Steuerung von Robotern

Bildverarbeitung entwickelt sich immer mehr zu einer *Standarddisziplin* in der Automatisierungstechnik. Die Anfahrposition für den Robotergreifer $\boldsymbol{p}^{\text{Ziel}}$ kann durch eine Bildauswertung automatisch bestimmt und muss nicht mehr vom Bediener exakt vorgegeben werden.

Hierfür wurden bisher klassische Analogkameras über ein Videokabel an eine sog. *Framegrabber-Karte* angeschlossen, die als Einsteckkarte im PC die Digitalisierung und Speicherung des Bildes übernahm. Die eigentliche Bildverarbeitung fand im PC statt, von dem aus die extrahierten Merkmale an die Steuerung übertragen werden konnten (s. Bild 6.20a).

Seit dem Aufkommen intelligenter Digitalkameras, sog. *Smart-Cameras*, kann die Kommunikation zwischen Bildverarbeitung und Steuerung wie in Bild 6.20b auch ohne den Umweg über den PC erfolgen. Der PC dient in diesem Szenario zwar noch als

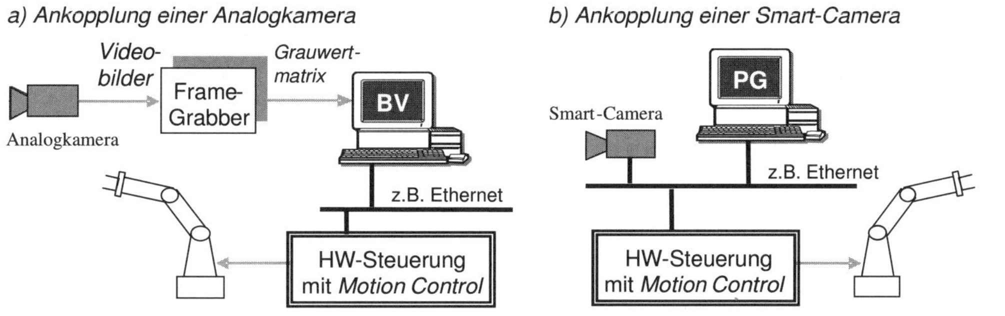

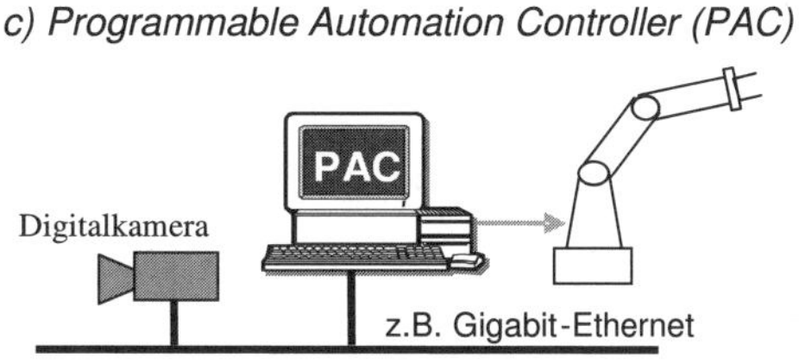

Bild 6.20: Systemstrukturen zur Ankopplung einer Analog- oder Smart-Kamera an ein Motion-Control-System.

Programmiergerät der Smart-Camera und der Steuerung sowie als Visualisierung, doch die Bildverarbeitung erfolgt online im Mikroprozessor der Smart-Camera, der die Merkmale dann direkt an die Steuerung überträgt.

Zukünftig können digitale Videobilder sogar über Ethernet übertragen werden. Außerdem wachsen SPS-, Motion-Control- und Bildverarbeitungsfunktionen im PC zu einem sog. *Programmable Automation Controller* (PAC) zusammen [6.8]. Insofern steht für größere Bildverarbeitungsanwendungen der PC wie in Bild 6.20c als Bildverarbeitungs- und Bewegungssteuerungsinstanz wieder im Mittelpunkt.

Die Software eines Bildverarbeitungssystems unterteilt sich häufig in folgende 5 Stufen:

1. Durch die *Bildaufnahme* wird ein Videobild wie das in Bild 6.21 digitalisiert, d.h. das Bild wird z.B. in 512 Zeilen und 512 Spalten unterteilt. Die dadurch entstandene Matrix besteht aus 512 x 512 Bildelementen, sog. Pixeln, die jeweils einen Helligkeitswert oder Grauwert speichern.

2. *Bildaufbereitung:* Durch Anwendung von Bildfiltern wird das verrauschte Originalbild aufbereitet, so dass die Objekte deutlich vom Hintergrund zu unterscheiden sind.

3. *Bildsegmentierung*: Dabei werden die Objekte zunächst vom Hintergrund und danach z.B. in einem Silhouettenbild voneinander getrennt (s. Bild 6.21).

4. *Merkmalsextraktion*: Für die einzelnen Objekte kann nun die Position des Flächenschwerpunkts im Bild berechnet werden.

5. *Positionsermittlung*: Aus den Bildkoordinaten der Objektposition werden durch eine inverse perspektivische Transformation die Weltkoordinaten berechnet, die als Zielposition für den Robotergreifer dienen.

Die ersten 4 Stufen sind bildbasiert und laufen demzufolge in der Bildverarbeitungssoftware auf dem PC oder der intelligenten Kamera ab. Die 5. Stufe ist jedoch lediglich

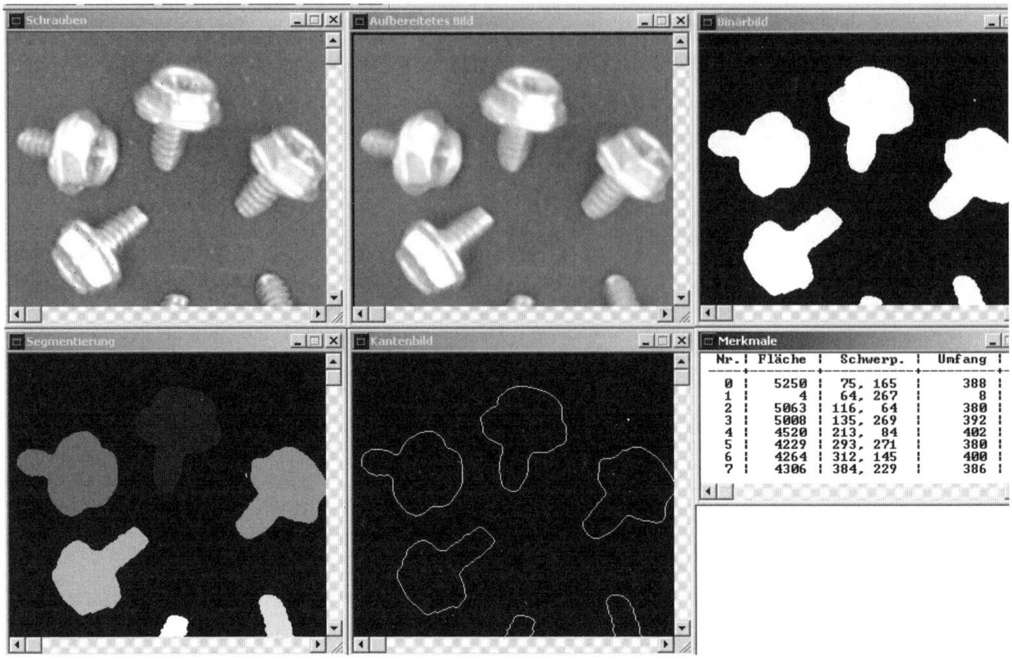

Bild 6.21: Stufen der Bildverarbeitung (von links oben nach rechts unten): Das Grauwertbild wird zunächst eingelesen und durch Filterung aufbereitet. Die Segmentierung erfolgt durch eine Binärbilderzeugung und Trennung der Objekte. Anhand der verbleibenden Objektkonturen werden die Merkmale ermittelt.

merkmalsbasiert und kann vom Speicherplatzaufkommen her in der SPS ablaufen. Für die ersten 4 Stufen ist der Systemspeicher einer SPS unzureichend, außerdem sind die Standardbusschnittstellen einer SPS nicht auf die Übertragung so großer Datenmengen ausgelegt.

Die Vermessung von Merkmalen basiert auf einem *Kameramodell* für die Optik. Im einfachsten Fall kann hier das Lochkameramodell nach Bild 6.22 zu Grunde gelegt werden. Demnach wird ein Lichtstrahl durch die Kameralinse auf die Bildebene so abgebildet, dass sich die Koordinaten $(u|v)$ des Bildpunktes aus den Weltkoordinaten des Punktes P und der Brennweite f der Kameralinse folgendermaßen ergeben:

$$b_x = -f \frac{p_x}{p_z} \qquad b_y = -f \frac{p_y}{p_z} \tag{6.19}$$

Diese Abbildung der Position $\boldsymbol{p} = (p_x, p_y, p_z)^T$ eines Raumpunktes auf die Position $\boldsymbol{b} = (b_x, b_y)^T$ des zugehörigen Bildpunktes nennt man *direkte perspektivische Transformation* (DPT).

Beachtet man, dass die horizontale Bildachse u antiparallel zur y-Achse verläuft und die vertikale Bildachse v antiparallel zur x-Achse, so ergibt sich:

$$u = \frac{f}{\lambda} \frac{p_y}{p_z} + u_M \qquad v = \frac{f}{\lambda} \frac{p_x}{p_z} + v_M \tag{6.20}$$

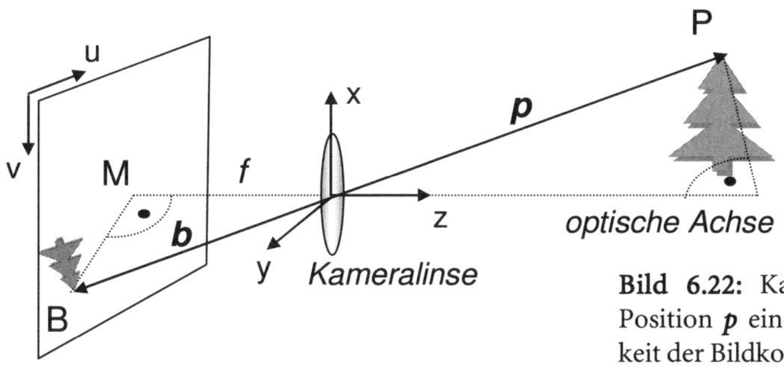

Bild 6.22: Kameramodell zur Berechnung der Position $\boldsymbol{p}$ eines Punktes im Raum in Abhängigkeit der Bildkoordinaten u und v.

Dabei ist λ ein Skalierungsfaktor, der aus den Positionsdimensionen in mm die Zeilen- und Spaltennummer des entsprechenden Pixels bestimmt. Die Koordinaten $(u_M|v_M)$ sind die des Bildmittelpunkts (vgl. Bild 6.22).

Die Aufgabe der SPS besteht jedoch wieder darin, den umgekehrten Zusammenhang, die sog. *inverse perspektivische Transformation* (IPT), zu lösen. In vielen Fällen ist der Abstand der Kamera zum Objekt p_z bekannt, so dass man für die Objektposition in der xy-Ebene erhält:

$$p_y = p_z \frac{\lambda}{f}(u - u_M) \qquad p_x = p_z \frac{\lambda}{f}(v - v_M) \tag{6.21}$$

In diesem Fall spricht man von einer 2-dimensionalen Vermessung der Merkmale, da die dritte Dimension, die z-Komponente der Position, bekannt ist. Ist dies nicht der Fall, muss eine 3-D-Vermessung mit Hilfe einer *Stereobildverarbeitung* vorgenommen werden. Hierfür werden zwei Bilder aus unterschiedlichen Kameralagen benötigt [6.9].

Beispiel 6.9 *Bestimmung der Anfahrposition des Roboters*

Zur Positionsbestimmung der Schrauben aus Beispiel 6.8 wird eine Kamera über der Kiste angebracht, die ein Videobild der Szene aufnimmt (s. Bild 6.23). Die ersten 4 Stufen der Bildverarbeitung erzeugen aus dem Originalbild eine Merkmalsliste, die wie z.B. in Bild 6.21 neben den Koordinaten des Flächenschwerpunkts der einzelnen Bildobjekte auch deren Größe und Umfang beinhaltet.

Aus der Schrittkette heraus wird die Bildverarbeitung durch die Boole'sche Variable `BV_Start` eingeleitet (s. Bild 6.24). Die Bildverarbeitung überträgt daraufhin als Merkmale die Koordinaten des jeweiligen Flächenschwerpunkts $(u_i|\, v_i)$ der Schrauben an die SPS. In der Aus-

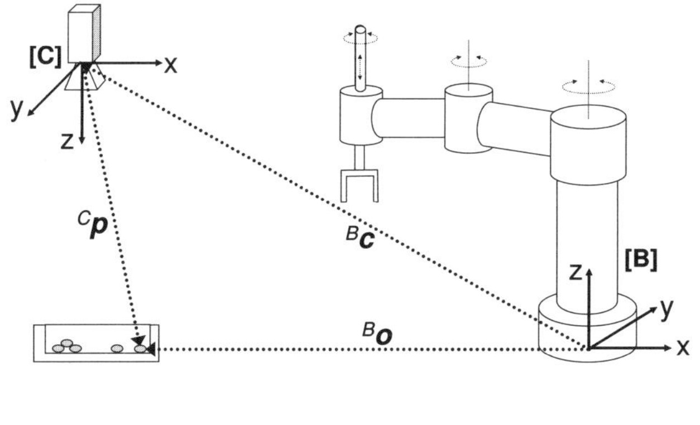

Bild 6.23: Zusammenhang zwischen Kamerakoordinatensystem [C] und Roboterbasiskoordinatensystem [B].

gangsaktion des Schritts `Bildverarbeitung` wird schließlich die Position $\boldsymbol{p}$ der Schrauben nach Gl. 6.21 ermittelt. Diese Position ist jedoch bezogen auf das Kamerasystem. Wie in Bild 6.23 skizziert verlaufen die x-Achsen von Kamera- und Basiskoordinatensystem parallel, die y- und z-Achsen antiparallel. Außerdem ist die Position der Kamera $\boldsymbol{c}$ bezüglich des Basiskoordinatensystems zu berücksichtigen, so dass sich die Objektposition $\boldsymbol{o}$ bezüglich des Basiskoordinatensystems folgendermaßen darstellt:

$$ {}^{B}o_x = {}^{B}c_x + {}^{C}p_x \qquad {}^{B}o_y = {}^{B}c_y - {}^{C}p_y \qquad {}^{B}o_z = {}^{B}c_z - {}^{C}p_z \qquad (6.22)$$

Damit kann der Roboter eine Schraube greifen und am Förderband montieren. □

Häufig werden Roboterbewegungen auch durch eine Kombination von Bildsensorik und *Laserdistanz-* oder *Ultraschallabstandssensorik* gesteuert, die dann zusammen die dreidimensionale Umweltinformation erfassen. Bildverarbeitung wird auch in der Prozessautomatisierung etwa zur Qualitätssicherung oder zur Anlageninspektion eingesetzt.

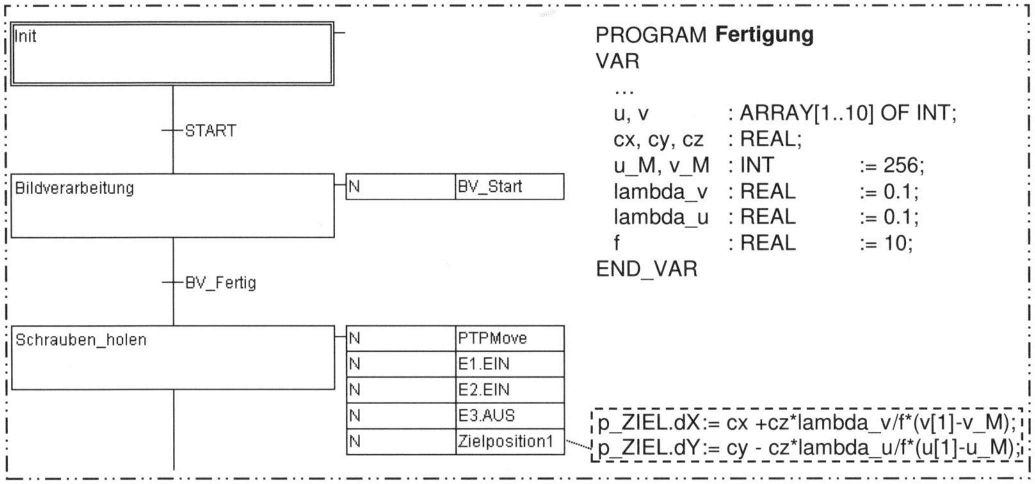

Bild 6.24: Die Bildverarbeitung wird durch die Variable `BV_Start` aus der Ablaufsteuerung gestartet. Wenn die Merkmale übertragen wurden, berechnet die SPS die Anfahrposition `p_ZIEL` des Roboters.

Übungsaufgaben zu Kapitel 6

Wiederholungsfragen

6.1 Aus welchen Komponenten besteht ein Motion-Control-System?

6.2 Durch welche Regelung werden die Antriebe zu einer gewünschten Position gefahren?

6.3 Welche Koordinatentransformationen sind zur Steuerung erforderlich?

6.4 Erläutern Sie, wie die Sollwertvorgabe für ein zeitoptimales Bahnfahren erreicht wird!

6.5 Wie erfolgt die Bahnvorgabe?

6.6 Welche Schritte sind zum Erstellen eines Ansteuerprogramms für einen Antrieb erforderlich?

6.7 Erläutern Sie den Aufbau von Werkzeugmaschinen!

6.8 Welche CNC-Befehle gibt es zur Programmierung der Werkzeugbahn?

6.9 Welche vorkonfektionierten Funktionsbausteine realisieren die Interpolation, Rücktransformation und Lageregelung?

6.10 Was versteht man unter Kurvenscheiben?

6.11 Wie erfolgt die Bahnvorgabe mit Hilfe von Kurvenscheiben?

6.12 Welche Funktionsbausteine sind zur Master-Slave-Kopplung notwendig?

6.13 Was ist der grundsätzliche Unterschied bei der Bahnvorgabe durch CNC-Programme und Kurvenscheiben?

6.14 Welche Robotertypen kennen Sie?

6.15 Was versteht man unter Vorwärts- und Rückwärtstransformation?

6.16 Wie können Roboter programmiert werden?

6.17 Welches Steuerungskonzept bewirkt eine Punkt-zu-Punkt- bzw. eine Bahnfahrt?

6.18 Welche Stufen der Bildverarbeitung unterscheidet man?

6.19 Wie kann eine Bildverarbeitung Bewegungen steuern?

Übung 6.1 *Simulation und Regelung einer Antriebsachse*

Das dynamische Verhalten einer Antriebsachse soll durch folgenden Funktionsbaustein simuliert werden.

```
FUNCTION_BLOCK ACHSE
VAR_INPUT
        y: REAL;
END_VAR
VAR_OUTPUT
        I, n, x: REAL;
END_VAR
VAR
        K_a1: REAL:=0.5;
        K_a2: REAL:=0.66667;
        K_v1: REAL:=0.5;
        K_v2: REAL:=0.5;
        K_x: REAL:=0.5;
        gedaechtnis_x, gedaechtnis_I, gedaechtnis_n: REAL;
END_VAR
I := K_a1*y+K_a2*gedaechtnis_I;
n:= K_v1*gedaechtnis_I+K_v2*gedaechtnis_n;
x:= K_x*gedaechtnis_n+gedaechtnis_x;
gedaechtnis_I:=I;
gedaechtnis_n:=n;
gedaechtnis_x:=x;
```

a) Ermitteln Sie die Übertragungsfunktion $G(z^{-1})$ für das Modell der Strecke durch eine *z-Transformation* aus dem Code des Funktionsbausteins ACHSE!

b) Erklären Sie, warum die in Bild 6.8 angegebenen Reglertypen verwendet werden! Warum ist der Regelkreis stabil?

c) Muss man mit bleibenden Regelabweichungen rechnen?

Übung 6.2 *Stabilitätsbetrachtungen zur Lageregelung*

Für eine Werkzeugmaschine soll nun eine Lageregelung nach Bild 6.8 realisiert werden. Drehzahl- und Stromregelung werden in der Ansteuer-Hardware umgesetzt, so dass in der SPS nur die Positionsregelung programmiert werden muss.

Die Strecke inklusive Drehzahl- und Stromregelkreis konnte durch Aufnahme der Sprungantwort identifiziert werden. Dabei ergab sich folgendes Verhalten:

$$G_P(s) = \frac{1}{s} \cdot \frac{2{,}5}{1 + 0{,}2s + 0{,}3s^2} \qquad (6.23)$$

a) Zeichnen Sie Amplituden- und Phasengang der Strecke qualitativ im Bode-Diagramm!

Bei Lageregelungen wünscht man kein Überschwingen der Positionierung. Deshalb muss der Positionsregler so eingestellt werden, dass eine Phasenreserve von 80° erreicht wird:

$$\varphi_R = \varphi_0(\omega_D) + 180° \geq 80° \quad mit: \; |G_0(\omega_D)| = 1 \qquad (6.24)$$

b) Ermitteln Sie die Gleichungen für den Amplitudengang $|G_0(\omega)|$ und für den Phasengang $\varphi_0(\omega)$ des offenen Regelkreises!

c) Bestimmen Sie aus den beiden Gleichungen aus b) die Reglerverstärkung K_P für die geforderte Phasenreserve!

d) Programmieren Sie Regler und Strecke jeweils als Funktionsbaustein in ST!

e) Programmieren Sie den Regelkreis in FUP!

f) Verifizieren Sie die Reglerverstärkung in der Simulation!

g) Welches Verhalten zeigt die Regelung (Traceaufzeichnung)?

Übung 6.3 *CNC-Programmierung*

Eine Fräsmaschine soll aus einem Zylinderblock mit einem Radius von R = 100 mm und einer Länge von l = 500 mm, der mittig an der Position $(x_M|y_M)$ = (500 mm|300 mm) justiert ist, einen Quader mit maximaler Kantenlänge herstellen. Erstellen Sie das CNC-Programm!

Übung 6.4 *Fliegende Säge*

Bei der Produktion von Spanplatten ist das über ein Transportband laufende Material wie in Bild 6.25 skizziert in Bretter einer gewünschten Länge zu zerschneiden. Im Unterschied zu Beispiel 6.6 bewegt sich das Werkstück parallel zur linearen Masterachse. Sorgt man dafür, dass sich die Masterachse genauso schnell wie das Band bewegt, kann die Säge während der Fahrt einen exakten Schnitt entlang einer Referenzlinie realisieren, ohne das Transportband hierfür anhalten zu müssen.

a) Wie muss die *periodische* Kurvenscheibe für die gewünschte Bewegung aussehen?

b) Öffnen Sie das Projekt `FliegendeSaege.pro`. Wie ist das Programm `Master_Slave` gegenüber Beispiel 6.6 zu verändern?

c) Sehen Sie jeweils eine Nocke zum Ein- und Ausschalten der Säge vor, wenn diese das Werkstück durchsägen soll!

d) Aktivieren Sie beim Austritt aus dem Werkstück (2. Nocke) die Rückwärtsfahrt des Schlittens zur Ausgangsposition!

e) Reaktivieren Sie in der Ausgangsposition die Vorwärtsbewegung so, dass die Phasenverschiebung zwischen Transportband und Schlitten ausgeglichen wird!

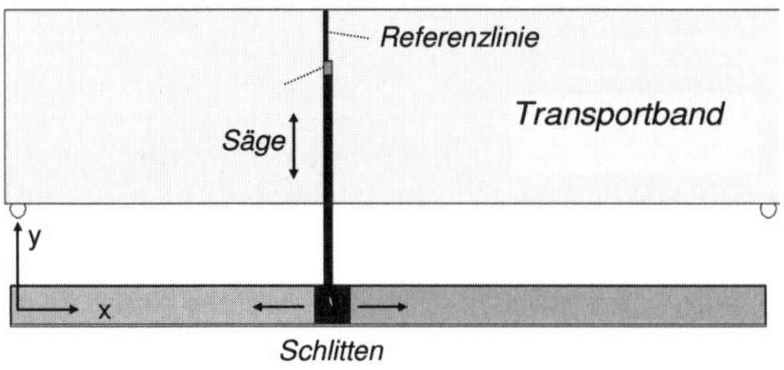

Bild 6.25: Fliegende Säge schneidet während der Bewegung des Bandes das Werkstück vertikal in y-Richtung durch.

Übung 6.5 *Rückwärtstransformation für einen 5-achsigen Roboter*

In Beispiel 6.7 soll nun statt des SCARA-Roboters der in Bild 6.26 dargestellte Roboterarm mit fünf Achsen eingesetzt werden.

a) Bestimmen Sie zunächst die kartesische Position des Greifers $\boldsymbol{p} = (x, y, z)^T$ in Abhängigkeit der Gelenkstellungen q_1, q_2 und q_3! Das Gelenk q_4 soll so eingestellt werden, dass der Greifer senkrecht zur Ebene des Förderbandes angeordnet ist, und das Gelenk q_5 soll gemäß der Objektorientierung ausgerichtet werden.

b) Entwickeln Sie den zugehörigen Funktionsbaustein für die Rückwärtstransformation!

c) Welche Bausteine aus Beispiel 6.7 sind weiterhin anzupassen?

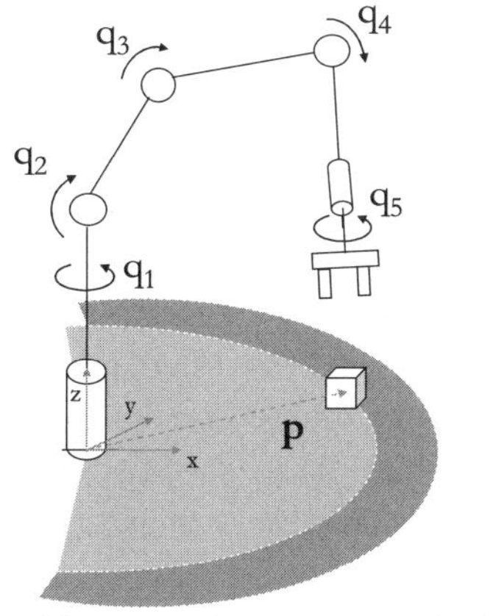

Bild 6.26: Roboterarm mit fünf Achsen.

Übung 6.6 *Bildverarbeitungsstufen*

a) Starten Sie das Programm *AdOculos* über die Internetseite!

b) Fügen Sie mit `Dateien|Bild einfügen` ein neues Bild ein und wählen Sie per Doppelklick auf das Bild die Bilddatei `Schraube.iv` aus!

c) Fügen Sie die Funktion `Binärisieren` ein und verbinden Sie sie mit einem neuen Bild zur Darstellung des Ergebnisses! Probieren Sie verschiedene Schwellwerte aus!

d) Mit welchen Funktionen kann man die Binärisierung verbessern und damit unabhängiger von der gewählten Schwelle machen? Testen Sie diese!

e) Fügen Sie die Funktion `Komponentenmarkierung` ein und verbinden Sie sie mit einem neuen Bild zur Darstellung des Ergebnisses!

f) Fügen Sie die Funktion `Merkmals-Extraktion` ein und verbinden Sie sie mit zwei neuen Bildern zur Darstellung der Ergebnisse! Welche Bildmerkmale wurden ermittelt? Erstellen Sie ein Screenshot Ihres Programms!

Übung 6.7 *Regelung eines mobilen Roboters*

Die beiden Räder eines mobilen Roboters nach Bild 4.41 werden von drehzahlveränderbaren Gleichstrommotoren angetrieben. Drehgeber an den Radachsen registrieren Impulse, deren Anzahl proportional zur zurückgelegten Strecke s^{ist} ist. Dadurch kann die aktuelle Drehzahl n^{ist} ermittelt werden.

Durch die in Bild 6.27 skizzierte Antriebsregelung werden die beiden Räder für eine Geradeausfahrt synchronisiert. Obwohl beide denselben Drehzahlsollwert aufgeschaltet bekommen, unterscheiden sich die Istdrehzahlen des linken und des rechten Rades durch Störungen leicht voneinander. Während der Fahrt summieren sich diese Abweichungen auf, so dass der Roboter eine leichte Kurve fahren und sein Ziel verfehlen würde. Deshalb wird ein Ausgleichsregler zum Aufschalten einer Korrekturdrehzahl n^{korr} in Bild 6.22 eingesetzt.

a) Verwenden Sie den Funktionsbaustein `TYP_PULSE` (vgl. Bild 4.7) zur Ermittlung der Istposition s^{ist}!

b) Entwerfen Sie den Funktionsbaustein TYP_SPEED zur Ermittlung der Istdrehzahl n^{ist}, indem Sie die Anzahl der Impulse innerhalb von 10 ms bestimmen und daraus die Geschwindigkeit berechnen!

c) Entwickeln Sie unter Verwendung des Reglerbausteins TYP_PID die Programme GIC1 und GIC2 zur Drehzahlregelung der beiden Räder und testen Sie diese!

d) Entwickeln Sie das Programm zur Lageregelung inklusive des Ausgleichsreglers und testen Sie dieses!

e) Wie ist das Programm zu ändern, damit der Roboter rückwärts fahren kann?

f) Wie ist das Programm zu ändern, damit der Roboter Rotationen um die eigene Achse durchführen kann?

g) Entwickeln Sie eine Schrittkette, die verschiedene Soll-Positionen für Translations- und Rotationsbewegungen vorgibt!

h) Erweitern Sie das Programm um den Funktionsbaustein INTERPOLATION!

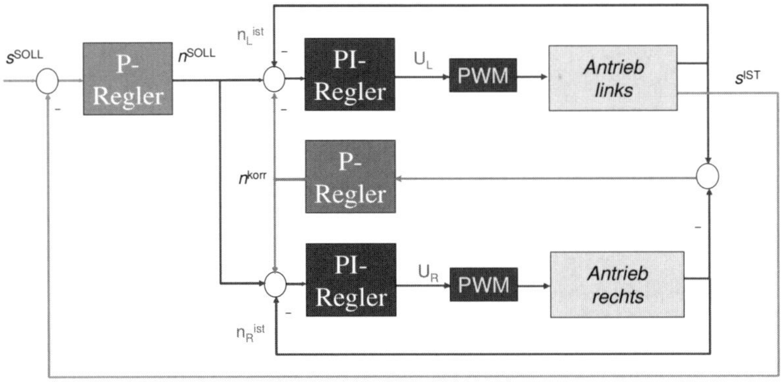

Bild 6.27: Antriebsregelung für einen mobilen Roboter [6.13].

7 Sicherheitskonzepte für Steuerungen

Ein wichtiges Ziel der Automatisierungstechnik ist es, Anlagen sicherer zu machen und Schäden von Mensch, Umwelt und Geräten abzuwenden.

Steuerungen beeinflussen die Sicherheit von Anlagen auf zwei Arten:

- *Steuerungen überwachen die Anlage* und führen sie im Fall einer gefährlichen Situation in einen sicheren Betriebszustand, d.h. im Allgemeinen, sie schalten die Anlage im Notfall ab.
- Aber auch *Fehler in der Steuerung* selbst können zu gefährlichen Situationen in der Anlage führen oder das hergestellte Produkt verderben, was z.B. in der Nahrungs- und Arzneimittelproduktion für den Menschen gefährliche Auswirkungen haben kann.

Diese beiden Seiten der Medaille müssen beim Einsatz von SPSen berücksichtigt werden. Dabei ist durch eine qualifizierte Planung und Projektierung dafür zu sorgen, dass bereits vor der Inbetriebnahme alle systematischen Fehler in der eingesetzten Hard- und Software entdeckt und korrigiert werden (s. Abschnitt 7.3).

Zusätzlich ist die Hard- und Software so zu konzipieren, dass *gefährliche* Fehler in der Anlage, die bei zeitgleicher Störung der Steuerung nicht erkannt würden, unter allen Umständen vermieden werden. Hierfür werden im Abschnitt 7.2 sog. sicherheitsgerichtete Steuerungen (SSPSen) vorgestellt.

Der erste Schritt zu einer sicheren Anlagensteuerung ist jedoch stets die Identifikation möglicher Fehlerquellen und die Analyse des mit ihnen verbundenen Sicherheitsrisikos, was im folgenden Abschnitt dargestellt wird.

7.1 Gefahrenanalyse und Gegenmaßnahmen

Zur Identifikation potentieller Gefahrenquellen analysiert ein Expertengremium, das aus erfahrenen Anlagenplanern und -betreibern zusammengesetzt ist, jedes einzelne Aggregat in der Anlage, das auf den Prozess wirkt. Im Rahmen eines Sicherheitsgesprächs wird zunächst das gewünschte *Sollverhalten* des jeweiligen Aggregats beschrieben. Danach werden alle möglichen *Abweichungen* davon betrachtet, die daraus resultierenden Konsequenzen diskutiert und so Ursachen für Ablaufstörungen bis hin zu Störfällen erkannt. Diese Vorgehensweise wird als *HAZOP*-Methode bezeichnet, wobei HAZOP eine Abkürzung für **Haz**ards and **Op**erability ist, was so viel bedeutet wie Gefahrenanalyse und Gegenmaßnahmen [7.1].

Die HAZOP-Systematik sollte zur Absicherung durch zusätzliche Verfahren zur Gefahrenidentifikation ergänzt werden. Hierfür können die Fehlerbaumanalyse und die Ereignisbaumanalyse genutzt werden.

7.1.1 Ereignisbaumanalyse

Die Ereignisbaumanalyse (Event Tree Analysis, ETA) geht von möglichen unerwünschten *Ereignissen* während des Anlagenbetriebs aus und betrachtet die daraus entstehenden *Konsequenzen*. Die Ereignisse können aus den in der HAZOP-Analyse festgestellten Abweichungen vom Sollverhalten bestehen oder etwaige Gerätestörungen, kritische Prozesszustände, fehlerhafte Handlungen des Bedienpersonals sein.

Ausgehend von diesen Anfangsereignissen werden zunächst mögliche Folgeereignisse abgeleitet und in einem Baumdiagramm dargestellt. Wie das Beispiel in Bild 7.1 zeigt ergeben sich daraus kritische und unkritische Auswirkungen. Stößt das Schiff beispielsweise gegen einen Eisberg und es tritt Wasser ein, so kann das Schiff weiterfahren, wenn dies durch den Feuchtesensor LS+ erkannt wird und die Pumpe EU von der SPS angesteuert das eindringende Wasser abpumpt. Kann die Pumpe das Wasser nicht abpumpen, sinkt das Schiff.

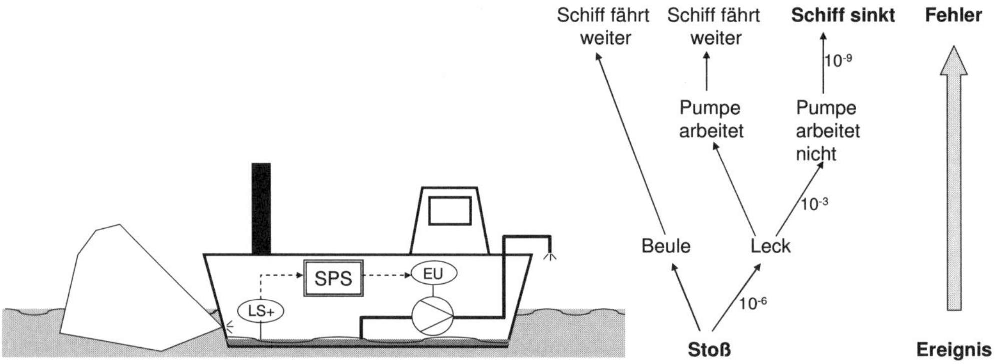

Bild 7.1: Beispiel einer Ereignisbaumanalyse [7.2].

Die Ereignisbaumanalyse wird als Bottom-Up-Verfahren oder *Vorwärtssuche* bezeichnet, weil man von einem kritischen Ereignis ausgeht und die daraus evt. entstehenden Fehler ermittelt.

Ein Fehler kann aber mehrere Ursachen haben. Um Fehler vermeiden zu können, muss man frühzeitig alle möglichen Fehlerursachen erkennen und diesen entgegenwirken. Deshalb werden bei der HAZOP-Analyse eine Vorwärts- und eine Rückwärtssuche angewendet.

7.1.2 Fehlerbaumanalyse

Eine Alternative und Ergänzung zur Ereignisbaumanalyse ist die *Fehlerbaumanalyse* (Faul Tree Analysis, FTA). Dabei geht man von einem Fehler aus und schließt auf die Ereignisse zurück, die diesen Fehler verursachen könnten.

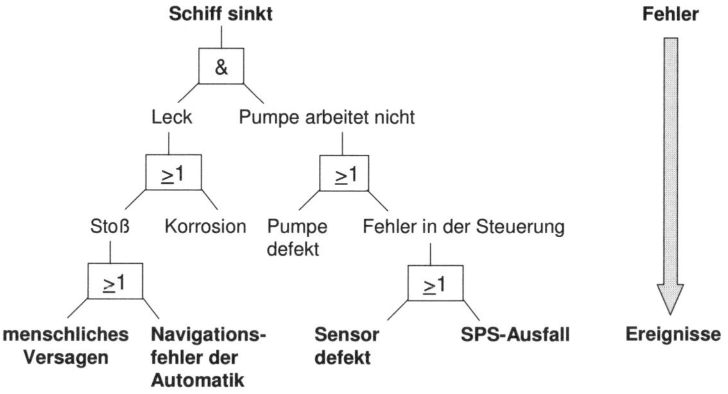

Bild 7.2: Fehlerbaumanalyse für das Beispiel aus Bild 7.1 [7.2].

Wie an dem Beispiel aus Bild 7.2 erkennbar, werden noch mehr potentielle Gefahrenquellen ausgemacht als bei der Ereignisbaumanalyse. Prinzipiell können natürlich auch bei der Ereignisbaumanalyse für ein Ereignis mehrere Fehler entdeckt werden. Durch verschachtelte Ereignis- und Fehlerbaumanalysen untersucht man so möglichst viele Fehler und ihre Ursachen.

Bevor nun Maßnahmen gegen die möglichen Fehler ergriffen werden, ist ihr Risiko abzuschätzen, um die Verhältnismäßigkeit der Gegenmaßnahme zu berücksichtigen.

7.1.3 Risikoanalyse

Das mit einem Fehler verbundene Risiko lässt sich als Produkt des Schadensausmaßes S und der Auftrittshäufigkeit H des Fehlers ausdrücken:

$$Risiko = S \cdot H \tag{7.1}$$

Da die exakte Ermittlung anhand einer Formel jedoch schwierig ist, nutzt man für jeden möglichen Fehler einen sog. *Risikograf* nach IEC 61508 (s. Bild 7.3). Dieser bezieht sich auf Risikoparameter, wie das Schadensausmaß S, die Eintrittswahrscheinlichkeit W eines Fehlers und die Möglichkeit der Gefahrenabwendung G.

Je nach Größe dieser Parameter ordnet der Risikograf dem Gefahrenpotential eine von vier *Sicherheitsstufen* (Safety Integrity Levels, SIL) zu. Für ferngesteuerte Krane ergibt sich z.B. die Sicherheitsstufe *SIL 1*, für Pressen mit Einlegearbeiten die Stufe *SIL 3* und für Reaktorschutzsysteme die Stufe *SIL 4* [7.3], [7.4].

Beispiel 7.1 *Risikoanalyse einer Brennersteuerung*
Bei einer Brennersteuerung in einem Kraftwerk besteht die Gefahr, dass ein explosives Luft-/Gas-Gemisch im Brennerraum entsteht, wenn die Flamme erlischt und weiterhin Gas ausströmt.

Bei einer Explosion kann das *Schadensausmaß S3* durch den Tod mehrerer Personen eintreten. Die *Aufenthaltsdauer* von Personen ist im Brennerraum mit *A1* jedoch als relativ selten anzunehmen. Da es keine *Gefahrenabwendungsmöglichkeiten (G2)* gibt und die *Eintrittswahrscheinlichkeit* ohne Schutzmaßnahmen relativ hoch *(W3)* einzustufen ist, ergibt sich für die Brennersteuerung aus dem Risikograf die Sicherheitsstufe *SIL3.*

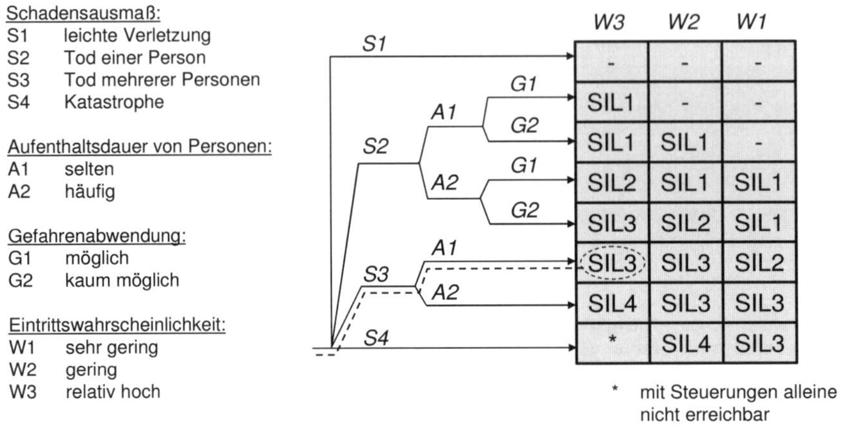

Bild 7.3: Risikograf zur Ermittlung der Sicherheitsstufen (SIL) in Abhängigkeit der Risikoparameter nach IEC 61508 [7.4]. Der gestrichelte Pfad zeigt, wie die Anforderungsklasse für eine Brennersteuerung in Beispiel 7.1 gefunden wird.

Für diese Sicherheitsstufe ist der Einsatz einer *sicherheitsgerichteten Steuerung* (s. Abschnitt 7.2) vorgeschrieben, die beim Erlöschen der Flamme das Gaszustromventil unter allen Umständen schließt. Hierzu führt die Steuerung umfangreiche Selbsttests durch, um sicherzustellen, dass gefährliche Betriebszustände richtig erkannt werden. Ist dies etwa wegen Ausfall einzelner Module der Steuerung nicht mehr gewährleistet, werden *alle* Aktoren und damit auch das Gaszustromventil in einen sicheren Betriebszustand gefahren [7.6]. □

Safety Integrity Levels (SIL)

Je nachdem welche Sicherheitsstufe für die zu automatisierende Anlage ermittelt wurde, sind Steuerungssysteme einzusetzen, deren Ausfallwahrscheinlichkeit unterhalb einer gewissen zulässigen Grenze liegt. Dabei ist zum einen ihre Ausfallrate, die sog. *Probability of Failure per Hour (PFH),* relevant und zum andern die Wahrscheinlichkeit eines Ausfalls gerade in dem Moment, wenn eine Schutzfunktion ausgeführt werden soll *(Probability of Failure on Demand, PFD).*

Die Grenzen für die Ausfallwahrscheinlichkeit des Sicherheitssystems sind in Tabelle 7.1 dargestellt. Für die in Beispiel 7.1 beschriebene Brennersteuerung wurde die Sicherheitsstufe SIL3 aus dem Risikograf ermittelt. Somit muss die Steuerung eine Ausfallwahrscheinlichkeit PFH von max. 10^{-7} und eine Ausfallwahrscheinlichkeit im Bedarfsfall PFD von max. 10^{-3} gewährleisten. Sicherheitsgerichtete Steuerungen haben diesbezüglich sehr geringe Fehlerwahrscheinlichkeiten PFH und PFD.

Tabelle 7.1: Grenzen der Ausfallwahrscheinlichkeit für sicherheitsgerichtete Systeme pro Stunde (PFH) und im Bedarfsfall (PFD) für die jeweilige Sicherheitsstufe (SIL).

SIL	1	2	3	4
PFD	10^{-1}	10^{-2}	10^{-3}	10^{-4}
PFH	10^{-5}	10^{-6}	10^{-7}	10^{-8}
⇨ übliche Gegenmaßnahmen durch Einsatz	*bewährter Standardgeräte*	*einkanaliger SSPSen*	*zweikanaliger SSPSen*	*bauteilsicherer VPSen (vgl. Bild 1.8)*

7.1.4 Gegenmaßnahmen

Prinzipiell unterscheidet man zwei Arten von Gegenmaßnahmen, um die Auswirkungen von Fehlern einzudämmen [7.1]:

- Maßnahmen zur *Fehlervermeidung* greifen für Fehler, die *bis zur* Inbetriebnahme z.B. bei der Spezifikation, Programmierung oder Fertigung entstanden sind. Diese Fehler können durch eine umfangreiche Prüfung der Hard- und Software im Rahmen der *Qualifizierung* von Steuerungen erkannt und behoben werden (s. Abschnitt 7.3).
- Fehlern, die während des Betriebs auftreten, muss durch Maßnahmen zur *Fehlerbeherrschung* begegnet werden. Dabei müssen sowohl Prozessfehler (z.B. Überdruck in einem Behälter) als auch Fehler in der Steuerung (z.B. Ausfall des betreffenden Eingangskanals für den Drucksensor) sicher beherrscht werden.

Zur Fehlerbeherrschung sind zunächst Sicherheitsfunktionen für die Prozessfehler festzulegen. Für den Entwurf werden häufig *Ursache-Wirkungsdiagramme* (Cause-Effect-Matrices) eingesetzt [7.5]. Ein klassisches Beispiel hierfür ist die Verriegelungsmatrix in Tabelle 4.8. In den Zeilen sind die Prozesssignale eingetragen, die die Ursachen für die Sicherheitsfunktionen darstellen. In den Spalten wird die gewünschte Wirkung der Prozesssignale angegeben, nämlich in diesem Fall die Verriegelung der entsprechenden Aktoren.

Die Sicherheitsfunktionen müssen natürlich durch hochzuverlässige Steuerungen ausgeführt werden. Wenn nun eine Komponente dieser Steuerungen ausfällt, darf kein gefährlicher Zustand in der Anlage entstehen. Um solche Fehler zu erkennen und die Anlage trotzdem in den sicheren Zustand zu überführen, ist der Einsatz *sicherheitsgerichteter Steuerungen* erforderlich. Je nach Sicherheitsstufe sind die in Tabelle 7.1 aufgeführten Steuerungsarten einzusetzen.

7.2 Sicherheitsgerichtete Steuerungen

Sicherheitsgerichtete speicherprogrammierbare Steuerungen (SSPSen) erfüllen im Allgemeinen die Anforderungen bis zur Sicherheitsstufe SIL 3. Sie arbeiten nach dem

Fail-Safe-Prinzip. Demnach muss eine SSPS garantieren, dass bei einem Ausfall von Komponenten kein unzulässiger, gefährlicher Zustand entstehen kann.

Für die Brennersteuerung aus Beispiel 7.1 bedeutet das, dass bei Erlöschen der Flamme unter allen Umständen die Brennstoffzufuhr spätestens nach 1 s geschlossen sein muss. Diese Sicherheitsfunktion muss auch durchgeführt werden, wenn die Steuerung selbst einen Fehler hat. Um solche meist zufälligen Fehler in der Steuerung zu erkennen, führen SSPSen umfangreiche Selbsttests durch.

7.2.1 Redundanz und Diversität

Sicherheitsgerichtete Steuerungen basieren auf dem Prinzip der Redundanz, denn die Sicherheitsfunktionen laufen in der Regel in zwei redundanten CPUs ab. Man unterscheidet hierbei zwischen aktiver und passiver Redundanz.

Wie Bild 7.4a zeigt wird die Sicherheitsfunktion bei *aktiver Redundanz* parallel von beiden Systemen ausgeführt. Nur wenn sich die Ergebnisse nicht unterscheiden, wird der Aktor angesteuert. Bei unterschiedlichem Ergebnis liegt offensichtlich in einer der beiden CPUs ein Fehler vor, und es wird ein 0-Signal ausgegeben, wodurch der Aktor in den *sicheren* energielosen Zustand überführt wird.

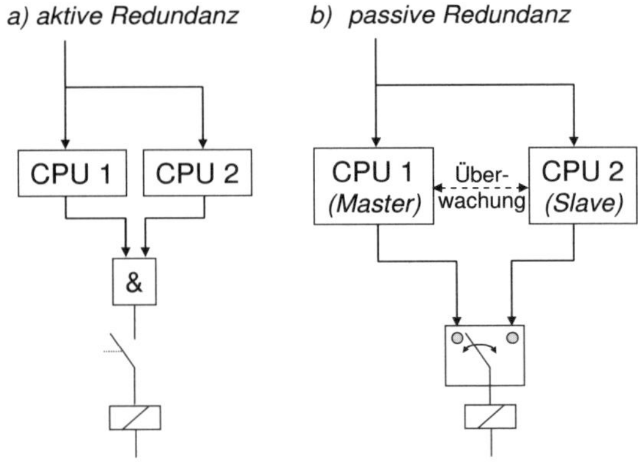

Bild 7.4: Einsatz redundanter CPUs zur Erhöhung der Sicherheit (a) und zur Erhöhung der Verfügbarkeit (b).

Im Unterschied dazu werden die steuerungstechnischen Funktionen bei *passiver Redundanz* in Bild 7.4b nur von einer, nämlich der sog. Master-CPU, abgearbeitet. Wenn diese ausfällt, übernimmt die zweite sog. Slave-CPU und sorgt dafür, dass die Steuerung nicht abgeschaltet werden muss, sondern weiter verfügbar bleibt.

Aktive Redundanz sorgt also für eine erhöhte Sicherheit, während passive Redundanz eine erhöhte Verfügbarkeit der Steuerung ermöglicht. *Sicherheit* und *Verfügbarkeit* dürfen also nicht verwechselt werden. Das System in Bild 7.4a ist zwar sicher, weil es im Notfall die Anlage abschaltet. Die Anlage ist dadurch aber nicht mehr verfügbar. Die Konfiguration nach Bild 7.4b dagegen schaltet die Anlage bei Ausfall einer CPU nicht ab. Sie bietet somit keine Sicherheit, sondern gewährleistet durch das Umschalten auf die Slave-CPU trotz Ausfall einer CPU die weitere Verfügbarkeit der Anlage.

Sicherheit basiert also auf dem Prinzip der *Diversität*, denn die Sicherheitsfunktionen werden auf zwei verschiedenen CPUs abgearbeitet. Diese sog. physikalische Diversität ermöglicht die Erkennung zufälliger Fehler in der Hardware [7.5]. Darüber hinaus lassen sich durch eine sog. *Implementierungsdiversität* auch Fehler in der Software während des Programmablaufs erkennen. Dabei wird die Software auf zwei verschiedenen Wegen programmiert, wie das folgende Beispiel und Bild 7.5 zeigen.

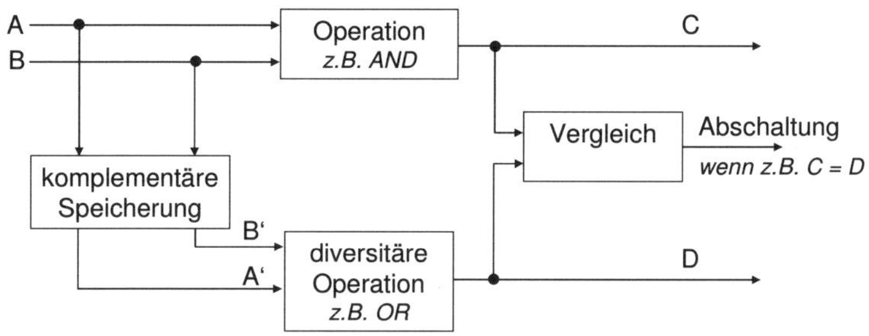

Bild 7.5: Diversitäre Implementierung am Beispiel einer UND-Verknüpfung.

Beispiel 7.2 *Diversitäre Programmierung*
Eine simple UND-Verknüpfung

$$C = A \wedge B \tag{7.2}$$

soll diversitär implementiert werden. Hierzu wird in Bild 7.5 die Verknüpfung in zwei CPUs ausgeführt, wobei in der zweiten die Daten zunächst invertiert abgespeichert und durch die diversitäre Operation

$$D = A' \vee B' \tag{7.3}$$

verknüpft werden. Schließlich erfolgt der Vergleich auf Antivalenz. Bei korrekter Verarbeitung ist

$$D = C' \tag{7.4}$$

Ansonsten müssen die CPUs abschalten. □

Die in Bild 7.5 dargestellte diversitäre Verarbeitung von Sicherheitsfunktionen kann prinzipiell auch nacheinander auf *einer* CPU ablaufen [7.6]. Diese einfachste Form der Redundanz nennt man *Zeitredundanz*. Sie ermöglicht die Erkennung von Softwarefehlern, nicht aber von Fehlern in der Hardware.

7.2.2 Aufbau sicherheitsgerichteter SPSen (SSPSen)

Gemäß der in Abschnitt 7.1.3 gefundenen Sicherheitsstufe ist der Aufbau der SSPS mehr oder weniger aufwändig. Früher wurden SSPSen klassischerweise zweikanalig mit aktiven Redundanzschaltungen aufgebaut. Heute ist eine diversitäre Implementierung auch in einer CPU durch Zeitredundanz möglich (vgl. Bild 7.5).

Der Aufbau einer einkanaligen SSPS ist in Bild 7.6 skizziert: Demnach besitzt sie einen Mikroprozessor (µP), mehrere redundant ausgelegte Speichereinheiten (RAM, EEPROM), einen Speicherkomparator, eine Watchdogschaltung und die von einer Standard-SPS bekannten Komponenten.

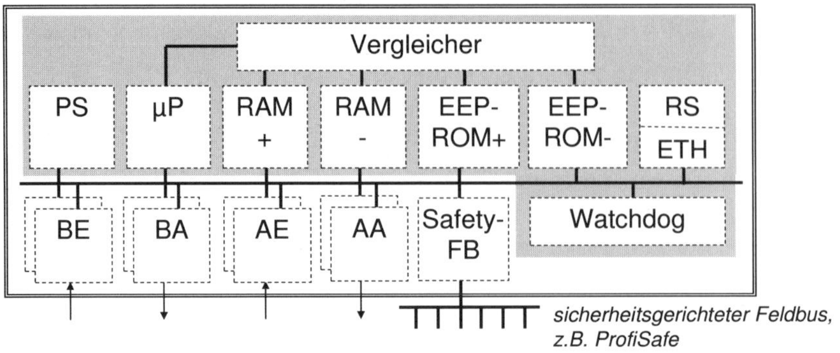

Bild 7.6: Möglicher Hardwareaufbau einer *einkanaligen* SSPS mit doppelten RAMs und EEPROMs, deren Resultate über einen Vergleicher online getestet und an die E/A-Kanäle weitergegeben werden [7.7].

Selbsttests der CPU

Damit sind folgende Überwachungsfunktionen in der CPU möglich:

- In RAM und EEPROM werden die Daten normal und zusätzlich invers abgespeichert. Ein *Speicherkomparator* überwacht, dass zwei korrespondierende Speicherzellen zusammengenommen immer den Wert 1 haben.
- Die Komponenten müssen innerhalb einer vorgegebenen Zeitspanne einer *Watchdogschaltung* mitteilen, dass sie noch ordnungsgemäß arbeiten. Hierfür setzen sie Zähler in der Watchdogschaltung auf einen angeforderten Wert. Die Watchdogschaltung dekrementiert den Zähler, so dass eine neue Mitteilung eintreffen muss, bevor der Zählwert Null erreicht ist.
- Die Programme werden *zeitredundant* und *diversitär* verarbeitet und die Resultate zur Aufdeckung zufälliger Fehler verglichen.

Wenn bei diesen Überwachungen Fehler entdeckt werden, wird die Steuerung abgeschaltet und die Anlage in einen sicheren Zustand gefahren. Ansonsten verbindet ein Multiplexer eines der redundanten Systeme mit dem Prozess.

Test der E/A-Kanäle

Die Ein-/Ausgangskanäle sind in hohem Maße sicherheitskritisch, denn es können falsche Signale eingelesen oder ausgegeben werden. Beim Einlesen unterscheidet man *gefährliche* und *ungefährliche Fehler.* Wird im Fall der Brennsteuerung aus Beispiel 7.1 irrtümlicherweise vom Flammwächter ein ‚0'-Signal eingelesen, schaltet die CPU die Brennstoffzufuhr aus, was unkritisch ist, auch wenn die Flamme noch brennt. Liest die Steuerung jedoch irrtümlicherweise ein ‚1'-Signal ein, obwohl die Flamme aus ist, so schaltet die CPU die Brennstoffzufuhr nicht ab und es bildet sich ein explosives Luft-/Gasgemisch.

Um solche gefährlichen Fehler zu vermeiden, werden folgende Gegenmaßnahmen in den E/A-Baugruppen durchgeführt:

- Die Eingangssignale werden redundant eingelesen und verglichen.

- Nachdem die Eingangssignale im RAM abgespeichert wurden, werden die Eingangskanäle kurzzeitig mit Testsignalen beaufschlagt, um ihre Beschreibbarkeit sicherzustellen.

Bei den Ausgangskanälen wäre es fatal, wenn die Abschaltung infolge eines Fehlers des entsprechenden Ausgangskanals nicht funktionieren würde. Zur Vermeidung dieser Fehler gibt es folgende Möglichkeiten:

- Zwei Abschaltwege durch redundante Ausgänge (s. Bild 7.7),
- Zurückführen des Ausgangssignals auf einen Eingangskanal und Vergleich mit dem Ausgangssignal.
- Um ihre Beschreibbarkeit sicherzustellen, werden die Ausgangskanäle nur so kurz mit Testsignalen beaufschlagt, dass der träge Aktor nicht darauf reagiert

Bild 7.7 zeigt die Systemstruktur einer zweikanaligen SSPS mit redundanten E/A-Kanälen und redundanten CPUs.

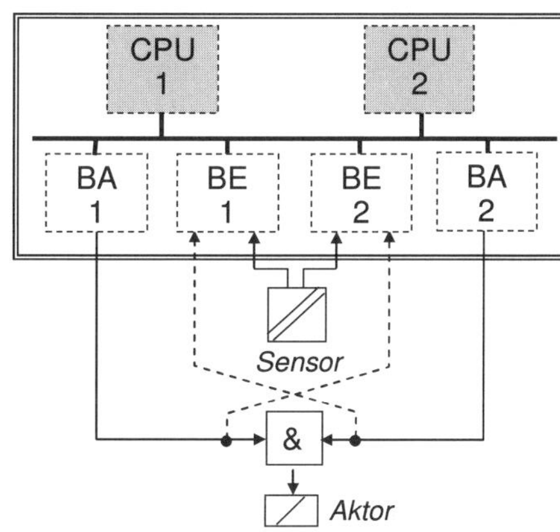

Bild 7.7: Systemstruktur einer zweikanaligen SSPS mit redundanten binären E/A-Karten.

1oo2-Systeme

Eine zweikanalige SSPS mit zwei aktiv redundanten CPUs wie in Bild 7.7 nennt man auch „1 out of 2“-System (1oo2), weil nur eines von zwei Systemen ausfallen muss, um die Sicherheitsabschaltung der Anlage nach dem Fail-Safe-Prinzip auszulösen. Die einkanalige SSPS aus Bild 7.6 wird dementsprechend als 1oo1-System bezeichnet, weil bereits der Ausfall eines Kanals zur Sicherheitsabschaltung führt. Systeme mit passiver Redundanz nach Bild 7.4b werden konsequenterweise als 2oo2-System bezeichnet, weil beide Kanäle parallelgeschaltet sind und demnach auch beide ausfallen müssen, um eine Sicherheitsabschaltung hervorzurufen.

Bei 1oo2-Systemen entsteht natürlich das Problem, dass die verbleibende Komponente nicht mehr sicherheitstauglich ist, denn der Partner für vergleichende Testfunktionen ist gestört und steht demzufolge nicht mehr zur Verfügung. Zudem kann man beim Vergleich der Resultate von zwei redundanten Einheiten nicht sagen, welche von beiden richtig und welche fehlerhaft operiert.

Aus Sicherheitsgründen wird ein 1oo2-System also bei einer Diskrepanz der redundanten Einheiten abgeschaltet.

2oo3-Systeme

Um im Fall einer Störung also Sicherheit und Verfügbarkeit zu gewährleisten, sind *2oo3-Systeme* einzusetzen.

Ein 2oo3-System besteht aus drei funktionsgleichen Einheiten, deren Resultate verglichen werden. Liefert eine Einheit abweichende Resultate, wird sie nach dem *Majoritätsprinzip* abgeschaltet, während die beiden übereinstimmenden Einheiten mit allen Sicherheitstests weiterlaufen können. Sollte es dann jedoch zu einer Diskrepanz kommen, muss abgeschaltet werden, da die fehlerhafte Einheit nicht mehr identifiziert werden kann.

2oo4-Systeme

Höchste Verfügbarkeit bei gleichzeitiger Sicherheit erreicht man durch Einsatz von *2oo4-Systemen.* Diese bestehen aus zwei 1oo2-Systemen, die über einen gemeinsamen Dual-Port-RAM miteinander Werte austauschen können [7.9]. Wenn bei einem der 1oo2-Systeme eine Diskrepanz festgestellt wird, wird die fehlerhafte Einheit abgeschaltet. Übrig bleibt das funktionierende 1oo2-System mit voller Verfügbarkeit und allen Sicherheitsfunktionen.

7.2.3 Sicherheitsgerichtete Feldbussysteme

Die Entwicklung sicherer Bussysteme ermöglicht es, wie in Bild 7.8 *dezentrale* Steuerungsstrukturen mit SSPSen aufzubauen. Darin können auch sicherheitsgerichtete E/A-Baugruppen als dezentrale Peripherie in sicherheitsgerichteten Remote-I/O-Geräten (SRIO) eingebaut werden. Die im vorigen Abschnitt erläuterten Tests der E/A-Kanäle erfolgen dann dezentral im Mikroprozessor des SRIO. Dieser ist wie im Abschnitt 2.5 ausgeführt notwendig, um die Buskommunikation konventioneller Feldgeräte mit der CPU zu realisieren.

Durch das sicherheitsgerichtete Busprotokoll, z.B. ProfiSafe, kann die Kommunikation zwischen CPU und Peripherie überwacht werden [7.10]:

- Hierbei muss innerhalb einer vorgegebenen Überwachungszeit eine gültige *Sequenznummer* zurückgemeldet werden. Damit wird überwacht, ob der Sender, also z.B. das E/A-Gerät, noch „lebendig" ist.
- Die Gültigkeit der eingelesenen und im Telegramm vorhandenen Prozesswerte wird mittels eines *Cyclic Redundancy Checks* (CRC) überprüft. Dabei wird ein CRC-Wert vor dem Senden und nach dem Empfangen berechnet und verglichen.

Wenn hierbei Fehler auftreten, schicken die E/A-Geräte kein Acknowledge, wodurch die auf dieses Signal wartende CPU bei Timeout die Anlage abschaltet.

Die sichere Feldbustechnik, insbesondere das sichere Ethernet, erlaubt die bereits vorhandene Netzwerkstruktur zu nutzen, um über dieselben Leitungen *sichere* und *nicht sichere* Kommunikation auszuführen (s. Bild 7.8). Der Trend geht also dahin, Steuerungshardware nicht mehr getrennt für sichere und nicht sichere Funktionen aufzubauen, sondern für alles dieselbe Hardware zu nutzen und die Sicherheitsfunktionen durch Software zu realisieren [7.11].

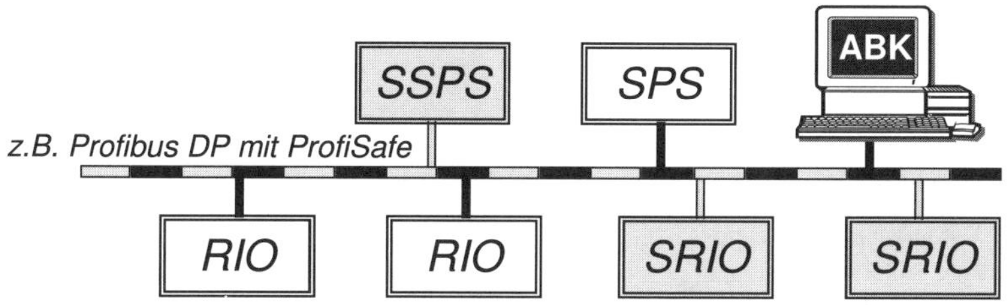

Bild 7.8: Sichere und nicht sichere Datenübertragung (grau bzw. schwarz) in einem dezentralen Automatisierungssystem mit SPSen, Remote I/Os (RIO) und Human Machine Interface (HMI).

Für Anlagen mit einem erhöhten Risiko müssen Sicherheitsfunktionen, wie z.B. die Abschaltung des Brennstoffzuflusses bei erloschener Flamme in einer Brennkammer, durch sicherheitsgerichtete Steuerungen mit einer sehr niedrigen Versagenswahrscheinlichkeit (PFD) ausgeführt werden. Dies wird durch umfangreiche Selbsttests erreicht, die *zufällige Fehler* in der Steuerung erkennen.

Darüber hinaus gibt es Anlagen, deren Betrieb direkt zwar ungefährlich ist, die aber sensible Produkte wie etwa Nahrungs- oder Arzneimittel herstellen, die für den Menschen gefährlich sein können. Für die *Produktsicherheit* ist es deshalb fundamental, dass die Herstellanweisungen exakt ausgeführt werden und keine *systematischen Fehler* z.B. bei der Herstellung der Hard- und Software des Automatisierungssystems entstehen.

7.3 Engineering zuverlässiger Steuerungen

Das Engineering oder die Herstellung zuverlässiger Automatisierungssysteme umfasst die Projektphasen: Planung, Realisierung und Inbetriebnahme. Um die Sicherheit des von einer automatisierten Anlage hergestellten Produkts zu gewährleisten, sind umfangreiche Tests zur *Fehlervermeidung* durchzuführen, bevor die Anlage in Betrieb geht.

7.3.1 Gute Automatisierungspraxis

Die Zuverlässigkeit der Steuerungen kann durch ein adäquates Vorgehen beim Engineering, sozusagen eine gute Automatisierungspraxis, sichergestellt werden. Hierfür wird u.a. im GAMP-Leitfaden (*Good Automated Manufacturing Practice*) ein Vorgehensmodell für das Engineering von Automatisierungssystemen vorgestellt [7.12].

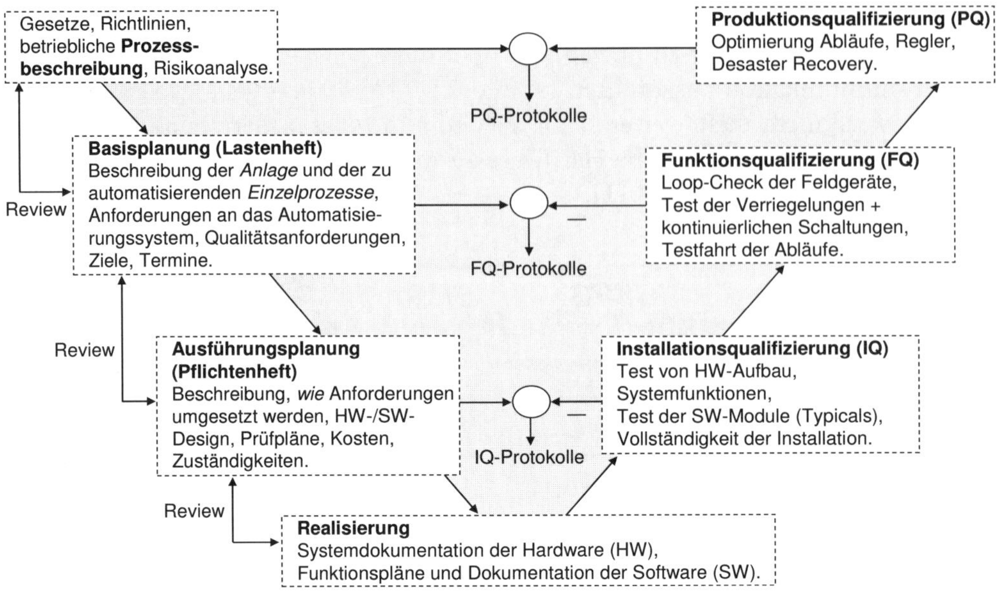

Bild 7.9: Vorgehensmodell beim Engineering von Automatisierungssystemen nach GAMP [7.12].

Das Vorgehensmodell (V-Modell) nach Bild 7.9 unterteilt den Engineeringprozess in folgende Abschnitte:

- Für die *Planung* des Automatisierungssystems wird auf Basis einer betrieblichen Prozessbeschreibung ein *Lastenheft* erzeugt, das die zu automatisierenden Funktionen der Anlage sowie die Anforderungen an das Automatisierungssystem und das Projekt spezifiziert. Daraufhin erfolgt der Hard- und Softwareentwurf für das Automatisierungssystem im *Pflichtenheft*.
- In der *Realisierungsphase* wird die Hardware des Automatisierungssystems bestellt, produziert und geliefert. Die Anwenderprogramme werden gemäß Pflichtenheft erstellt, getestet und dokumentiert.
- Während der *Inbetriebnahme* wird zunächst die Steuerungshardware installiert und das Zusammenspiel zwischen Hard- und Software getestet. Daraufhin werden die Sensoren und Aktoren an die Steuerung angeschlossen und das Zusammenspiel zwischen Anlage und Steuerung getestet. Abschließend wird die Produktion geprüft, d.h. das Zusammenspiel der automatisierten Anlage mit den vorgesehenen Einsatzstoffen.

Wie aus Bild 7.9 hervorgeht, wird bei der Inbetriebnahme die Installation der Steuerung gegen das Pflichtenheft geprüft. Die automatisierten Funktionen werden gegen das Lastenheft und die Produktion gegen die Prozessbeschreibung geprüft. Diese Prüfungen stellen sicher, dass die Ausführung der Spezifikation entspricht. Der Nachweis wird durch entsprechende Prüfprotokolle und Prüfberichte erbracht und als *Qualifizierung* bezeichnet.

7.3.2 Planung und Projektierung

Die Planung des Automatisierungssystems basiert auf einer Beschreibung des zu automatisierenden Produktionsverfahrens, das zumeist vom Anlagenbetreiber in verbaler Form vorgegeben wird. Die Vorgaben werden daraufhin wie in Bild 7.9 dargestellt schrittweise von oben nach unten detailliert. Dabei sind die Dokumente einer folgenden Stufe gegen die der vorangegangenen Stufe per *Review* zu prüfen, damit alle Aspekte berücksichtigt werden und keine Widersprüche auftreten.

Lastenheft

Im Lastenheft legt der Anlagenbetreiber fest, welche Prozesse im Einzelnen zu automatisieren sind und welche Ziele das Steuerungssystem im Zusammenspiel mit der Anlage erreichen soll. Das Lastenheft beschreibt also, *was wofür* automatisiert werden soll.

Im Einzelnen sind im Lastenheft folgende Dokumente als Spezifikation bereitzustellen:

- *Technologieschema der Anlage*[1] wie z.B. für das Hochregallager nach Bild 7.10: Daraus kann die Anzahl und teilweise auch die Funktion der Geräte durch ihre Kennzeichnung nach DIN 19227 abgelesen werden (s. Anhang A).
- *Gerätespezifikation*: Grobbeschreibung der Funktionsweise der eingesetzten Gerätetypen und Zuordnung aller Feldgeräte zu den spezifizierten Typicals.

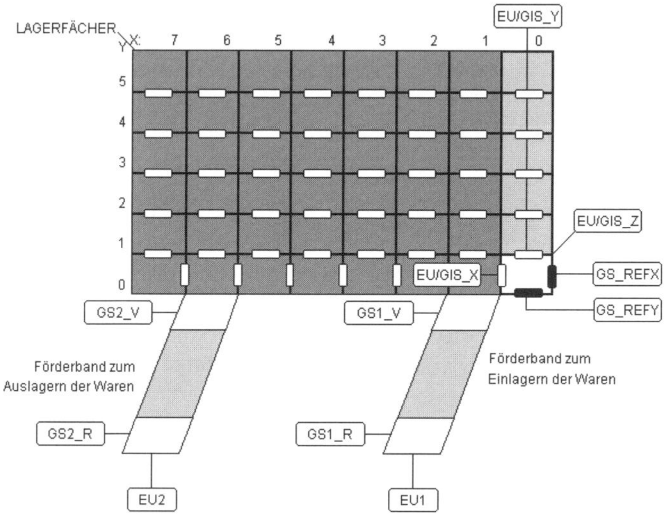

Bild 7.10: Technologieschema des zu automatisierenden Hochregallagers mit 5 Motoren (EU), 6 Endschaltern (GS) und drei Positionssensoren (GIS).

---

[1] In verfahrenstechnischen Anlagen wird das Technologieschema auch als Rohrleitungs- und Instrumentenfließbild (*R+I-Fließbild*) bezeichnet (s. z.B. Bild 5.10). Daraus lassen sich aber ebenso alle zu automatisierenden Geräte und ihre Funktionen nach DIN 19227 ablesen (s. Anhang A).

- *Prozessspezifikation*: Ablaufpläne, Verriegelungspläne und Verschaltungen aufeinander einwirkender Geräte (z.B. Sensor und Regler).
- *Bedienphilosophie*: Vorgaben hinsichtlich der Prozessgrafikbilder, des Betriebsartenkonzepts und der Behandlung von Störmeldungen.
- *Sicherheitsanforderungen* gemäß SIL-Stufe, explosionsgefährdete Anlagenbereiche, Anforderungen an Qualifizierung, Datenarchivierung, Produktqualität.
- *Verfügbarkeitsanforderungen*: Redundanzkonzept, Berücksichtigung einer gewissen Kanalreserve, Schnittstellen zu anderen Rechnersystemen, Anforderungen an Stromversorgung.

Untersuchungen nach Störfällen haben gezeigt, dass über 40 % der während des Lebenszyklus einer Anlage auftretenden Fehler bereits bei der Planung der zu automatisierenden Funktionen entstehen [7.9]. Deshalb sollte das Lastenheft und später auch das Pflichtenheft außer vom Autor selbst durch einen zweiten Sachverständigen geprüft werden.

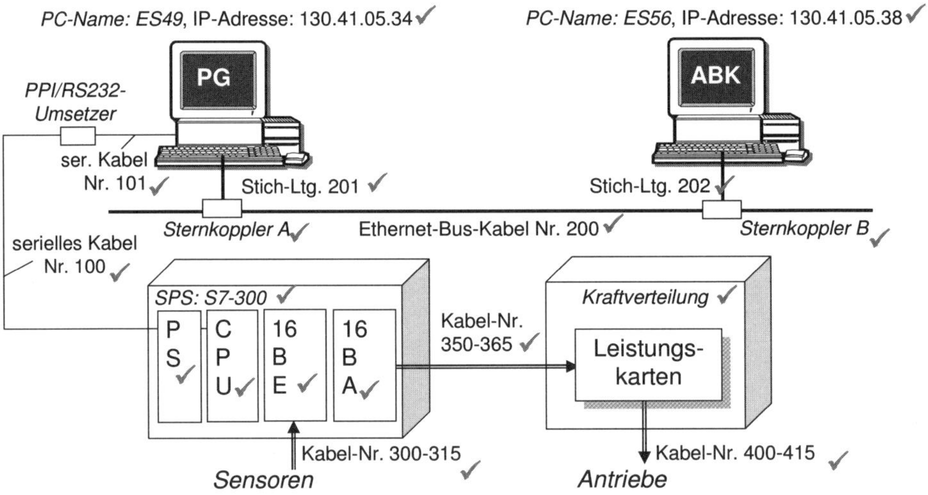

Bild 7.11: *Hardwarestrukturplan* am Beispiel der Steuerung für ein Hochregallager mit Angabe aller Hardwarekomponenten zur Überprüfung (✓) der Installation der Module.

Pflichtenheft

Nach Auftragsvergabe führt der Auftragnehmer die *Ausführungsplanung* (Detail Engineering) durch. Er beschreibt im Pflichtenheft, wie die Anforderungen des Lastenhefts mit dem ausgewählten Steuerungssystem eines bestimmten Herstellers umgesetzt werden können. Die zu automatisierenden Funktionen und die Systemstruktur werden ebenso detailliert geplant wie die zugehörigen Tests, damit die Steuerung spezifikationsgemäß funktioniert. Das Pflichtenheft beschreibt somit, *wie* und *womit* die Automatisierungsaufgabe gelöst wird.

Dabei sind insbesondere folgende Unterlagen zu erstellen, gegen die Hard- und Software später zu prüfen sind:

- *Hardwarestrukturplan* (vgl. z.B. Bild 7.11), der die eingesetzten Rechner und Peripheriegeräte inklusive ihrer Verbindungskabel darstellt und kennzeichnet,
- *Softwarestrukturplan* (s. Bild 7.12), der die zu programmierenden Softwaremodule und ihre Verknüpfungen aufzeigt,
- *Programm- und Signalliste* (s. z.B. Bild 7.13), in der aufgeführt ist, durch welche Programme und Signale die Feldgeräte in der Anlage angesteuert werden (SPS-interne Steuersignale und E/A-Signale zu den Feldgeräten).

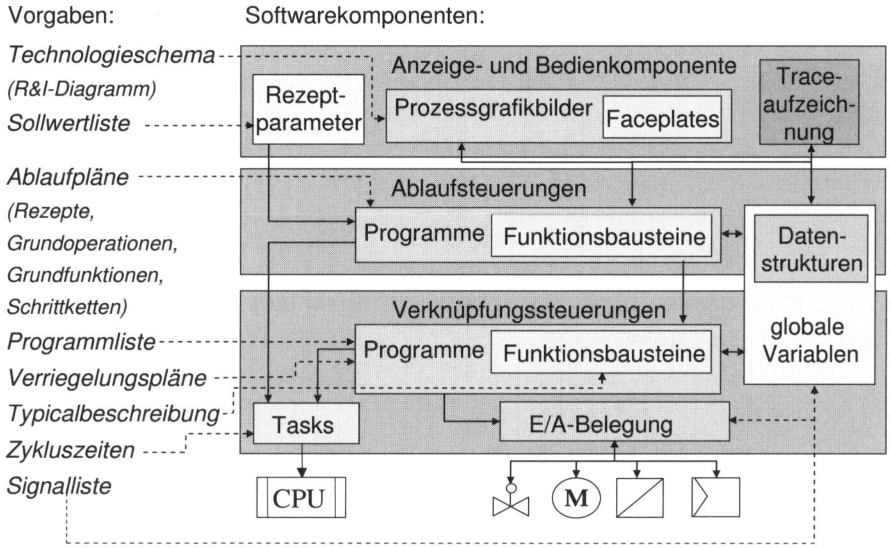

Bild 7.12: Softwarestrukturplan mit den Softwarekomponenten und den Vorgaben, mit deren Hilfe sie erstellt werden.

Legt man die Programmliste als Tabelle in einer Datenbank an und ergänzt eine Tabelle mit allen Typicals und ihren Signalnamen (Typical-Tabelle), so kann die häufig sehr umfangreiche Signalliste automatisch von der *Datenbank* erstellt werden. Dies geschieht wie in Bild 7.13 angedeutet durch Verkettung der beiden Listen. Das Signal eines Typicals erhält automatisch seine Instanzbezeichnung durch die gleiche Typicalzuordnung in der Programmtabelle.

Abschließend ist zu prüfen, ob die Anforderungen des Lastenhefts im Pflichtenheft vollständig umgesetzt wurden und ob im Pflichtenheft Widersprüche zum Lastenheft aufgeführt sind. Diese Prüfung ist vom Auftraggeber durch einen Papiervergleich *(Review)* zwischen Lasten- und Pflichtenheft durchzuführen.

7.3.3 Realisierung der Hard- und Software

Die Realisierung der Hard- und Software erfolgt anhand der Pflichtenheftvorgaben. Die Steuerungshardware wird gemäß dem Hardwarestrukturplan (s. Bild 7.11) beim Hersteller bestellt und nach Lieferung im Schaltraum aufgebaut.

Die einzelnen Komponenten der *Steuerungshardware* müssen nicht vom Anwender geprüft werden, denn sie durchlaufen meistens bei der Herstellerfirma eine umfangreiche Qualitätsprüfung und haben sich durch ihre weite Verbreitung im Betrieb bewährt. Somit ist hinsichtlich der Hardware lediglich zu prüfen, ob sie vollständig ist und alle Module korrekt installiert sind (s. Installationsqualifizierung, IQ).

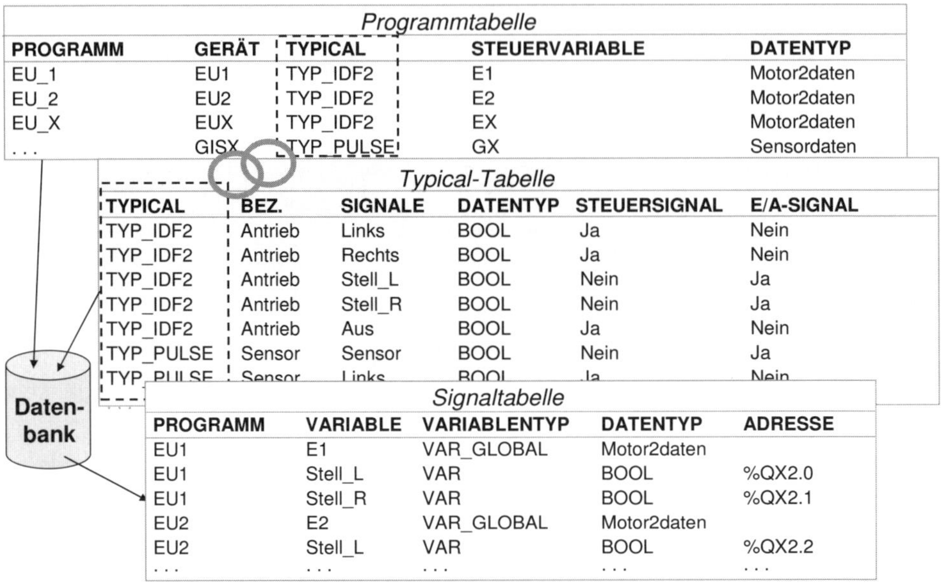

Bild 7.13: Auszug aus den Tabellen der Spezifikationsdatenbank für das Hochregallager. Durch Verkettung der Programm- und Typical-Tabelle lässt sich die Signaltabelle automatisch erzeugen.

Die zu erstellenden *Softwarekomponenten* sind im Softwarestrukturplan in Bild 7.12 aufgeführt. Dabei ist ebenso dargestellt, anhand welcher Vorgaben die Softwarekomponenten zu realisieren sind.

Wie in Abschnitt 3.4 dargestellt ist die Software objektorientiert strukturiert. Demnach werden zuerst Funktionsbausteine für die Feldgerätegrundtypen entwickelt, die dann in den Ansteuerprogrammen für die einzelnen Feldgeräte instanziert werden. Vor der Instanzierung ist jedoch die Funktionsfähigkeit dieser *Typicals* in der SPS ausgiebig zu testen, denn Fehler in den Typicals lassen sich nachträglich in den zahlreichen Instanzen nur mit erheblichem Aufwand beheben.

Nachdem die Softwarekomponenten programmiert bzw. konfiguriert wurden, ist per Review der Programmlistings sicherzustellen, dass die Spezifikationsunterlagen des Pflichtenhefts eingehalten worden sind (vgl. Bild 7.14a). Während der Qualifizierung werden dann Modul- und Integrationstests durchgeführt, die die korrekte Funktionalität der Module sicherstellen.

7.3.4 Qualifizierung und Inbetriebnahme

Unter dem Begriff *Qualifizierung* versteht man die Sicherstellung, dass die Steuerung spezifikationskonform und nach festgelegten Qualitätsanforderungen arbeitet.

Eine Qualifizierung von Steuerungen ist insbesondere bei der Produktion von Nahrungs- und Arzneimitteln erforderlich. Diese Produktionsprozesse sind zu *validieren*, um gesundheitliche Schäden für die Verbraucher zu vermeiden, d.h. es muss sichergestellt werden, dass der Herstellungsprozess für das Produkt spezifikationsgemäß und gleich bleibend ist [7.13]. Die *Validierung* des Herstellungsprozesses schließt also die *Qualifizierung* der Automatisierungseinheiten mit ein.

Die Inbetriebnahme umfasst wie im V-Modell nach Bild 7.9 dargestellt 3 Phasen.

Installationsqualifizierung (IQ)

In der ersten Phase, der sog. Installationsqualifizierung, wird geprüft, ob die einzelnen Hard- und Softwaremodule spezifikationsgemäß installiert wurden.

Die Prüfungen umfassen vor allem folgende Modultests:

- Überprüfung des *Hardwareaufbaus*, indem das installierte Steuerungssystem gegen den Hardwarestrukturplan, d.h. die Aufstellungspläne, Kabellisten etc., getestet wird (vgl. Bild 7.11),
- Test der Funktionsfähigkeit der *Hardwarekomponenten*, wie z.B. der E/A-Karten, der CPUs, des PGe und der einzelnen ABKen,
- Review der vollständigen Installation der *Ansteuerprogramme* und ihrer *Signale* gegen den Softwarestrukturplan.

Modultests werden häufig durch Sichtkontrolle der Programmlistings gegen die entsprechenden Funktionsvorgaben durchgeführt und durch Abhaken protokolliert (Review, s. Bild 7.14a).

Beim Modultest wird häufig also die innere Struktur der Steuerungsalgorithmen geprüft, was auch als *White-Box-Test* bezeichnet wird. Im Gegensatz dazu wird bei einem *Black-Box-Test* nur das zu beobachtende Verhalten des Gesamtsystems geprüft.

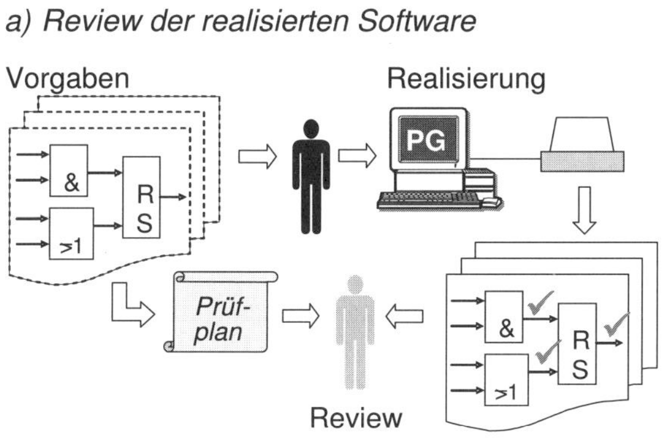

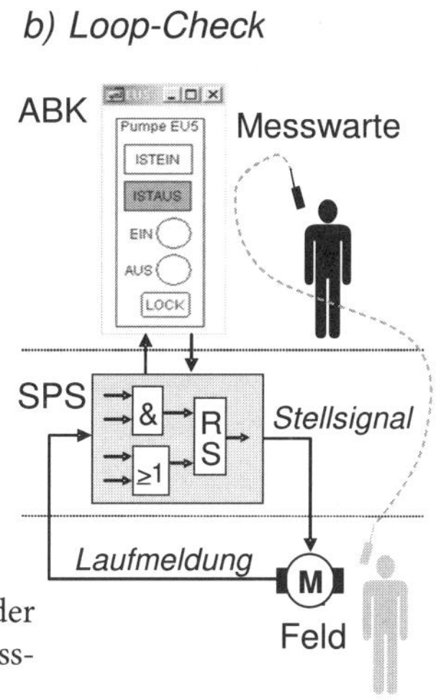

Bild 7.14: Beispiele für White-Box- bzw. Black-Box-Test: Review der Programmmodule (a) und Loop-Check der Feldgeräte von der Messwarte über die SPS ins Feld und zurück (b).

Funktionsqualifizierung (FQ)

Im Rahmen der Funktionsqualifizierung wird die Steuerung im Zusammenspiel mit der Anlage überprüft. Die Überprüfungen werden als Integrationstests ausgeführt, d.h. die automatisierten Funktionen als Black-Box getestet. Im Einzelnen führt man dabei folgende Prüfungen aus:

- *Loop-Check:* Test der *Feldgeräte* durch Ansteuerung und Beobachtung über die Anzeige- und Bedienkomponente (ABK). Somit wird nicht nur die Funktionsfähigkeit des Ansteuerbausteins, sondern auch die korrekte E/A-Belegung sowie die Verdrahtung der Feldgeräte mit der SPS überprüft (s. Bild 7.14b).
- *Test der Zusatzlogik* in den Verknüpfungssteuerungen, wie z.B. *Verriegelungen*, Alarmierungen, kontinuierliche Schaltungen.
- *Testfahrt (Wasserfahrt):* Test der *Ablaufketten* hinsichtlich des spezifizierten Prozessablaufs. Chemische Anlagen werden anstatt mit dem vorgesehenen Produkt zunächst mit Wasser durchlaufen, um Auswirkungen von Anlagenfehlern auf die zum Teil wertvollen und/oder gefährlichen Produktionseinsatzstoffe zu vermeiden.

Produktionsqualifizierung (PQ)

Schließlich gewährleistet eine erfolgreiche Betriebsqualifizierung das gewünschte Zusammenspiel zwischen Steuerung, Anlage und Produkt. Statt einer Wasserfahrt werden nun die vorgesehenen Produktionseinsatzstoffe verwendet, denn nicht alle Geräte können durch eine Wasserfahrt hinlänglich getestet werden. Beispielsweise kann ein PH-Regler nur mit Lauge oder Säure getestet werden. Somit ergeben sich bei der PQ noch folgende mit dem Automatisierungssystem auszuführende Tests:

- Einstellung bzw. Parametrierung materialabhängiger *Sensoren* und *Regler*,
- *Optimierung* der Abläufe hinsichtlich Parametrierung und Protokollierung (Aufzeichnung von Messkurven qualitätsrelevanter Sensoren) sowie
- organisatorische Maßnahmen (z.B. *Schulung* des Bedienpersonals).

Durch Funktions- und Produktionsqualifizierung erfolgen also die *Integrationstests* der bereits geprüften Module im Zusammenspiel mit Anlage und Produkt. Da die Abgrenzung zwischen Qualifizierungsphasen aber nicht vorgeschrieben ist, kann die Reihenfolge der einzelnen Prüfungen verändert werden, um Prüf- und Dokumentationsaufwand zu senken [7.16].

Wie das Beispiel Hochregallager zeigt, ist das vorgestellte Qualifizierungsvorgehen nicht nur bei pharmazeutischen Anlagen sinnvoll, sondern es wird ganz allgemein als eine *gute Praxis* bei der Automatisierung von Produktionsanlagen angesehen.

7.3.5 Wartung und Instandhaltung

Auch nach der Inbetriebnahme ist die Hard- und Software der Automatisierungskomponenten im qualifizierten Zustand zu halten.

Für die Hardware wie z.B. Sensoren und Aktoren bedeutet dies, dass regelmäßige Instandhaltungsarbeiten oder bei Ausfällen auch Reparaturarbeiten durchzuführen sind. Intelligente Feldgeräte melden Störungen oder fällige Wartungen automatisch an die Steuerung bzw. spezielle *Plant-Asset-Management*-Systeme (vgl. Abschnitt 8.4), die Instandhaltungsmaßnahmen optimieren und Fehlerdiagnosen durchführen.

Aber auch die Software muss gewartet werden, denn nichts ist so beständig wie betriebsbedingte Änderungen. Nicht nur die Software selbst, sondern auch die Dokumentation ist dann zu ändern. Die Dokumentationspflege nimmt dabei oft 40...60 % des Gesamtaufwands einer Änderung in Anspruch, weil die Dokumente häufig verteilt in vielen Ordnern zu suchen sind.

Deshalb sollten die Änderungsdokumente wie die Spezifikationsdokumente auch elektronisch verwaltet werden. Bild 7.15 zeigt, wie Einträge in eine elektronische Change Order automatisch in Logbüchern und Spezifikationsdokumenten mitgeführt werden.

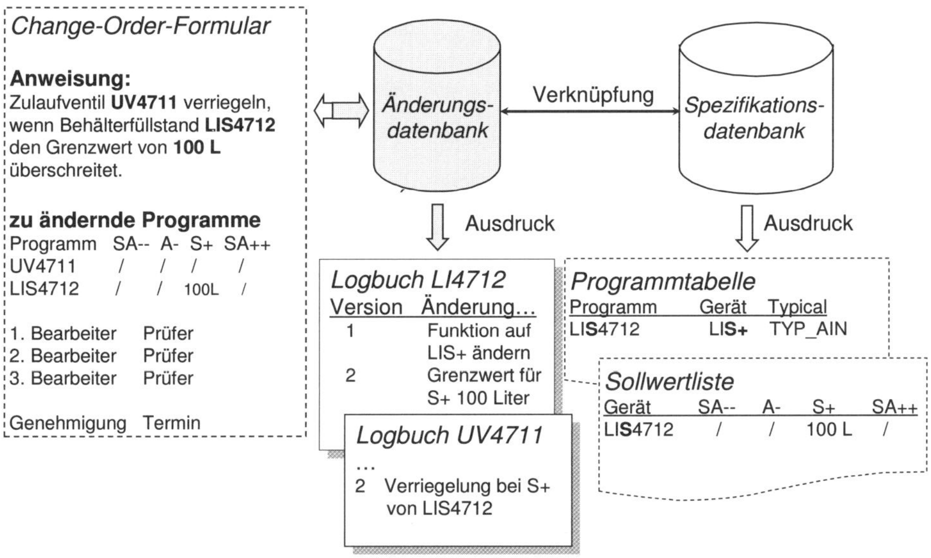

Bild 7.15: Zentrale Eintragung einer Änderung in einer Datenbank, die die notwendigen Qualifizierungsdokumente automatisch erzeugt.

Beispiel 7.3 *Change Management*

Die nachträgliche Programmierung einer Verriegelung zur Vermeidung eines Behälterüberlaufs würde normalerweise die manuelle Anpassung von zahlreichen Dokumenten nach sich ziehen.

Stattdessen wird am Rechner ein Change-Order-Formular ausgefüllt, dessen Eintragungen automatisch die Tabellen der Änderungs- und Spezifikationsdatenbank aktualisieren (s. Bild 7.15). Per Tastendruck können so jederzeit die aktuellen Logbücher der Funktionspläne mit den ausgeführten Änderungen ausgedruckt werden. Gemäß den Eintragungen im elektronischen Change-Order-Formular werden Programmtabelle und Sollwertliste automatisch angepasst und können bei Bedarf ausgedruckt werden.

Auch die Spezifikation der Software, wie Prozessablauf- und Verriegelungspläne, kann elektronisch (z.B. mit MS-Access oder MS-Excel) verwaltet werden. Durch ein ActiveX-Modul lässt sich erreichen, dass unmittelbar aus dem Change-Order-Formular das anzupassende Planungsdokument aufgerufen und geändert werden kann. □

Der Vorteil liegt also darin, dass die Änderung nur an einer Stelle der Dokumentation eingetragen werden muss und die übrigen Dokumente daraufhin automatisch angepasst werden. Durch Verknüpfung der *Änderungsdatenbank* mit der Spezifikationsdatenbank werden die eingetragenen Änderungen automatisch in der Spezifikationsdatenbank aktualisiert.

Somit lässt sich der Aufwand für die Dokumentationspflege während der Inbetriebnahme um bis zu 50 % reduzieren.

Übungsaufgaben zu Kapitel 7

Wiederholungsfragen

7.1 Welche Methoden zur Gefahrenanalyse gibt es?

7.2 Wie schätzt man das Risiko einer Anlage ab?

7.3 Welche Maßnahmen können *vor* der Inbetriebnahme bzw. *nach* der Inbetriebnahme getroffen werden, um Fehler zu vermeiden?

7.4 Was versteht man unter Redundanz und Diversität?

7.5 Was versteht man unter Sicherheit und was unter Verfügbarkeit?

7.6 Welche Eigenschaft zeichnet eine SSPS gegenüber herkömmlichen SPSen aus?

7.7 Durch welche besonderen Maßnahmen wird die erhöhte Sicherheit gewährleistet?

7.8 Wie kann eine fehlersichere Kommunikation über Feldbus gewährleistet werden?

7.9 Was ist das V-Modell?

7.10 Was versteht man unter Qualifizierung?

7.11 Welche Softwareprüfungen sind bei der Realisierung durchzuführen?

7.12 Welche Tests finden bei Installations-, Funktions- und Produktionsqualifizierung statt?

7.13 Was versteht man unter White- und Black-Box-Tests?

Übung 7.1 *Gefahren- und Risikoanalyse in einer chemischen Anlage*

In einem Behälter werden zwei Flüssigkeiten zusammengeführt, wodurch eine exotherme Reaktion stattfindet. Die Kühlung wird durch einen Temperaturregler TIC realisiert. Aus Sicherheitsgründen ist ein Entlüftungsventil UV am Behälter angebracht, um den Behälter zu entspannen, wenn die Temperatur und dadurch auch der Druck zu groß werden.

a) Erstellen Sie eine Fehlerbaumanalyse für die Gefahr, dass der Behälter explodiert!

b) Welche Ereignisse können diesen Fehler verursachen? Erstellen Sie jeweils eine Ereignisbaumanalyse!

c) Ermitteln Sie die Sicherheitsstufe SIL!

Übung 7.2 *Gefahren- und Risikoanalyse für Transportsysteme*

Führen Sie jeweils eine Fehlerbaumanalyse, Ereignisbaumanalyse und Risikoabschätzung durch für

a) die vier Düsenantriebe eines Flugzeugs,

b) die Airbagauslösung in einem Auto!

Übung 7.3 *Risikograf*

Führen Sie jeweils eine Risikoabschätzung durch für

a) ferngesteuerte Kräne,

b) Pressen mit Einlegearbeiten,

c) Reaktorsysteme!

d) Welche Gegenmaßnahmen empfehlen Sie?

Übung 7.4 *Auswertung redundanter Sensorsignale*

Für zwei redundante Sensoren soll ein Programm erstellt werden, das die Sensorwerte einliest und bei Ungleichheit eine Störmeldung erzeugt.

a) Wie werden die beiden redundanten Sensorsignale in einem 1oo2- bzw. einem 2oo2-System eingelesen?

b) Erstellen Sie das Überwachungsprogramm, das die Störmeldung erzeugt!

c) Ergänzen Sie die Logik aus a) und b) für ein 2oo3-System und für ein 2oo4-System!

Übung 7.5 *Qualifizierung eines Hochregallagers*

Die Steuerung des Hochregallagers aus Beispiel 4.4 soll qualifiziert werden (s. Bild 7.10).

a) Erstellen Sie einen Softwarestrukturplan in Anlehnung an Bild 7.12!

b) Erstellen Sie exemplarisch ein Prüfprotokoll für den Test des Typicals `TYP_IDF2`!

c) Erstellen Sie exemplarisch ein Prüfprotokoll für den Loop-Check des Motors `EU_X`!

d) Erstellen Sie exemplarisch ein Prüfprotokoll für die Schrittkette `EINLAGERN`!

8 Vertikale Integration betrieblicher Abläufe

Die Fortschritte auf dem Gebiet der *Informationstechnik* erlauben es, Rechner zahlreich und über nahezu unbegrenzte Distanzen miteinander zu vernetzen. Da die meisten betrieblichen Arbeitsvorgänge rechnergestützt ablaufen, liegt es nahe, Abläufe der Fabrik- und Prozessautomatisierung mit Abläufen der betrieblichen Planung und Buchhaltung zu koppeln. Die *automatisierungstechnische* und *betriebswirtschaftliche* Welt wachsen somit zusammen.

Dem Ziel einer zentralen Verwaltung und Steuerung von Betrieben steht die zunehmende Dezentralisierung auf der Automatisierungsebene gegenüber. Dabei sammeln die SPSen wie die Wurzeln eines Baumes die Prozessinformation auf und stellen sie den übergeordneten Systemen zur Verfügung (s. Bild 8.1).

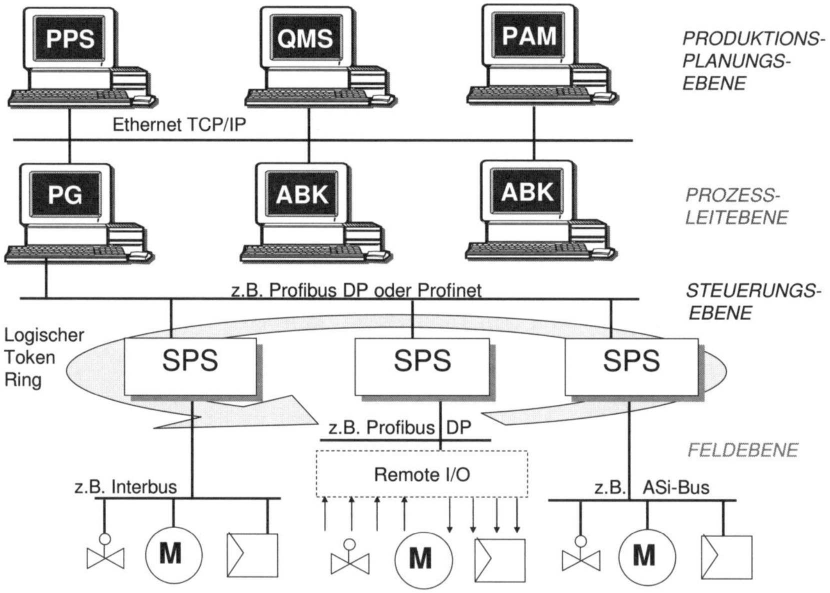

Bild 8.1: Struktur integrierter Automatisierungssysteme bestehend aus Feldgeräten, SPSen, Anzeige- und Bediengeräten (ABK), Programmiergerät (PG), Produktionsplanung und -steuerung (PPS), Qualitätsmanagementsystem (QMS) und Plant Asset Management System (PAM).

Bevor aber die vertikale Integration zwischen den Automatisierungssystemen und den betriebswirtschaftlichen Systemen möglich wird, ist hierfür die Basis durch eine horizontale Vernetzung der SPSen und Feldgeräte zu schaffen.

8.1 Horizontale Integration auf der Steuerungsebene

Wie in Abschnitt 2.5 erläutert führte insbesondere die Einführung der Feldbustechnik zu einer Integration der Feld- und Steuerungsebene. Viele Feldgeräte besaßen schon seit langem eine eigene Elektronik, mit der sie kleine Abläufe, wie z.B. Dosieren, eigenständig steuern konnten. Diese sog. *dezentrale Intelligenz* kann über eine Feldbusverbindung an die Steuerung gekoppelt werden.

Vernetzung der Feldgeräte mit einer SPS

Die Kommunikation der SPSen mit den Feldgeräten geschieht über *das Master-Slave-*Protokoll im *Polling-Betrieb.* Außer den Messwerten kann noch zusätzliche Prozessinformation mit übertragen werden, wie z.B. der Gerätestatus, Messbereiche, zusätzliche Messwerte, Betriebszeiten etc.

Die Anzahl der an eine SPS ankoppelbaren Feldgeräte ist jedoch begrenzt. Sowohl die Rechenleistung der SPS als auch die Buskapazität erlauben nur die Ansteuerung von 31 Feldgeräten. Weiterhin ist auch die Reichweite des Busses limitiert, so dass die über den Bus übertragenen Signale durch einen sog. *Repeater* verstärkt werden müssen, falls die zulässige Leitungslänge überschritten wird.

Ein Repeater ist ein Verstärker für elektrische oder optische Signale und kann somit ein Bussegment verlängern (s. Bild 8.2). Durch Einsatz des Repeaters wird auch die zulässige Anzahl an Busteilnehmern verdoppelt, so dass bis zu 63 Feldgeräte an eine SPS angeschlossen werden können [8.1]. Für größere Anlagen ist es dann erforderlich, mehrere SPSen für die Automatisierung einzusetzen.

8.1.1 Vernetzung mehrerer SPSen über Feldbus

Untereinander bilden die SPSen einen logischen *Token Ring.* Anders als beim Master-Slave-Verfahren (s. Abschnitt 2.5.2) handelt es sich dabei um eine Kommunikation zwischen *gleichberechtigten* Teilnehmern, denn die SPSen sind für sich betrachtet alle Master. Als Token bezeichnet man das Telegramm, das zwischen den Teilnehmern des Ringes weitergereicht wird. Nur der Besitzer des Tokens hat die Berechtigung, Daten zu lesen und zu schreiben.

Auch wenn die SPSen wie in den Bildern 8.1 und 8.2 nicht in Form eines Ringes, sondern in der Linienstruktur des Profibus DP miteinander verbunden sind, ist die Reihenfolge, mit der das Token weitergereicht wird, einzig und allein über die Master-Adressen festgelegt, was logisch einer *Ringstruktur* entspricht.

Buszugriff mit dem Token-Passing-Verfahren

Beim *Token-Passing-Verfahren* wird das Token wie ein Staffelholz zwischen den Mastern weitergereicht. Will ein Master senden, markiert er das Token als belegt, adressiert das Ziel und hängt seine Daten an. Jede Station interpretiert dann die Adresse und reicht das Token weiter. Die angesprochene Zielstation kopiert die gesendeten Daten

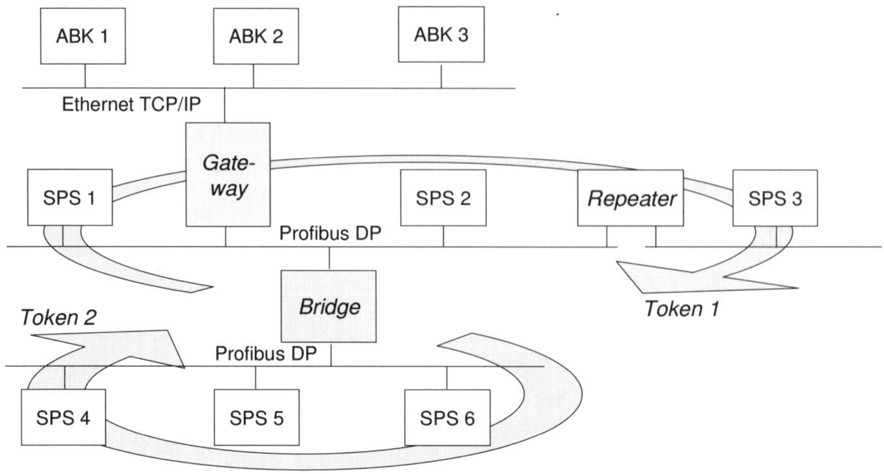

Bild 8.2: Kopplung ungleicher Netze über ein Gateway, Kopplung gleichartiger Netze über eine Bridge und Verlängerung eines Bussegments durch einen Repeater.

in ihren Speicher und hängt ggf. angeforderte Daten an das Token. Der Master, der mit der Übertragung begann, nimmt Daten auf und gibt daraufhin das Token wieder frei.

8.1.2 Werkzeuge zur Netzwerkintegration

Im Fall größerer Anlagen besteht mitunter auch die Notwendigkeit, verschiedene Netzsegmente wie in Bild 8.2 skizziert miteinander zu verknüpfen. Hierfür gibt es folgende Integrationswerkzeuge:

- *Hubs* und *Repeater* verstärken elektrische bzw. optische Signale und verlängern somit Bussegmente. Während ein Repeater nur einen Eingang und einen Ausgang hat, besitzt ein Hub mehrere Anschlüsse [8.2].
- *Switches* und *Bridges* koppeln Bussegmente gleichen Typs [8.2]. Dabei leiten sie Nachrichten anhand der Hardwarezieladresse von einem Segment zum anderen [8.1-3]. Der lokale Datenverkehr wird abgewiesen, d.h. die Daten innerhalb eines Rings gelangen z.B. nicht über eine Bridge. Der Unterschied zwischen Bridges und Switches ist, dass Switches über mehr als nur zwei Anschlüsse verfügen.
- *Router* verbinden ebenso Netzsegmente mit gleichem Protokoll und Adressierungsmechanismen. Zusätzlich führen sie die Wegsuche für die Datenpakete in stark vermaschten Netzen wie z.B. dem Internet durch.
- *Gateways* koppeln Bussegmente ungleichen Typs [8.2]. Dabei erfolgt eine Protokollumsetzung so, dass Gateways auch Netze mit unterschiedlicher Kommunikationsarchitektur und inkompatiblen Protokollen koppeln können. Der Datenaustausch erfolgt je nach Anwendung meist über ein *Serverprogramm* (vgl. OPC-Server in Beispiel 8.2).

Dies bedeutet für das Beispiel aus Bild 8.2, dass das Gateway nur die Daten zu den ABKen weiterleitet, die für das Visualisierungsprogramm erforderlich sind. So müssen beispielsweise nicht alle Daten der Steuerungsebene dauernd auf der Leitebene aktualisiert werden, sondern ein Gateway leitet nur die Prozesswerte an die ABKen weiter, die sich seit der letzten Abtastung verändert haben. Dadurch wird ein weitaus *geringerer Datenverkehr* auf dem Ethernet erreicht, als er auf der Steuerungsebene im Feldbus aus Echtzeitgründen erforderlich ist [8.3].

8.1.3 Vernetzung mehrerer SPSen über Ethernet

Die Vernetzung von SPSen kann mittlerweile auch über *Ethernet* erfolgen. Dies ist vor allem vorteilhaft wegen der höheren Datenrate von 10...1000Mbit/s gegenüber 30...1500 kbit/s bei Feldbussen [8.4]. Ethernet ist das Standard-Bussystem für PCs und wird somit fast ausschließlich auf der Leitebene und den darüber liegenden Managementebenen eingesetzt (vgl. Bild 8.1).

Aus Einheitlichkeitsgründen wäre es deshalb sinnvoll, auch SPSen und sogar die Feldgeräte über Ethernet zu vernetzen. Somit könnten die gleichen Integrationswerkzeuge wie z.B. Hubs, Switches, Router etc. verwendet werden, was Projektierung, Installation und Erweiterung vergleichsweise einfach und kostengünstig macht. Ein weiterer Vorteil besteht in der Möglichkeit, Steuerungen und Feldgeräte drahtlos über W-LAN-Verbindungen ansteuern und überwachen zu können.

Buszugriff mit dem CSMA/CD-Verfahren

Der Einsatz des Ethernets für die Kommunikation prozessnaher Komponenten war jedoch bislang problematisch, da die *Determiniertheit* des Datenaustauschs und damit die Echtzeitfähigkeit des Systems nicht garantiert werden konnte.

Dies hängt mit dem ebenso einfachen wie problematischen Buszugriffsverfahren *CSMA/CD-Verfahren* (**C**arrier **S**ense **M**ultiple **A**ccess/ **C**ollision **D**etection) zusammen. Dieses sieht vor, dass jeder Teilnehmer zu jedem Zeitpunkt senden kann. Der Sender überwacht dann den Bus und vergleicht seine gesendeten Daten mit den aktuellen Daten auf dem Bus. Sind die Daten nicht gleich, weil noch andere Daten auf dem Bus sind, unterbrechen alle Sender ihre Übertragung und starten nach einem *zufälligen* Zeitabstand erneut [2.8].

Über Ethernet können große Netzwerke mit vielen Teilnehmern aufgebaut werden. Um den Datenverkehr in einem so komplexen Netz zu regeln, sind zusätzliche Maßnahmen notwendig. Die Übertragung der Daten und ihre Adressierung über Ethernet erfolgt meistens über das sog. *TCP/IP* (**T**ransmission **C**ontrol **P**rotocol/Internet **P**rotocol).

Datenübertragung mit dem IP-Protokoll

Das Internet-Protokoll IP ist auch die Grundlage der Kommunikation im Web, an dem natürlich sehr viele Rechner angeschlossen sind. Um zu vermeiden, dass ein sehr großes Datenpaket die Leitung blockiert, werden die Daten in *kleine Pakete* zerstückelt, die später im Zielrechner wieder zusammengesetzt werden. Jedes dieser Pakete erhält die *IP-Adressen* von Sender und Empfänger. Die IP-Adressen beinhalten sowohl die Adresse des jeweiligen Rechners (Hostnummer) als auch die des Netzwerksegments (Netzwerknummer), in dem der Rechner angesiedelt ist. Dies ist vergleichbar mit einer Telefonnummer, die im weltweiten Telefonnetz aus einer Landes- und Ortskennzahl sowie der Teilnehmernummer besteht.

Die Datenpakete werden durch *Router* auf dem aktuell günstigsten Weg vom Sender zum Empfänger übertragen. Problematisch hierbei ist aber die Tatsache, dass anders als bei einer Punkt-zu-Punkt-Verbindung nicht garantiert werden kann, dass alle Datenpakete ankommen, denn die zerstückelten Daten können über verschiedene Wege zum Ziel gelangen. Wenn sie ankommen, kann es passieren, dass die Datenpakete nicht in der richtigen Reihenfolge beim Empfänger eintreffen und somit falsch zusammengesetzt werden.

Datensicherung mit dem TCP-Protokoll

Deshalb wird zusätzlich zum IP noch das Kontrollprotokoll *TCP (Transmission Control Protocol)* zur Sicherung der Datenübertragung angewendet. Es sorgt dafür, dass die zerstückelt versendeten Daten sicher ankommen und in der richtigen Reihenfolge wieder zusammengesetzt werden.

Hierfür wird zwischen den beiden kommunizierenden Anwendungsprogrammen ein fester Übertragungskanal eingerichtet. Anfangs- und Endpunkt eines Übertragungskanals bilden sog. *Sockets.* Diese setzen sich aus der IP-Adresse des Rechners und einer für die Anwendung spezifischen Port-Nummer zusammen. Somit stellt ein Socket quasi die Zieladresse des *Anwenderprogramms* dar, mit dem ein Datenaustausch stattfinden soll.

Der Übertragungskanal ist wie in Bild 8.3 dargestellt eine *Vollduplex-Verbindung*, damit die Daten gleichzeitig gesendet und empfangen werden können. Die Datenübertragung lässt sich in drei Abschnitte aufteilen:

1. *Aufbau* der Verbindung zwischen den Teilnehmern durch einen *Handshake*,
2. Datenaustausch über die wechselseitig verwendeten Befehle *Send* und *Receive* und
3. *Abbau* der Verbindung erneut durch einen Handshake.

Zur Programmierung dieser Datenübertragung stehen plattformunabhängige Routinen der sog. *Socket Library* zur Verfügung.

Beispiel 8.1 *Datenaustausch zwischen zwei SPSen über TCP/IP*

Um den Überlauf eines Behälters in einem Anlagenteil zu verhindern, soll die Pumpe EU17 aus einem anderen Anlagenteil verriegelt werden, wenn der Standsensor LIS21 des Behälters seinen oberen Grenzwert erreicht hat. Die Software zur Steuerung der beiden Anlagenteile läuft jeweils in einer anderen SPS. Zur Realisierung der geforderten *Verriegelung* müssen die beiden SPSen miteinander die Prozessdaten `E17.ISTEIN` und `L21.SMAX` austauschen.

Hierzu wird in Bild 8.3 eine Client-Server-Verbindung mit dem TCP/IP-Protokoll programmiert. Das Programm `TCP_SERVER`, das zyklisch in der SPS1 läuft, öffnet einen Socket mit einer bestimmten Port-Nummer, um seine Daten bereitzustellen. Danach wartet es, bis ein Client

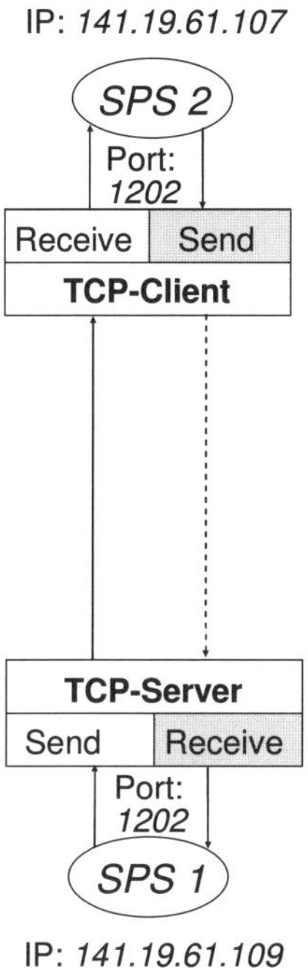


```
PROGRAM TCP_CLIENT                      (* Programm in SPS 2 *)
Send[0]:=E17.ISTEIN;                    (* Sendedaten zuweisen *)
IF Socket=-1 THEN
  Socket:=TcpClientOpenSocket(Port,IPAddress, MaxDataSize);
ELSE
  TcpReceiveData(Socket,ADR(Recv), SIZEOF(Recv), rtimeout);
  TcpSendData(Socket, ADR(Send), SIZEOF(Send), stimeout);
END_IF
IF CloseClient THEN
  SysSockClose(Socket:=Socket);
  Socket := -1;
END_IF
L21.SMAX:=Recv[0];                      (* Empfangsdaten zuweisen *)
```

```
PROGRAM TCP_SERVER                      (* Programm in SPS 1 *)
Send[0]:=LIS21.SMAX;                    (* Sendedaten zuweisen *)
IF Socket = -1 THEN
  Socket := TcpServerOpenSocket(Port, MaxConnections, MaxDataSize);
END_IF
IF Client.Socket = -1 THEN
  Client := TcpServerWaitForConnect(Socket, ctimeout);
END_IF
IF Client.Socket <> -1 THEN
  TcpReceiveData(Client.Socket, ADR(Recv), SIZEOF(Recv), rtimeout);
  TcpSendData(Client.Socket, ADR(Send), SIZEOF(Send), stimeout);
END_IF
IF CloseClient THEN
  SysSockClose(Socket:=Client.Socket);
  Client.Socket := -1;
END_IF
E17.ISTEIN:=Recv[0];                    (* Empfangsdaten zuweisen *)
```

Bild 8.3: Kommunikation zwischen Client und Server über eine Vollduplex-Verbindung mit TCP/IP-Protokoll.

auf diesen Socket zugreift. Dies geschieht im Programm `TCP_CLIENT`, wodurch der Server auch den *Socket des Clients* mitgeteilt bekommt.

Durch den Befehl `TcpReceiveData` können die Teilnehmer unter Angabe des jeweiligen Sockets die Daten des Kommunikationspartners *lesen* bzw. durch den Befehl `TcpSendData` *schreiben*.

Schließlich kann die Verbindung durch den Befehl `SysSockClose` bei Bedarf wieder beendet werden. □

Die Socket Library stellt auch Befehle für *UDP (User Datagram Protocol)* zur Verfügung, das ein minimiertes Kontrollprotokoll gegenüber TCP darstellt. Mit UDP kann zwar nicht garantiert werden, dass Pakete in der richtigen Reihenfolge empfangen werden, aber die Kommunikation ist deutlich *schneller* als über TCP. Da Automatisierungsnetzwerke zumeist relativ klein und unverzweigt sind, treten dort solche Kommunikationsfehler ohnehin selten auf. Außerdem können sie durch zusätzliche Protokollmaßnahmen in den Anwendungsprogrammen behoben werden [8.5]. Somit stellt UDP für die Vernetzung von SPSen eine attraktive Variante dar.

Ethernet TCP/IP und UDP/IP können aber keine determinierte Zykluszeit gewährleisten, weil das Buszugriffsverfahren CSMA/CD vom Zufall einer Kollision abhängig ist. Außerdem verursacht das TCP/IP-Protokoll mit seinem großen Telegrammoverhead und seiner aufwändigen Wegsuche *lange Zykluszeiten*, die für Echtzeitprozesse unzureichend sind. Deshalb sind für die industrielle Nutzung des Ethernets noch einige Erweiterungen vorzunehmen.

Industrial Ethernet

Das bekannteste Industrie-Ethernet ist das *Profinet*, das von der Profibus-Nutzerorganisation als offener Standard entwickelt wurde. Profinet nutzt das TCP/IP-Protokoll zur Übertragung *zeitunkritischer* Daten, wie zur Geräteparametrierung und -diagnose.

Für Echtzeitprozesse werden zusätzliche Übertragungskanäle zwischen den kommunizierenden Ports eingerichtet, über die die *zeitkritischen* Daten quasi auf der Überholspur an den zeitunkritischen Daten vorbeigeführt werden [8.6]:

- Mit dem sog. *Realtime-Kanal RT* können Daten mit Zykluszeiten von 1...10 ms übertragen werden, was etwa im Bereich der Feldbusdatenübertragung liegt.
- Für Soll- und Istwerte besonders schneller Regelkreise steht ein *isochroner* Realtime-Kanal *IRT* zur Verfügung, mit dem exakt taktsynchrone Abtastzeiten im Bereich von Mikrosekunden erreicht werden. Dies ist insbesondere für Motion-Control-Anwendungen relevant [8.7].

Um Datenkollisionen beim Industrial Ethernet zu vermeiden, werden *Switches* eingesetzt, die zeitweise eine Punkt-zu-Punkt-Verbindung zwischen zwei Teilnehmern realisieren und somit Kollisionen verhindern. Außerdem werden die Telegramme gemäß ihrer Priorität in Warteschlagen einsortiert und dann gezielt weitergeleitet.

Nachdem nun Ansätze zur horizontalen Integration von Steuerungen und Feldgeräten besprochen wurden, soll im Folgenden geklärt werden, wie der Datenaustausch zu den Anwendungsprogrammen der *Leit-* und *Managementebene* realisiert wird.

8.2 Vertikale Integration mit den höheren Ebenen

Während Industrial Ethernet durch spezielle Echtzeitverfahren die Integration der Steuerungsebene ermöglicht, kann der Datenaustausch für die vertikale Integration in der Regel etwas langsamer erfolgen. Typische Abtastzeiten auf der Prozessleitebene liegen im Bereich von 0,1...10 s. Die Daten werden nicht mehr zyklisch übertragen, sondern nur, wenn eine signifikante Änderung im Signalverlauf eingetreten ist.

Hierfür kann das beschriebene *TCP/IP-Protokoll* verwendet werden. Dies setzt jedoch die Verfügbarkeit der *Socket Library* und die Möglichkeit zur freien Programmierung voraus. Denn, wie das Beispiel 8.1 zeigt, müssen die zu übertragenden Daten auf Client- und auf Server-Seite in die *Send-* und *Receive-*Funktionen eingetragen werden.

Viele Visualisierungssysteme und andere Anwendungsprogramme bauen auf einer TCP/IP-Verbindung auf, muten ihren Anwendern aber die Programmierung von Server und Client nicht zu, sondern stellen Schnittstellen zur Verfügung, in die die zu übertragenen Daten eingetragen werden können. Dabei hat sich *OPC* als Standard für den vertikalen Datenaustausch in der Automatisierungstechnik durchgesetzt.

8.2.1 OPC-Kopplung

Der Mechanismus zum Datenaustausch zwischen verschiedenen Programmen basiert auf der *OLE-Technologie* (**O**bject **L**inking and **E**mbedding), die auch zum Datenaustausch zwischen Microsoft-Office-Programmen wie Word und Excel zum Einsatz kommt. Anfangs ermöglichte OLE lediglich, dass beispielsweise eine Excel-Tabelle über die Zwischenablage in ein Worddokument kopiert werden kann. In den folgenden Versionen konnte mit OLE ein dynamischer Datenaustausch realisiert werden, d.h., wenn sich ein Wert in der Excel-Tabelle ändert, wird diese Änderung automatisch auch im Worddokument übernommen [8.8].

Da SPSen in der Regel nicht unter dem Betriebssystem Windows laufen, sind für den Datenaustausch zwischen SPS und ABK gewisse Anpassungen erforderlich. SPS-Hersteller bieten deshalb sog. *OPC*-Server (**O**LE for **P**rocess **C**ontrol) an, die bestimmte Regeln der OPC-Foundation [8.9] einhalten, damit ein Client mit jedem beliebigen OPC-Server Daten austauschen kann.

OPC-Server

Ein OPC-Server ist ein Anwendungsprogramm, das auf einem PC läuft (s. Bild 8.4). Es muss im Wesentlichen zwei Aufgaben erfüllen:

1. Um zwischen dem Ethernet-TCP/IP-Netz der PCs und einem Feldbus-Netz der SPSen Daten austauschen zu können, muss der OPC-Server als *Gateway* arbeiten.
2. Außerdem muss er als *Server* arbeiten, indem er die Werte der Variablen aller SPSen in einer Datenbank sammelt und als sog. Item-Liste für die OPC-Clients bereitstellt.

Bei Siemens und anderen Herstellern von Hardware-SPSen sind Gateway- und Serverfunktion in einem Produkt integriert. Das bedeutet aber, dass für jeden Feldbustyp, der die SPSen untereinander verbinden kann, ein eigener OPC-Server angeboten wird.

Da CoDeSys auf verschiedenen Hardwareplattformen (PCs oder SPSen unterschiedlicher Hersteller) laufen soll, ist es hier dagegen sinnvoll, Gateway- und Serverfunktion zu trennen und nur einen OPC-Server anzubieten (s. Beispiel 8.2).

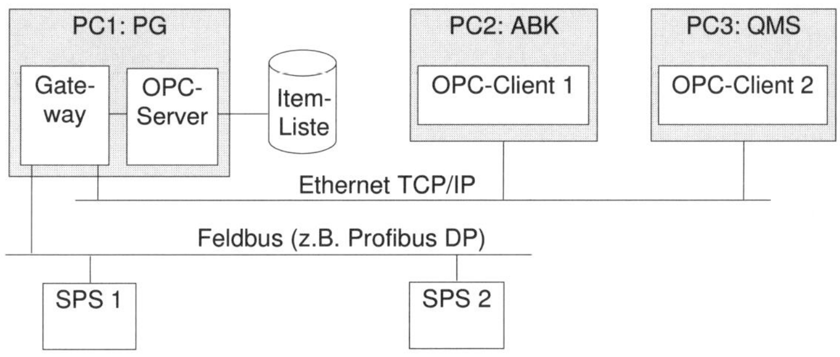

Bild 8.4: Die in den SPSen verarbeiteten Prozessdaten werden in einem OPC-Server, der auf einem PC läuft, zur Verfügung gestellt. Ein OPC-Client kann die Daten vom Server abfragen, um sie z.B. zu visualisieren oder für einen Qualitätsnachweis zu verwenden.

OPC-Client/Server-Strukturen

Ein Visualisierungsprogramm einer ABK kann also als OPC-Client auf den OPC-Server der SPSen zugreifen, der in Bild 8.4 beispielsweise im Programmiergerät (PG) läuft. Für den OPC-Server ist es dabei ohne Belang, welche Anwendung auf seine Daten zugreift. Er stellt einfach seine Daten zur Verfügung, und ein beliebiger Client kann sie nutzen. Die Schnittstelle für den *OPC-Client* ist standardisiert. Sie legt fest

- von welchem Server
- welche Daten
- gelesen und/oder überschrieben

werden sollen (vgl. Client-Server-Prinzip in Abschnitt 2.6).

Der Vorteil der OPC-Kopplungen ist, dass sie *systemunabhängig* arbeiten, d.h. die Schnittstelle für einen OPC-Client (z.B. eine ABK) muss nur einmal konfiguriert werden unabhängig davon, von welchem Hersteller der OPC-Server ist (z.B. Siemens S7 oder HIMA H41q).

Beispiel 8.2 *Client-Server-Kopplung über OPC*

Das Beispiel 2.6 wird hier nun mit einem OPC-Server statt mit einem DDE-Server durchgeführt. Dabei soll der OPC-Client *Voyager* der Fa. NETxAutomation [8.10] auf die Daten des OPC-Servers von *CoDeSys* zugreifen, um eine Prozessvisualisierung zu realisieren.

Wie die Systemstruktur in Bild 8.5 zeigt, arbeitet der OPC-Server „PLC1" von CoDeSys zusammen mit dem Gateway „Lokal", das die Daten von der Soft-SPS *CoDeSys RTE* (Real Time Engine) einliest und in der Item-Liste ablegt. Auf diese sog. OPC-Items greift der Client dann zu.

Zur Einrichtung des Gateways sind die Variablenwerte der SPS durch Anklicken des Menüpunkts `Projekt|Optionen|Symbolkonfiguration` als Symboleinträge für die Item-Liste zu erzeugen. Danach ist wie in Bild 8.6 unter dem Menüpunkt `Online|Kommunikationsparameter` das Gateway „Lokal" auszuwählen. Da Programmiersystem und Soft-

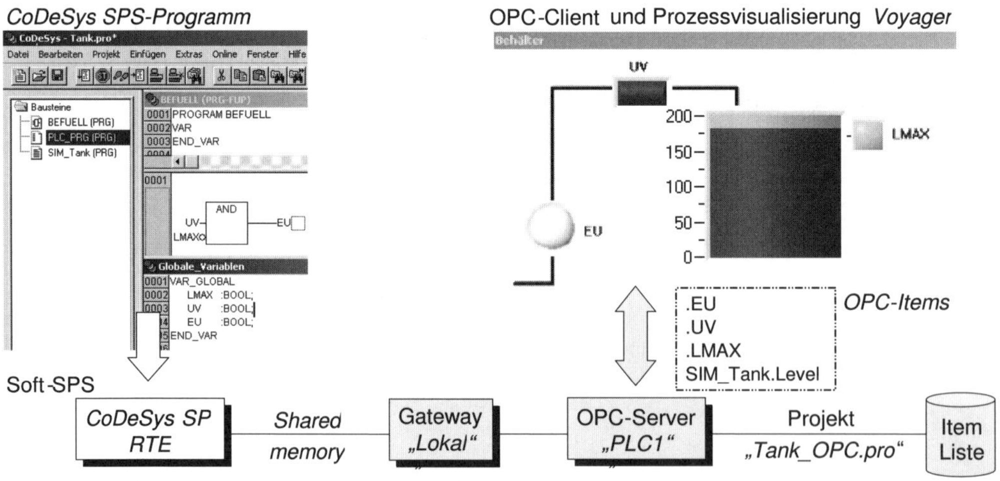

Bild 8.5: Der OPC-Server von CoDeSys liest die OPC-Items über ein lokales Gateway von der Soft-SPS. Der OPC-Client *Voyager* der Fa. NETxAutomation greift auf die OPC-Items zu, um diese in einer Prozessgrafik darzustellen.

SPS auf demselben PC laufen, wird das Gateway als `Shared memory` konfiguriert. Wenn die Soft-SPS auf einem anderen PC als das Programmiersystem läuft, wird eine TCP/IP-Verbindung für das Gateway eingestellt, wofür dann die IP-Adresse der Soft-SPS anzugeben ist.

Sobald die Soft-SPS, z.B. durch die Anwendung *CoDeSys RTE*, gestartet und das Projekt geladen wurde, zeigt das Gateway das Projekt (hier `Tank_OPC.pro`) an, aus dem aktuell die Daten geladen werden.

Zur Konfigurierung des OPC-Servers ist die Anwendung `OPCConfig` zu starten. Hier kann man wie in Bild 8.6 dargestellt eine oder mehrere SPSen an den Server anhängen. Für jede SPS ist der Name des Projekts anzugeben, das auf der SPS läuft. Außerdem ist das bereits im Programmiersystem eingestellte Gateway für die Verbindung der SPS mit dem OPC-Server zu nennen.

Nun kann ein beliebiger Client auf die Daten des OPC-Servers zugreifen. Startet man beispielsweise den OPC-Client *Voyager*, so ist dort der OPC-Server `CoDeSys.OPC.02` auszuwählen, auf dessen Daten zugegriffen werden soll.

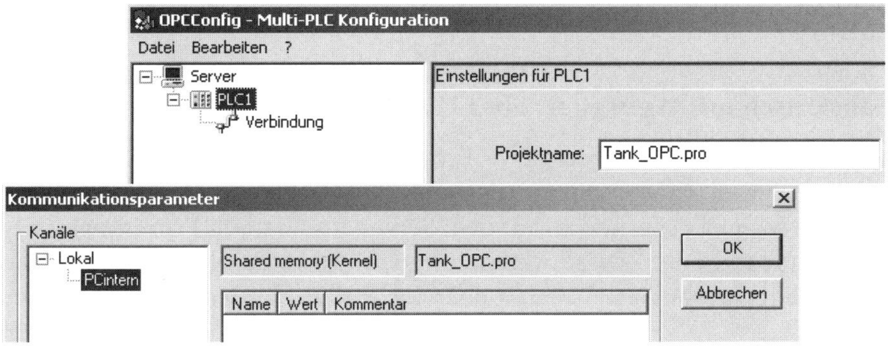

Bild 8.6: Bekanntmachung der SPS `PLC1` sowie des Gateways `Lokal`, das die Daten des Projekts `Tank_OPC.pro` von der Soft-SPS *CoDeSys RTE* mit dem Server verbindet.

Damit können die sog. OPC-Items, also die binären und analogen Variablen, den Grafikelementen zugeordnet werden, deren Werte dargestellt oder manipuliert werden sollen. Im Beispiel von Bild 8.5 ist das Ventil `UV` anzuklicken, woraufhin in der SPS die Pumpe `EU` gestartet wird und sich der Behälter füllt, bis der Niveauschalter `LMAX` erreicht ist. □

Wie das Beispiel zeigt, können durch Konfiguration der OPC-Client-Server-Verbindung die Werte ausgewählter Variablen mit Zeitstempel aus verschiedenen SPSen gelesen werden. Auch vom Client aus können Daten in die SPSen geschrieben werden. Somit ist OPC sowohl die Basis zur Integration von Automatisierungseinheiten als auch die Voraussetzung für eine integrierte Betriebsführung.

8.2.2 Internet in der Automatisierungstechnik

Eine weitere Möglichkeit Automatisierungskomponenten zu koppeln, bietet das Internet, insbesondere wenn die Komponenten an *verschiedenen Standorten* des Unternehmens angesiedelt sind. Die Anwendungsmöglichkeiten des Internets in der Automatisierungstechnik reichen von *Fernwartung und Ferntest* [8.11] über die *Fernbedienung und -beobachtung* [8.12] bis hin zur *Automatisierung von Geschäftsprozessen* über das

Internet, wie integrierte Unternehmensführung, integriertes Engineering, E-Commerce etc. [8.13].

Die zur Realisierung dieser Anwendungen benötigten Techniken teilt man in drei Ebenen ein:

1. Mit den *Netzwerkprotokollen* wie TCP/IP wird eine Datenverbindung zwischen Client und Server geschaffen.
2. Spezielle *Internet-Dienste*, wie E-Mail, FTP zum Dateitransfer (**F**ile **T**ransfer **P**rotocol) oder HTTP (**H**yper **T**ext **T**ransmission **P**rotocol) zum Transfer von Webseiten, dienen dazu, Daten als Standard-Anwendungen auszutauschen.
3. Für nicht standardisierte Anwendungen können z.B. JavaApplets mit der Webseite an den Web-Client übertragen werden, wo sie als *Anwendungsprogramme* ablaufen, um den Web-Server z.B. zur Bedienung einer technischen Anlage aus der Ferne zu steuern.

Datenaustausch mit Webseiten über HTTP

Durch das in Abschnitt 8.1.2 erörterte Protokoll TCP/IP ist es möglich, Daten von einem Web-Browser (Client) mit einem entfernten Web-Server auszutauschen. Dabei sind die Ports so anzusteuern, dass auf dem Server automatisch Prozesse gestartet werden und ablaufen können. Diese Aktivierung von Prozessen kann auf verschiedenen Wegen erfolgen. Der gängigste Weg ist über das *HTTP*, das den Aufruf von Webseiten ermöglicht.

HTTP definiert, wie ein Client vom Server Daten anfordert und wie der Server diese Daten zur Verfügung stellt. Eine Webseite wird durch eine sog. *URL-Adresse* (**U**niversal **R**esource **L**ocator, z.B. `http://www.es.hs-mannheim.de/buch.htm`) von einem Client-PC aus aufgerufen. Dabei werden die Daten der Webseite durch ein Telegramm, einen sog. *Request*, vom Server angefordert. Nachdem die Verbindung durch gegenseitiges Versenden einer Quittierung (Handshake) gesichert ist, beantwortet der Server die Anforderung, indem er die gewünschte Webseite paketweise in Telegrammen als sog. *Response* an den Client zurückschickt.

Da Webseiten früher hauptsächlich aus Text bestanden, erfolgt die Übertragung der Daten vorwiegend im ASCII-Format. Zur Erzeugung von Webseiten auf einem Server dient die Programmiersprache *HTML* (**H**yper **T**ext **M**arkup **L**anguage). Mit ihr können Texte, Links auf andere Webseiten, Bilder oder die Einbettung von Java-Applets programmiert werden.

Fernbedienung und -beobachtung von Anlagen

Zur Fernbedienung und -beobachtung von Anlagen bieten viele Hersteller die Möglichkeit, *Prozessgrafikbilder* als XML-Datei zu beschreiben. Mit *XML* (E**x**tensible **M**arkup **L**anguage) können Variablennamen, ihre Verschachtelungen und Abhängigkeiten in speziellen Schemata festgelegt werden. Prozess- und Betriebsdaten der Prozessgrafik werden somit als Variablen deklariert und von der restlichen Textinformation getrennt dargestellt. Der Code erscheint dadurch sehr viel strukturierter als in HTML.

Der Datenaustausch zwischen Anzeige- und Bedienkomponente (ABK), Web-Server und Web-Client wird durch Bild 8.7 verdeutlicht. Zunächst wird die Prozessvisualisierung als XML-Datei zusammen mit der SPS-Software auf die SPS geladen. In der SPS läuft ein Web-Server, der die Steuerungsdaten ebenfalls in XML verarbeitet und damit die XML-Datei der Prozessvisualisierung ständig aktualisiert.

Die XML-Datei der Prozessvisualisierung wird zusammen mit einem *Java-Applet* vom Web-Server zu einem Web-Client im Internet übertragen. Das Java-Applet ist in eine Webseite eingebettet. Nach Aufruf dieser Webseite im Web-Browser des Clients wird das Java-Applet im Client gestartet und erzeugt auf Basis der XML-Datei die Prozessgrafik im Browser des Clients (s. Bild 8.8).

Das Java-Applet kann dabei auch auf Eingaben des Bedieners in der Webvisualisierung reagieren, indem es die einem Tastenfeld zugeordneten Steuerungssignale per HTTP zum Web-Server zurücküberträgt. Diese werden dann in der Prozessvisualisierung über die bestehende TCP/IP-Verbindung zwischen Web-Server und ABK aktualisiert. Umgekehrt werden Veränderungen der Sensordaten vom Web-Server erkannt und in der XML-Datei aktualisiert. Die aktualisierte XML-Datei der Prozessvisualisierung wird zyklisch an die Webvisualisierung des Clients übertragen.

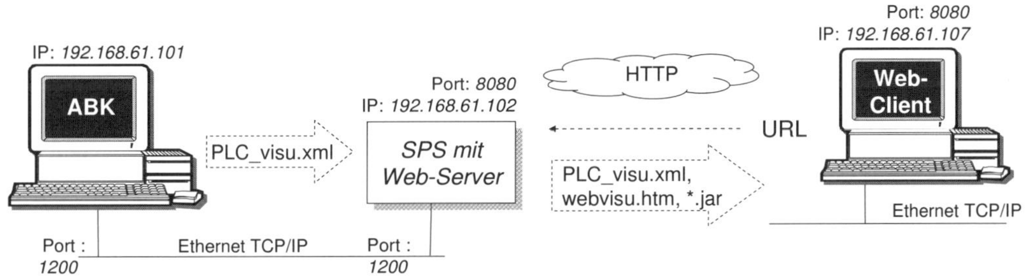

Bild 8.7: Die Prozessgrafik einer ABK wird als XML-Datei beschrieben und zusammen mit einem Java-Applet als Webseite an einen Client übertragen. Das im Client gestartete Java-Applet erzeugt auf Basis der XML-Datei die Prozessgrafik im Web-Browser.

Das folgende Beispiel zeigt, dass auf dem Rechner des Clients keinerlei Software zur Prozessvisualisierung erforderlich ist. Lediglich ein bislang kostenloser Internet-Browser ist erforderlich, um den Prozess zu bedienen und zu beobachten. Diese *Unabhängigkeit des Clients von Plattform und Software* ist einer der wichtigsten Vorteile von Internet-Anwendungen in der Automatisierungstechnik.

Beispiel 8.3 *Steuerung eines Hochregallagers über Internet*

Es soll die Visualisierungsoberfläche des Hochregallagers wie in Bild 8.8 gezeigt zum Bedienen und Beobachten im Internet bereitgestellt werden.

Hierzu ist in CoDeSys unter `Zielsystemeinstellungen` die Option `Webvisualisierung` anzuwählen. Dadurch wird die dynamisierte Prozessgrafik `PLC_visu.xml` als XML-Datei zur Beschreibung der Prozessgrafik erzeugt.

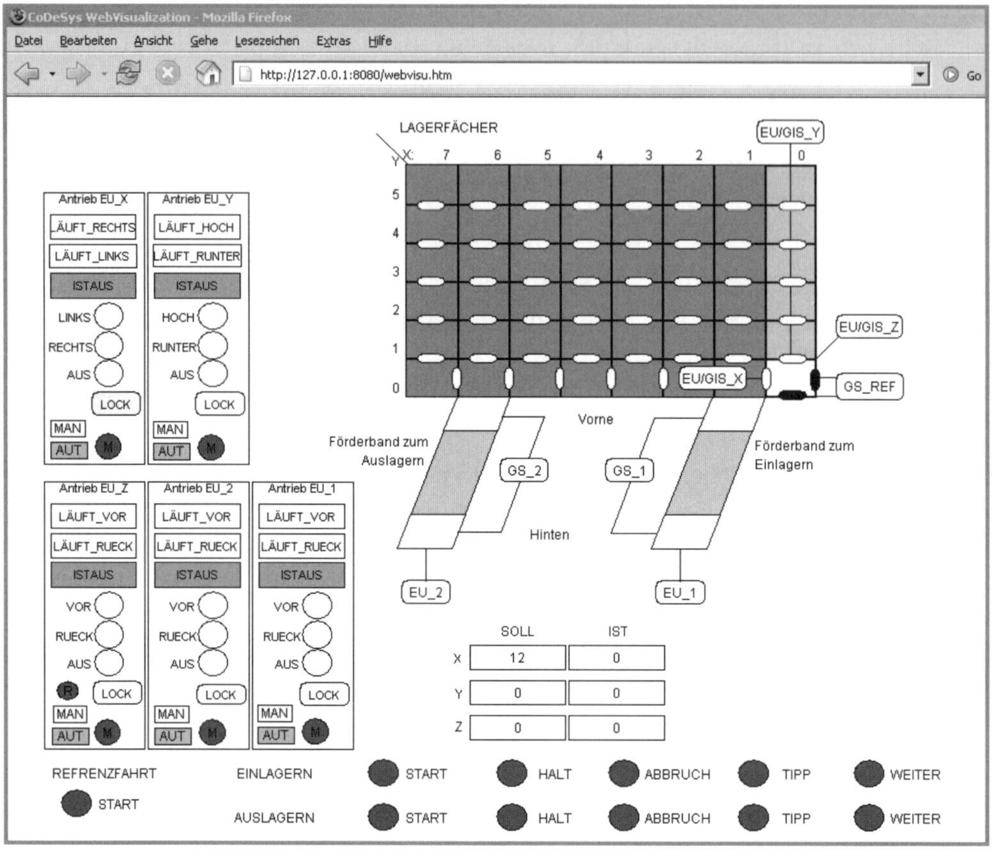

Bild 8.8: Die in der ABK laufende dynamisierte Prozessgrafik des Hochregallagers kann durch den XML-Exporter von einem beliebigen Client aus in einem Web-Browser aufgerufen und zum Bedienen und Beobachten der Anlage genutzt werden.

Der CoDeSys-*WebServer* ist ein Programm, das auf einem anderen Rechner als die Anzeige- und Bedienkomponente (ABK) laufen kann. Folgende Spezifikationen sind ihm in der Datei `webserver_conf.xml` vorzugeben:

- *IP-Adresse* des Rechners, auf dem die ABK läuft,
- *Ports*, mit denen ABK und Web-Server Daten austauschen,
- *Verzeichnis*, in dem die XML-Dateien der Prozessgrafiken liegen.

Ein Internet-User kann somit wie in Bild 8.7 dargestellt von einem beliebigen an das Internet angeschlossenen Client einen Web-Browser (z.B. Firefox) starten und durch Eingabe der Internet-Adresse (URL) des Servers eine Verbindung anfordern. Der Server sendet dem Client die Internet-Seite `webvisu.htm` zurück. Mit dieser Webseite werden die Prozessgrafik `PLC_visu.xml` sowie die Datei `webvisu.jar` übertragen, in die u.a. das Java-Applet `webvisu.class` eingebunden ist.

Beim Aufbau der Webseite startet der Browser mit Hilfe der Java Virtual Machine das mitgelieferte Applet. Dieses baut dann auf Basis der empfangenen XML-Datei die Webseite der Prozessvisualisierung wie in Bild 8.8 auf.

Drückt der Bediener nun in der Webvisualisierung des Browsers z.B. die `START`-Taste für die Referenzfahrt, so erkennt das Applet den Wertwechsel für die Variable `.Referenzfahrt`, die dieser Taste in der Datei `PLC_visu.xml` zugeordnet ist. Das Applet überträgt den neuen Wert zunächst an den Server, wo der neue Wert der Variablen im SPS-Programm zugewiesen wird. Dadurch wird im SPS-Programm der Motor `EU_X` gestartet und der Aufzug des Hochregallagers bewegt sich nach rechts, bis der Endschalter erreicht ist.

Über die TCP/IP-Verbindung werden die Werte in der Visualisierung der ABK zyklisch aktualisiert. Eine neue Sensorinformation wird in der Visualisierung durch eine Farbänderung des Feldes `GS_REF` kenntlich gemacht. Die Soft-SPS stellt die Prozessdaten im Web-Server bereit. Nach Aufforderung des Clients schickt der Web-Server die aktualisierte Datei `PLC_visu.xml` an das Applet, das die Webseite im Client aktualisiert.

Durch diese Mechanismen kann eine Bedien- und Beobachtungsoberfläche auf verschiedenen Plattformen online verfügbar gemacht und ein Prozess aus der Ferne gesteuert werden. □

Sicherheitsaspekte

Nicht unberücksichtigt bleiben darf aber die Frage der Sicherheit [8.14]. Selbstverständlich muss für den Zugriff des Clients auf den Server eine Authentifizierung mit Benutzerkennung und *Passwort* erforderlich sein, die verschlüsselt übertragen werden sollten. Darüber hinaus sind nicht authentifizierte Zugriffe mit einem Firewall-Programm zu verhindern.

Die *Firewall* ist ein Gateway, das zwischen Server und Client eingebaut ist und die Datenpakete kontinuierlich dahingehend filtert, ob die Verbindung erlaubt ist oder nicht. Datenpakete mit unbekannter Socketnummer werden abgewiesen und nicht zum Server übertragen.

Außerdem kann man auch einen sog. *Proxiserver* als Stellvertreter für den eigentlichen Server vorschalten. Der Client adressiert also statt des eigentlichen Servers den Proxiserver, und dieser prüft inhaltlich, ob der Client für die adressierte Internet-Seite Zugriffsrechte besitzt oder nicht.

Schließlich sollte der Server ein HTTP unterstützen, das eine besonders sichere Socketverbindung durch eine sog. *Secure Sockets Layer (SSL)* aufbaut. Diese wird durch einen eigenen URL-Typ (`https://www....`) gekennzeichnet.

Fernwartung von Steuerungen

Die Fernwartung und -diagnose von Steuerungen erfolgt durch Zugriff auf die Anwendersoftware der SPS. Hierzu läuft der Web-Server in der SPS, so dass ohne zusätzlichen PC vom Internet direkt auf die SPS zugegriffen werden kann. Um die besonderen Anforderungen des Datenschutzes zu berücksichtigen, wird ein sog. Virtual Private Network (VPN) [8.15] aufgebaut.

Dabei wird wie in Bild 8.9 gezeigt jeweils ein Router im Segment des Servers und im Segment des Clients eingesetzt. Die Router bieten Verschlüsselungssysteme für geschützte Verbindungen, wie das PPTP-Protokoll (Point-to-Point Tunneling Protocol) oder das etwas neuere IPSec-Protokoll (Internet Protokoll Security).

Mit dieser Verschlüsselung schafft man eine Verbindung zwischen den beiden Routern, die von außen geschützt ist und intern die Möglichkeit gibt, alle Teilnehmer über den Namen oder die lokale IP-Adresse anzusprechen. Nach der Konfiguration des

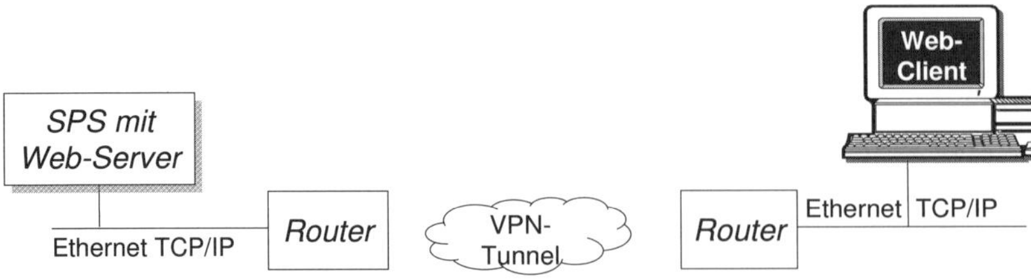

Bild 8.9: Für den Internet-basierten Zugriff auf die Steuerung läuft der Web-Server in der SPS. Mit Routern wird ein VPN-Tunnel aufgebaut, der die Internet-Verbindung gegen Fremdeinwirkung schützt.

VPN/IPSec-Tunnels ist das Handling genau so, als wären die Teilnehmer durch ein Netzwerkkabel miteinander verbunden.

Nachdem somit die Systemstrukturen integrierter Automatisierungssysteme behandelt wurden, soll nun diskutiert werden, wie die Software so modular und flexibel gestaltet werden kann, dass eine einfache Integration mit den betrieblichen Produktionsplanungssystemen ermöglicht wird.

8.3 Rezeptsteuerungen zur Softwareflexibilisierung

Ziel einer Rezeptsteuerung ist es, Prozessabläufe *modular* zu gestalten, damit sie zur Herstellung unterschiedlicher *Produkte* auf unterschiedlichen *Anlagen* flexibel zusammengestellt werden können. Dabei wird angestrebt, dass der Schichtführer eines Betriebs selbständig die Rezepte zusammenstellen kann, ohne auf die Hilfe eines Softwarespezialisten angewiesen zu sein. Hierfür wird eine Softwarehierarchie nach Bild 8.10 aufgebaut. Darin dient ein Rezept dazu, mehrere Ablaufketten nacheinander oder parallel aufzurufen, genauso wie eine Ablaufsteuerung mehrere Programme zur Ansteuerung der Feldgeräte aktiviert,

Der Begriff Rezeptsteuerung suggeriert die Analogie zu einem *Kochrezept*, was keineswegs abwegig ist. Beispielsweise unterscheidet ein Meisterkoch bei der Zubereitung seines Menüs „Ente trifft Truthahn" gewisse *Grundoperationen* (GOPen) wie Suppe kochen, Salat zubereiten, Hauptgang herstellen und Dessert anfertigen. Die Grundoperationen realisiert er durch verschiedene *Grundfunktionen* (GFen) wie Zugabe von Salz, Rühren, Heizen, Grillen, Waschen etc. Und schließlich lassen sich diese Grundfunktionen durch den Einsatz unterschiedlichster Geräte wie Herd, Rührer, Ofen, Wasserhahn ausführen.

Diese Grundoperationen und Grundfunktionen sind zwar in einer speziellen Reihenfolge und Kombination im Rezept festgelegt. Für sich alleine betrachtet sind die Grundoperationen und -funktionen aber völlig *unabhängig* vom speziellen Rezept „Ente trifft Truthahn", denn sie werden auch in anderen Rezepten genutzt. Auch die verwendeten Geräte sind rezeptunabhängig und darüber hinaus auch unabhängig von der verwendeten Anlage, weil sich z.B. ein Herd, Rührer, Ofen und Wasserhahn in jeder Küche befinden. *Rezeptspezifisch* sind jedoch die Reihenfolge der Tätigkeiten, die Zugabemedien und -mengen.

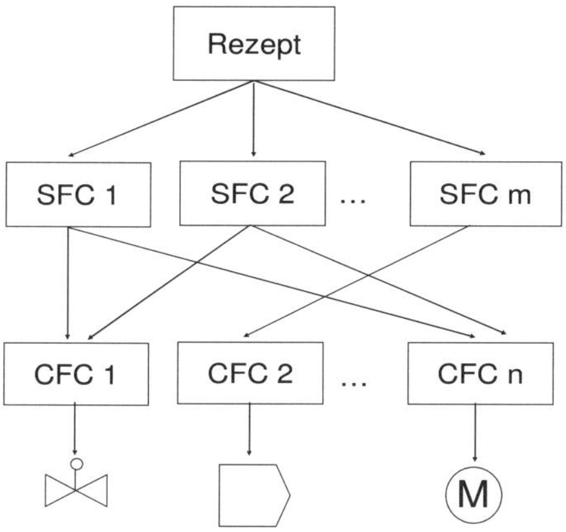

Bild 8.10: Hierarchie von Rezeptsteuerungen: Aufruf mehrerer Ablaufketten (SFCs) durch das Rezept und Aufruf mehrerer Ansteuerprogramme (CFCs) durch die SFCs.

Auch die Menge des Essens ist prinzipiell *skalierbar*, d.h. die Mengenangaben im Rezept beziehen sich z.B. alle auf ein Menü für zwei Personen und können leicht auf ein Menü für eine Person oder für vier Personen skaliert werden.

Diese Prinzipien sollen nun auf die Automatisierungssoftware übertragen werden. Hierfür ist es notwendig, Ablaufketten als Grundfunktionen zu kreieren, die unabhängig von bestimmten Feldgeräten einen allgemeinen Ablauf, wie Befüllen eines Behälters, Rühren oder Heizen, beschreiben. Dadurch erreicht man für Prozessablaufketten eine ähnliche Modularisierung wie durch das *Typical-Konzept* für die Ansteuerprogramme der Feldgeräte.

8.3.1 Entwurf von Rezeptsteuerungen

Zum Entwurf von Rezeptsteuerungen zerlegt man zunächst den Prozessablauf in kleine, modulare Ablaufketten, die möglichst häufig wiederverwendet werden können (*Dekomposition*). Anschließend setzt man diese Module wieder zusammen, wobei die Anpassung an das vorgegebene Verfahren und die zur Verfügung stehende Anlage erfolgt. Dabei geht man in der Regel in vier Schritten vor:

1. *Zerlegung des Prozesses* in verschiedene Tätigkeiten, die zur Herstellung des Produktes durchgeführt werden müssen,
2. *Entwurf von Grundfunktionen*, die die ermittelten Tätigkeiten in Form von Ablaufketten unabhängig von bestimmten Geräten in der Anlage modellieren,
3. *Komposition des Rezepts* durch Zusammensetzung der Grundfunktionen zu Grundoperationen und Zusammensetzung der Grundoperationen zum Grundrezept,
4. *Zuordnung der Feldgeräte* in der Anlage zu den Grundfunktionen.

Die ersten beiden Schritte, also die Zerlegung des Prozesses und der Entwurf der Grundfunktionen, ergeben sich aus der Analyse des Prozesses. Die beiden letzten Schritte führen zur Synthese der Rezeptsteuerung [8.16].

8.3.2 Prozessanalyse

Die Prozessanalyse basiert auf einem systematischen Vorgehen, der sog. *SADT-Methode (Structured Analysis and Design Technique)* [8.17]. Dabei wird der Herstellungsprozess hinsichtlich seiner Ein- und Ausgangsstoffe sowie der erforderlichen Hilfsmittel und Steuerdaten analysiert und weiter zergliedert. Bild 8.11 zeigt diese Analyse für den Prozess des Kaffee- bzw. Teekochens in einem Kontextdiagramm.

Die Eingänge werden durch die Einsatzstoffe Wasser, Teeblätter, Kaffeepulver sowie eine Energiequelle zum Aufheizen von Flüssigkeiten gekennzeichnet, die Ausgänge durch die von der Anlage hergestellten Haupt- und Nebenprodukte. Als Hilfsmittel dienen die Anlage mit ihren Sensoren und Aktoren sowie der Bediener zur manuellen Prozessbedienung. Die *Steuerdaten* umfassen den zu programmierenden Ablauf sowie gewisse Parameter, wie Sollwerte, Wartezeiten etc.

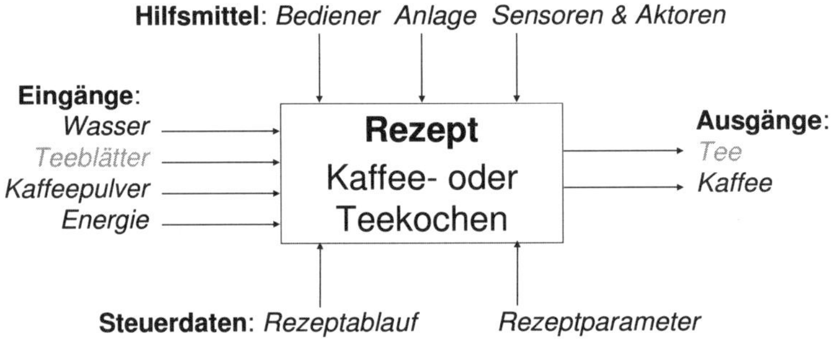

Bild 8.11: Beschreibung der Rezepte Kaffeekochen und Teekochen in einem Kontextdiagramm.

Schritt 1: Prozesszerlegung

Ausgehend vom allgemeinen Kontextdiagramm wird der Herstellungsprozess nun schrittweise verfeinert und in kleine einfache Vorgänge zerlegt. Für die Prozesse Kaffee- bzw. Teekochen kommt man - den Prozess auf einer normalen Kaffeemaschine vor Augen - auf die drei *Grundoperationen* (GOPen) „Wasserkochen", „Aufbrühen" und „Warmhalten".

Bild 8.12 zeigt die Prozesszerlegung nach der SADT-Methode. Den gefundenen Grundoperationen werden verschiedene *Grundfunktionen* (GFen) und Parameter zugeordnet, was im folgenden Beispiel ausgeführt wird.

Beispiel 8.4 *Zerlegung der Prozesse Kaffee- und Teekochen*
Sowohl der Prozess Kaffeekochen als auch der Prozess Teekochen lassen sich in die drei GOPen „Wasserkochen", „Aufbrühen" und „Warmhalten" untergliedern (s. Bild 8.12).

In der GOP „Wasserkochen" wird ein Behälter durch die GF „Befüllen" mit Wasser befüllt. Von dem abgefüllten Wasser wird anschließend durch die GF „Dosieren" eine bestimmte Menge in einen Wasserkocher überführt und durch die GF „Temperieren" zum Kochen gebracht.

In der GOP „Aufbrühen" wird Kaffeepulver durch die GF „Fördern" in ein Filter hineingefördert. Anschließend wird das kochende Wasser durch die GF „Dosieren" vom Wasserbehälter durch das Filter in einen Fertigproduktbehälter überführt.

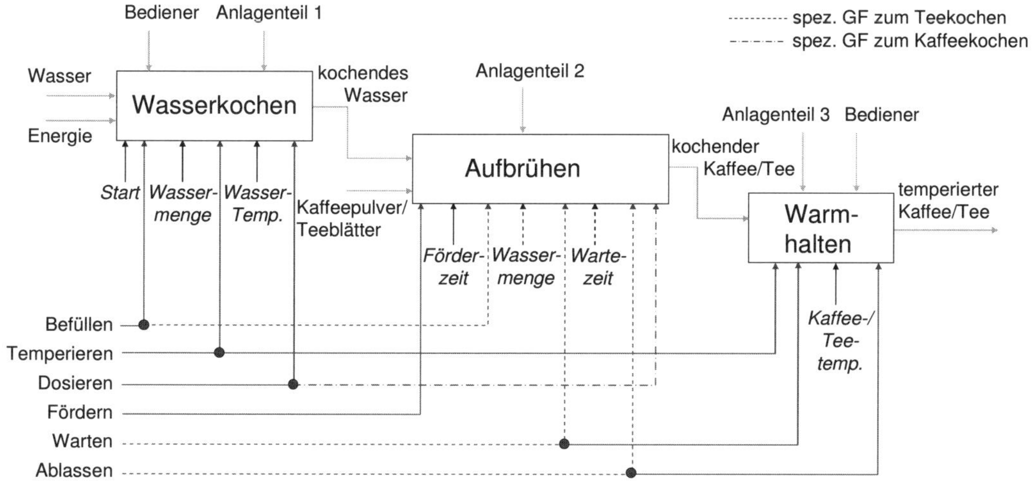

Bild 8.12: Prozesszerlegung in die Grundoperationen „Wasserkochen", „Aufbrühen" und „Warmhalten" und die Grundfunktionen „Befüllen", „Temperieren" etc. und deren Parameter nach der SADT-Methode.

Wird dagegen Tee statt Kaffee gekocht, so sind Teeblätter in das Filter zu fördern. Daraufhin wird das Filter zunächst mit kochendem Wasser befüllt. Nach einer gewissen Wartezeit wird der Tee dann durch die GF „Ablassen" in den Fertigproduktbehälter überführt.

Schließlich wird der Kaffee bzw. Tee in der GOP „Warmhalten" durch die GF „Temperieren" auf einer gewissen Temperatur gehalten. Der Bediener kann dann durch die GF „Ablassen" eine Tasse abfüllen. □

Schritt 2: Entwurf der Grundfunktionen

Zum Entwurf der Grundfunktionen ist die Frage zu beantworten, aus welchen prinzipiellen *Schritten* der Ablauf besteht und mit welchen *Feldgerätetypen* und *Parametern* er realisiert werden kann. Beispielsweise wird in Bild 8.13 die GF „Befüllen" durch eine Ablaufsteuerung beschrieben, die ein Zulaufventil öffnet, bis ein Niveauschalter erreicht ist, und dann das Zulaufventil wieder schließt.

Die zugehörige Ablaufkette ist als *Funktionsbaustein* realisiert, dessen Eingangsvariablen neben dem Startsignal auch die Variablen zur Auswertung des Sensors umfassen. Eine Ausgangsvariable meldet, wenn die Grundfunktion fertig abgearbeitet ist. Außerdem ist die Variable zur Ansteuerung des Ventils als Ausgangsvariable deklariert.

Obwohl Grundfunktionen völlig unabhängig von der Anlage sind, die sie automatisieren sollen, wird in Bild 8.14 zum besseren Verständnis der Abläufe eine Anlage vorgestellt, auf der die Prozesse Kaffee- und Teekochen ablaufen können. Diese sog. TeKa-Anlage ist in der Ausbildungsabteilung der *BASF* in Ludwigshafen aufgebaut und dient als Übungsmodell zur Veranschaulichung der Steuerung verfahrenstechnischer Prozesse.

Beispiel 8.5 *Entwurf von Grundfunktionen zum Kaffeekochen*

Die `GF_Befuellen` kann auf der Anlage nach Bild 8.14 ablaufen, indem das Zulaufventil U3101 zum Befüllen des Trinkwasserbehälters aktiviert wird. Dieser Zulauf wird bei Meldung des Niveauschalters L3104 dann wieder von der Grundfunktion geschlossen.

Im Unterschied zur `GF_Befuellen` wird durch die `GF_Dosieren` der Füllstand über einen analogen Füllstandssensor gemessen. Dadurch kann eine beliebige Flüssigkeitsmenge in einen Behälter gefüllt werden, wie aus der Ablaufkette in Bild 8.13 ersichtlich ist. Die `GF_Dosieren` sieht auch vor, dass die Flüssigkeit in den Behälter hineingepumpt werden kann. Beispielsweise wird die Pumpe E3103 in Bild 8.14 über die zwei Absperrventile U3102 und U3105 abgesichert. Damit die Pumpe nicht trocken läuft, ist das vor der Pumpe eingebaute Ventil U3102 zu öffnen, bevor die Pumpe anläuft. Gleiches gilt für das hinter der Pumpe eingebaute Ventil U3105, um zu vermeiden, dass die Pumpe gegen ein geschlossenes Ventil pumpt. Beim Ausschaltvorgang ist umgekehrt vorzugehen, d.h. zuerst wird die Pumpe ausgeschaltet und dann werden die Ventile geschlossen (s. Bild 8.13).

```
FUNCTION_BLOCK GF_Befuellen
VAR_INPUT
   START: BOOL;
   Schalter: BOOL;
END_VAR
VAR_OUTPUT
   FERTIG: BOOL;
   Ventil: Ventildaten ;
END_VAR
```

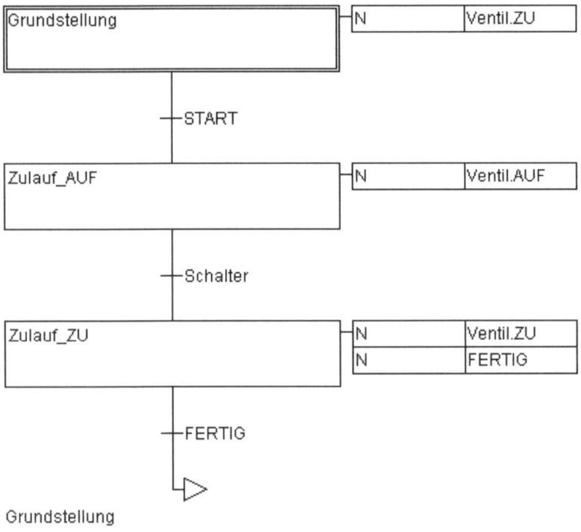


```
FUNCTION_BLOCK GF_Dosieren
VAR_INPUT
  START: BOOL;
  Sensor: Analogdaten;
  Wartezeit: TIME;
  SOLL: REAL;
END_VAR
VAR_OUTPUT                    VAR
  FERTIG: BOOL;                 Warten : BOOL;
  Pumpe: Motordaten;          END_VAR
  Ventil1: Ventildaten;
  Ventil2: Ventildaten;
END_VAR
```

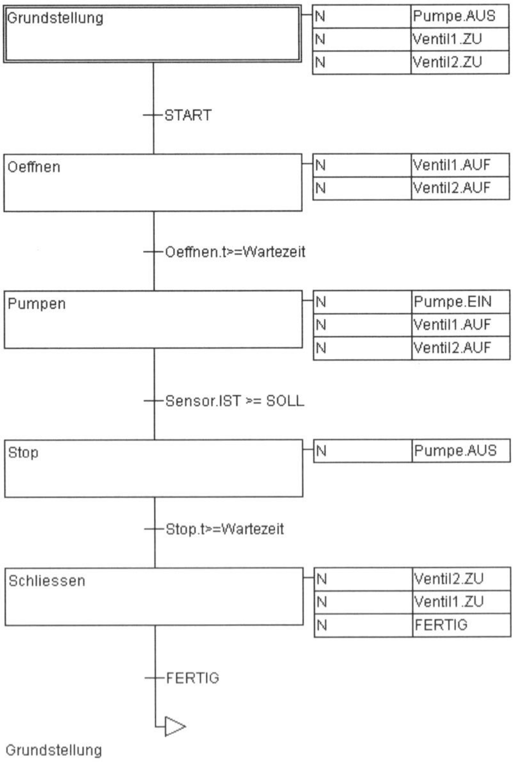

Bild 8.13: Realisierung der anlagenneutralen Grundfunktionen `GF_Befuellen` und `GF_Dosieren` als Funktionsbausteine in der Ablaufsprache (AS).

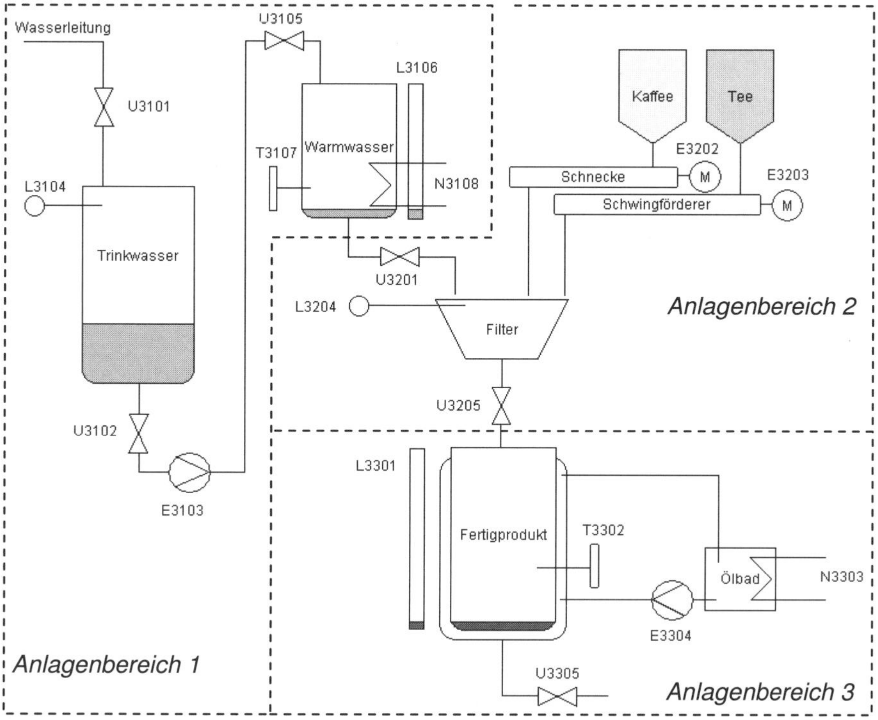

Bild 8.14: Vereinfachtes Rohrleitungs- und Instrumentenschema der TeKa-Anlage zum Kaffee- oder Teekochen, wie sie als Übungsmodell bei der BASF in Ludwigshafen aufgebaut ist.

Die `GF_Foerdern` in Bild 8.15 steuert für eine gewisse Zeit einen Förderantrieb an, um eine bestimmte Menge an Material, also z.B. Kaffeepulver oder Teeblätter, zu befördern. In Bild 8.14 ist gezeigt, wie die Beförderung von Kaffeepulver oder Teeblättern in das Filter durch den Schneckenantrieb E3202 bzw. den Schwingförderer E3203 realisiert ist.

Schließlich ermöglicht die `GF_Temperieren` in Bild 8.15 durch Ansteuerung eines Reglerprogramms (vgl. Bild 4.34 in Abschnitt 4.4), dass beispielsweise die Temperatur einer Flüssigkeit einen voreingestellten Sollwert erreicht. Der Sollwert ist intern im Reglerprogramm einzustellen, so dass in der Ablaufkette der Regler lediglich zu starten und nach einer gewissen Zeit wieder zu beenden ist. Die `GF_Temperieren` kann in der Anlage aus Bild 8.14 zur Ansteuerung der Temperaturregler T3107 bzw. T3302 verwendet werden.

Die Bedingung zum Beenden des Reglers kann unterschiedlich sein, z.B. beim Wasserkochen so, dass die Solltemperatur von 100 °C erreicht ist. Zum Warmhalten des Kaffees soll der Regler diesen aber so lange auf der gewünschten Solltemperatur halten, bis der Warmhaltebehälter leer ist. Deshalb wird die Bedingung zum Beenden des Reglers *außerhalb* des Grundfunktionsbausteins im Rezeptprogramm vorgegeben. □

Auch wenn die Abläufe im vorigen Beispiel an einer konkreten Anlage veranschaulicht wurden, so sind die als Funktionsbausteine entworfenen Grundfunktionen doch *anlagenneutral*, d.h. die angesteuerten Ventile oder Pumpen sind unabhängig von der Anlage, in der sie eingebaut sind.

Somit können diese Grundfunktionen als *Typicals* für verschiedene Anlagen und Projekte verwendet werden.

```
FUNCTION_BLOCK GF_Foerdern
VAR_INPUT
   START: BOOL;
   Zeit: TIME;
END_VAR
VAR_OUTPUT
   FERTIG: BOOL;
   Motor:Motordaten;
END_VAR
```

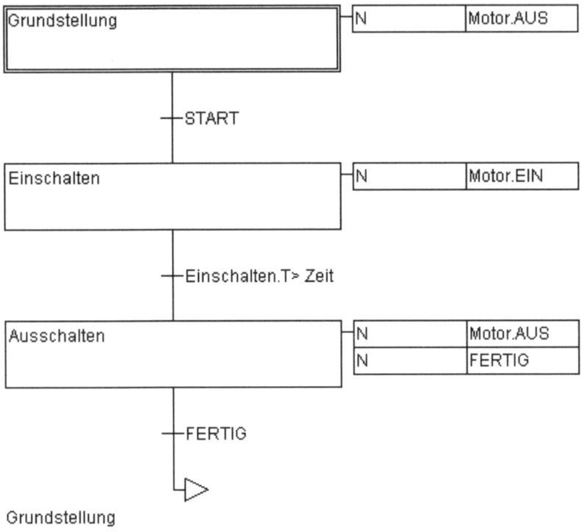


```
FUNCTION_BLOCK GF_Temperieren
VAR_INPUT
   START: BOOL;
   ENDE: BOOL;
END_VAR
VAR_OUTPUT
   FERTIG: BOOL;
   Pumpe:Motordaten;
   Regler: Reglerdaten;
END_VAR
```

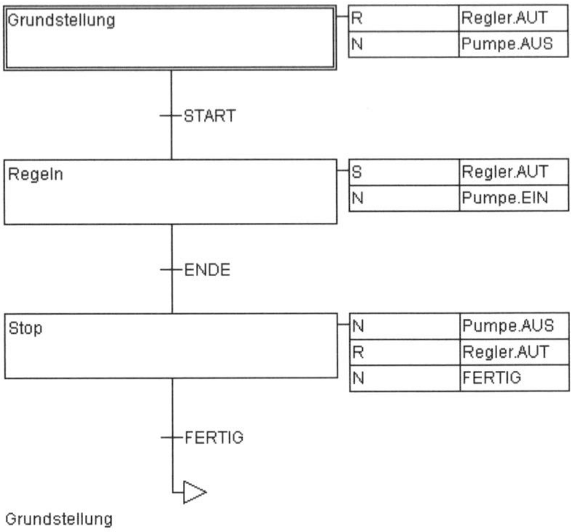

Bild 8.15: Realisierung der anlagenneutralen Grundfunktionen `GF_Foerdern` und `GF_Temperieren` als Funktionsbausteine in der Ablaufsprache (AS).

8.3.3 Rezeptsynthese

Nachdem bei der Prozessanalyse der Prozess durch die SADT-Methode immer weiter nach unten in Grundoperationen, Grundfunktionen und einzelne Schritte zergliedert wurde, ist nun das Rezept mit den entworfenen Grundfunktionen von unten nach oben wieder zusammenzusetzen. Insofern beschreibt die Prozessanalyse ein *Top-Down-* und die Rezeptsynthese ein *Bottom-Up*-Vorgehen.

Schritt 3: Komposition des Rezepts

Das Grundrezept setzt sich nun wieder so zusammen, wie es im Schritt 1 zerlegt wurde. Die entworfenen Grundfunktionen werden in der richtigen Reihenfolge den Grundoperationen zugeordnet und zum Rezept zusammengesetzt. Bild 8.16 zeigt die Struktur des *Grundrezepts* `REZEPT_Kaffee`, wie sie für den Bediener der Anlage auf der Anzeige- und Bedienoberfläche dargestellt ist.

Der Bediener kann vor dem Start des Rezepts bestimmte *Rezeptparameter* einstellen, wie z.B. die Wassermenge oder die gewünschte Kaffeetemperatur. Solange der Kaffee warm gehalten wird, kann der Bediener durch Anwahl der Anforderungstaste Kaffee entnehmen.

Wie aus Bild 8.16 ersichtlich wird die `GF_Temperieren` sowohl zum Wasserkochen als auch zum Warmhalten des Kaffees eingesetzt. Ebenso wird die `GF_Dosieren` zum Überführen des Trinkwassers in den Warmwasserbehälter und zum Durchlauf des Wassers durch das Filter genutzt.

Die `GF_Ablassen` funktioniert genauso wie die `GF_Dosieren`, nur dass der Istwert des Füllstands nicht größer, sondern kleiner als der Sollwert sein muss, um die Pumpe auszuschalten und die Ventile zuzufahren.

Die in Bild 8.16 dargestellte Zusammensetzung von Grundfunktionen und Grundoperationen zu einem *Grundrezept* ist anlagenneutral, denn das Grundrezept kann im Prinzip auf verschiedenen Anlagen ablaufen. Grundrezepte setzen sich wie in Bild 8.16 aus anlagenneutralen Grundfunktionen und -operationen zusammen.

Im nächsten Schritt werden den Grundfunktionen nun die Feldgeräte einer konkreten Anlage zugeordnet, die sie ansteuern bzw. auswerten sollen. Durch diese Zuordnung werden aus anlagenneutralen Grundrezepten sog. *Steuerrezepte*, die anlagenspezifisch sind und sich aus Steueroperationen und Steuerfunktionen zusammensetzen [8.18].

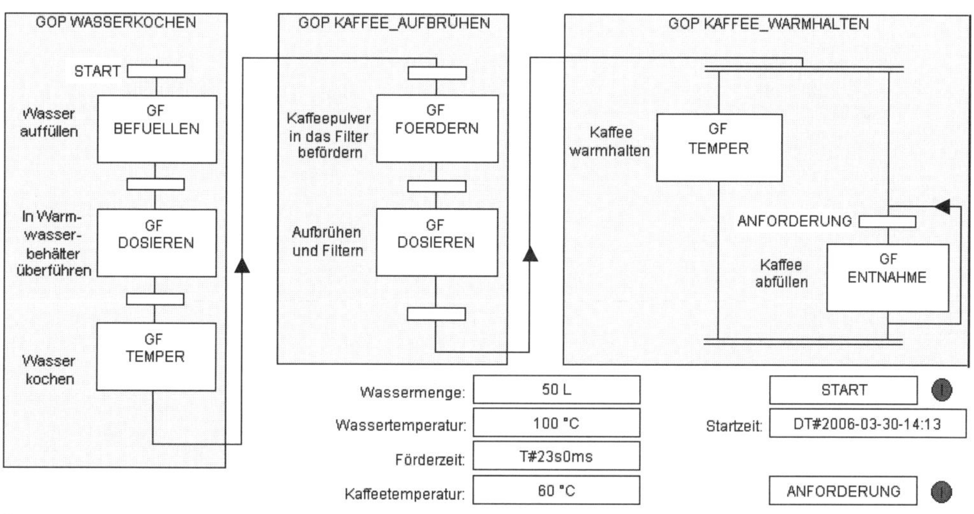

Bild 8.16: Zusammensetzung des Grundrezepts `REZEPT_Kaffee` bestehend aus den ermittelten Grundoperationen, Grundfunktionen und Rezeptparametern (vgl. Bild 8.13).

Schritt 4: Zuordnung der Feldgeräte

Die Erzeugung des Steuerrezepts erfolgt durch *Instanzierung der Grundfunktionen* im Rezeptprogramm. Den Ein- und Ausgängen der Grundfunktionen werden bestimmte Sensor- und Aktorsignale zugeordnet, die in den Grundfunktionen ausgewertet bzw. angesteuert werden. Diese gerätespezifischen Instanzen der Grundfunktionen nennt man *Steuerfunktionen*.

Bild 8.17 zeigt das Rezeptprogramm in Funktionsbausteinsprache. Damit ist es leicht möglich, Grundfunktionsbausteine (z.B. aus Bild 8.13 oder 8.15) zu instanzieren und ihren Ein- und Ausgängen Sensor- bzw. Aktordaten zuzuordnen.

Die Aneinanderreihung der Steuerfunktionen zu einem Rezept erfolgt durch Verbindung der *START-* und *FERTIG-Eingänge* der Funktionsbausteine. Der START-Eingang einer Steuerfunktion wird aktiviert, wenn der Ablauf der vorangehenden Steuerfunktion beendet ist, was mit dem Ausgangssignal FERTIG gemeldet wird.

```
PROGRAM REZEPT_KAFFEE
VAR
  Wasser_Vorlegen   : BEFUELLEN;  (* Steuerfunktionen *)
  Wasser_Kochen     : TEMPER;
  Ueberfuehren      : DOSIEREN;
  Kaffeepulver      : FOERDERN;
  Filter            : DOSIEREN;
  Durchlauf         : BEFUELLEN;
  Warten            : TON;
  Warmhalten        : TEMPER;
  Abfuellen         : ENTNAHME;
  START             : BOOL;        (* Bediensignale *)
  Anforderung       : BOOL;
  Foerderzeit       : TIME;        (* Rezeptparameter *)
  Wassermenge       : INT;
  Speichern         : RS;
  Soll              : REAL;
END_VAR

VAR_GLOBAL (* Feldgeräte *)
  U3101   : Ventildaten;
  U3102   : Ventildaten;
  U3105   : Ventildaten;
  U3201   : Ventildaten;
  U3205   : Ventildaten;
  U3305   : Ventildaten;
  E3103   : Motordaten;
  E3202   : Motordaten;
  E3203   : Motordaten;
  E3304   : Motordaten;
  L3104   : BOOL;
  L3106   : Analogdaten;
  L3204   : BOOL;
  L3301   : Analogdaten;
  T3107   : Reglerdaten;
  T3302   : Reglerdaten;
END_VAR
```

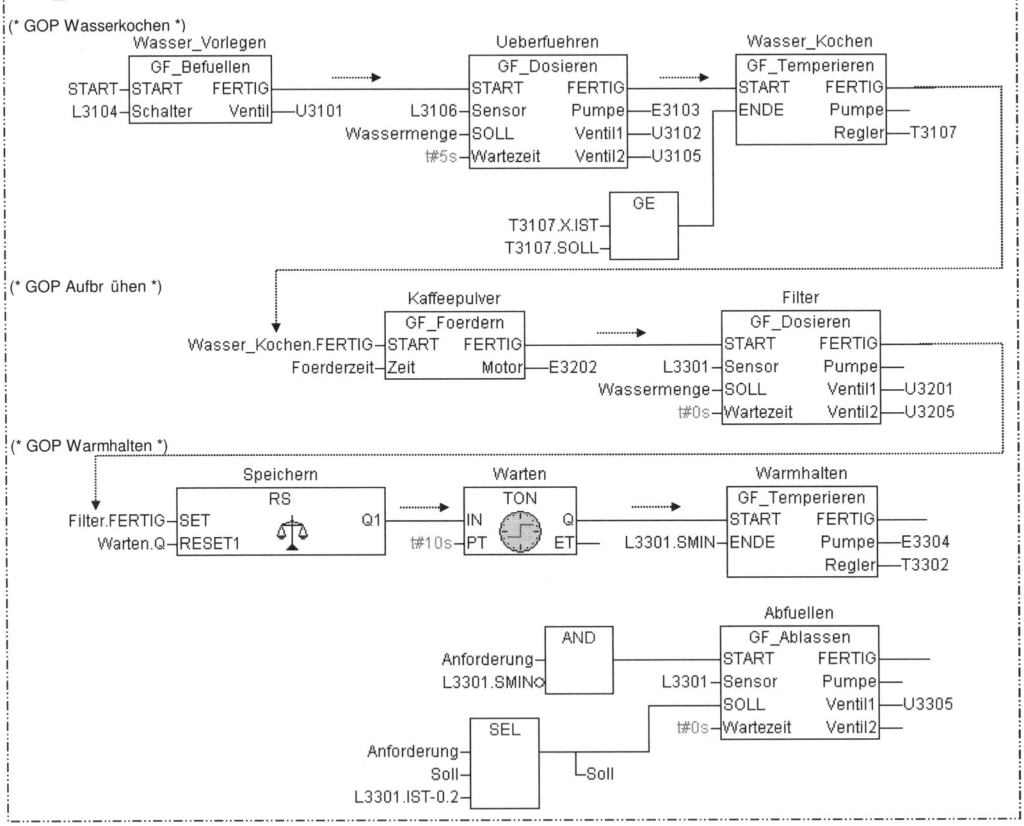

Bild 8.17: Realisierung des Rezepts `REZEPT_Kaffee` bestehend aus den Grundoperationen (GOPen) „*Wasserkochen*", „*Aufbrühen*" und „*Warmhalten*".

Diese anlagenbezogene Umsetzung des Grundrezepts zu einem Steuerrezept soll im folgenden Beispiel an der TeKa-Anlage aus Bild 8.14 erläutert werden.

Beispiel 8.6 *Kaffeekochen auf der TeKa-Anlage mit Rezeptfahrweise*

Die Anlage in Bild 8.14 ist in drei *Anlagenbereiche* unterteilt: Auf Anlagenbereich 1 läuft die GOP „Wasserkochen", auf Anlagenbereich 2 die GOP „Aufbrühen" und auf Anlagenbereich 3 die GOP „Warmhalten" ab.

Durch die Steuerfunktion `Wasser_Vorlegen`, die in Bild 8.17 das Ventil U3101 in Abhängigkeit des Niveauschalters L3104 auf- bzw. zufährt, wird der Trinkwasserbehälter zu Beginn des Rezepts aufgefüllt. Danach wird eine vorgegebene Wassermenge durch die Steuerfunktion `Ueberfuehren` in den Warmwasserbehälter gepumpt und durch die Steuerfunktion `Wasser_Kochen` vom Regler T3107 aufgeheizt, bis die Solltemperatur von 100 °C erreicht ist.

Durch den Förderantrieb E3202 wird das Filter über eine vorgegebene Zeit mit Kaffeepulver befüllt, bevor das kochende Wasser durch Aktivierung der `GF_Dosieren` durch das Filter in den Fertigproduktbehälter fließt.

Das Warmhalten erfolgt durch Umpumpen eines heißen Öls durch den Mantel des Fertigproduktbehälters. Die Steuerfunktion `Warmhalten` wird erst eine gewisse Zeit nach dem Filtern aktiviert, wenn sich die Kaffeetemperatur durch die Umgebung abgekühlt hat.

Die Steuerfunktionen `Ueberfuehren` und `Filter` basieren auf der Grundfunktion `GF_Dosieren`, genauso wie die Steuerfunktionen `Wasser_Kochen` und `Warmhalten` auf der Grundfunktion `GF_Temperieren`.

Die Steuerfunktion `Abfuellen` läuft kontinuierlich, unabhängig davon, ob ein vorhergehender Schritt fertig ist (vgl. Bild 8.17). Dies ist in der Funktionsbausteinsprache sehr leicht möglich, da die Bausteine kontinuierlich abgearbeitet werden. □

Wie das Beispiel zeigt, erreicht man durch die Rezeptsynthese eine Ablaufsteuerung, die aus lauter kleinen, wiederverwendbaren Ablaufketten (GFen) besteht. Diese können durch eine andere Zusammensetzung zur Herstellung *verschiedener Produkte*, wie z.B. Kaffee oder Tee, genutzt werden und auf *verschiedenen Anlagen* mit ähnlichen Geräten ablaufen.

8.3.4 Ausführung von Steuerrezepten

Die Flexibilität der Rezeptfahrweise äußert sich nicht nur durch die flexibel zusammensetzbaren Grundfunktionen und die Anlagenneutralität des Grundrezepts, sondern auch durch die flexible Zuweisung von Rezeptparametern zu den Steuerrezepten.

Rezeptparameter

Ein Rezeptprogramm wie das in Bild 8.17 ist zunächst unabhängig von der herzustellenden *Charge*. Als Charge bezeichnet man das Produkt, das bei einem einzigen Durchlauf des Rezepts hergestellt wurde. Eine Charge ist somit einzigartig, denn zu ihren charakteristischen Merkmalen zählen eine eindeutige Chargennummer und der Starttermin des Rezeptdurchlaufs.

Jeder Charge können nun andere Werte als *Rezeptparameter* zugewiesen werden, etwa verschiedene Mengen durch Variation des Parameters `Wassermenge` in Bild 8.18. Der dem Parameter `Wassermenge` zugewiesene Wert wird im Beispiel von Bild 8.17 in die Steuerfunktionen `Ueberfuehren` und `Filter` hineingeschrieben. Das Steuerrezept ist somit an die herzustellende Charge mit einem speziellen Rezeptparametersatz gebunden.

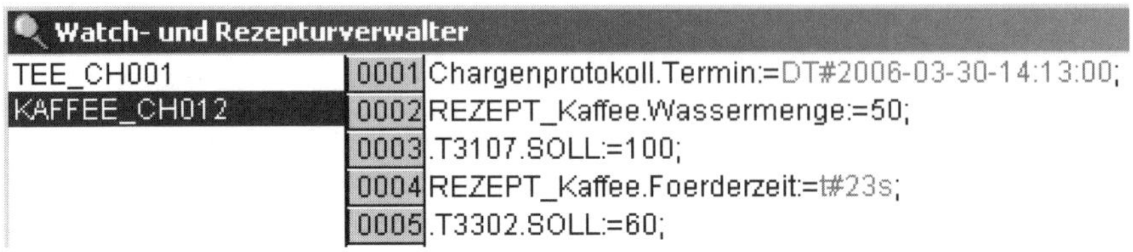

Bild 8.18: Zuweisung der Rezeptparameter für verschiedene Chargen, die vor dem Start des Steuerrezepts auf die Variablen geschrieben werden.

Disposition

Um auch den Prozessstart zu automatisieren, verfügen professionelle Rezeptpakete über eine sog. *Dispositionstabelle.* Hier wird durch den Bediener eingetragen, wann welche Steuerrezepte ablaufen sollen. Hierfür sind die gewünschten Grundrezepte, wie z.B. `REZEPT_Kaffee` aus Bild 8.17, in der Dispositionstabelle mit einem bestimmten *Starttermin*, mit den chargenspezifischen Rezeptparametern und einer *Chargennummer* zu versehen. Die so spezifizierten *Steuerrezepte* können dadurch im Voraus für mehrere Tage eingetragen werden und laufen dann jeweils zum festgesetzten Starttermin automatisch ab. In *CoDeSys* lassen sich Chargennummer und Starttermin gemeinsam mit den Rezeptparametern im Watch- und Rezepturverwalter (s. Bild 8.18) eintragen. Der Starttermin könnte so mit der aktuellen Uhrzeit (Funktion `SysRtcGetTime` in CoDeSys) verglichen werden und automatisch die Variable `START` im Rezeptprogramm setzen.

Diese Disposition der Steuerrezepte kann entweder manuell vom Bediener vorgenommen werden oder automatisch von einem *Produktionssteuerungssystem* (s. Abschnitt 8.4).

Chargenprotokoll

Häufig sind in der Praxis nicht alle Funktionen automatisiert, sondern es sind einige *Handgriffe* des Bedieners erforderlich, wie z.B. das gelegentliche manuelle Nachfüllen von Kaffeepulver oder Teeblättern in die Vorratsbehälter der TeKa-Anlage oder auch das Abfüllen des fertigen Produkts.

In professionellen Rezeptpaketen können diese manuellen Bedienereingriffe vom Rechner aus geleitet werden, indem der Bediener durch *Meldungen* auf seine durchzuführende Tätigkeit hingewiesen wird und er nach Erledigung der Aufgabe die Meldung im Rechner quittiert.

Diese Quittierungen müssen protokolliert werden, um nachweisen zu können, dass alle Produktionsschritte ausgeführt wurden. Zur *Qualitätssicherung* führen die meisten Rezeptpakete eine automatische Protokollierung aller Schaltvorgänge, Störmeldungen und Bedienereingriffe während des Rezeptablaufs mit *Zeitstempel* aus. Auch die Aufzeichnung des Werteverlaufs von qualitätsrelevanten Messstellen gehört zu den Standardfunktionen eines Chargenprotokolls.

Anhand eines solchen Chargenprotokolls ist eindeutig nachvollziehbar, was während des Rezeptablaufs in der Anlage geschah, sei es durch die Automatisierung oder durch den Bediener. Dies ist vor dem Hintergrund der Produkthaftung ein wertvoller Nachweis dafür, dass die automatisierte Anlage wie spezifiziert ablief und der Anlagenfahrer den Prozess ordnungsgemäß bediente.

Vorteile der Rezeptfahrweise

Rezeptsteuerungen wurden in der Vergangenheit hauptsächlich für *Mehrstrang- oder Mehrproduktanlagen* eingesetzt. In Mehrstranganlagen kann die geräteunabhängige Software durch Änderung der Anlagenzuordnung flexibel eingesetzt werden. Die anlagenneutralen Grundfunktionen und die flexible Parametrierung ermöglichen bei Mehrproduktanlagen eine einfache und schnelle Komposition neuer Rezepte.

Trotzdem lohnt sich der Einsatz von Rezeptsteuerungen auch für kleinere Einstrang- und Einproduktanlagen, weil die so modularisierte Software nicht nur einfacher zu erstellen und zu warten, sondern aufgrund ihrer *Übersichtlichkeit* für den Anlagenfahrer auch sicherer ist. Des Weiteren ergibt sich so die Möglichkeit, *Produktionsplanungssysteme*, wie z.B. SAP R3, an die Automatisierung anzukoppeln. Diese integrierte Betriebsführung wird im nächsten Abschnitt besprochen.

8.4 Integrierte Betriebsführung

Mit den vorgestellten Werkzeugen zur Integration der Hard- und Software von Automatisierungseinheiten ergeben sich nun folgende Möglichkeiten:

1. Die auf der Steuerungs- und Leitebene gesammelten *Prozessdaten* werden verdichtet und zu verschiedenen Zwecken, wie Qualitätsnachweis, Kostenverfolgung, Wartungsaufgaben etc., *ausgewertet*.

2. Bei eingehenden Aufträgen werden der *Produktionsablauf* geplant, automatisch *Rezepte* erzeugt und *Abläufe* auf der Steuerungsebene gestartet.

Wie Bild 8.19 verdeutlicht verläuft der Informationsfluss somit in zwei Richtungen: Einmal von unten nach oben, denn die im Feld aufgenommenen Prozessdaten werden in der SPS gesammelt und von dort zum Betriebsdateninformations- und zum Produktionsplanungssystem (**E**nterprise **R**essource **P**lanning) geschickt, wo sie verdichtet und ausgewertet werden (s. Abschnitt 8.4.1). Zum anderen aktiviert das ERP-System bei eintreffenden Aufträgen von oben nach unten die Produktionssteuerung (**M**anufactu-

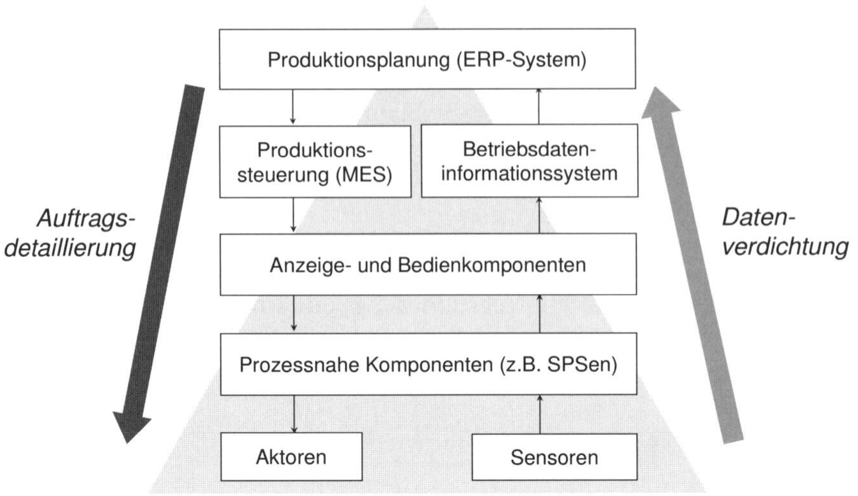

Bild 8.19: Vertikale Integration der verschiedenen Systeme zur Steuerung der betrieblichen und der technischen Prozesse.

ring Execution System) und dadurch den automatischen Ablauf des Rezepts in den SPSen (s. Abschnitt 8.4.2).

8.4.1 Betriebsdateninformationssysteme

Die vordringlichste Aufgabe eines **B**etriebs**d**aten**i**nformations**s**ystems (BDIS) ist es, die Prozessdaten von den Anzeige- und Bedienkomponenten abzuholen und komprimiert abzuspeichern. Da die *Prozessdaten* in den ABKen zum Teil aber alle 100 ms gespeichert werden und die Kapazität ihrer Speichermedien begrenzt ist, liegt die mittlere Lebensdauer eines Prozesswerts in einer ABK im Bereich von mehreren Tagen bis zu wenigen Wochen.

Betriebsdaten sind dagegen Langzeitdaten, denn es soll z.B. die Produktivität eines Jahres anhand der erzeugten Produktmengen und der verbrauchten Einsatzmaterialien ermittelt werden. Deshalb ist eine Informationsverdichtung der Prozessdaten, d.h. eine Anpassung des Datenformats, erforderlich, um die Datenmenge zu reduzieren.

Betriebsdatenerfassung

Ein in der Praxis häufig eingesetztes Verfahren zur Datenreduktion ist ein erweiterter *Swinging-Door-Algorithmus* [8.19]. Dabei werden die online abgespeicherten Prozessdaten $x(k)$ wie in Bild 8.20a, b dargestellt zunächst hinsichtlich ihrer *Amplitudenänderung* zusammengefasst. Von allen i aufeinander folgenden Werten, die innerhalb eines horizontal angeordneten Schlauchs festgelegter Breite ε liegen, wird nur der erste Wert $x(k_1)$ abgespeichert. Wenn der Abstand eines Werts $x(k_{i+1})$ zum ersten Wert $x(k_1)$ des Schlauchs eine vorgegebene Schwelle ε überschreitet, muss auch dieser Wert als Startwert eines neuen Schlauchs abgespeichert werden.

$$|x(k_{i+1}) - x(k_1)| > \varepsilon \tag{8.1}$$

Das Ergebnis dieser Filterung (Bild 8.20c) wird anschließend anhand der Steigung des Kurvenverlaufs weiter verdünnt. Dabei werden die Schläuche nicht mehr horizontal, sondern in Richtung der *Verbindungsgeraden* zwischen den i aufeinander folgenden Punkten $x(k_i)$ bzw. $x(k_1)$ angeordnet (Bild 8.20d). Diese Verbindungsgerade hat folgende Gleichung:

$$x(k) = x(k_1) + \frac{k - k_1}{k_i - k_1} \cdot [x(k_i) - x(k_1)] \tag{8.2}$$

Zunächst wird wieder der erste in dem Schlauch liegende Punkt abgespeichert. Sobald ein Punkt $x(k_{i+1})$nicht mehr innerhalb eines Schlauchs liegt, wird ein *neuer* Schlauch gebildet (vgl. Übung 8.4). Dies ist der Fall, wenn die Abweichung des Punktes $x(k_{i+1})$ von der erwarteten Position im Schlauch (gekennzeichnet mit × in Bild 8.20d) die vorgegebene Schwelle ε überschreitet:

$$\left| x(k_{i+1}) - x(k_1) - \frac{k_{i+1} - k_1}{k_i - k_1} \cdot [x(k_i) - x(k_1)] \right| > \varepsilon \tag{8.3}$$

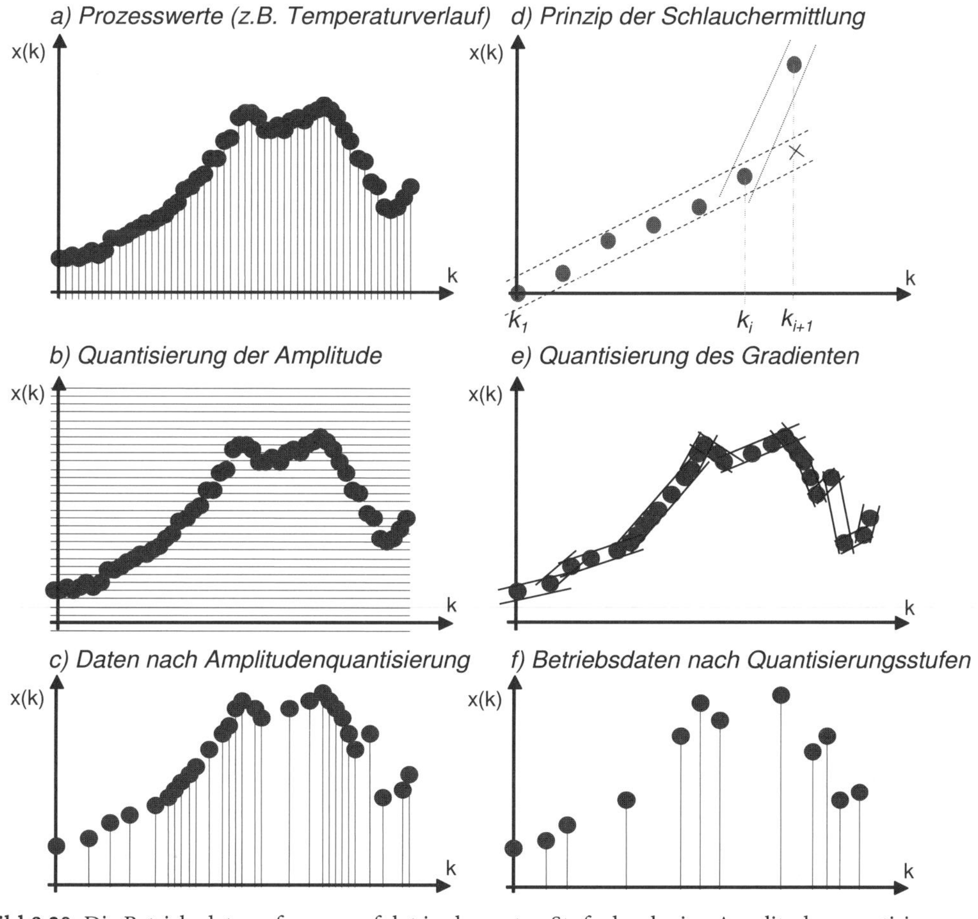

Bild 8.20: Die Betriebsdatenerfassung erfolgt in der ersten Stufe durch eine Amplitudenquantisierung und in der zweiten Stufe durch eine Quantisierung des Gradienten des Prozessdatenverlaufs $x(k)$.

Der letzte Punkt des alten Schlauchs ist damit der *erste* Punkt des neuen Schlauchs und wird abgespeichert (s. Bild 8.20d, e).

Die so verbleibenden Daten (in Bild 8.20f nur noch ca. 25 %) werden in die Langzeitarchivierung des Betriebsdateninformationssystems übernommen. Der Vorteil dieses Verfahrens liegt darin, dass die Daten *online* verarbeitet werden können, d.h. die Prozessdaten treten wie bei einer Schwingtür hinein und kommen als komprimierte Betriebsdaten heraus. Außerdem sind für den Fall weniger Änderungen im Kurvenverlauf auch nur wenige Stützstellen notwendig, *Ausreißerwerte*, etwa in Folge von Störungen, gehen aber nicht verloren.

Neben den verdichteten Prozess- und Maschinendaten umfassen Betriebsdaten auch noch *organisatorische Daten*, wie z.B. Auftrags-, Personal- und Materialdaten, die zum Teil manuell oder über Barcodeleser in das Betriebsdateninformationssystem eingegeben werden. Diese Daten sind erforderlich, um gewisse Auswertungen hinsichtlich der Produktivität, des Personal- und Materialbedarfs des Betriebs automatisiert vornehmen zu können.

Betriebsdatenauswertung

Außer der Datenkomprimierung führen Betriebsdateninformationssysteme auch Auswertungen der Daten durch. Ziel ist es, wie in Bild 8.21 dargestellt Daten für die *Kostenrechnung*, *Ressourcenplanung*, *Wartung*, *Instandhaltung* und *Qualitätssicherung* zu ermitteln und an die entsprechenden Systeme weiterzuleiten.

Um beispielsweise die Betriebskosten zur Produktion einer Charge zu ermitteln, sind unter anderem der Material- und Energieverbrauch sowie die Belegungszeit bestimmter Anlagenteile von Interesse. Der *Materialverbrauch* lässt sich anhand der Füllstandsverläufe L_i oder der gemessenen Durchflussgeschwindigkeiten F_i in den Ablaufleitungen aller N für ein Material in Anspruch genommenen Vorlagebehälter berechnen. Bei der Erfassung der Füllstände spielen die Zeitpunkte t_{auf} und t_{zu} eine Rolle, die aussagen, wann ein Ablaufventil auf- bzw. zugefahren wurde:

$$Materialverbrauch = \sum_{i=1}^{N} \begin{cases} L_i(t_{Auf}) - L_i(t_{Zu}) \\ \int F_i dt \end{cases} \tag{8.4}$$

Der Energieverbrauch einer Anlage basiert zum einen auf der Laufzeit der eingesetzten Maschinen. Die *Maschinenlaufzeiten* lassen sich durch zeitliche Integration der binären Stellsignale a_i aller M eingesetzten Antriebe ermitteln:

$$Maschinenlaufzeiten = \sum_{i=1}^{M} \int a_i dt \tag{8.5}$$

Zum anderen wird der *Energieverbrauch* aber auch durch die Anzahl S der Schaltvorgänge sowie durch die zugeführte Energie Q zum Heizen und Kühlen eines Stoffes bestimmt. Diese Energie lässt sich anhand der K Temperaturmessstellen T_i in den Behältern berechnen:

$$Q=\sum_{i=1}^{K} c_i \cdot m_i \cdot [T_i(t_{End}) - T_i(t_{Start})] \tag{8.6}$$

Dabei ist c_i die spezifische Wärmekapazität und m_i die Masse des temperierten Stoffes. Die Temperaturdifferenzen werden zwischen Ende t_{End} und Anfang t_{Start} eines Temperiervorgangs betrachtet.

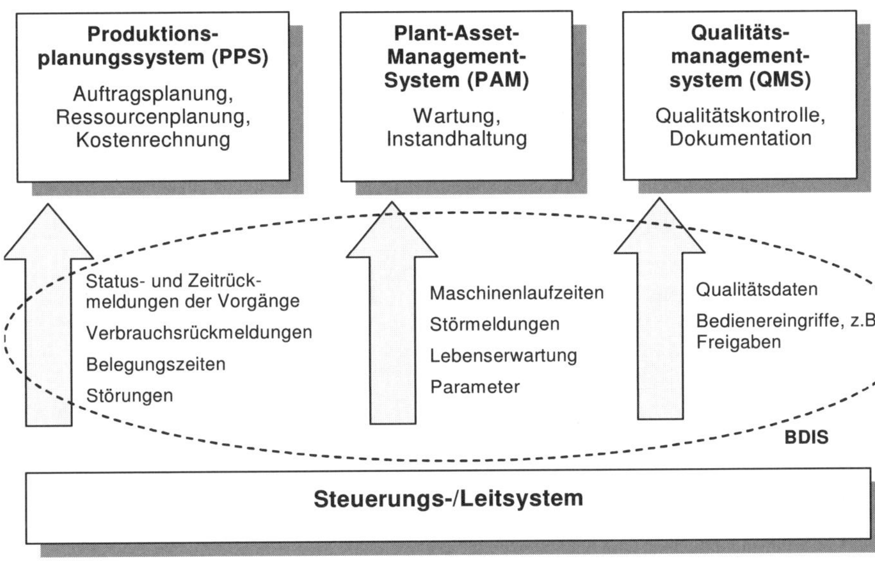

Bild 8.21: Steuerungs- und Leitsysteme stellen Daten für die übergeordneten Managementsysteme über die Datendrehscheibe des Betriebsdateninformationssystems (BDIS) zur Verfügung.

Somit ergibt sich der Energieverbrauch aus der Summe der eingebrachten Wärmemenge Q, der benötigten Energie W für S Schaltvorgänge sowie dem Produkt der Maschinenlaufzeiten mit der durchschnittlich verbrauchten Leistung P:

$$Energieverbrauch = W \cdot S + P \cdot Maschinenlaufzeiten + Q \tag{8.7}$$

Viele solcher Betriebsdateninformationssysteme sind als Spezialanfertigungen genau auf die Daten ausgelegt, die ein bestimmter Kunde zum Betreiben seiner Anlage benötigt. Zur Datenauswertung wird vielfach insbesondere bei kleineren Anwendungen ein Tabellenkalkulationsprogramm, wie z.B. Excel von Microsoft, verwendet (vgl. Bild 8.22).

Beispiel 8.7 *Betriebskostenermittlung für die TeKa-Anlage*

Für das Beispiel der TeKa-Anlage (Bild 8.14) sollen die Betriebskosten während der Produktion einer Charge Kaffee oder Tee automatisch ermittelt werden.

Die Betriebsdatenauswertung kann durch die in Bild 8.22 dargestellte Excel-Tabelle gemäß den Gln. 8.4...8.7 vorgenommen werden. Die Felder der Excel-Tabelle sind wie angegeben mit dem SPS-Programmiersystem *CoDeSys* verknüpft, um Prozessdaten einzulesen.

Hierfür ist in CoDeSys das Programm `Chargenprotokoll` zu entwickeln (s. Übung 8.4), das die relevanten Sensordaten und Schaltvorgänge gemäß dem Prozessablauf mit Zeitstempel protokolliert. Beispielsweise werden die Werte des Füllstands `L3015` bei Start und Beendigung der Grundfunktion „Dosieren" jeweils mit Zeitstempel gespeichert und über eine DDE-Kopplung in die Komponenten der ersten Zeile der Excel-Tabelle in Bild 8.22 übertragen.

Dort werden die gespeicherten Füllstandswerte voneinander subtrahiert, um den Wasserverbrauch zu ermitteln. Aus der so ermittelten Menge und dem Kubikmeterpreis für das Trinkwasser berechnet die Excel-Tabelle wie in Bild 8.22 dargestellt die durch den Wasserverbrauch entstandenen Kosten von 0,13 €.

Außerdem kann über die Betriebszeit der Förderschnecke `E3202`, während der die Grundfunktion „Fördern" aktiv war, die verbrauchte Menge an Kaffee mit den dementsprechenden Kosten berechnet werden. Der Energieverbrauch lässt sich anhand der Zahl der Schaltvorgänge von Ventilen und der Laufzeiten von Motoren und Heizungen berechnen.

Schließlich muss den Lohnkosten des Betriebspersonals und der Tatsache, dass während dieser Chargenproduktion nichts anderes hergestellt werden konnte, über die Belegungszeit der Anlagen Rechnung getragen werden. Dabei werden die Umlagen für jeden Anlagenbereich in Abhängigkeit der Belegungszeit in Rechnung gestellt.

Die so ermittelten Gesamtkosten können auf eine Tasse Kaffee umgelegt werden, woraus sich bei Aufschlag der gewünschten Marge der Preis für eine Tasse Kaffee ergibt. □

BILANZIERUNG DER BETRIEBSKOSTEN TeKa-ANLAGE

Charge: TEE_CH_031 **Menge in Tassen:** 250 =(F4-H4)*I4/1000 **Datum:** 21.01.2003

CoDeSys|'D:\Tee_Kochen.PRO'!.L3015.IST

	Ablauf	Grundfunktion	Feldgerät	t_{start}	Wert(t_{start})	t_{end}	Wert(t_{end})	Preis/Menge	Kosten / €
MATERIAL-VERBRAUCH	*WASSER_KOCHEN*	GF_DOSIER	L3015	18:13:33	70,5	18:16:04	20,1	2,50 €	0,13
	KAFFEE_AUFBRUEHEN	GF_FOERDER	E3031	-	0	-	0	16 €	0,00
	TEE_AUFBRUEHEN	GF_FOERDER	E3041	18:29:17	TRUE	18:30:33	FALSE	50 €	31,67
								Kosten für Materialverbrauch:	31,79
ENERGIE-VERBRAUCH				18:11:04	TRUE	18:11:23	FALSE	0,01 €	0,02
				18:13:37	TRUE	18:15:58	FALSE	0,01 €	0,02
	WASSER_KOCHEN	GF_DOSIER	E3003	18:13:41	TRUE	18:15:45	FALSE	0,40 €	0,01
		...							7,42
	TEE_AUFBRUEHEN	GF_FUELL	U3012	18:32:08	TRUE	18:32:19	FALSE	0,01 €	0,02
	TEE_AUFBRUEHEN	GF_FUELL	U3012	18:36:53	TRUE	19:37:04	FALSE	0,01 €	0,02
	TEE_AUFBRUEHEN	GF_FUELL	U3012	19:41:34	TRUE	19:42:00	FALSE	0,01 €	0,02
		...							4,89
	TEE_WARMHALTEN	GF_TEMPER	N3103	18:54:07	TRUE	19:03:43	FALSE	0,60 €	0,10
	TEE_WARMHALTEN	GF_TEMPER	N3103	19:09:21	TRUE	19:11:05	FALSE	0,60 €	0,02
								Kosten für Energieverbrauch:	12,54
BELEGUNGS-ZEIT	*WASSER_KOCHEN*	ANLAGENBEREICH1		18:11:00	TRUE	18:25:19	FALSE	100,00 €	23,86
	TEE_AUFBRUEHEN	ANLAGENBEREICH2		18:25:19	TRUE	18:43:29	FALSE	150,00 €	45,42
	TEE_WARMHALTEN	ANLAGENBEREICH3		18:43:29	TRUE	19:26:00	FALSE	50,00 €	35,43
								Kosten für die Belegung der Anlage:	104,71
			Kosten / Tasse in €:	0,60				Gesamtkosten:	149,04

Bild 8.22: Automatische Berechnung der Betriebskosten zur Erzeugung von 250 Tassen Tee anhand der Prozessdaten (grau unterlegt) für das Beispiel der TeKa-Anlage aus Bild 8.14.

Neben solchen Bilanzierungen können mit den Betriebsdaten auch Auswertungen für die Wartung und Instandhaltung der Anlage und die Produktqualität vorgenommen werden.

Plant-Asset-Management-Systeme

Als Asset bezeichnet man einen Wertgegenstand und somit sämtliche in der Anlage eingesetzte Hardware, insbesondere auch die Aktoren und Sensoren. Ein *Plant-Asset-*

Management-System (PAM) kann über das Netzwerk auf alle über Feldbus an die SPS angekoppelten Feldgeräte zugreifen und diese somit parametrieren.

Außerdem registriert das System auch die Feldgerätehistorie in Form eines Logbuchs, in dem alle Parametrier- und Schaltvorgänge sowie *Störmeldungen* und Maßnahmen zu deren Beseitigung abgespeichert werden. Somit dient das PAM zur Zustandserkennung von Feldgeräten und ist in der Lage, schon einmal aufgetretene Fehler wieder zu erkennen und die damals ergriffenen erfolgreichen Maßnahmen dem Wartungstechniker vorzuschlagen.

Schließlich unterstützt das System den Wartungstechniker durch Zählen der Schaltvorgänge und Betriebsstunden, die ein Maß für notwendige Instandhaltungstermine und die zu erwartende Lebensdauer der Geräte sind. Die Berechnung, wann der nächste *Wartungstermin* fällig ist, kann wieder ähnlich wie in Bild 8.22 in einer Excel-Tabelle durchgeführt werden.

Der Vorteil liegt darin, Wartungsmaßnahmen *gebündelt* durchführen zu können. Wenn beispielsweise mehrere Feldgeräte gleichzeitig gewartet werden können, bedeutet dies, nur einmal statt mehrmals im Monat die Anlage ausschalten zu müssen. Es ist unter Umständen sogar günstiger, Geräte bei einem ohnehin vorgesehenen Anlagenstillstand zu warten, auch wenn sie noch einige Wochen ohne eine Wartung weiterlaufen könnten. Denn ein mehrmaliger *Anlagenstillstand* wäre teurer als die verschwendete wartungsfreie Betriebszeit. Die Planung der Instandhaltungsvorgänge stellt somit ein wesentliches Element von Plant-Asset-Management-Systemen dar.

Qualitätsmanagementsysteme

Qualitätsmanagementsysteme (QMS) speichern qualitätsrelevante Sensordaten zu bestimmten kritischen Zeitpunkten während des Prozessablaufs ab und vergleichen diese Qualitätsdaten mit entsprechenden Vorgaben *(In-Prozess-Kontrolle)*.

Für die Nachvollziehbarkeit des Prozessablaufs ist häufig auch von Bedeutung, dass manuelle Eingriffe korrekt durchgeführt wurden. Deshalb müssen wichtige Bedienereingaben, wie z.B. „Laboranalyse des hergestellten Zwischenprodukts ist O.K.", mit Namen und *elektronischer Unterschrift* des Bedieners protokolliert und im QMS abgespeichert werden *(Qualitätskontrolle)*.

Häufig müssen nicht nur die Prozessdaten, sondern auch Labordaten von Probenahmen, die dem Prozess entnommen wurden, aufgezeichnet werden, wofür sog. *Labordateninformationssysteme* (LDIS) an das Betriebsdateninformationssystem (BDIS) angekoppelt werden.

8.4.2 Produktionsplanung und -steuerung

Systeme zur Produktionsplanung und -steuerung (PPS) sind häufig Bestandteile von Unternehmensleitsystemen, wie z.B. *SAP/R3*, die eine Reihe von Modulen umfassen, um unterschiedliche Aufgaben, wie Finanz- und Personalwesen, Vertrieb, Produktion etc., zu verwalten. Solche übergeordneten Unternehmensleitsysteme werden auch als ERP-Systeme *(Enterprise Ressource Planning)* bezeichnet.

In einem ERP-System werden u.a. alle die Produktion betreffenden Daten verwaltet. Hierzu erhält es vom Betriebsdateninformationssystem (BDIS) verdichtete *Prozessrückmeldungen* bezüglich Materialverbrauch, Kosten, Wartung und Qualität.

Für die Automatisierung von Prozessen ist es die Aufgabe eines ERP-Systems, auf Basis der vom BDIS zur Verfügung gestellten Daten die Produktionsabläufe zu planen und anzustoßen. Bild 8.23 stellt das Zusammenspiel zwischen Produktionsplanung, Produktionssteuerung, Prozesssteuerung und Logistik dar.

Produktionsplanung mit ERP-Systemen

Zur Produktionsplanung werden vom Marketing und Vertrieb die Bestellungen für ein herzustellendes Produkt in das ERP-System eingegeben. Anhand der Terminvorgaben und der Auslastung der Anlagen wird ein *Produktionsprogramm* zusammengestellt. Darin wird zunächst grob festgelegt, wann wie viel von welchem Produkt etwa im Zeitraum der nächsten vier Wochen hergestellt wird. Je nach erforderlicher Menge werden die zur Produktion benötigten Personen, Materialien und Anlagen im ERP-System reserviert.

Die eingeplanten Produktionsvorgänge werden zu sog. *Produktionsaufträgen* zusammengestellt. Diese enthalten sämtliche Informationen, die zur Herstellung eines Produkts benötigt werden, wie Einsatzstoffe, Anlagen, Zeiträume etc. Die Aufträge werden so zusammengesetzt, dass die Produktion *just in time* erfolgt und möglichst wenige

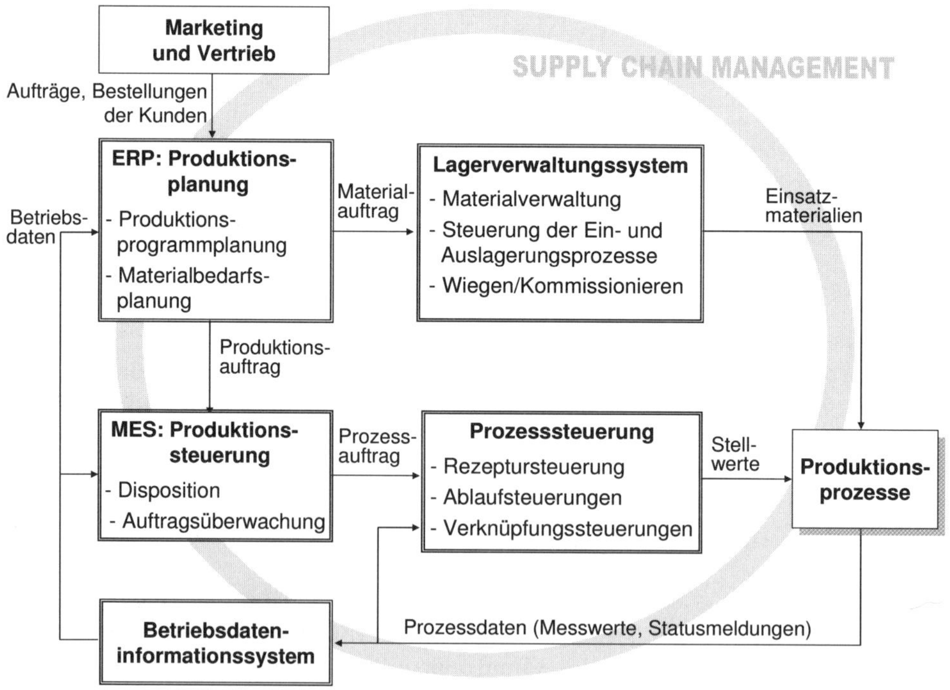

Bild 8.23: Regelkreis des Supply Chain Managements.

Produktwechsel stattfinden. Dadurch werden Lagerkapazitäten sowie Reinigungs- und Umrüstzeiten klein gehalten.

Wie Bild 8.23 zeigt, arbeiten ERP- und MES-System gewissermaßen als *Produktionsregler*. Das bedeutet, dass sie ständig die Abweichung der Soll- und Istdaten überwachen und dementsprechend die Produktionsplanung anpassen [2.9]. Wenn z.B. neue und eilige Bestellungen eingehen oder die Produktionsprozesse etwa infolge von Störungen länger dauern als geplant, kommt es zu solchen Abweichungen und die Produktionsplanung und -steuerung muss umplanen. Bei einer Umplanung werden Produktionsaufträge terminlich verschoben oder auf verschiedene Anlagen verteilt, falls mehrere Anlagen das Produkt oder ein Zwischenprodukt herstellen können.

Produktionssteuerung mit MES

Im Rahmen der Produktionssteuerung wird eine *Feinplanung* der Produktions- und Reinigungsvorgänge in einer Anlage durchgeführt. Diese erfolgt im Allgemeinen erst in der Vorwoche des Rezeptstarts. Dabei wird aus dem Produktionsauftrag für jede Anlage ein Prozessauftrag erzeugt. Dieser umfasst die *Disposition* der Steuerrezepte mit der Nummer der zu produzierenden Charge und dem geplanten Startzeitpunkt, zu dem das Steuerrezept im Automatisierungssystem ablaufen soll. Wenn der Starttermin erreicht ist, wird automatisch das entsprechende Steuerrezept im Automatisierungssystem gestartet.

Außerdem ist im Prozessauftrag festgelegt, welche Betriebsdaten zu welchem Zeitpunkt des Rezeptablaufs zurückgemeldet werden müssen, um sie mit Sollwerten zu vergleichen. Diese *Auftragsüberwachung* dient zur Qualitätssicherung, Terminüberwachung, Material- und Energiebilanzierung etc. Bei Abweichungen des Betriebsgeschehens vom vorgesehenen Ablauf reagiert das MES mit Umplanung oder Meldung, dass manuelle Vorkehrungen getroffen werden müssen.

Beispiel 8.8 *Termin- und Kapazitätsplanung für die TeKa-Anlage*

Ein Catering-Unternehmen erhält den Auftrag, auf der Aktionärsversammlung der Firma A den Kaffee und Tee möglichst frisch zu liefern. Es werden 2000 Gäste erwartet. Aus der Erfahrung heraus wird davon ausgegangen, dass pro Stunde 500 Tassen Kaffee und 250 Tassen Tee bereitgestellt werden müssen. Die Veranstaltung dauert 7 Stunden, d.h. es sind insgesamt 3500 Tassen Kaffee und 1750 Tassen Tee herzustellen. Sie sollen möglichst frisch von zwei Anlagen produziert werden, die wie die TeKa-Anlage aus Bild 8.15 Kaffee oder Tee in großen Mengen herstellen können.

Bei der *Grobplanung* plant das ERP-System diesen *Auftrag „FA_043"* für den Morgen der Versammlung am *28.02.2003* ein, indem es die TeKa-Anlage für diesen Zeitraum reserviert (s. Bild 8.24). Da am selben Tag nachmittags schon „Auftrag 3" für die Firma B ansteht, wird zusätzlich eine zweite, kleinere TeKa-Anlage in der Cafeteria reserviert, die aber kurzzeitig für die Versorgung des Publikumsverkehrs bereitstehen muss. Außerdem werden die Einsatzmaterialien (Kaffeepulver, Teeblätter) bestellt.

Zur *Feinplanung* wird der Auftrag nun im MES in mehrere Chargen unterteilt. Da der Herstellungsprozess für 500 Tassen knapp 40 min dauert, plant das MES rückwärts rechnend für die 7-stündige Veranstaltung den Start der ersten Steuerrezepte (K1 bzw. T1) auf der für 500 Tassen ausgelegten TeKa500-Anlage um 7:20 Uhr und auf der für 250 Tassen ausgelegten TeKa250-

Anlage um 7:10 Uhr (s. Bild 8.25). Dabei wird berücksichtigt, dass die TeKA500 ab 13:00 Uhr und die TeKa250 zwischen 8:00...9:30 Uhr und 11:00...12:30 Uhr nicht zur Verfügung steht.

Außerdem muss bei einem Produktwechsel ein 10-minütiger Reinigungsprozess *(R)* mit eingeplant werden. Deshalb scheint es für eine zeitnahe Produktion am besten, auf der TeKa250 möglichst nur Tee und auf der TeKa500 nur Kaffee herzustellen. Weil die TeKa250 aber nicht dauernd verfügbar ist, muss eine Charge *(T3)* auf der TeKa500 hergestellt werden, um die erforderliche Menge zu produzieren.

Die Planung erfolgt anhand der Bilanz von erzeugtem und verbrauchtem Produkt, so dass einerseits zeitnah produziert wird und andererseits am Ende möglichst wenig übrig bleibt. Der jeweils aktuelle Vorrat an Kaffee und Tee ist in Bild 8.25 dargestellt. □

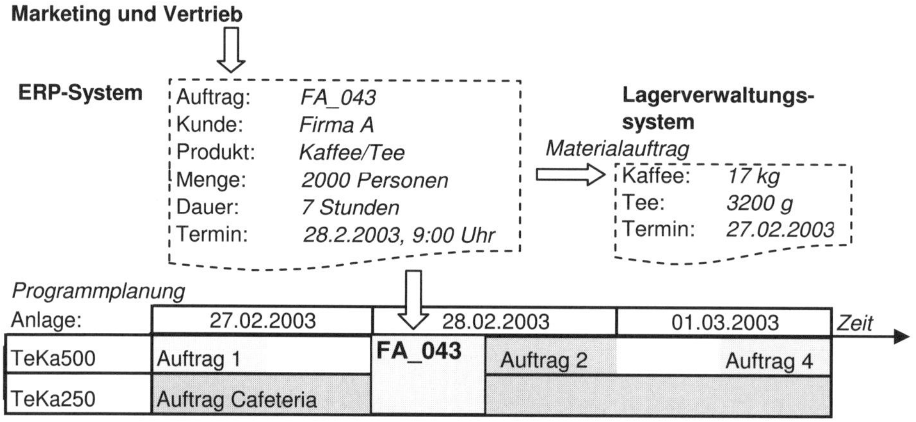

Bild 8.24: Programmplanung für die Anlagen TeKa500 und TeKa250 am Beispiel des Produktionsauftrags FA_043.

8.4.3 Lagerverwaltungssystem

Die Produktionsplanung und -steuerung muss sich darauf verlassen können, dass die benötigten Einsatzmaterialien rechtzeitig zu Produktionsbeginn bereitgestellt werden. Deshalb sind *voll automatisierte Lager* mit einer betriebsübergreifenden Datensteuerung aus heutigen Betrieben nicht mehr wegzudenken, denn sie sind ein entscheidender Produktivitätsfaktor [8.19].

Auslagerprozesse

Für jeden Produktionsauftrag überträgt das ERP-System einen *Materialauftrag* an das Lagerverwaltungssystem. Dieses erstellt daraufhin einen *Transportauftrag* zum *Auslagern* der benötigten Materialien. Der Transportauftrag enthält Typ und Menge des gewünschten Materials (s. Bild 8.26). Anhand dieser Angaben wird die Position des gewünschten Materials im Lager aus einer Datenbank ausgelesen. Eine SPS steuert dann den Warenaufzug wie in Beispiel 4.4 zu diesem Lagerplatz, dieser lagert das Material aus und stellt es am Lagerausgang zur Verfügung.

Über weiterführende Transporteinrichtungen, wie z.B. Roboterarme, Lastkräne oder fahrerlose Fahrzeuge, wird das Material dann in die Produktionsanlage transportiert.

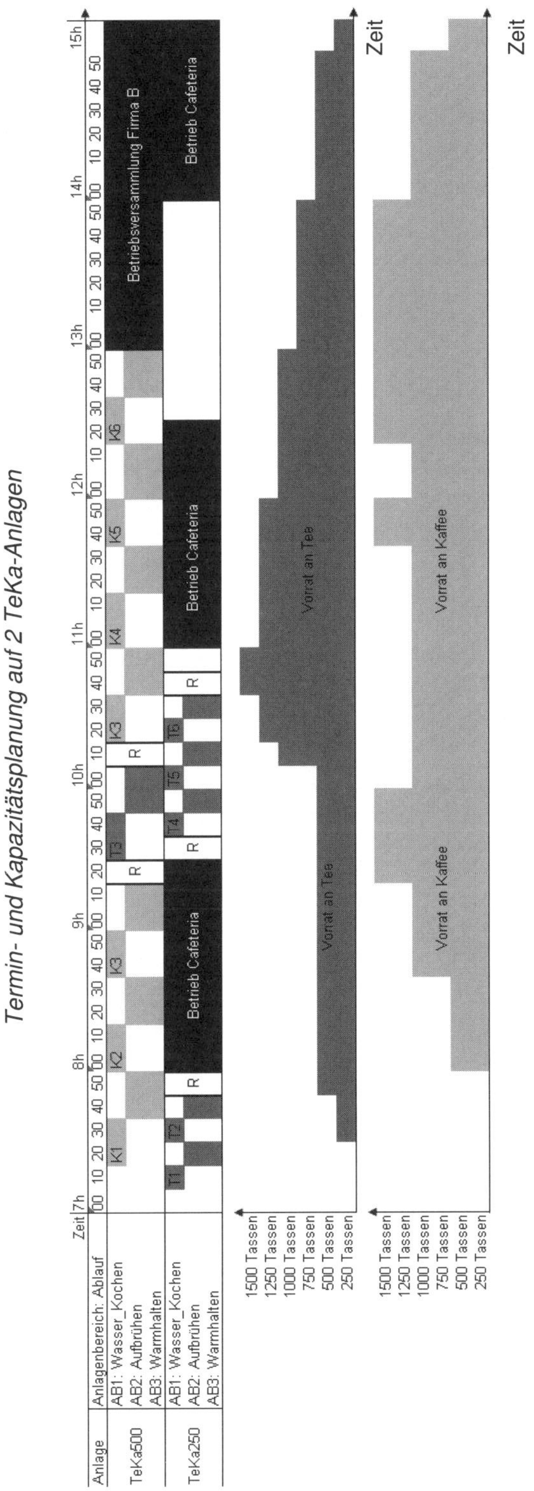

Bild 8.25: Terminierung der Steuerrezepte K1,...,K6 zum Kochen von Kaffee bzw. T1,...,T6 zum Kochen von Tee, um stets die erforderlichen Mengen möglichst frisch zur Verfügung zu stellen. Die Planung berücksichtigt, dass die TeKa500-Anlage ab 13:00 Uhr und die TeKa250-Anlage zwischendurch für andere Aufträge verbucht ist und bei einem Produktwechsel ein 10-minütiger Reinigungsprozess (R) durchgeführt werden muss.

Dabei muss die dem Lager entnommene Menge in der *Datenbank* eingetragen und dem Auftrag in Rechnung gestellt werden.

Wenn sich nun durch die *Materialbedarfsrechnung* ergibt, dass das Lager aufgefüllt werden muss, sind im Lagerverwaltungssystem zwei Prozesse zu aktivieren. Zum einen muss die fehlende Menge über den Einkauf nachbestellt werden, zum anderen ist die daraufhin gelieferte Ware einzulagern.

Einlagerprozesse

Zur *Wareneinlagerung* erhält das Lagerverwaltungssystem wieder einen Transportauftrag, in dem Warentyp und -menge spezifiziert sind (vgl. Bild 8.26). Die Steuerung ermittelt automatisch für den Warentyp die optimale Lagerposition.

Heutzutage werden Waren meistens nicht einfach einem festen Lagerfach zugeordnet, sondern durch eine *chaotische Lagerhaltung* wird die Lagerfachposition situationsabhängig festgelegt. Um z.B. Auslieferzeiten zu minimieren, werden häufig bestellte Waren in der Nähe des Warenausgangs positioniert, seltener bestellte Waren werden davon weiter entfernt eingelagert. So ermöglicht eine chaotische Lagerhaltung die optimale Nutzung des verfügbaren Lagerraums.

Daraufhin steuert die SPS den Warenaufzug an die ausgewählte Lagerplatzposition und lagert die neuen Materialien ein (vgl. Beispiel 4.4).

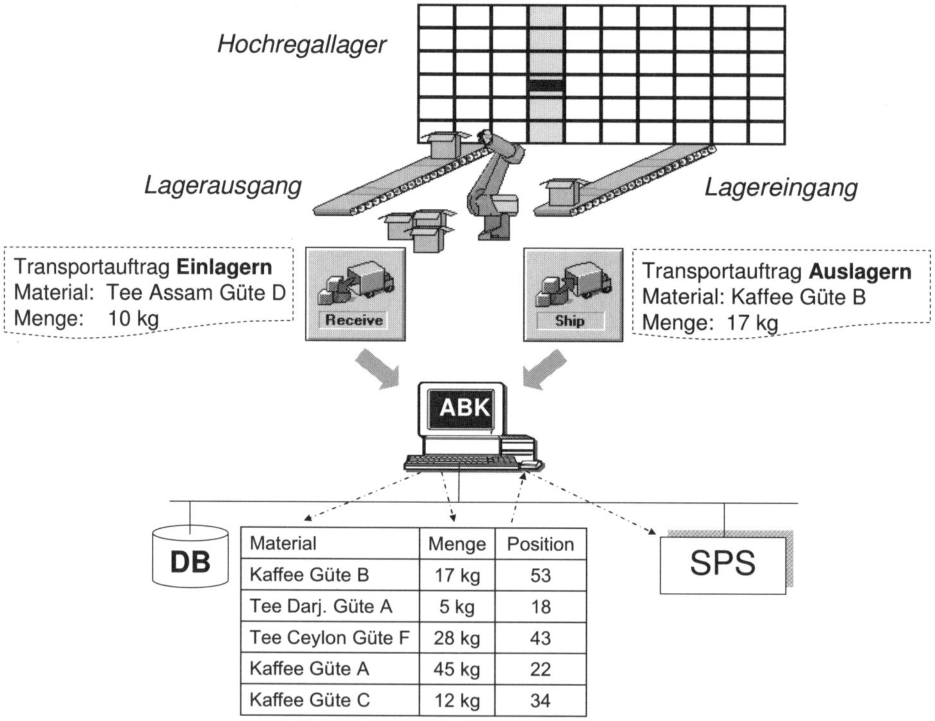

Material	Menge	Position
Kaffee Güte B	17 kg	53
Tee Darj. Güte A	5 kg	18
Tee Ceylon Güte F	28 kg	43
Kaffee Güte A	45 kg	22
Kaffee Güte C	12 kg	34

Bild 8.26: Struktur eines Lagerverwaltungssystems mit Datenbank (DB), ABK und SPS.

Auch beim Einlagern muss natürlich die Datenbank um die eingelagerten Mengen ergänzt werden. Das Schreiben in die und das Lesen aus der Datenbank kann ebenso wie die Lagerplatzzuweisung z.B. in einer Scriptsprache auf der ABK implementiert werden, die wie in Bild 8.26 mit der *Materialdatenbank* verbunden ist. Für kleinere Magazine kann die Materialdatenverwaltung aber auch in einer SPS programmiert werden (s. Übung 8.5).

8.4.4 Supply Chain Management

Die beschriebenen Vorgänge zeigen wie in Bild 8.23 angedeutet eine *logistische Kette* auf. Sie wird durch die Bestellung eines Kunden angestoßen und führt über Marketing, Produktionsplanung und -steuerung zum Lagerverwaltungssystem, das die erforderlichen Materialien bereitstellt. Nach Herstellung des Produkts und Bilanzierung der Verbrauchs- und Qualitätsdaten wird das bestellte Produkt ggf. wieder eingelagert oder über den Vertrieb an den Kunden ausgeliefert [8.20].

Unter Supply Chain Management versteht man die weitgehende *Automatisierung* der Vorgänge in dieser logistischen Kette [8.21]. Da die verschiedenen Steuerungssysteme miteinander vernetzt sind, kann ein System die durchzuführenden Prozesse im nächsten System automatisch anstoßen. Beispielsweise werden zur Nachbestellung von Materialien Aufträge über das Intra- oder Internet automatisch an andere Lagerverwaltungssysteme, interne oder externe Lieferantensysteme, übertragen. Ein Supply Chain Management ermöglicht es, den *Status* des Produktionsprozesses nach außen sichtbar zu machen, so dass der Kunde jederzeit abfragen kann, wann mit der Lieferung zu rechnen ist. Außerdem erkennt der Betreiber, wo aktuell Engpässe, sog. Bottle Necks, in der logistischen Kette vorliegen.

ERP-Systeme führen hierfür eine *Beschaffungsrechnung* durch. Sie finden den besten Kompromiss zwischen einer Minimierung von Lagerzeiten und einer Optimierung von Bestellvorgängen, da für große Mengen im Allgemeinen günstigere Preise erzielt werden.

Übungsaufgaben zu Kapitel 8

Wiederholungsfragen

8.1 Was versteht man unter horizontaler und vertikaler Integration?

8.2 Welche Ebenen der Automatisierung unterscheidet man in der Produktion?

8.3 Wie sind Steuergeräte auf den verschiedenen Ebenen miteinander vernetzt?

8.4 Erläutern Sie die verschiedenen Buszugriffsverfahren!

8.5 Was versteht man unter TCP/IP?

8.6 Wofür werden Bridges, Router und Gateways eingesetzt?

8.7 Wie erfolgt die Vernetzung von SPSen über Industrial Ethernet?

8.8 Wie erfolgt der Datenaustausch zwischen SPS und Visualisierungssystem? Welche Spezifikationen sind erforderlich?

8.9 Welche Internet-Anwendungen in der Automatisierungstechnik kennen Sie?

8.10 Was ist der Unterschied zwischen HTML und XML?

8.11 Wie kann eine dynamisierte Prozessgrafik im Internet verfügbar gemacht werden?

8.12 Welche Sicherheitsmechanismen sollten bei der Bereitstellung von Internet-Seiten berücksichtigt werden?

8.13 Wie werden CFCs und SFCs in einem Rezept verknüpft?

8.14 Was versteht man unter Grundfunktionen und Grundoperationen?

8.15 Wie ist die Vorgehensweise bei der Prozessanalyse?

8.16 Wie ist die Vorgehensweise bei der Rezeptsynthese?

8.17 Was versteht man unter einem Steuerrezept?

8.18 Was ist der Nutzen der Rezeptfahrweise bei Einstrang- und bei Mehrstranganlagen?

8.19 Welche Aufgaben erfüllen Betriebsdatenauswertungssysteme?

8.20 Welche Aufgaben erfüllen ERP-Systeme?

8.21 Welche Aufgaben erfüllen Manufacturing Execution Systeme?

8.22 Was versteht man unter einem chaotischen Lager?

8.23 Was versteht man unter Supply Chain Management?

Übung 8.1 *Rezeptfahrweise für eine Behältersteuerung*

Die Behältersteuerung nach Bild 8.27 soll durch Rezeptfahrweise automatisiert werden. Hierbei soll zunächst der Behälter mit den Produkten 1 und 2 befüllt werden. Durch Vermischung der beiden Substanzen und anschließendes Hochheizen und Abkühlen entsteht das gewünschte Produkt, das zu weiteren Anlagenteilen weitergeleitet werden kann.

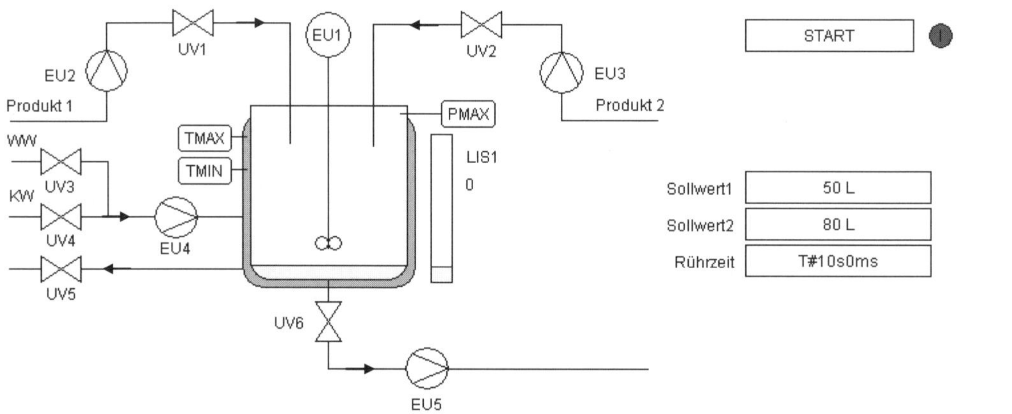

Bild 8.27: Darstellung der Behältersteuerung aus Bild 4.35 mit zwei Zuläufen (`UV1` und `UV2`) und einer Temperatursteuerung durch Zulauf von Warmwasser (WW) über `UV3` und Kaltwasser (KW) über `UV4` in den Behältermantel.

a) Schreiben Sie folgende geräteneutrale Grundfunktionen als Funktionsbausteine in AS:

   i. `GF_Befuellen/GF_Entnahme` zum Befüllen/Ablassen,

   ii. `GF_Ruehren` zum Rühren und

   iii. `GF_Temperieren` zum Heizen und Kühlen, indem Warmwasser (WW) und danach Kaltwasser (KW) durch den Behältermantel gepumpt wird.

b) Instanzieren Sie diese Funktionsbausteine in einem Programm in FBS, um
   i. Substanz 1 bis zum Stand `L1.IST=Sollwert1` zuzugeben,
   ii. Substanz 2 bis zum Stand `L1.IST=Sollwert2` zuzugeben,
   iii. unter ständigem Rühren bis auf `TMAX` aufzuheizen und dann bis `TMIN` abzukühlen
   iv. und schließlich das Produkt bis `L1.IST=0` abzulassen.

c) Wie ist das Programm zu ändern, wenn sich die Mengenverhältnisse zwischen Substanz 1 und 2 umkehren sollen?

Übung 8.2 *Rezeptsteuerung zum Teekochen auf der TeKa-Anlage*

Für die TeKa-Anlage nach Bild 8.14 soll ein Rezept zum Teekochen erstellt werden. Hierfür können die in Beispiel 8.5 eingesetzten Grundfunktionen verwendet werden. Der Ablauf ist identisch zum `Rezept_Kaffee` mit Ausnahme der Befüllung des Filters. Dieses ist zunächst mit Teeblättern zu bestücken, bevor das kochende Wasser bei geschlossenem Abfluss U3205 eingefüllt wird. Nach Ablauf einer vorzugebenden Brühzeit wird der Tee in den Fertigproduktbehälter gefüllt, bevor erneut kochendes Wasser in das Filter gefüllt wird. Dieser Vorgang wiederholt sich so oft, bis der Warmwasserbehälter leer ist.

Programmieren Sie das `Rezept_Tee`!

Übung 8.3 *Betriebsdatenerfassung*

a) Entwickeln Sie im Projekt `BDIS.pro` den Funktionsbaustein `SwingingDoor`, der die Werte einer Prozessvariable x nach dem erweiterten Swinging-Door-Algorithmus (Gln. 8.1...8.3) zu Betriebsdaten mit Zeitstempel verdichtet! Die Betriebsdaten `x` sollen ebenso wie die zugehörigen Zeitstempel t als `Array[0..100]` deklariert werden.

b) Instanzieren Sie den Baustein im Programm `Betriebsdaten` für die Temperaturmessstelle T3107 und zeichnen Sie den Temperaturverlauf mit der vorbereiteten Visualisierung „Betriebsdaten" auf!

Übung 8.4 *Betriebsdatenauswertung*

Um das Prinzip der Betriebsdatenauswertung zu verdeutlichen, soll wie in Bild 8.28 dargestellt das Freeware-Programm `CALC` von OpenOffice zur Bilanzierung der verbrauchten Einsatzstoffe und der damit verbundenen Kosten eingesetzt werden. Dieses Programm funktioniert ähnlich wie `Microsoft Excel` und soll als Betriebsdatenauswertungssystem verwendet werden.

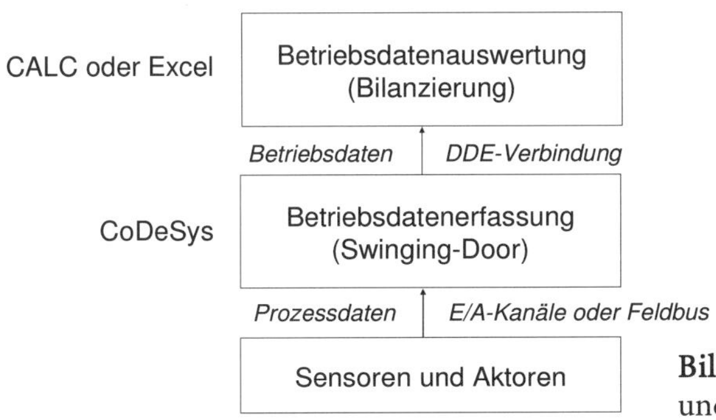

Bild 8.28: Datenaustausch zwischen SPS und Betriebsdatenauswertungssystem.

a) Entwickeln Sie das Programm `Chargenprotokoll` im Projekt `TEKA.pro`, das die für eine Betriebsdatenauswertung relevanten Prozesswerte gemäß Bild 8.28 abspeichert!

Um einen Wert von CoDeSys in das Programm `CALC` einzulesen, ist für die entsprechende Zelle, in die der Wert eingelesen werden soll, eine DDE-Verbindung zu konfigurieren. Hierzu ist der Zelle in `CALC` folgende Funktion zu hinterlegen:

```
=DDE(„Application“;“Topic“;“Item“)
```

b) Lesen Sie exemplarisch die Betriebsdaten des Füllstandes L3106, der Förderpumpe E3202 und des Temperaturreglers T3107 mit Zeitstempel in das Betriebsdatenauswertungssystem ein!

Übung 8.5 *Lagerverwaltung*

Das Hochregallager aus Bild 8.26 beinhaltet verschiedene Werkzeuge, die für die nächsten Bearbeitungsschritte ausgelagert werden sollen. Das Hochregallager umfasst 6 Etagen mit jeweils 8 Lagerfächern. Sein Inhalt liegt in der Variable

```
MAGAZIN:ARRAY[0..5,0..7] OF INT:=  16,0,151,0,87,3,0,4,
                                   1,51,0,0,8,0,34,0,
                                   6,0,0,25,7,1,3,0,
                                   0,151,0,0,87,0,34,0,
                                   0,0,0,25,7,11,0,4;
```

im SPS-Programm vor. An jeder Position des Magazins kann einer von 255 verschiedenen Werkzeugtypen eingelagert sein.

a) Schreiben Sie das Programm Auslagern, das zunächst die Lagerfachposition eines vom Bediener vorgegebenen Werkzeugtyps ermittelt! Sollte der Werkzeugtyp an mehreren Positionen eingelagert sein, ist die zur Auslagerposition $(x|y) = (6|0)$ nächstliegende zu ermitteln.

b) Entwickeln Sie nun das Programm Einlagern! Hierbei ist eine chaotische Lagerhaltung zu programmieren, d.h. das dem Einlagerplatz $(x|y) = (1|0)$ am nächsten gelegene Lagerfach soll angefahren werden!

9 Schlussfolgerungen

Die zurückliegenden Seiten sollten den Leser in die Lage versetzen, Software zu planen, zu realisieren und zu testen, d.h. im Einzelnen

- automatisierungstechnische *Aufgabenstellungen* zu *abstrahieren*,
- diese mit geeigneten *Entwurfsmethoden* in SPS-Programme umzusetzen,
- die entwickelte *Software* von vornherein geschickt zu *strukturieren*,
- SPS-basierte *Systemarchitekturen* aufzubauen und
- Automatisierungseinheiten zu *integrieren*.

Dabei wurden die beiden wesentlichen Anwendungsfelder der industriellen Automatisierungstechnik betrachtet – die *Prozessautomatisierung* in der chemischen Industrie und die *Fabrikautomatisierung* in der Fertigungsindustrie. Bild 9.1 zeigt den besprochenen typischen Aufbau der Steuerungssoftware in diesen beiden Bereichen.

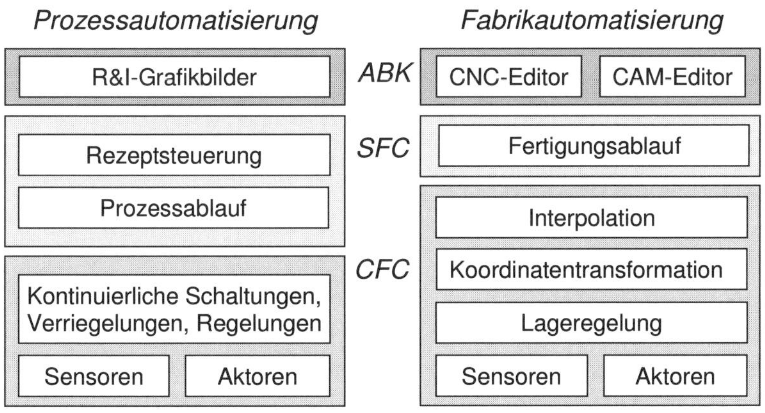

Bild 9.1: Typische Komponenten der Steuerungssoftware in der Prozess- und in der Fabrikautomatisierung.

9.1 Zusammenfassung der vorgestellten Konzepte

Das Buch hat mehrere Konzepte zum System- und Programmentwurf für die Prozess- und Fabrikautomatisierung vorgestellt.

Die Systematik beim *Programmentwurf* ist in Bild 9.2. noch einmal zusammenfassend dargestellt. Aus der Aufgabenstellung und dem Anlagenschema lassen sich zunächst

Steuerkreise herauslesen, so dass Art und Typ der anzusteuernden Sensoren und Aktoren bekannt sind. Daraufhin kann die Softwarestrukturierung erfolgen.

Diesbezüglich wurde in diesem Buch die Philosophie einer sowohl *geräte-* als auch *funktionsorientierten Strukturierung* vertreten. Geräteorientiert deshalb, weil für jeden Aktor und jeden Sensor der zu automatisierenden Anlage ein Ansteuerungsprogramm zu erstellen ist. Diese Ansteuerungsprogramme werden dann von Schrittketten angesteuert. Die Strukturierung dieser Schrittketten erfolgt funktionsorientiert, also gemäß dem gewünschten Prozessablauf. Um bei großen Anlagen nicht hunderte unterschiedlicher Programme erstellen und verstehen zu müssen, ist die Grundlage dieses Strukturierungskonzepts das *Typicalprinzip*. Dies betrifft sowohl die Ansteuerprogramme, die für jeden Gerätetyp den gleichen Funktionsbaustein verwenden sollten, als auch die Schrittketten, die für häufig verwendete Abläufe als Grundfunktionen realisiert und zu Rezepten zusammengesetzt werden.

Die Ansteuerprogramme für die Aktorik und die Auswertungsprogramme der Sensorik stellen meist Verknüpfungssteuerungen (CFCs) dar. Ihr Entwurf basiert auf den in Abschnitt 4.3 beschriebenen Funktionsbausteinen, die als *Typicals* einmal entworfen und dann unabhängig von der zu automatisierenden Anlage immer wieder eingesetzt werden. Für die Zusatzlogik dieser CFCs werden häufig *Cause Effekt Matrices* als Entwurfsvorlage verwendet. Für kompliziertere Verschaltungen der Ansteuerprogramme erfolgt der systematische Entwurf entweder mit der Methode des *KV-Diagramms*, wenn die Schaltung keinen Speicher erfordert, oder durch einen *Automatenentwurf*, wenn die Schaltung wie im Fall der Gepäckanlage ein Speicherverhalten benötigt (s. Abschnitt 4.2.4). Für die in der Industrie hauptsächlich eingesetzten Standard Regler wurden im Abschnitt 4.5 *Reglereinstellverfahren* vorgestellt.

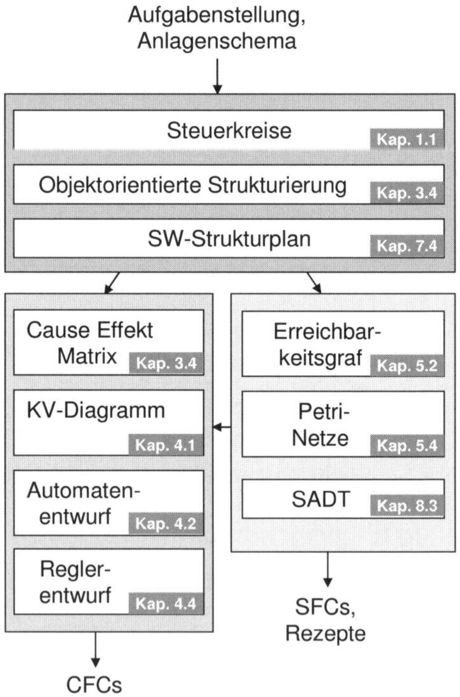

Bild 9.2: Methoden für den systematischen Programmentwurf der SPS-Anwendersoftware.

Der zu automatisierende Prozessablauf wird in vielen Fällen direkt als Ablaufplan oder Flussdiagramm vorgegeben, so dass die Umsetzung in einen SFC nicht schwer fällt. Um unsichere oder unerreichbare Schrittketten zu vermeiden, eignet sich eine Analyse des *Erreichbarkeitsgrafen*. Für parallel ablaufende Prozesse, die gemeinsame Anlagenteile nutzen, ist eine Koordinierung mit Hilfe von *Petri-Netzen* empfehlenswert.

Komplexe Prozessabläufe können durch die *SADT-Methode* in kleine, anlagenneutrale Grundfunktionen zerlegt werden. Diese Typicals werden dann für einzelne Teilanlagen instanziert und gemäß dem gewünschten Prozessablauf zu einem Rezeptprogramm zusammengesetzt.

Somit wurden für alle Ebenen der Anwendersoftware systematische Entwurfsverfahren vorgeschlagen, mit deren Hilfe man komplexe Aufgaben leicht zerlegen und komplizierte Steuerungen entwerfen kann.

Der *Systementwurf* für industrielle Steuerungen richtet sich nach Art und Umfang der Aufgabenstellung. Bild 9.3 führt mögliche Systemkomponenten und Kopplungskonzepte zwischen Feld-, Steuerungs-, Leit- und Managementebene auf.

Anhand des *Mengengerüsts* der Sensoren und Aktoren, die von der SPS anzusteuern sind, ergibt sich der Aufbau der Steuerung mit den notwendigen Ressourcen wie etwa CPUs, E/A-Karten etc. Durch eine *Gefahrenanalyse* kann geprüft werden, ob der Einsatz spezieller Sicherheitstechnik (SSPSen, redundante E/As, Sensorik, Aktorik etc.) erforderlich ist.

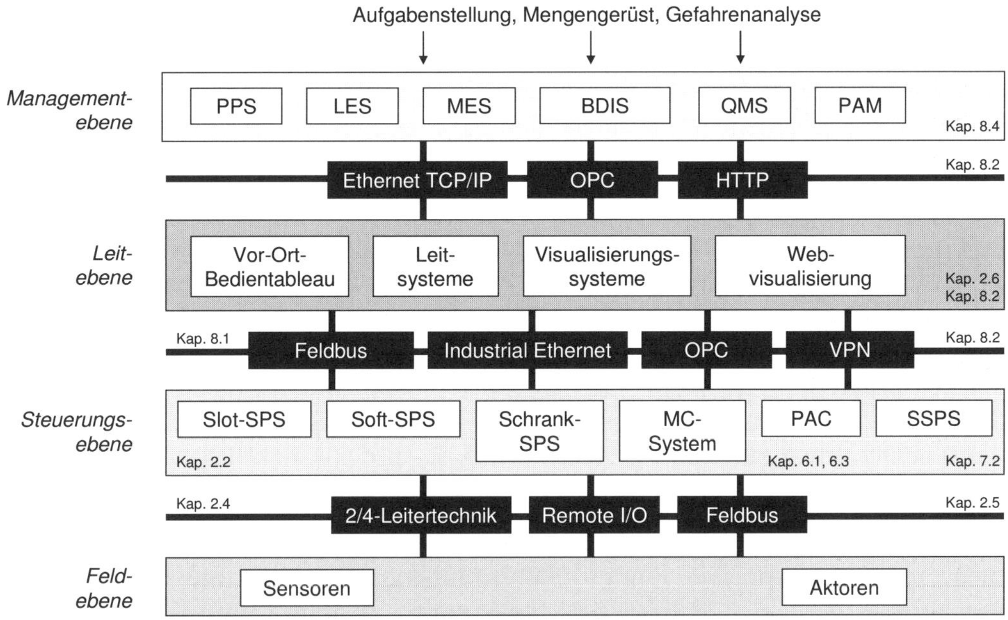

Bild 9.3: Die verschiedenen Systemkomponenten und Methoden zu ihrer Integration.

9.2 Bewertung der vorgestellten Konzepte

Im Zuge neuer Möglichkeiten, aber auch neuer Herausforderungen durch immer *leistungsfähigere* Steuerungen, wie kombinierte SPS- und CNC-Systeme (PAC), werden die zu automatisierenden Prozesse immer *komplexer*. Der Planungs- und Koordinationsbedarf steigt immens.

Deshalb bietet dieses Buch einen Leitfaden für den System- und Programmentwurf von Steuerungen. Die Vorteile dieser systematischen *Entwurfsmethodik* gegenüber der rein intuitiven Entwicklung sind:

- Es gibt ein *eindeutiges* Vorgehen, wie aus der verbalen Aufgabenstellung das System oder das Programm entworfen wird,

- die Programmentwicklung geht schneller, denn es ist *kein* Trial-and-Error mehr erforderlich,
- die Entwurfsverfahren *modellieren* den gesteuerten Prozess und fördern somit das Verständnis des Prozesses,
- anhand dieser Modelle wird die Steuerung *analysiert*, z.B. können Verklemmungen erkannt werden,
- es wird ein *White-Box-Test* ermöglicht, weil die innere Struktur der Prozesssteuerung modelliert wird,
- die Entwurfsdokumente dienen als *Testprotokolle*,
- das Vorgehen entspricht der *Good Automated Manufacturing Practice* (GAMP) und ist somit auch für sicherheitskritische Anlagen angemessen.

Zusätzlich schafft die *objektorientierte Softwarestrukturierung* Transparenz. Der Anwender erkennt die Anlagenstruktur in der Softwarestruktur wieder und wird dadurch in die Lage versetzt, kleine Änderungen und Ergänzungen, die im Lauf der Zeit infolge von Wartungs- und Instandhaltungsarbeiten in einer Anlage anfallen, selbst durchführen zu können.

Die *Programmierung* nach IEC 61131 bietet mittlerweile dieselben flexiblen und effizienten Programmiermöglichkeiten wie C oder Pascal. Somit können auch mathematisch aufwändigere Algorithmen in Hochsprachen programmiert und als Funktionsbaustein gekapselt werden. Dies hat den Vorteil, dass der Entwickler effizient in Hochsprachen programmieren kann, der Anwender diesen Code im Einzelnen aber nicht sieht. Da die Funktionsbausteine in der *grafischen Programmiersprache* FBS wie in einem Blockschaltbild zusammengestellt werden, kann der Anwender solche Verknüpfungssteuerungen ohne große Programmierkenntnisse verstehen.

Diese Kombination von zunehmend auch objektorientierten *Hochsprachen* mit grafischen Programmiersprachen kommt plattformübergreifend nicht nur in SPSen, sondern auch in µC- oder PC-basierten Steuerungen, Motion-Control-Systemen und PACs zum Einsatz.

9.3 Ausblick

In Zukunft ist zu erwarten, dass die Grenzen zwischen SPS, PC, Leitsystemen und intelligenten Feldgeräten noch stärker verschwimmen. Die Ansteuerprogramme für die Feldgeräte sowie kleinere Verknüpfungen können schon jetzt in die Elektronik der *Feldgeräte* hineinprogrammiert werden. Rezepte und Schrittketten lassen sich auch im *Leitsystem* programmieren, das heutzutage auf einem PC läuft.

Verschwindet die SPS zukünftig ganz?

Was die *Hardware* betrifft: vielleicht. Trotzdem wird es für die SPS-Hardware stets Einsatzfelder geben, in denen die Vorteile der SPS wie die Skalierbarkeit und Industrietauglichkeit entscheidend sind.

Was sollte die Zukunft bringen?

Vor dem Hintergrund höherer Anforderungen an Qualität und Sicherheit und bei dem stets zunehmenden Zeit- und Kostendruck wünscht sich der Anwender:

- *ein* Programmiersystem für *alle* Automatisierungsfunktionen, wie Logik, Regelungen, Motion, Prozessvisualisierung, Bildverarbeitung, Simulation, Sicherheit,
- *Kompatibilität* zwischen den Programmiersystemen verschiedener Hersteller und zu Planungssystemen (durchgängiges Computer Aided Engineering),
- *ein* einheitliches, schnelles Bussystem bis ins Feld mit *einfachen* Schnittstellen zu den Anwendungsprogrammen,
- Unterstützung beim *Testen* und *Dokumentieren* der Hard- und Software.

An einigen dieser Wünsche wird schon gearbeitet. Viele Programmiersysteme haben Logik, Regelungen, Motion, Prozessvisualisierung integriert. CoDeSys bietet sogar die Möglichkeit zur *objektorientierten* SPS-Programmierung [9.1].

Die PLCopen arbeitet an der Erweiterung der IEC 61131 für eine standardisierte Programmierung von Motion- und Safety-Anwendungen [9.2, 9.3]. Darüber hinaus wird eine *XML*-Schnittstelle entwickelt, über die Funktionsvorgaben aus Planungssystemen in das Programmiersystem importiert werden können [9.4].

Schließlich steht mit *Industrial Ethernet* heute schon ein schnelles Bussystem zur Verfügung, das homogene Systemstrukturen ermöglicht. Wie vor Jahren beim Feldbus wird sich der Markt auch hier bald auf einige wenige Bussysteme konzentrieren.

Es bleibt zu hoffen, dass zukünftig noch *offenere Systemstrukturen* entstehen, damit der Datenaustausch zwischen allen Werkzeugen, die für Planung, Entwurf, Programmierung, Inbetriebnahme und Instandhaltung von Steuerungen zum Einsatz kommen, vereinfacht wird.

Literatur und Informationen im Internet

zu Kapitel 1: *Einführung*

[1.1] *DIN 19226:* Leittechnik: Regelungs- und Steuerungstechnik, Beuth Vlg., 1997.

[1.2] *Pohlke, M.*: Prozessleittechnik, Oldenbourg Vlg., 1992.

[1.3] *Strohrmann, G.*: Automatisierung verfahrenstechnischer Prozesse, Oldenbourg Vlg., 2002.

[1.4] *Konhäuser, W.*: Industrielle Steuerungstechnik, Hanser Vlg., 1998.

[1.5] *ABB-Homepage*: Speicherprogrammierbare Steuerungen der Familien AC500 und AC31 http://www.abb.de/stotz-kontakt

[1.6] *Schaaf, B.-D.*: Automatisierungstechnik, Hanser Vlg., 2007.

[1.7] *IEC 61131*: Speicherprogrammierbare Steuerungen, Beuth Vlg., 1992.

[1.8] *Müller, D.*: Vertikale Integration wird immer wichtiger, ZDNet.de, 2006. http://www.zdnet.de/itmanager/kommentare/0,39023450,39140562,00.htm

[1.9] *Resnick, C.*: PACs Provide Single Platform Interoperability, Arc Advisory Group, Arc INSIGHT# 2005-36MD, 2005.

[1.10] *Seitz, M.*: Software ohne Grenzen - Trends und Chancen elektronischer Steuerungstechnik, A&D-Kompendium 2006/2007, publish-industry Verlag, München, 2006.

zu Kapitel 2: *Aufbau und Strukturen industrieller Steuerungssysteme*

[2.1] *Wellenreuther, G. und Zastrow, D.*: Automatisieren mit SPS, Vieweg Vlg., 2001.

[2.2] *Pusch, K.*: Grundkurs IEC 1131, Vogel Vlg., 1999.

[2.3] *B. Bourezza, A. Boxermann, H. Peter und M. Seitz:* Steuerungs- und Regelungskonzepte zum Bewegen großer Lasten in bahnführenden Prozessen, In: atp 8/2006 Automatisierungstechnische Praxis, Oldenbourg Verlag, 2006.

[2.4] *Dirnfeldner, M., Machalek, K. und Roersch, P.*: Automatisieren mit Speicherprogrammierbaren Steuerungen, Moeller Fachbuch, 1999.

[2.5] *Siemens-Handbuch:* SIMATIC S5 – Automatisierungsgerät S5-115U, Siemens-AG, 1991.

[2.6] *Siemens-Handbuch:* SIMATIC – Automatisierungssysteme S7-300, M7-300, Siemens-AG, 1998.

[2.7] *Bergmann, J.*: Automatisierungs- und Prozessleittechnik, Fachbuchverlag Leipzig, 1999.

[2.8] *Bittner, G.*: Workshop der Automatisierungstechnik, Franzis Vlg., 1999.

[2.9] *Baumann, A., Kaufmann, H., Robens, G., Schlipf, H., Schmid, D. und Strobel, P.*: Automatisierungstechnik mit Informatik und Telekommunikation, Vlg. Europa-Lehrmittel, 2001.

[2.10] *Siemens A&D – SCE:* Ausbildungsunterlage für die durchgängige Automatisierungslösung TIA, Anhang IV Grundlagen zu Feldbussystemen mit SIMATIC S7-300, Stand 04/2004, http://www.automation.siemens.com/fea/ftp/module_de/IV/IV_feldbus.doc.

[2.11] *Wanner, J.*: Das Display ist die Steuerung, SPS-Magazin 04/2006.

[2.12] *Wonderware-Homepage*: www.wonderware.de/produkte/pdfprodukte/touch.pdf

[2.13] *DIN 19222:* Messen, Steuern, Regeln, Leittechnik, Begriffe, Beuth Vlg., 2001.

[2.14] *Mühl, T.*: Einführung in die elektrische Messtechnik, Teubner Vlg. 2001.

zu Kapitel 3: *SPS-Programmierung nach IEC 61131*

[3.1] *PLCopen:* www.plcopen.org.

[3.2] *Leppers, H.*: SPS-Programmierung nach IEC 61131, Francis Vlg., Poing 2005.

[3.3] *Becker, N.:* Automatisierungstechnik, Vogel Vlg., 2006.
[3.4] *Zacher, S.:* SPS-Programmierung mit Funktionsbausteinsprache, VDE-Verlag, 2000.
[3.5] *John, K.-H, Tiegelkamp, M.:* IEC 61131-3 Programming Industrial Automation Systems, Springer Vlg., 2001.
[3.6] *3S – Smart Software Solutions GmbH*: Handbuch zur SPS-Programmentwicklung mit CoDeSys 2.3, Version 3.8, www.3s-software.com, 2006.

zu Kapitel 4: *Verknüpfungssteuerungen*
[4.1] *Seifart, M.:* Digitale Schaltungen, Hüthig Vlg., 1988.
[4.2] *Auer, A.:* SPS-Programmierung - Beispiele und Aufgaben, Hüthig Vlg., 1994.
[4.3] *Auer, A. und Auer, P.:* SPS-Praktikum mit Step5-, Step7- und IEC-Syntax, CD-ROM im Fachbuchverlag Leipzig, 2002.
[4.4] *Roddeck, W.*: Einführung in die Mechatronik, Teubner Vlg., 2003.
[4.5] *Philippsen, H.*: Einstieg in die Regelungstechnik, Hanser Fachbuchverlag Leipzig, 2004.
[4.6] *Epple, U.:* Einbindung unterlagerter Ebenen in die Steuerlogik des Prozessleitsystems, in: atp 35/10 Automatisierungstechnische Praxis, Oldenbourg Vlg., 1993.
[4.7] *Isermann, R.:* Digitale Regelsysteme - Band I: Grundlagen deterministischer Regelungen, Springer Vlg., 1987.
[4.8] *Ignatowitz, E.:* Chemietechnik, Vlg. Europa-Lehrmittel, 1994.
[4.9] *Lutz, H.*, Wendt, W.: Taschenbuch der Regelungstechnik, Harri Deutsch Vlg., 2003.
[4.10] *Große, N., Schorn, W.*: Taschenbuch der praktischen Regelungstechnik, Hanser Fachbuchverlag Leipzig, 2006.

zu Kapitel 5: *Ablaufsteuerungen*
[5.1] *Litz, L.:* Grundlagen der Automatisierungstechnik, Oldenbourg Vlg., 2005.
[5.2] *Lunze, J.:* Automatisierungstechnik, Oldenbourg Vlg., 2003.
[5.3] *Abel D.:* Modellbildung und Analyse diskret gesteuerter Systeme mit Petri-Netzen, Automatisierungstechnik at, Oldenbourg Vlg., 12/1988.
[5.4] *Abel, D.*: Petri-Netze für Ingenieure, Springer Vlg. 1990.
[5.5] *Moody, J.*, Antsaklis, P.: Supervisory Control of Discrete Event Systems Using Petri-Nets, Kluwer Academic Publishers, Boston 1998.

zu Kapitel 6: *Bewegungssteuerungen*
[6.1] *Rüb, M.:* Integrierte Motion/Logic Control Steuerung für Verpackungsanlagen und Roboter, Steuerungstechnik aktuell, Oldenbourg Vlg., 2006.
[6.2] *Volk, R., Uhl, A. und Cord, T.:* Roboter und Steuerung integriert, SPS-Magazin, TeDo Vlg., 4/2006.
[6.3] 3S Smart Software Solutions: SoftMotion in CoDeSys2.3 – Benutzeranleitung, www.3S-Software.com, 2004.
[6.4] *Weber, W.:* Industrieroboter – Methoden der Steuerung und Regelung, Hanser Fachbuchverlag Leipzig, 2002.
[6.5] *Bantel, M.:* Messgeräte-Praxis - Funktion und Einsatz moderner Messgeräte, Hanser Fachbuchverlag Leipzig, 2004.
[6.6] *Felderhoff, R., Freyer, U.:* Elektrische und Elektronische Messtechnik - Grundlagen, Verfahren, Geräte und Systeme, Hanser Vlg., 2003.
[6.7] *Lutz, H., Wendt, W.:* Taschenbuch der Regelungstechnik, Harri Deutsch Vlg., 2000.
[6.8] *DIN 66025:* Industrielle Automation; Programmaufbau für numerisch gesteuerte Arbeitsmaschinen; Wegbedingungen und Zusatzfunktionen, Beuth Vlg., 1988.
[6.9] *DIN 66312:* Industrieroboter – Programmiersprache – Industrial Robot Language, 2006.

[6.10] Gaiser, R. Einheitliche Steuerungsarchitektur für Motion und Safety – Antriebskonzepte bei Ein- und Mehrachsenanwendungen im Überblick, A&D-Kompendium, Publish-Industry Vlg., 2006.
[6.11] National Instruments: You're in Control with LabViewPACs, http://www.ni.com/swf/presentation/us/pac/
[6.12] Seitz, M.: Untersuchungen zur Nutzung von Bildverarbeitung für Manipulationsaufgaben in der Robotik, Shaker Vlg., Aachen, 1996.
[6.13] Altenburg, J., Altenburg, U.: Mobile Roboter - Vom einfachen Experiment zur Künstlichen Intelligenz, Hanser Fachbuchverlag Leipzig, 2000.

zu Kapitel 7: *Sicherheitskonzepte für Steuerungen*

[7.1] *Börcsök, J.:* Funktionale Sicherheit – Grundzüge sicherheitsgerichteter Systeme, Hüthig Vlg., 2006.
[7.2] *Montenegro, S.:* Sichere und fehlertolerante Steuerungen: Entwicklung sicherheitsrelevanter Systeme, Hanser Vlg., 1999.
[7.3] *Greiner, B., Weidlich, S. und Wilhelm, H.:* Konzeption von MSR-Einrichtungen zur Anlagensicherung in der chemischen Industrie. In: *Forst* (Hrsg.): Sicherheitskonzepte der Prozessleittechnik in verfahrenstechnischen Anlagen und Kernkraftwerken, VDE-Verlag, 1987.
[7.4] *IEC 61508:* Functional Safety: Safety-related Systems, Beuth Vlg., 2002.
[7.5] *Halang W.*, Konakovsky, R.: Sicherheitsgerichtete Echtzeitsysteme, Oldenbourg Vlg., 1999.
[7.6] *Schenk, A.: SIMATIC* S7-400F/FH: Safety-Related Programmable Logic Controller, In: Koorneef, F., van der Meulen M. (Eds.) Computer Safety, Reliability and Security, pp. 286-293, Springer Vlg. 2000.
[7.7] *Zender, P.:* Struktur, Programmierung und Betrieb der sicherheitsgerichteten SPS zur Kombination von Sicherheit und Verfügbarkeit. In: *Zender* (Hrsg.): Sichere Steuerungs- und Schutzsysteme, VDE-Verlag, 1994.
[7.8] *Watkins, F., Dukich, S.:* PLC vs. Safety PLC – Fundamental and Significant Differences, Back to School, Rockwell Automation, http://www.ab.com/safety/safety_now/april01/back_school/index.html.
[7.9] *HIMA Paul Hildebrand GmbH + Co KG, Industrie-Automatisierung:* Programmierbare Systeme - Sicherheitshandbuch, www.hima.com, 1999.
[7.10] *PROFIBUS Nutzerorganisation*: Fail Safe with Profibus, Rev 1.0, Karlsruhe April 1999.
[7.11] *M. Seitz:* Gemeinsam stark - Hard- und Software-Lösungen sorgen im Zusammenspiel für mehr Sicherheit, A&D-Kompendium 2007/2008, publish-industry Verlag, München, 2007.
[7.12] *GAMP-Forum:* Good Automated Manufacturing Practice, Supplier Guide for Validation of Automated Systems in Pharmaceutical Manufacture, Version 2.0, 1996.
[7.13] *Food and Drug Association (FDA):* Guide to Inspection of Computerized Systems in Drug Processing, USA, 1983.
[7.14] *DIN 19227:* Leittechnik: Grafische Symbole und Kennbuchstaben für die Prozessleittechnik, Beuth Vlg., 1993.
[7.15] *Namur-Empfehlung NE 58:* Abwicklung von qualifizierungspflichtigen PLT-Projekten, Namur-Geschäftsstelle, Bayer Leverkusen, 1997.
[7.16] *Seitz, M.:* Theorie und Praxis bei der Qualifizierung von Prozessleitsystemen – Gibt es einen gangbaren Weg zwischen Anforderungen und Wirtschaftlichkeit? In: atp 42/4 Automatisierungstechnische Praxis, Oldenbourg Vlg., 2000.

zu Kapitel 8: *Vertikale Integration betrieblicher Abläufe*

[8.1] *Gruhler, G.:* Feldbusse und Geräte - Kommunikationssysteme, Francis Vlg., 2001.

[8.2] *ABB:* AC500-Systemtechnik Ethernet-Koppler, Demo-CD PS501, www.abb.de/stotzkontakt, Stand: 08.2005.

[8.3] *Stein, E.:* Taschenbuch Rechnernetze und Internet, Fachbuchverlag Leipzig, 2004.

[8.4] *Langmann, R.:* Taschenbuch der Automatisierung, Fachbuchverlag Leipzig, 2004.

[8.5] *Fritsch, C., Richter, J., Lunze, J. und Steffen, T.:* Rapid Control Prototyping mit MATLAB/Simulink und speicherprogrammierbaren Steuerungen - Prozesskommunikation mit dem UDP-Protokoll, Automatisierungstechnische Praxis atp 48, Heft 5, Oldenbourg Vlg., 2006.

[8.6] *Siemens:* Profinet Motion Control, www.Siemens.com/automation, 2006.

[8.7] *Humphrey, D.:* Profinet: An All-Encompassing Industrial Ethernet Solution, ARC White Paper, www.ARCweb.com, Nov. 2005.

[8.8] *Bettermann, T.:* Anwendung von Microsoft-Softwarestandards in der Automatisierungstechnik: OPC, OLE und ActiveX, Expert Vlg., 2002.

[8.9] *Homepage der OPC-Foundation:* www.opc-foundation.org.

[8.10] Homepage der Fa. NETxAutomation, www.netxautomation.com

[8.11] *Kabitzsch, K.:* Telediagnose an Speicherprogrammierbaren Steuerungen, In: VDI-Berichte 1515 Industrielle Automation und Internet/Intranet-Technologie, VDI-VDE-GMA, 1999.

[8.12] *Bettenhausen, K., Braune, A. und Rieger, B.:* Anforderungen an die Nutzung von Internettechnologien in der Automatisierung, In: atp 44/6 Automatisierungstechnische Praxis, Oldenbourg Vlg., 2002.

[8.13] *Landolt:* Alles nur Fassade?, Computer & Automation, 3/2001.

[8.14] *Litz, L. und Gabel, O.:* Internet in Automatisierungssystemen, In *Forst*: Automatisierung mit Internet und offenen Standards - Schöne neue Welt?, VDE Rhein-Main, 2001.

[8.15] *Lipp, M.:* VPN - Virtuelle Private Netzwerke, Addison-Whesley, 20001.

[8.16] *Uhlig, R.; Bruns, M.:* Automatisierung von Chargenprozessen, Oldenbourg Vlg., 1996.

[8.17] *Vogel-Heuser, B.:* Systems Software Engineering - Angewandte Methoden des Systementwurfs für Ingenieure, Oldenbourg Vlg., 2003.

[8.18] *Namur-Empfehlung NE 33:* Anforderungen an Systeme mit Rezeptfahrweise, Namur-Geschäftsstelle, Bayer Leverkusen, 1993.

[8.19] *Fingerle, A.:* Betriebliche Integration vom PLS zu SAP, In: *Forst* (Hrsg.): Trends der durchgängigen Automatisierungstechnik, VDE Rhein-Main, 1999.

[8.20] *Pfohl, B.:* Logistik 2000plus, Fachtagung der deutschen Gesellschaft für Logistik, 1999.

[8.21] *Friedrich, M., Würschinger, K.:* Automatisierung der Produktionslogistik in der Prozessindustrie, atp 47/10, Oldenbourg Vlg., 2005.

[8.22] *Obertopp, T. und Fischer, M.:* Erfahrungen bei der Einführung integrierter Betriebsführungssysteme, In: atp 43/7 Automatisierungstechnische Praxis, Oldenbourg Vlg., 2001.

zu Kapitel 9: *Schlussfolgerungen*

[9.1] *Hess, D.:* Objektorientierte Programmierung nach IEC 61131-3 mit CoDeSys, In: atp 11/05 Automatisierungstechnische Praxis, Oldenbourg Vlg., 2005.

[9.2] *Van der Waal, E.:* Creating Reusable, Hardware Independent Motion Control Applications via IEC 61131-3 and PLCopen Function Blocks for Motion Control. http://www.plcopen.org/pages/tc2_motion_control/technical_introduction/

[9.3] *Hülke, M.:* Applikationssoftware mit Sicherheit, Computer & Automation, 2005.

[9.4] *N.N.:* PLCopen adds independent schemes to IEC 61131-3: Opening up the development environments by specifying XML formats for IEC 61131-3, http://www.plcopen.org/pages/tc6_xml/xml_intro/index.htm.

Anhang

A Kennzeichnung von Sensoren und Aktoren

Die schematische Darstellung der Anlage erfolgt in der Prozessautomatisierung häufig durch ein Rohrleitungs- und Instrumentenfließbild (R+I-Fließbild). Darin werden die Sensoren und Aktoren durch die Kennbuchstaben nach Tabelle A1 dargestellt. Im Prozessgrafikbild des Leitsystems wird häufig nur der Erstbuchstabe verwendet (vgl. z.B. Bild 2.11).

Tabelle A1: Kennbuchstaben für Sensoren und Aktoren nach DIN 19227

Erstbuchstabe	Mess- oder Stellgröße
D	Dichte
E	elektrische Größe
F	Durchfluss
G	Stellung, Abstand, Dehnung, Länge
H	Handeingriff
K	Zeitsteuerung
L	Füllstand
M	Feuchte
P	Druck
Q	Stoffeigenschaft
R	Strahlungsgröße
S	Geschwindigkeit, Drehzahl
T	Temperatur

Folgebuchstabe	Art der Berechnung
D	Differenz
F	Verhältnis
Q	Integral, Summe
+/-	oberer/unterer Grenzwert

Ergänzungsbuchstabe	Art der Verarbeitung
A	Alarm
C	Regelung
I	Analogwertanzeige
S	Schaltung
U	Antriebsfunktion
V	Stellgerätefunktion
Z	Noteingriff, Sicherheitsmeldung

Beispiele für die Kennzeichnung häufiger Sensoren und Aktoren sind:

- EU Motor,
- UV/GS+- Ventil mit Rückmeldungen für obere und untere Endlage,
- LZA+ Niveauschalter mit Notabschaltung und Alarm an oberer Grenze,
- TIC Temperaturregler,
- FQIS- Durchflussmengensensor mit Abschaltung bei unterem Grenzwert

B Wichtige Funktionsbausteine und Funktionen

Die in Kapitel 3 aufgelisteten Standard-Funktionen und -Funktionsbausteine sind in allen IEC-konformen Steuerungen gegeben. Ihr innerer Aufbau wird als bekannt vorausgesetzt. Deshalb wird der innere Aufbau der wichtigsten und in diesem Buch verwendeten Standard-Funktionen und -Funktionsbausteine nachfolgend dargestellt.

- Rücksetzdominantes Flip-Flop

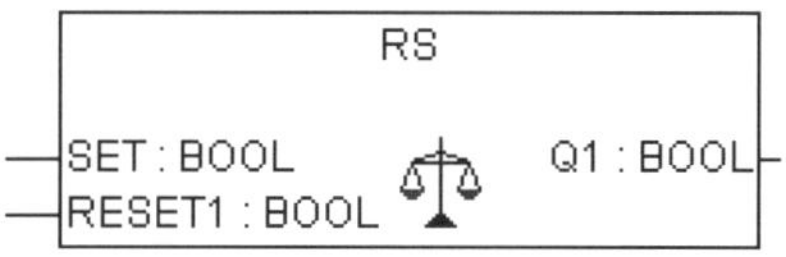


```
FUNCTION_BLOCK RS
...
VAR
  Z:BOOL;
END_VAR

Q1:= NOT RESET1 AND (SET OR Z);
Z:= Q1;
```

- Setzdominantes Flip-Flop

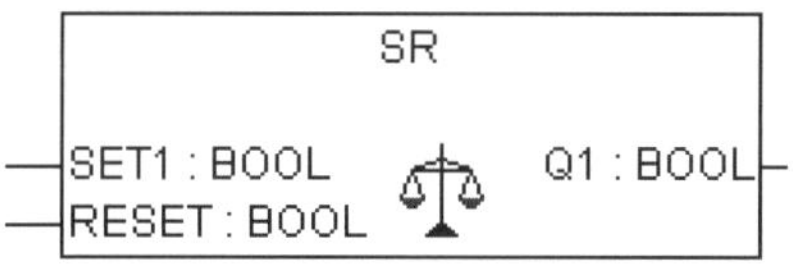


```
FUNCTION_BLOCK SR
...
VAR
  Z:BOOL;
END_VAR

Q1:= SET1 OR (NOT RESET AND Z);
Z:= Q1;
```

- Erkennung einer steigenden Flanke

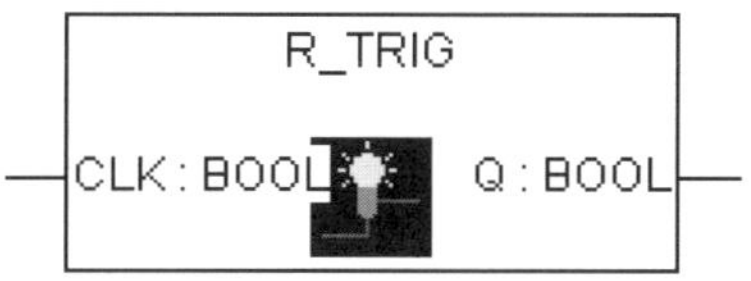


```
FUNCTION_BLOCK R_TRIG
...
VAR
  Z:BOOL;
END_VAR

Q:= CLK AND NOT Z;
Z:= CLK;
```

- Erkennung einer fallenden Flanke

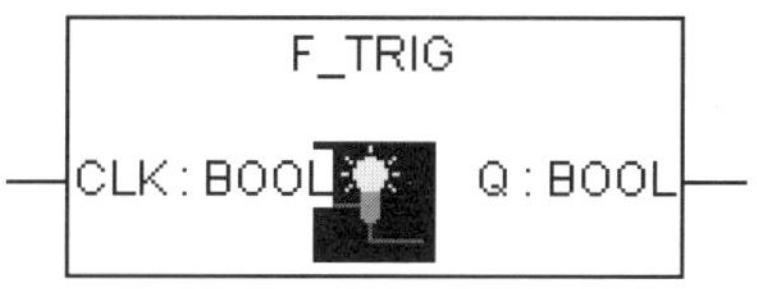


```
FUNCTION_BLOCK F_TRIG
...
VAR
  Z:BOOL;
END_VAR

Q:= NOT CLK AND NOT Z;
Z:= NOT CLK;
```

- Aufwärtszähler

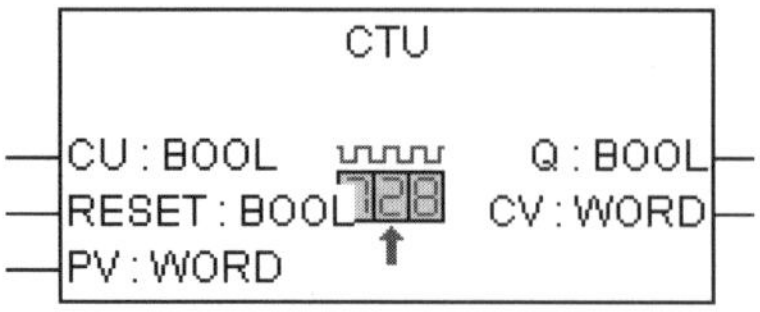


```
FUNCTION_BLOCK CTU
...
VAR
  CU_EDGE:R_TRIG;
END_VAR

CU_EDGE(CLK:=CU);
IF RESET THEN
  CV:=0;
ELSIF CU_EDGE.Q AND CV<PV THEN
  CV:=CV+1;
END_IF
IF CV>=PV THEN
  Q:=TRUE;
END_IF
```

- Abwärtszähler

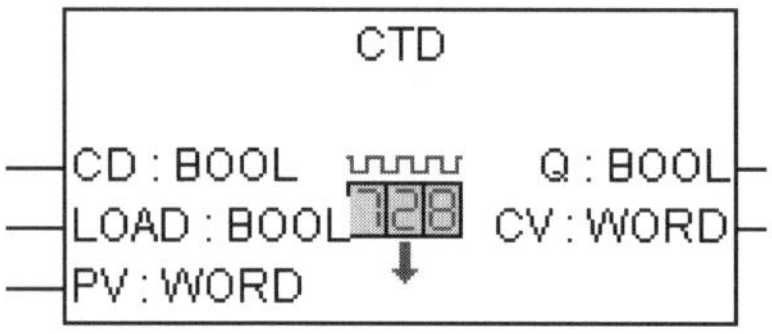


```
FUNCTION_BLOCK CTD
...
VAR
  CD_EDGE:R_TRIG;
END_VAR

CD_EDGE(CLK:=CD);
IF LOAD THEN
  CV:=PV;
ELSIF CD_EDGE.Q AND CV>0 THEN
  CV:=CV-1;
END_IF
IF CV<=0 THEN
  Q:=TRUE;
END_IF
```

- Auf- und Abwärtszähler

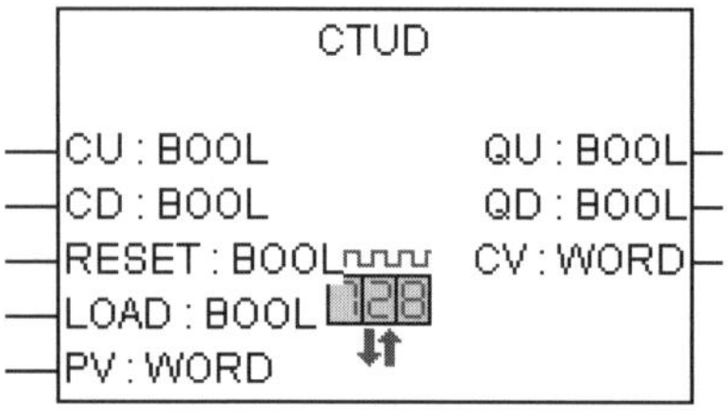


```
FUNCTION_BLOCK CTUD
...
VAR
  CU_EDGE, CD_EDGE:R_TRIG;
END_VAR

CU_EDGE(CLK:=CU);
CD_EDGE(CLK:=CD);
IF RESET THEN
  CV:=0;
ELSIF LOAD THEN
  CV:=PV;
ELSIF CU_EDGE.Q AND CV<PV THEN
  CV:=CV+1;
ELSIF CD_EDGE.Q AND CV>0 THEN
  CV:=CV-1;
END_IF
IF CV>=PV THEN
  QU:=TRUE;
ELSE
  QU:=FALSE;
END_IF
IF CV<=0 THEN
  QD:=TRUE;
ELSE
  QD:=FALSE;
END_IF
```

- Einschaltverzögerung

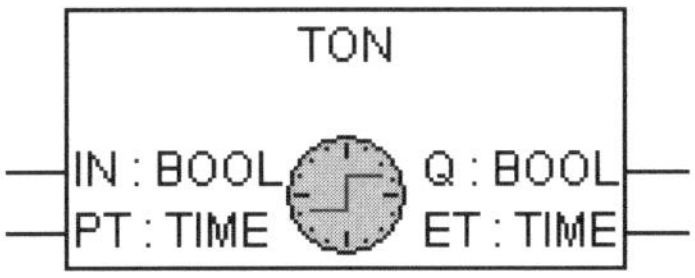

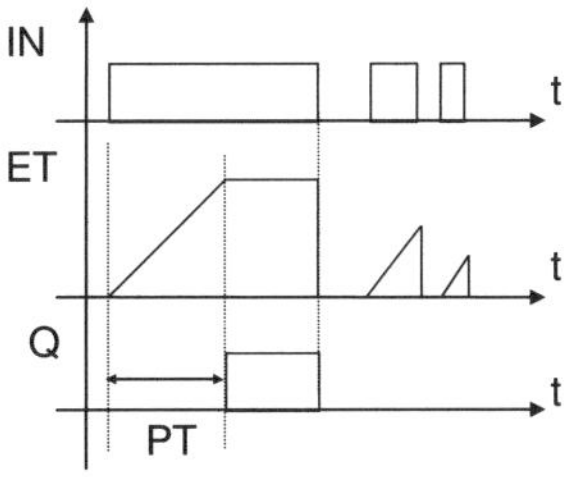

- Ausschaltverzögerung

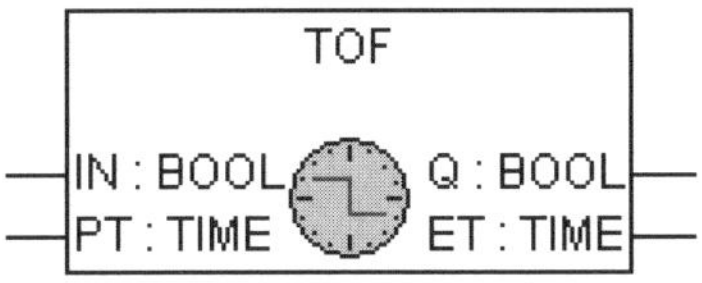

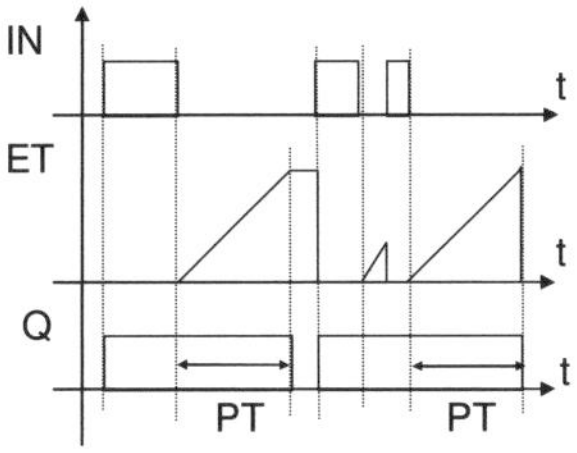

- Puls-Timer

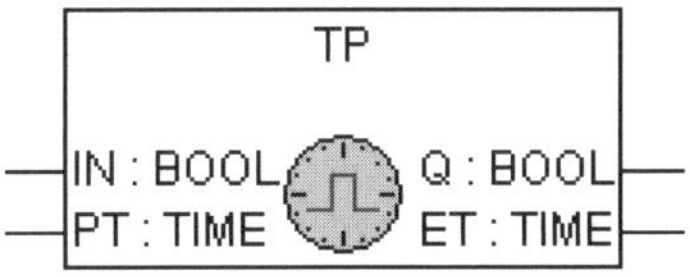

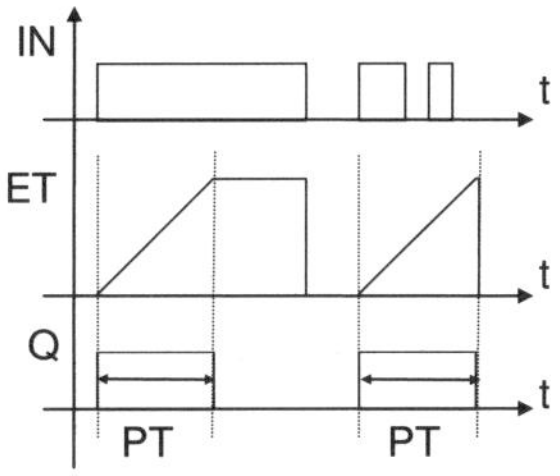

- Binäre Auswahl

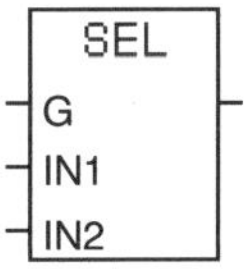


```
FUNCTION SEL : REAL; (* beliebiger Datentyp *)
VAR_INPUT
  G : BOOL;
  IN1 : REAL; (* kann jeder Datentyp wie der von SEL sein *)
  IN2 : REAL; (* kann jeder Datentyp wie der von SEL sein *)
END_VAR

IF G THEN
   SEL:=IN2;
ELSE
   SEL:=IN1;
END_IF
```

- Begrenzung

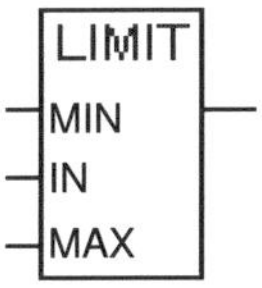


```
FUNCTION LIMIT : REAL;    (* kann jeder Datentyp sein *)
VAR_INPUT
  MIN:REAL; (* kann jeder Datentyp wie der von LIMIT sein *)
  IN   : REAL; (* kann jeder Datentyp wie der von LIMIT sein *)
  MAX:REAL; (* kann jeder Datentyp wie der von LIMIT sein *)
END_VAR

IF IN>MAX THEN
   LIMIT:=MAX;
ELSIF IN<MIN THEN
   LIMIT:=MIN;
ELSE
   LIMIT:=IN;
END_IF
```

C Umsetzung der strukturierten Programmierung mit STEP 7

Die in Kapitel 3 vorgestellten Strukturen zur SPS-Programmierung nach *IEC 61131* gelten für die meisten Industriesteuerungen, wie z.B. die von ABB, Beckhoff, Bosch, Moeller, Phoenix Contact, Rockwell, Mitsubishi u.v.a.

Die Programmierung der SPSen des Marktführers *Siemens* erfolgt in STEP 7. Dieses Programmiersystem unterscheidet sich noch an einigen Stellen von der Norm. So gibt es in STEP 7 Strukturen, die die Norm nicht kennt:

- *Organisationsbausteine* (OB) organisieren den Programmablauf. Sie entsprechen also den Tasks. Das Haupt-Programm heißt `OB1` entsprechend dem Programm `PLC_PRG` in CoDeSys.
- *Datenbausteine* (DB) dienen zur Speicherung bestimmter Variablen.
  - *Instanz-Datenbausteine* stellen die Instanzen von Funktionsbausteinen dar und beinhalten demnach alle Variablen der Instanz.
  - *Global-Datenbausteine* umfassen globale Variablen.

Andererseits gibt es in STEP 7 *keine Programme* im Sinne der IEC 61131. Unter diesen Randbedingungen lässt sich die strukturierte Programmierung folgendermaßen umsetzen:

- Für jeden *Feldgerätetyp* wird wie in CoDeSys auch ein *Funktionsbaustein* mit der typischen Auswerte- bzw. Ansteuerlogik entwickelt.
- Außerdem wird wie in CoDeSys für jeden Feldgerätetyp ein Anwenderdatentyp angelegt. Diese heißen in STEP 7 *User Data Types* (`UDT`).
- Für jedes *Feldgerät* ist ein *Funktionsbaustein* statt eines Programms zu implementieren.
- Für jeden Funktionsbaustein muss in STEP 7 ein *Instanz-Datenbaustein* erzeugt werden. Diese Instanz wird dann in anderen Funktionsbausteinen oder im `OB1` aufgerufen.
- Für jedes Feldgerät ist eine globale Strukturvariable zu deklarieren, die in STEP 7 als *Global-Datenbausteine* vom Typ eines definierten UDTs anzulegen ist.
- Schließlich sind im `OB1` alle Instanz-Datenbausteine für die Ansteuerprogramme der Feldgeräte aufzurufen.

Die Lösung zur Übung 3.6 auf der Internetseite verdeutlicht dieses Vorgehen anhand eines Beispiels. Zum Selbststudium kann auf Anfrage eine Testversion von STEP 7, die 14 Tage lauffähig ist, zugeschickt werden (mailto: m.seitz@hs-mannheim.de).

D Fachbegriffe deutsch/englisch

Die folgende Stichwortsammlung umfasst lediglich eine Auswahl an Fachbegriffen. Ziel ist es, die wichtigsten steuerungstechnischen Fachbegriffe im internationalen Projektgeschäft zu kennen. Außerdem sollten für die Programmierung projektneutraler Funktionsbausteine englische Variablennamen verwendet werden. Die folgende Gegenüberstellung deutscher und englischer Fachbegriffe kann hierfür genutzt werden.

Ablaufsprache (AS)	*sequential function chart (SFC)*
A/D-Wandler	*A/D-Converter*
Abbruch	*abort*
Ablaufsteuerung	*sequential control*
Abstastzeit	*sampling time*
Aktor	*actuator*
Akzeptanzkriterium	*acceptance citerion*
Alarmierung	*alarm*
Alternativverzweigung	*alternative junction*
Ampelanlage	*traffic lights control*
Antriebsachse	*drive axis*
Anweisungsliste (AWL)	*instruction list (IL)*
Anwenderprogramm	*user program*
Anzeige- und Bedien-Komponente	*operator's station*
Arbeitsstromprinzip	*working-current principle*
Ausführungsplanung	*detail engineering*
Ausgabeabbild	*output image*
Ausgleichszeit	*delay time*
Auslagern	*ship*
Ausschaltverzögerung	*off delay*
Automatenentwurf	*automaton design*
Bahnplanung	*path planning*
Basisplanung	*basic engineering*
Bedienfeld	*faceplate*
Bedientableau	*operator's panel*
Betriebsart	*mode*
Betriebsdateninformationssystem (BDIS)	*production information management system (PIMS)*
Betriebsleitebene	*manufacturing execution level*
Bewegungssteuerung	*motion control*
Bildaufnahme	*image acquisition*
Bildauswertung	*image analysis*
Bildsegmentierung	*image segmentation*
Bildverbesserung	*image enhancement*
Bimetallschalter	*thermal time-delay switch*
Brennersteuerung	*burner control*
Buszugriff	*bus access*
Chargenprotokoll	*electronic batch record*
dezentrale Peripherie	*remote I/O*
Disposition	*production scheduling*
Diversität	*diversity*
Drahtbruch	*open circuit*
Drehmaschine	*turning machine*
Drehzahl	*rotation rate*
Dreipunktschalter	*three-level controller*
Einlagern	*receive*
Eingangsabbild	*input image*
Einschaltverzögerung	*on delay*
Einzelsteuerfunktion	*individual drive function*
Endlage	*end position*
Energieverbrauch	*energy consumption*
Entwurf	*design*
Ereignisbaumanalyse	*event tree analysis*
Erreichbarkeitsgraf	*reachability graph*

Fabrikautomatisierung	*factory automation*
Fehler	*fault, error*
Fehlerbaumanalyse	*fault tree analysis*
Feldbus	*fieldbus*
Feldebene	*field level*
Feldgerät	*field device*
Fernbedienung	*remote control*
Fernwartung	*teleservice*
Fertigungsablauf	*machining procedure*
Flanke	*edge*
Fliegende Säge	*flying saw*
Förderband	*conveyor belt*
Fräsmaschine	*milling machine*
Funktion	*function code*
Funktionsbaustein	*function block*
Funktionsbausteinsprache (FBS)	*function block diagram (FBD)*
Geber	*sensor*
Gedächtnis	*memory*
Gepäckanlage	*baggage claim machine*
Gerätestammdatei	*device master file*
Getriebe	*gearing*
Grafikbild	*graphic display*
Grenzwert	*limit*
Grundfunktion	*basic function*
Grundoperation	*basic operation*
Grundrezept	*basic recipe*
Halt	*hold*
Halteglied	*sample-and-hold element*
Hochregallager	*high rack storage*
Inbetriebnahme	*commissioning*
Instandhaltung	*maintenance*
Interpolation	*interpolation*
Ist-Wert	*process value*
Kameralinse	*camera lense*
Kanalreserve	*channel reserve*
Kaskadenregelung	*cascade control*
Kontaktplan (KOP)	*ladder diagram (LD)*
Kontextdiagramm	*context diagram*
Koordinatentransformation	*coordinate transformation*
Kurzschluss	*short circuit*
Lageregelung	*position servo control*
Lagerverwaltung	*warehouse management*
Laserdistanzsensor	*laser distance sensor*
Lastenheft	*basic specification*
Laufzeit	*runtime*
Lichtschranke	*light barrier*
Manuell	*manual mode*
Markierung	*token*
Merkmalsextraktion	*feature extraction*
Messbereiche	*measuring range*
Messumformer	*measuring transducer*
Nachstellzeit	*integral-action time*
Näherungsschalter	*proximity switch*
Parallelverzweigung	*parallel junction*
Petri-Netz	*petri net*
Pflichtenheft	*detail specification*
Polumschaltbarer Motor	*dual-speed motor*
Produktionsleitebene	*production execution level*
Produktionsplanung	*production management planning*
Produktionssteuerung	*production control*
Projektierung	*engineering*
Prozessanalyse	*process analysis*
Prozessautomatisierung	*process automation*
Prozessleitsystem (PLS)	*distributed control system (DCS)*
Prozessvisualisierung	*process visualization*
Pulspausenverhältnis	*mark-to-space ratio*
Pulsweitensteuerung	*pulse-width control*
Qualifizierung	*qualification*
Quittierung	*acknowledgement*
Redundanz	*redundancy*
Referenzfahrt	*go to home position*
Regeldifferenz	*error signal*
Regelkreis	*feedback control circuit*
Regler	*controller*
Reglerparameter	*control parameters*
Reparaturschalter	*repair switch*
Rezeptparameter	*batch parameters*

Rezeptsteuerung	*batch control*
Risikograf	*risk diagram*
Rohrleitungs- und Instrumenten- (R+I) Diagramm	*piping and instrumentation (P+I) diagram*
Robotersteuerung	*robot control*
Rücksetzen	*reset*
Rückwärtstransformation	*inverse kinematic transformation*
Ruhestromprinzip	*idle-current principle*
Schalter	*switch*
Schaltfunktion	*switching function*
Schaltnetze	*combinational circuits*
Schaltschrank	*switchgear cabinet*
Schaltwerke	*sequential cicuit*
Schnittstelle	*interface*
Schrittkette	*sequential function chart*
Schrittmotor	*stepping motor*
Schutzschalter	*protective circuit breaker*
Selbststests	*self-tests*
Setzen	*set*
Sicherheit	*safety*
Sicherheitsgerichtete Steuerung	*fail-safe control*
Sollwert	*set point*
speicherprogrammierbare Steuerung (SPS)	*programmable logic control (PLC)*
Statussignal	*status signal*
Steckplatz	*slot*
Stellgrenze	*control limit*
Stellgröße	*manipulated variable*
Stellwert	*control output*
Steuerrezept	*control recipe*
Steuersignal	*control signal*
Steuerkreis	*open-loop control ciruit*
Steuerung	*control*
Steuerungskonfiguration	*control configuration*
Störmeldung	*alarm message*
Störung	*disturbance*
strukturierter Text (ST)	*structured text (ST)*
Taktgenerator	*clock generator*
Taster	*pushbutton*
Testergebnis	*test result*
Testplan	*test plan*
Testprotokoll	*test protocol*
Testvorgang	*test operation*
Ultraschallsensor	*ultrasonic sensor*
Umrichter	*converter*
Ursache-Wirkungsdiagramm	*cause-effect matrix*
Ventil	*valve*
verbindungsprogrammierte Steuerung	*wired-program controller*
Verfügbarkeit	*availability*
Verklemmung	*deadlock*
Verknüpfungssteuerung	*logic control*
Verriegelung	*interlock*
vertikale Integration	*vertical integration*
Verzögerungszeit	*delay time*
Verzugszeit	*delay time*
vor Ort	*local*
Vorhaltzeit	*derivative action time*
Vorschub	*feed*
Vorwärtstransformation	*direct kinematic transformation*
Warenaufzug	*hoist*
Wartung	*Maintenance*
Wendetangentenverfahren	*inflectional tangent method*
Werkstück	*workpiece*
Werkzeug	*tool*
Werkzeugmaschine	*machine tool*
Werkzeugmagazin	*tool magazine*
Zähler	*counter*
Zustandsgraf	*state diagram*
Zustandsübergänge	*state transition function*
Zustandsübergangstabelle	*state transition table*
Zwei-/ Vierleiterschaltung	*two-/four-wire circuit*
Zweipunktschalter	*two-level controller*
Zweirichtungsmotor	*bidirectional motor*
Zweiwegeventil	*two-way valve*
Zykluszeit	*cycle time*

Sachwortverzeichnis

S

Hinweise zur Internetseite

`www.es.hs-mannheim.de/buch`

Auf der Internetseite finden Sie folgende Inhalte:

- SPS-Programmiersystem **CoDeSys** der Firma 3S – Smart Software Solutions GmbH,
- Handbuch zu **CoDeSys,**
- Frage-Antwort-Spiel zu den Wiederholungsfragen im Buch,
- Dokumentierte **CoDeSys**-Projekte zu den Beispielen im Buch,
- Lösungen zu den Übungsaufgaben im Buch,
- Simulation einer Hardware-SPS vom Typ AC500 von ABB,
- Links zu den Webseiten der Hersteller und zu weiteren nützlichen Programmen.

Die im Buch durch das Symbol 💻 gekennzeichneten *Beispiele* sind komplett ausprogrammiert ebenso wie die Lösungen zu den *Übungsaufgaben*. Nach und nach soll diese Internetseite zu einer SPS-Lernplattform ausgebaut werden. Für Hinweise und Rückmeldungen stehe ich gerne über folgende E-Mail-Adresse zur Verfügung:

m.seitz@hs-mannheim.de

Installation des SPS-Programmiersystems

Die Beispiele und Übungen wurden mit der CoDeSys-Version 2.3.7.0 erstellt und getestet. Diese Version kann über die Internetseite heruntergeladen werden, wobei folgende Zugangsdaten eingegeben werden müssen:

- Benutzerkennung: `plc`
- Passwort: `ws01`

Die jeweils aktuelle Version erhalten Sie von der Homepage der *Firma 3S* unter www.3S-Software.com. Von dort bekommen Sie nach einer Registrierung ein Passwort, mit dem Sie die neueste Version von CoDeSys herunterladen können.